HANNEMANN

100 Jahre Deutsche Entomologische Gesellschaft

Bericht über die Hundertjahrfeier der Deutschen Entomologischen Gesellschaft Berlin

30. September bis 5. Oktober 1956

Erstattet von

Dr. Hansjoachim HANNEMANN

AKADEMIE-VERLAG · BERLIN

1957

Erschienen im Akademie-Verlag GmbH, Berlin W 8, Mohrenstraße 39

Lizenz-Nr. 202 · 100/381/57
Satz, Druck und Bindung: IV/2/14-VEB Werkdruck Gräfenhainichen-741
Bestell- und Verlagsnummer: 5266
Printed in Germany

INHALT

Verzeichnis der Teilnehmer

an der vom 30. 9. — 5. 10. 1956 in Berlin stattgefundenen Hundertjahrfeier der DEUTSCHEN ENTOMOLOGISCHEN GESELLSCHAFT

(* = angemeldet, am Kommen verhindert)

Inhaber der Fabriciusmedaille HENNIG, Prof. Dr. W., Berlin-Steglitz, Opitzstr. 3

ADAM, H., stud., Berlin NO 18
ADOLPHI, Dr. H., Limburger Hof/Pfalz, Kalmitweg 11
ALBERTI, Dr. B., Berlin N 4, Invalidenstr. 43 (Zoolog. Museum)
ALBERTI, Frau A., Berlin
ALBRECHT, Dr. M., Berlin-Friedrichshagen, Müggelseedamm 310
ALTENKIRCH, G., stud. rer. nat., Berlin-Steglitz, Albrechtstr. 10
ANGERMANN, Dr. H., Zoologisches Institut, Universität Mainz
ANGERMANN, R. Dipl.-Forstw., Berlin-Pankow, Gemündener Str. 19
ATANASSOV, Dr. N., Direktor des Naturwissenschaftlichen Museums, Sofia, Bulgarien
AUERSCH, Dr. O., Halle/S., Wasserweg 6
*AUGUSTINY, Dr. G., Eberswalde, Danckelmannstr. 14
BÄR, Prof. Dr. Dr. F., Berlin-Dahlem, Bötticherstr. 3a
BAER, H.-W., wiss. Oberass., Weimar, Belvedereallee 4
BÄHRMANN, R., stud., Berlin N 4, Bergstr. 25
*BARWINEK, H., Schmalkalden, Ziegelrain 8
BAUMERT, Dr. Dipl.-Biol. A., Berlin-Karlshorst, Lehndorffstr. 30
BECKER, Dr. K., Berlin-Dahlem, Corrensplatz 1
BELTER G,. Berlin-Haselhorst, Gartenfelderstr. 134
BERGER, Dr. med. K., Kamenz i. Sa., Weststr. 15
BERGMANN, Dr. A., Arnstadt Thür., Hohe Bleiche 16
BERTHOLY, A., Berlin W 35, Bülowstr. 55
BJCKERICH, Dr. R., Berlin C 2, Fischerstr. 38—42
BISCHOFF, Prof. Dr. H., Berlin NW 40, Werftstr. 20
BISCHOFF, Frau D., Berlin
BITTNER, D. A., Dummersdorf, Post Kavelstorf, Kr. Rostock
BRANDENBURG, W., stud. pharm., Zehdenick/Havel, Ziegelei Schmidt
BRITZ, Dr. L., Leipzig C 1, Funkenburgstr. 7
BRITZ, Frau E., Leipzig
BRÜCKNER, Prof. Dr. G., Berlin-Wilmersdorf, Hildegardstr. 8
BRÜCKNER, Frau E., Berlin
BÜCKMANN, Dr. D., Zool. Institut, Universität Mainz
BUHR, Dr. habil. H., Forschungsstelle für Kartoffelkäferbekämpfung, Mühlhausen Thür., Thälmannstr. 28
BURSCHE, Dr. E., Berlin-Friedrichshagen, Müggelseedamm 310
BÜTTNER, Dr. med. K., Zwickau, Reichenbacher Str. 33
BYTINSKI-SALZ, Dr., Israel
CLAUS, L., Dipl.-Biol., Berlin-Lichtenberg, Siegfriedstr. 22

Cleve, Dr. Ing. K., Berlin W 15, Fasanenstr. 39
Coch, Dipl.-Biol. F., Kleinmachnow b. Berlin, Meiereifeld 24
Cramer, Dr. H. H., Forstschutzstelle Südwest, Wittental b. Freiburg i. Br.
Crome, Dr. W., Zoolog. Museum, Berlin N 4, Invalidenstraße 43
Crome, Frau I., Berlin
Dallmann, H., Oranienburg, Speyerer Str. 3
Dammschneider, Erika, Berlin
Dathe, Dr. H., Zoodirektor, Berlin-Friedrichsfelde, Schloßstr. 1
Delkeskamp, Dr. K., Zoolog. Museum, Berlin N 4, Invalidenstr. 43
Delkeskamp, Frau, Berlin
Dieter, Dr. A., Biol. Zentr.-Anstalt Aschersleben
Döhmer, I., cand, rer, nat., Berlin W 30, Motzstr. 30 bei Kelp
Döhring, Dr. Edith, Berlin-Dahlem, Corrensplatz 1
Dorfmann, H., Berlin-Neukölln, Weserstr. 189
Dorfmann, Frau L., Berlin
Döring, E., Ing., Leipzig N 22, Blumenstr. 53
Döring, Frau M., Leipzig
Döring, Brigitte, Dipl.-Biol., Leipzig N 22, Blumenstr. 53
Dorn, K., Leipzig W 31, Könneritzstr. 15
Draeseke, J., Dresden A 44, Krainer Str. 8
Draeseke, Frau F., Dresden
Droege, Gisela, Dipl.-Landwirt, Hohen-Neuendorf bei Berlin, Külzstr. 82
Drosihn, Dr. Jh., Hamburg 1, Meßberghof
Eckardt, R., Berlin W 15, Kurfürstendamm 179
Ehling, Dr. U., Berlin-Dahlem, Ehrenbergstr. 26/28
Eichler, Prof. Dr. Wd., Kleinmachnow bei Berlin, Clara-Zetkin-Str. 23
Eichler, Frau D., Kleinmachnow
Eichler, T., Kleinmachnow bei Berlin, Klausener Str. 11
Eidam, P., Schwerin, Kreis Königs-Wusterhausen, Seestr. 31
Eisenschmidt, H., Dipl.-Biol., Inst. f. Pflanzenz. d. DAL, Groß-Lüsewitz, Post Rostock 2
Ermisch, K., Studiendirektor, Leipzig S 3, An der Märchenwiese 47
Esther, Dr. H., Karl-Marx-Stadt, Neefestr. 119/125
Falk, L., Dipl.-Biol., Weißenfels, Zeitzer Str. 4
Falk, Ute, stud., Jena, Lutherstr. 87
Farkas, T., Forscher, Tihany, Ungarn
Feller, G., Neubrandenburg, Katharinenstr. 11
Feucht, Dr. W., Dipl.-Landw., Institut für Pflanzenzüchtung, Kleinwanzleben/Börde
Feuerborn, Prof. Dr. H. J., Berlin NW 21, Bredowstr. 1
Fischer, H., Dipl. agr., BZA, Kleinmachnow b. Berlin
Frenzen, Dr. K., Zoolog. Institut Bonn, Endenicher Allee 19
Freund, K., T. H. Dresden
Frey, G., Konsul a. D., Tutzing bei München
Frey, Dr. W., Berlin-Zehlendorf, Berliner Str. 79 b
Frey, Frau H., Berlin
Freytag, G. E., Berlin N 4, Chausseestr. 116
Freytag, Frau, Berlin
Friederichs, Prof. Dr. K., Göttingen, Am Sölenborn 14
Friese, G., Dipl.-Biol., Berlin-Friedrichshagen, Waldowstr. 1
Friese, Frau K., Berlin
Fritzsche, Dr. R., BZA, Aschersleben, Ermslebener Str. 52
Fröhlich, G., Dipl.-Biol., Leipzig C 1, Lessingstr. 19
Frömming, E., Berlin N 20, Osloer Str. 99, Aufgang 6
Frömming, Frau E., Berlin
*Fuhrmann, Dr. R., Halle/Saale, Talstr. 11
Fuldner, D., Dipl.-Biol., Inst. f. Phytopath., Aschersleben, Ermslebener Str. 52
Füller, Dr. H., Jena, Phyletisches Museum
Funke, Dr. W., Zoolog. Inst. Universität Mainz

GÄBLER, Prof. Dr. H., Inst. f. Forstzoologie, Eberswalde, Schicklerstr. 5
GASSER, Dr. R., Basel 16, Schwarzwaldallee
GEHLHOFF, Dr., Berlin-Charlottenburg 9, Messedamm 4—6
GEILER, Dr. H., Leipzig S 3, Dohnaweg 4
GENSICKE, F., Dipl.-Biol., z. Z. Berlin-Buch, Lindenberger Weg 80
GERSCH, Prof. Dr. M., Jena/Thür., Friedrich-Schelling-Str. 10
GERSDORF, Dr. E., Pflanzenschutzamt Hannover-Buchholz, Schierholzstr. 51
GESSNER, Dr. Hildegard, Berlin-Neukölln, Donaustr. 115
GILLERT, Dr. K. E., Berlin N 65, Föhrer Str. 2
GLEISS, H. G. W., Dipl.-Biol., BZA, Naumburg/Saale, Weißenfelser Str. 57a
GODAN, Dr. Dora, Berlin-Steglitz, Grillparzerstr. 6
GÖRG, Ilse, stud., Berlin-Haselhorst, Burscheider Weg 11f
GÖRLITZ, H., Dipl.-Landwirt, Leipzig O 27, Egon-Erwin-Kisch-Weg 23
GÖRNITZ, Dr. K., Teltow-Seehof, Max-Sabersky-Allee 22
GÖRNITZ, Frau M., Teltow-Seehof
GOTTSCHALK, Dr. L., Jena, Reinholdweg 19
GOTTSCHALK, Dr. R., Berlin-Treptow, Dammweg 49
GÖTZE, J., stud., Greifswald, An den Wurthen 14
*GRASSELT, M., Oberforstmeister, Berlin-Dahlem, Milowstr. 2
GREBENŠČIKOV, I., Ing. agr.,Inst. f. Kulturpflanzenforschung, Gatersleben, Kr. Aschersleben
GRIEP, E., Potsdam, Leninallee 36
GRIEP, Frau I., Potsdam
GRUHL, Dr. K., Babelsberg, Pasteurstr. 21
GRUNWALD, H., Berlin-Halensee, Albrecht-Achilles-Str. 65—66
GÜNTHER, Prof. Dr. K., Berlin-Steglitz, Wilseder Str. 21
GÜNTHER, Frau H., Berlin
GÜNTHER, S., Dipl.-Biol., Inst. f. Forstwissenschaft, Tharandt, Dippoldiswalder Str. 21
HAASE-EICHLER, Dr. R., BZA, Zweigstelle Dresden, Stübelallee 2
HAEDICKE, Dr., Berlin O 112, Schreinerstr. 16
HAEGER, E., Kreuzbruch über Liebenwalde, Kr. Oranienburg
HAEGER, Frau, Kreuzbruch
HAHN, E., Dipl.-Landwirt, Berlin-Karlshorst, Dorotheastr. 7
HALLE, W., Berlin-Buch, Städtische Siedlung 1 bei Bachmann
HANNEMANN, Dr. H. J., Berlin N 4, Invalidenstr. 43
HANNEMANN, Frau, Berlin
HANSEN, K., stud. rer. nat., Berlin-Zehlendorf, Riemeisterstr. 1
HAPKE, P., Dipl.-Biol., Berlin NO 55, Sodtkestr. 41
HAPKE, Christa, Berlin NO 55, Sodtkestr. 41
HARMS, Prof. Dr. Dr. B., Berlin-Zehlendorf, Katharinenstr. 30
HARTMANN, C., Dipl.-Landwirt, Hohen-Neuendorf b. Berlin, Friedrich-Engels-Str. 58—65
HARTWICH, Dr. G., Zool. Museum, Berlin N 4, Invalidenstr. 43
HASE, Prof. Dr. A., Berlin-Dahlem, Archivstr. 15 b
*HASE, Frau E., Berlin
HEDEL, T., Leipzig N 26, Hermundurenstr. 1
HEIDENREICH, E., Dessau, Mendelssohnstr. 5
HEINZE, G., Dipl.-Landwirt, Halle/Saale, Gartenstr. 3
HEINZE, Dr. K., Berlin-Zehlendorf, Bergmannstr. 4
HEINZE, Frau M., Berlin
HENSCHEL, Dozent Dr., Hamburg 36, Gorch-Fock-Wall 15/17
*HERBERG, M., Vogelschutzstation Steckby, Kr. Zerbst
HERBST, Doz. Dr. H. G., Inst. f. Zoologie, Berlin N 4, Invalidenstr. 42
HEROLD, Prof. Dr. W., Berlin N 4, Invalidenstr. 42
HERRMANN, Dr. R., Berlin N 65, Föhrer Str. 2
HERTEL, Dr. R., Staatliches Museum f. Tierkunde, Dresden A 1, Zwinger
HERTER, Prof. Dr. K., Berlin-Steglitz, Wrangelstr. 5

HERTER, Frau, Berlin

*HERTWECK, Dr. H., Berlin-Buch, Lindenberger Weg 70

HEY, Prof. Dr. A., BZA, Kleinmachnow, Post Stahnsdorf

HIEBSCH, Ruth, Dipl.-Biol., Kleinmachnow bei Berlin, Clara-Zetkin-Str. 23

HOFFMANN, W., stud. med., Berlin-Pankow, Westerlandstr. 18

HOLIK, O., Dresden A 53, Loschwitzer Str. 13

HÖLZEL, Oberstudiendirektor, Berlin

HÖREGOTT, H., Dipl.-Biol., Dresden N 54, Hutbergstr. 28

*HÜSING, Prof. Dr. J. O., Zoolog. Inst. Halle, Domplatz 4

ILLIES, Dr. habil J., Limnologische Flußstation, Freudenthal, Schlitz/Hessen

ILLIES Frau W.

JÄGER, Dr. A., Berlin-Frohnau, Sigismundkorso 83/84

JAHN, A., Berlin-Tempelhof, Parkstr. 1 a

JAZYNA, Dr. L. S., Berlin-Friedrichsfelde, Wilhelmstr. 21

KAHLOW, Edith, Dipl.-Biol., Berlin-Friedrichshagen, Waldowstr. 1

KAMPF, Dr. W. D., Berlin-Steglitz, Am Eichgarten 8

KANTAK, F., Oberpräparator, Berlin NO 55, Erich-Weinert-Str. 98

KARG, W., Kleinmachnow bei Berlin, Biol. Zentralanstalt

KARL, E., stud., Berlin N 4, Scharnhorststr. 27

KAESTNER, Prof. Dr. A., Direktor des Zoologischen Museums, Berlin N 4, Invalidenstr. 43

KEILBACH, Prof. Dr. R., Greifswald, Johann-Sebastian-Bach-Str. 11—12

KEILBACH, Frau H., Greifswald

KÉLER, Dr. St. von, Berlin N 4, Invalidenstr. 43

KEMMER, Christa, Inst. f. Forstwissenschaft, Tharandt, Zweigstelle Graupa

KEMPER, Prof. Dr. H., Berlin-Dahlem, Corrensplatz 1

KERNBACH, K., Berlin W 30, Habsburger Str. 8

*KERNER, Godiva, Dipl.-Biol., Inst. f. Forstwiss., Eberswalde

KIRCHBERG, Dr. E., Berlin-Dahlem, Corrensplatz 1

KIRCHBERG, Frau A., Berlin

KIRCHNER, Dr. H. A., BZA, Rostock, Schliemannstr. 37

KLEMM, Dr. M., Kleinmachnow bei Berlin, Biol. Zentralanstalt

*KLOSE, Dr. H., Berlin-Lichterfelde, Undinestr. 35

KNAUSS, O., Lehnitz/Nordbahn, Gutsplatz 4

KNÜLLE, Dr. W., Biol. Bundesanstalt, Berlin-Dahlem, Königin-Luise-Str. 19

Koch, H., Dipl.-Biol. Mühlhausen/Thüringen, Thälmannstr. 28

KOCH, M., Wissenschaftler, Dresden N 55, Oberwachwitzer Weg 7

KOHLMEYER, Dr. J., Berlin-Grunewald, Im Hornisgrund 3

*KÖHN, E., Mayen/Eifel, Im Bannen 47

KÖNIG, A., Berlin-Reinickendorf, Thurgauer Str. 56

KÖNIG, H., Dipl.-Forstw., Berlin-Köpenick, Lindenstr. 40

KONOK, St., Forscher, Tihany, Ungarn

KÖPF-STICKDORN, Dr. H., Berlin-Buch, Institut für Medizin und Biologie

KORGE, H., Berlin-Spandau, Radeland, Kleingartenpark 91, Weg 5

KOST, F., Präparator, Eberswalde/Mark, Gertraudenstr. 10

KRAUSE, B., stud., Berlin-Zehlendorf, Kilstetter Str. 19

Krause, H., Berlin-Zehlendorf, Brettnacher Str. 25

KRAUTSCHNEIDER, H., Berlin-Schöneberg, Akazienstr. 18

KRICHELDORFF, A., Kleinmachnow b. Berlin, Mittebruch 15

KRUEL, Prof. Dr. W., Inst. f. Waldschutz, Eberswalde, Alfred-Möller-Str.

KRUEL, Frau G., Eberswalde

*KÜHLMANN, D., cand. rer. nat., Leipzig N 22, Fritzschestr. 8

KÜHN, H., BZA, Naumburg, Weißenfelser Str. 57 a

KÜHNE, H., stud, Berlin-Tempelhof, Kaiser-Wilhelm-Str. 55 E
KULLMANN, E., cand. rer nat., Bonn, Endenicher Allee 19
KUNZE, L., Dipl.-Biol., Berlin-Lichterfelde, Albrechtstr. 8 a
LANGE, Dr. B., Landwirtschaftsrat, Oldenburg, Alexanderstr. 124
LANGKUTSCH, Helga, Kleinmachnow, Geschw.Scholl-Allee 63
LAU, D., stud., Berlin-Johannisthal, Eisenhutweg 5
LEHMANN, W., wissenschaftl. Ass., Dresden A 27, Regensburger Str. 21
LEHMANN, Frau G., Dresden
LEMBCKE, G., Dipl.-Landwirt, BZA, Potsdam
LEWERENZ, H.-J., Dipl.-Biol., Berlin N 54, Linienstr. 53
LEWERENZ, Frau G., stud., Berlin N 54, Linienstr. 53
LINDROTH, Prof. Dr. C. H., Zoolog. Inst. Lund, Schweden
*LODAHL, W., Halberstadt, Robert-Koch-Str. 4
LOHAN, E., Berlin-Neukölln, Kienitzer Str. 103
LORENZ, R., Berlin-Mahlsdorf, Danziger Str. 23
LÜERS, Prof. Dr. H., Berlin-Dahlem, Rudeloffweg 9
LÜERS, Frau Dr. Th., Berlin-Dahlem, Rudeloffweg 9
LÜLFING, D., Eberswalde, Inst. f. Forstzoologie, Schicklerstr. 5
LÜPNITZ, F., Dipl.-Biol., Berlin N 4, Invalidenstr. 42
MACHATSCHKE, Dr. J., Teltow, Wodanstr. 16
MADEL, Dr. habil. W., Privatdozent, Ingelheim/Rhein, Bahnhofstr. 102
MADEL, Frau A., Ingelheim/Rhein
MADEL, G., Potsdam, Leninallee 34 bei Petz
MAGNUS, Dr. habil. D., Darmstadt, Merckstr. 17
MANSFELD, Dr. K., Seebach über Mühlhausen/Thür.
MÄRKEL, Dr. K., Tharandt, Zoolog. Institut
MASCHMEIER, Dr. W., Wolfen, Kr. Bitterfeld, Thälmannstr. 40 b
MAUERSBERGER, G., Dipl.-Biol., Zool. Mus., Berlin N 4, Invalidenstr. 43
MAY, W., stud., Berlin-Zehlendorf, Heimat 57 b
MAYER, Dr. K., Biol. Bundesanstalt, Berlin-Dahlem, Königin-Luise-Str. 19
MAYER, Frau M., Berlin
MELCHIOR, Prof. Dr. H., Berlin-Dahlem, Königin-Luise-Str. 6—8
MENNER, Prof. Dr. E., Potsdam, Seestr. 39
MESCHKAT, Dr. Hilde, Oberass. am Inst. f. Acker- u. Pflanzenbau Universität Halle/Saale
METZNER, H., Leipzig C 1, Fregestr. 25
MEYERHOFF, Dr. habil. Grete, Dozentin, Hohen-Neuendorf b. Berlin, Friedrich-Engels-Str. 58—65
MEYFARTH, H., Dipl.-Forstwirt, Erfurt, Friedrich-List-Str. 14
MICHALK, O., Reg-Rat a. D., Leipzig S 3, Kurt-Eisner-Str. 74
*MICHALK, Frau, Leipzig
MORGE, G., Dipl.-Forstw., Eberswalde, Erich-Mühsam-Str. 4
*MORITZ, M., Dipl.-Biol., Greifswald, Johann-Sebastian-Bach-Str. 11/12
MOSER, J. G., stud. rer. nat., Berlin-Charlottenburg 9, Hessenallee 12
MUCHE, W. H., Radeberg/Sachsen, Obergraben 13
MUCHE, Frau E., Radeberg
MÜLLER, Dr. A., Frankfurt a/M.-Süd, Danneckerstr. 29
MÜLLER, Dr. habil. F. P., Dozent, Inst. f. Phytopath. u. Pflanzensch. der Universität Rostock, Satower Str. 48
MÜLLER, Dr. G., Dipl.-Landw., Inst. f. Acker- u. Pflanzenb., Müncheberg/Mark
MÜLLER, H., Gräfenhain, Krs. Gotha, Hauptstr. 24
MÜLLER, Hildegard, Dipl.-Biol., Zoolog. Inst. d. Karl-Marx-Univ. Leipzig C 1, Talstr. 33
MÜLLER, K. H., Dipl.-Biol., Karl-Marx-Stadt, Biol. Labor. VEB Fettchemie

Müller, L., Dipl.-Biol., Wolfen, Kr. Bitterfeld, Greppiner Str. 5
Müller, P., Dipl.-Biol., Berlin-Treptow, Neue Krugallee 80
Müller, W., Dipl.-Biol., BZA, Halle/Saale, Reichardtstr. 10
Naglitsch, F., Dipl.-Biol., Inst. f. Acker- u. Pflanzenb., Müncheberg/Mark
Neindorff, U. von, stud. rer. nat., Berlin-Dahlem, Unter den Eichen 84 e
Neumann, H., cand. rer. nat., Berlin-Steglitz, Markelstr. 51
*Nicolai, Prof. Dr., Direktor des Physiologischen Instituts, Berlin N 4
Nitschmann, Dr. J., Zoolog. Inst., Berlin N 4, Invalidenstr. 43
Nitschmann, Frau, Berlin
Nolcken, B., Berlin-Wilmersdorf, Emser Str. 16
Noll, Dr. J., Kleinmachnow b. Berlin, Bachweg 5
Nolte, Dr. H. W., BZA, Aschersleben, Ermslebener Str. 52
Nolte, Frau E., Aschersleben
Novák, Dr. V., Československá Akademie věd Entomologická laboratoř, Praha II, Viničná 7, ČSR
Nowakowski, J., Mgr., Zoolog. Institut, Warschau, Polen
Oehlke, J., stud., Berlin N 4, Auguststr. 86
Offenberg, F., stud., Berlin W 30, Rosenheimer Str. 12
Ohm, Dr. D., Berlin N 4, Invalidenstr. 43, Zoolog. Inst.
Otto, D., Dipl.-Biol., Eberswalde, Schillerstr. 14
Padelt, H., stud. med., Berlin-Niederschönhausen, Körnerstr. 46
Pag, H. G., Dipl.-Gärtner, Berlin-Zehlendorf, Glockenstr. 25
Pally, Ch., Dipl.-Forstwirt, Inst. f. Forstzool., Eberswalde
Peters, Dr. W., Berlin-Zehlendorf, Mörchinger Str. 26
Petersen, Dr. G., Deut. Entomol. Inst., Berlin-Friedrichshagen, Waldowstr. 1
Petzold, Dr. Wiltrud, Krefeld, Dionysiusstr. 70
*Pfeffer, Prof. Dr. Ing. A., Praha-Dejvice, Studentská 14, ČSR
Pfitzner, Ingrid, Dipl.-Biol., Berlin N 4, Invalidenstr. 42
Philipp, H., cand. rer. nat., Berlin N 113, Wichertstr. 52
Plath, H., stud., Berlin-Schmargendorf, Misdroyer Str. 31 a
Plate, Dr. H. P., Berlin-Charlottenburg 4, Schlüterstr. 34
Plate, Frau L., Berlin
Plate, Frau E., Berlin
Poenack, H., Berlin-Charlottenburg 9, Kastanienallee 25
Poenack, Frau H., Berlin
*Pörner, H., cand. rer. nat., Berlin-Weißensee, Herbert-Baum-Str. 36
Prell, Prof. Dr. H., Dresden N 54, Schillerstr. 27
Prell, Frau Dr. A., Dresden
Prell, Hildegard, z. Z. Berlin-Zehlendorf
Puprowa, G. D., Dolmetscherin, Berlin-Friedrichsfelde, Wilhelmstr. 21
Quednau, Dr. W., Berlin-Lichterfelde, Berliner Str. 30
Quednau, Charlotte, Berlin
Quelle, Dr. phil. F., Berlin-Niederschönhausen, Kuckhoffstr. 82
Reichardt, Dr. H., Karl-Marx-Stadt 30, Reichenbrander Str. 28
Reichert, R., Museumsdirektor, Dresden A 40, Mannheimer Str. 23
*Reinmuth, Prof. Dr. E., Rostock, Eggersstr. 14
Rempel, E., Dipl.-Landwirt, Miersdorf, Kr. Königs Wusterhausen, Lindenweg 38
Reuter, H., wiss. Ass., Falkensee-Finkenkrug, Friedrich-Hahn-Str. 14
Reuter, Erika, Dipl.-Landw., Falkensee-Finkenkrug, Friedrich-Hahn-Str. 14
Richter, D., Dipl.-Biol., Inst. f. Forstwiss., Eberswalde, Alfred-Möller-Str.
Richter, G., Revierförst., Wiss. Ass., BZA, Kleinmachnow, Post Stahnsdorf
Richter, J., Dipl.-Forstwirt, Inst. f. Forst zool., Eberswalde, Schicklerstr. 5
Riehm, Dr. E., Präsident i. R., Berlin-Zehlendorf, Bergmannstr. 4

RIEHM, K., Dipl.-Biol., Teltow-Seehof, Max-Sabersky-Allee 22

RÖBEL, Johanna, Dipl.-Biol., Jena, Drevesstr. 29

ROGGE, Waltraut, stud., Berlin-Lichterfelde, Baseler Str. 44

ROGOLL, H., Dipl.-Landwirt, BZA, Halle/S., Reichardtstr. 10

RUPP, Dipl.-Forstw., Eberswalde, Schicklerstr. 5

*SACHTLEBEN, Prof. Dr. H., Deut. Entomol. Inst., Bln.-Friedrichshagen, Waldowstr. 1

SAMOLEWITZ,, H., Reg-.Oberinsp. a. D., Bln.-Lichterfelde, Unter den Eichen 107

SAMOLEWITZ, Frau Paula, Bln.-Lichterfelde, Unter den Eichen 107

SAMOLEWITZ, Maria, Bln.-Lichterfelde, Unter den Eichen 107

SARASIN, G., cand. phil., Schweizerisches Tropeninstitut, Basel, Schweiz

SCHÄFER, E. W., Berlin-Frohnau, Forstweg 62

SCHÄLLER, G., Dipl.-Biol., BZA Naumburg, Weißenfelser Str. 57 a

SCHÄPERCLAUS, Prof. Dr. W., Berlin-Friedrichshagen, Müggelseedamm 310

SCHEIDING, Dr. Ursula, Berlin-Friedrichshagen, Müggelseedamm 250

SCHIEMENZ, H., Dipl.-Biol., Zool. Mus., Berlin N 4, Invalidenstr. 43

SCHIEMENZ, Frau, Berlin

SCHILDER, Prof. Dr. F. A., Halle/S., Schleiermacherstr. 19

*SCHMIDT, Dr. G., Berlin-Steglitz, Schildhornstr. 11

SCHMIDT, Dr. Heinz, BZA, Rostock, Graf-Lippe-Str. 1

SCHMIDT, Dr. Herta, BZA, Kleinmachnow, Post Stahnsdorf

SCHMIDT, Dr. M., BZA, Potsdam, Templiner Str. 21 b

SCHÖNHERR, J., Dipl.-Forstwirt, Zoolog. Inst., Tharandt

SCHRAMM, T., Dipl.-Biol., Leipzig O 5, Herrnhuter Str. 10

SCHULTZE-DEWITZ, G., Dipl.-Forstwirt, Inst. f. physikal. Holztechnologie, Eberswalde/Mark

SCHULZ, H.-E., Dipl.-Biol., Inst. f. Forstwiss., Tharandt, Dippoldiswalder Str. 21

SCHUMANN, H., Dipl.-Biol., Zoolog. Inst. Greifswald, Johann-Sebastian-Bach-Str. 11—12

SCHUURMANS-STEKHOVEN, Prof. Dr. J. H., Deventer/Holl.

SCHÜTZE, E., Kassel-Wilhelmshöhe, Landgraf-Karl-Str. 31, 3/4

SCHWARTZ, Erika, wissenschaftl. Mitarb., Kleinmachnow b. Berlin, Biolog. Zentralanstalt

SCHWARTZ, Renate, Kleinmachnow b. Berlin, Biolog. Zentralanstalt

SCHWARZ, R., cand. rer. nat., Bln.-Lichterfelde-W., Ringstraße 37

SCHWENKE, Dr. W., Berlin-Friedrichshagen, Waldowstr. 1

SCHWERK, L., Dipl.-Landw., Bln.-N 4, Sophienstr. 4 part.

SCHWERK, Frau Ch., Dipl.-Landw.

SEIDEL, E., Dipl.-Biol., Leipzig C 1, Zwikkauer Str. 55

SEIFERT, G., Dipl.-Biol., Naumburg, Weißenfelser Str. 57 a

SEIFERT, Dr. Liselotte, Berlin N 58, Sonnenburger Str. 68

SIEBELIST, I., Dipl.-Biol., Gerbstedt, Hettstedter Str. 18

SKUHRAVÝ, Dr. V., Československé Akademie věd, Entomologická laboratoř, Praha II, Viničná 7, ČSR

SMRECZYNSKI, Prof. Dr. St., Zoolog. Institut, Krakau, Army 6, Polen

SOMADIKARTA, stud., Indonesien, z. Z. Berlin

STAUDINGER, Fa. Dr. O. & A. Bang-Haas, Dresden A 53, Jüngststr. 19

STEFFENS, W., Dipl.-Fischwirt, Bln.- Friedrichshagen, Bruno-Wille-Str. 79

STEHLIK, B., Wolfen, Kirchstr. 10 b

STEIN, W., Berlin N 4, Invalidenstr. 42

STEINBACH, Dr. G., Berlin N 4, Invalidenstraße 43

STEINER, Dr. P., Reg.-Rat, Braunschweig, Messeweg 11/12

STEINIG, G., Berlin-Lichtenberg, Atzpodienstr. 42

*STELLWAAG-KITTLER, Prof. Dr. F., Vorstand d. Inst. f. Pflanzenkrankhtn. d. Lehr- u. Forschungsanst. f. Wein-, Obst- u. Gartenbau, Geisenheim/Rheingau
STEUER, Dr. med. H., Bad Blankenburg/Thür., Uhlandstr. 4
STEUER, Frau R., Bad Blankenburg
STREITBERG, K., Berlin-Neukölln, Innstr. 22
STRESEMANN, Prof. Dr. E., Zool. Mus., Berlin N 4, Invalidenstr. 43
STRÜBING, Dr. Hildegard, Berlin-Steglitz, Am Fenn 17
*STURM, Dr. H., Berlin-Tegel, Bernauer Str. 96
SY, Dr. M., Düsseldorf, Feuerbachstr. 73
SZÉKESSY, Dr. V., stellvertr. Oberdirektor, Budapest VIII, Szentkirályi-utca 3, Ungarn
TANNERT, W., Dipl.-Landwirt, Berlin N 58, Gneiststr. 10 bei Thurns
TÄNZER, S., Dipl.-Biol., Karl-Marx-Stadt, Rudolf-Krahl-Str. 74 b. Weikert
TEMBROCK, Dr. G., Berlin N 4, Invalidenstraße 43
TEMBROCK, Frau Dr. L., Berlin
TEMPLIN, Dr. E., Inst. f. Forstwiss., Tharandt, Dippoldiswalder Str. 21
TEUCHER, Dr. G., Inst. f. Forstwiss. Eberswalde, Alfred-Möller-Str.
THIELE, Dr. H. U., Zoolog. Inst. d. Universität Köln
THIELE, K., stud., Berlin-Karlshorst, Riastraße 6
THIEM, Dr. E., Kleinmachnow b. Berlin, Märkische Heide 38
THILO, F., Berlin-Neukölln, Weserstr. 191
THOMAS, G., Zehdenick/Havel
TIBURTIUS, Prof. Dr., Senator für Volksbildung, Bln.-Charlottenburg 9, Messedamm 4—6
TIELECKE, Dr. H., Magdeburg-C., Brandstr. 39
TITSCHACK, Prof. Dr. E., Hamburg-Altona, Altonaer Museum
TÖRNE, E. von, Jena
ULRICH, Prof. Dr. H., Zoolog. Inst. d. Universität Göttingen
UNTERSTENHÖFER, Prof. Dr. G., Opladen, Friedensberger Str. 2
URBAHN, Dr. E., Zehdenick/Havel, Poststr. 15
URBAHN, Frau H., Zehdenick
USCHATINSKAJA, Frau Prof. Dr. R. S., Akademie der Wissenschaften der UdSSR, Institut für Morphologie der Tiere, Moskau, Kalushskajastr. 33
VODERBERG, Prof. Dr. Käthe, Berlin N 4, Invalidenstr. 42
*VOLMER, Prof. Dr. M., Potsdam-Babelsberg, Jägersteig 8
VOSS, E., Ing. i. R. (23) Harderberg 115 üb. Osnabrück 5
VOSS, Frau M., Harderberg
VOSS, Frl. I., Harderberg
WAGNER, Dr. W., Hamburg-Fuhlsbüttel, Farnstr. 36
WALLIS, Dr. W., Dessau, Rheinstr. 32
WANDSCHNEIDER, W., Bln.-Wilhelmsruh, Frühlingstr. 13
WANDSCHNEIDER, Frau, Berlin
*WASCHKE, K., Berlin N 65, Ramlerstr. 29
WEBER, W., stud. rer. nat., Bln.-Wilmersdorf, Weimarische Str. 1
WECKWERTH, W., Oberförster, Stülpe bei Luckenwalde
WECKWERTH, Frau M., Stülpe
WEINER, F., stud., Berlin-Köpenick
WEITZ, Helga, Petkus Kr. Luckenwalde
WELKE, G., Dipl.-Biol., Deut. Entomolog. Inst., Bln.-Friedrichshagen, Waldowstr. 1
WELLMANN, Prof. Dr. G., Berlin-Dahlem, Unter den Eichen 82—84
WENDELER, H., Ing., Berlin-Karow, Floraстraße 2
WENDELER, Frau F., Berlin
WERNER, E., Berlin NW 21, Bugenhagenstraße 7
WERNER, Frau G., Berlin
WERNER, N. J., Berlin N 65, Togostr. 25a
WIEGAND, Dr. H., Kleinmachnow b. Berlin, Hohe Kiefer 73
WIEGAND, Frau J., Kleinmachnow
*WILLE, A., Berlin-Südende, Reutlinger Str. 4
WILLMANN, Dr. C., Bremen 13, Basdahler Str. 10

WINKLER, D., Dipl.-Biol., Berlin NO 18, Am Friedrichshain 3

WOLBURG, Dr. I., Berlin-Lichtenberg 4, Nöldnerstr. 40/42

WOLF, Dr. B. E., Berlin-Dahlem, Inst. f. Genetik, Rudeloffweg 9

*WOLF, Dr. S., Dresden A 38, Neunimptscher Str. 19

WUNDRIG, Dr. Gertrud, Berlin-Marienfelde, Welterpfad 25

*WUTTKY, K., Oberforstmeister, Gatersleben Kr. Aschersleben

ZACHER, Prof. Dr. F.. Berlin-Steglitz, Zimmermannstr. 31

ZACHER, Frau L., Berlin

ZAHN, M., cand. rer. nat., Berlin-Steglitz, Am Fenn 17

ZECH, Dr. agr. E., BZA Naumburg/S., Weißenfelser Str. 57a

ZIMMERMANN, Prof. Dr. F., Berlin-Spandau, Weißenburger Str. 27

ZIMMERMANN, Prof. Dr. K., Berlin N 4, Invalidenstr. 43

ZURECK, Dr. F., Berlin-Zehlendorf, Wilskistraße 55

ZURKUHLEN, Dr. H., Berlin-Niederschönhausen, Siegfriedstr. 27

Tagungsverlauf

Von E. Döhring

Die Deutsche Entomologische Gesellschaft e. V. feierte ihr hundertjähriges Bestehen mit einer Vortragstagung in Berlin vom 30. September bis 5. Oktober 1956.

Es schien zunächst, als ob im Jahre 1956 eine Fülle von Tagungen für Biologen stattfinden würde. Durch freundliches Entgegenkommen des Ständigen Sekretärs der Wanderversammlungen Deutscher Entomologen — der zugleich Ehrenmitglied der DEG ist —, Prof. Dr. H. Sachtleben, und des Vorsitzenden der Deutschen Gesellschaft für angewandte Entomologie, Prof. Dr. H. Kemper, wurden jedoch die 8. Wanderversammlung Deutscher Entomologen und die 14. Mitgliederversammlung der Deutschen Gesellschaft für angewandte Entomologie ins Jahr 1957 verlegt. Die alljährlich durchgeführte Deutsche Pflanzenschutz-Tagung der Biologischen Bundesanstalt für Land- und Forstwirtschaft fiel 1956 ebenfalls aus. Dennoch hatten Zoologen die Wahl etwa zwischen dem Besuch der 50. Jahresversammlung der Deutschen Zoologischen Gesellschaft in Hamburg vom 21. bis 26. Mai, des X. Internationalen Kongresses für Entomologie in Montreal (Kanada) vom 17. bis 25. August, der 99. Versammlung Deutscher Naturforscher und Ärzte in Hamburg vom 23. bis 26. September, der Tagung der Deutschen Biologen in Hamburg vom 27. bis 29. September oder endlich der Hundertjahrfeier der Deutschen Entomologischen Gesellschaft in Berlin!

Auf die Jubiläumsfeier wurde in den vierteljährlich erscheinenden „Mitteilungen der Deutschen Entomologischen Gesellschaft, E. V." ab Dezember 1955 aufmerksam gemacht. Einladungen mit Vortragsprogramm wurden Anfang August 1956 versandt. Ergänzungen zum Programm und Listen der Teilnehmer wurden während der Tagung ausgegeben.

Die Feier wurde in beiden Teilen Berlins durchgeführt. Die Veranstaltungen und Sitzungen der ersten Tagungshälfte vom 30. September bis 2. Oktober fanden in West-Berlin statt, die der zweiten Hälfte vom 3. bis 5. Oktober im Demokratischen Sektor Berlins.

Trotz der vorangegangenen Tagungen hatten sich 420 Personen angemeldet, anwesend waren 391 Teilnehmer. Aus dem Ausland waren folgende Mitglieder und Gäste erschienen: Dr. N. Atanassov, Sofia (Bulgarien), Dr. H. Bytinski-Salz, Israel, Forscher T. Farkas, Tihany (Ungarn), Dr. R. Gasser, Basel (Schweiz),

Dr. L. S. JAZYNA, (UdSSR) z. Z. Berlin-Friedrichsfelde, Wilhelmstr. 21, Forscher St. KONOK, Tihany (Ungarn), Prof. Dr. C. H. LINDROTH, Lund (Schweden), Dr. V. NOVÁK, Prag (ČSR), Mgr. J. NOWAKOWSKI, Warschau (Polen), G. D. PUPROWA, Dolmetscherin, Moskau (UdSSR), cand. phil. G. SARASIN, Basel (Schweiz), Prof. Dr. J. H. SCHUURMANS STEKHOVEN, Deventer (Holland), Dr. V. SKUHRAVÝ, Prag (ČSR), Prof. Dr.St. SMRECZYNSKI, Krakau (Polen), stud. SOMADIKARTA, Indonesien, Dr. V. SZÉKESSY, Budapest (Ungarn) und Frau Prof. Dr. R. S. USCHATINSKAJA, Moskau (UdSSR).

Am Sonntag, dem 30. September

wurde die Hundertjahrfeier mit einem zwanglosen Begrüßungsabend, zu dem etwa 150 Personen erschienen, in der Gaststätte „Schultheiß an der Gedächtniskirche“, Kurfürstendamm, eröffnet.

Am Montag, dem 1. Oktober

fand vormittags in dem geschmückten, 380 Personen fassenden und bis auf den letzten Platz gefüllten Hörsaal 3010 der Technischen Universität Berlin-Charlottenburg, Hardenbergstraße, die „Festsitzung“ mit der Begrüßung der Teilnehmer und den beiden Festvorträgen statt. Anwesend waren neben Mitgliedern und Freunden der Deutschen Entomologischen Gesellschaft und den Abgesandten mehrerer entomologischer Vereinigungen aus der Bundesrepublik und der Deutschen Demokratischen Republik Vertreter des Berliner Senats, der Senator für Volksbildung Herr Prof. Dr. TIBURTIUS und Herr Senatsrat Dr. GEHLHOFF, Vertreter Berliner und anderer Hochschulinstitute und des Deutschen Entomologischen Instituts, Vertreter verschiedener Behörden wie der Biologischen Bundesanstalt für Land- und Forstwirtschaft, Braunschweig und Berlin-Dahlem, der Biologischen Zentralanstalt in Kleinmachnow, des Bundesgesundheitsamtes und der Bundesanstalt für Materialprüfung sowie ferner Mitarbeiter an Pflanzenschutzämtern und Biologen führender Firmen der Bekämpfungsmittelindustrie.

Umrahmt von musikalischen Darbietungen des Kusserow-Quartetts hielt der Vorsitzende der Gesellschaft, Prof. Dr. F. ZACHER, Berlin, folgende Begrüßungsansprache:

Meine Damen und Herren!

Liebe entomologischen Freunde!

Daß wir dieses Fest des 100jährigen Bestehens unserer Deutschen Entomologischen Gesellschaft unter so starker Beteiligung aus dem In- und Ausland begehen können, ist für uns alle eine große Freude. Insbesondere sind wir aber den hohen Behörden unserer Stadt und beider Teile unseres schönen Vaterlandes von Herzen dankbar für die namhaften Zuschüsse, die sie uns für die würdige Ausgestaltung der Feier bewilligt haben, sowie auch den Firmen der Industrie und des Handels, die uns durch Spenden erfreuten!

Es war nur ein kleiner Kreis enthusiastischer Entomologen, der am 10. Oktober 1856 unter Führung von Dr. KRAATZ unseren Verein gründete. Über 50 Jahre hat dann Prof. Dr. KRAATZ die Leitung behalten. Wie die Gesellschaft gewachsen und zu internationalem Ansehen gelangt ist, das wird Ihnen Herr Prof. BISCHOFF im anschließenden Festvortrag schildern.

100 Jahre sind eine lange Zeit, und gerade im letzten Jahrhundert ist ja eine Fülle umwälzender Veränderungen erfolgt. Die immer schneller anwachsende Masse der Bevölkerung nützt die Fortschritte der Technik aus, um mehr Ödland in Kultur zu nehmen und das Kulturland immer rationeller zu bewirtschaften. Das übt selbstverständlich auch einen tiefen Einfluß auf die Insektenfauna aus. Als ich kürzlich HORIONs ausgezeichnete Käferfauna Deutschlands durchsah, mußte ich als Entomologe und alter Käfersammler mit Betrübnis feststellen, daß viele schöne und interessante Käferarten sehr selten geworden oder gänzlich verschwunden sind. Nur wenige Beispiele will ich anführen. So wird von *Carabus clathratus* L. gesagt, daß durch systematische Melioration von Brüchen und Sümpfen zahlreiche Fundorte, wo er im 19. Jahrhundert vorkam, vernichtet sind. Man staunt, wenn man liest, daß dieses große und schöne Tier in früheren Jahrzehnten sogar hier im Weichbild von Berlin, in Moabit, in der Jungfernheide, in Spandau, Pichelsdorf und Rüdersdorf vorkam. Andere Arten sind bei uns bereits ausgestorben. Sie waren, wie z. B. *Boros schneideri* Pz., der 1795 von PANZER beschrieben wurde, „Urwaldrelikte", deren Ausrottung auch in Nordeuropa durch die immer weiter um sich greifende rationelle Forstwirtschaft droht. Auch die rationelle Bewirtschaftung der Fischteiche hat manche Arten zurückgedrängt, wie z. B. den breiten Gelbrand, *Dytiscus latissimus* L.. Selbstverständlich bleibt auch die Intensivierung der Landwirtschaft nicht ohne Einfluß auf die Insektenfauna. Mit den Wildbienen, die dadurch selten werden, verschwinden vielerorts auch die sonderbaren Maiwurmkäfer, auch Ölkäfer oder Pflasterkäfer genannt, die Arten der Gattung *Meloe*, deren Larven ja bei Wildbienen schmarotzen. Und auch die Ernährungsbasis der Mistkäfer, der *Scarabaeus*, *Copris*, *Geotrupes*, *Aphodius*, muß immer schmaler werden, wenn Reit-, Last- und Zugtiere, Pferde, Esel, Kamele und Büffel, in aller Welt immer mehr durch Traktoren und Autos ersetzt werden.

Wir sehen durchaus ein, daß die Rationalisierung der Wirtschaft unvermeidlich, und daß ohne diese unsere Volkswirtschaft nicht bestehen kann. Sie bringt auch die intensive Schädlingsbekämpfung mit sich, und die modernen Kontaktinsektizide vernichten natürlich ungewollt auch zahllose harmlose Insekten. Daraus ergibt sich die Notwendigkeit, sich sehr eindringlich mit den Fragen der Biozoenotik und Ökologie zu beschäftigen und zu ermitteln, ob nicht die Ödlandstrecken ein wichtiges Reservoir für die Auffüllung der Kulturflächen mit Nützlingen sind. Ich hoffe, daß es möglich sein wird, bei der kommenden Bodenreform nicht nur große zusammenhängende Kulturflächen zu schaffen, die mit einheitlicher technischer Apparatur bearbeitet werden, sondern auch dem Ödland, den Rainen, Hecken, Gebüschen, Sumpfstellen mit ihrer mannigfachen Flora und Fauna einen gebührenden Platz zu belassen. Dann werden auch die Liebhaberentomologen, die Sammler, ausreichend Raum für ihre Betätigung behalten.

Hier möchte ich betonen, daß uns Berufsentomologen (wobei bemerkt sei, daß die meisten von uns auch von Jugend an Sammler sind) die Liebhaber durchaus notwendige und wichtige Kollegen sind, die uns bei unserer Arbeit stets wertvolle Unterlagen liefern. Ohne sie wäre unsere Arbeit vielfach nicht möglich. Sie seien hier deshalb auch besonders herzlich begrüßt! Größte Anerkennung und ein besonderes Wort des Dankes gebühren auch der Naturdenkmalpflege für die Erhaltung so vieler Stellen unverfälschter Natur. KLOSE sagt, daß es 1942 in Berlin 8, in der Provinz Brandenburg 53 Naturschutzgebiete gab. Die Entomologen werden auch in Zukunft eng mit dem Naturschutz zusammenarbeiten.

Es sind natürlich im letzten Jahrhundert nicht nur Insektenarten ausgestorben, sondern es sind auch allerlei neue Arten als Einwanderer hinzugekommen. Meist waren sie höchst unerwünscht, wie z. B. auf dem von mir seit 40 Jahren gepflegten Gebiete des Vorratsschutzes, der Khaprakäfer, *Trogoderma granarium* Ev., ein gefährlicher Malzschädling, der Getreidekapuziner, *Rhizopertha dominica* F., der Messingkäfer, *Niptus hololeucus* FALD., die Bohnenkäfer, *Acanthoscelides obtectus* SAY und *Zabrotes subfasciatus* BOH., die Mehlmotte, *Ephestia kühniella* ZELL., und der Samenzünsler, *Paralispa gularis* ZELL. Auch eine Reihe der wichtigsten Pflanzenschädlinge sind erst in diesem Jahrhundert aus dem Ausland zu uns gekommen und haben viel Aufregung und Verlust gebracht, wie die Reblaus, *Viteus* (*Phylloxera*) *vitiifolii* SHIMER, seit 1874 in Deutschland, und der Kartoffelkäfer, *Leptinotarsa decemlineata* SAY., der in Deutschland zum erstenmal 1877 am Rhein bei Mülheim gefunden wurde. Daneben kamen auch wirtschaftlich weniger bedeutsame oder ganz harmlose Tiere zu uns, so die Laufkäfer *Perigona nigriceps* DEJ. und *Somotrichus unifasciatus* DEJ., und die Gewächshausheuschrecken *Tachycines asynamorus* ADEL. und *Phlugiola dalehmica* EICHL.

Sie wissen ja, daß sich unsere Gesellschaft im Jahre 1880 in zwei Vereine gespalten hatte. Ursache dafür war wohl die starke Betonung der systematischen Coleopterologie durch Professor KRAATZ. Die Wiedervereinigung beider Teile 1914 hat dazu geführt, daß seither alle Zweige der Entomologie gleichmäßig berücksichtigt werden. Aus unserem Sitzungsprogramm ersehen Sie, daß wir diese in den letzten Jahren sehr reichhaltig gestalten konnten, und das ist uns ja erfreulicherweise auch für diese Tagung wieder geglückt.

Ich danke allen Kollegen des Vorstandes und den sonstigen Mitarbeitern für ihre treue Hilfe und ebenso allen Kollegen, die uns für unsere Hundertjahrfeier Vorträge zur Verfügung stellten. Die Damen und Herren des Vorstandes haben der Gesellschaft außerordentlich viel Mühe und Zeit gewidmet.

Die Vorträge werden Fachkollegen befriedigen und auch den Liebhabern sehr viel Interessantes bringen. Ich betonte schon, daß wir viel von der immer intensiveren Zusammenarbeit der Liebhaber und der Berufsentomologen erwarten. Dabei möchte ich meiner Hoffnung Ausdruck geben, daß ihre Sammeltätigkeit in Zukunft auch die technisch und systematisch schwierigeren Insektengruppen, die bisher etwas vernachlässigt wurden, mehr und mehr erfaßt und dadurch manche

Lücken in der Faunistik und Systematik ausgefüllt werden. Es gibt sicher noch allerhand Neues zu entdecken!

Mit großer Freude kann ich feststellen, daß wir ziemlich viel jungen Nachwuchs in unseren Reihen sehen. Wir hoffen auf weiteren Zustrom junger Entomologen.

Wenn wir die Feier in einem würdigen Rahmen veranstalten können, so ist uns das, wie ich schon sagte, durch namhafte Zuschüsse der hohen Behörden beider Teile Deutschlands ermöglicht worden, denen ich nochmals von dieser Stelle aus unseren herzlichen und tiefgefühlten Dank aussprechen möchte!

Ich begrüße unsere Freunde aus aller Welt, die an unserer Feier teilnehmen, und wünsche einen guten Verlauf der Tagung und

viel Glück für das zweite Jahrhundert!

Sodann übermittelte der Vertreter des Berliner Senats, der Senator für Volksbildung Prof. Dr. TIBURTIUS, der Festversammlung die Grüße und Glückwünsche des Landes Berlin. Mit dem Blick auf das umfangreiche Programm der Festtagung führte er aus, daß alle Spezialforschung, auch die so stark zur praktischen Anwendung neigende Forschung wie die Entomologie, nicht der Grundlagenforschung entraten könne[1]).

Anschließend überbrachte Prof. Dr. E. TITSCHACK, Hamburg, die Glückwünsche des Hohen Senats der Freien und Hansestadt Hamburg und des Verbandes Naturwissenschaftlich-heimatkundlicher Vereine in Hamburg. Die Behörden dieser Stadt zeigten viel Verständnis und Entgegenkommen für die Wünsche der Entomologen und der naturwissenschaftlichen Heimatforschung durch Förderung der entomologisch-faunistischen Vereinsarbeit. Der Redner sprach die Hoffnung aus, daß sich dies einmal günstig auswirken möge auf die Gestaltung der wahrscheinlich kommenden längeren Freizeit für viele Menschen. Prof. Dr. K. HERTER, Berlin, übermittelte die Glückwünsche des Rektors der Freien Universität Berlin sowie des Zoologischen Instituts dieser Universität und als Vorsitzender der Gesellschaft Naturforschender Freunde zu Berlin auch die Grüße dieser noch etwas älteren Gesellschaft. Doz. Dr. K. MAYER, Berlin, sprach in Vertretung des Präsidenten der Biologischen Bundesanstalt Braunschweig die Glück- und Segenswünsche dieser Institution für das Gedeihen der Deutschen Entomologischen Gesellschaft aus. Bei der großen Zahl von schädlichen und nützlichen Insekten sei der Pflanzenschutz auf die Mithilfe der zahlreichen Spezialisten in den Reihen dieser Gesellschaft angewiesen. Prof. Dr. H. KEMPER, Berlin, brachte in Vertretung des Präsidenten des Bundesgesundheitsamtes und als Vorsitzender der Deutschen Gesellschaft für angewandte Entomologie die engen Beziehungen zum Ausdruck, die sowohl das BGA von der Seite der medizinischen Entomologie als auch die DGaE von der Seite der allgemein angewandten Entomologie zur Pflegestätte der reinen Entomologie hätten.

---

[1]) Ansprache in Heft 4 (1956) der „Mitteilungen der Deutschen Entomologischen Gesellschaft, E. V.“ veröffentlicht.

Prof. Dr. ZACHER dankte allen Rednern und wies darauf hin, daß die zahlreich eingegangenen Glückwunsch-Adressen während des abendlichen Festessens verlesen würden.

Es folgten die beiden Festvorträge:

Prof. Dr. H. BISCHOFF, Berlin (Seite 27).

Prof. Dr. K. GÜNTHER, Berlin (Seite 44).

Nach einem gemeinsam im Studentenhaus der Technischen Universität eingenommenen Mittagessen begann die Reihe der Fachvorträge.

Vorsitzender der Nachmittags-Sitzung:

Dr. H. W. NOLTE, Aschersleben.

Vorträge zum Thema „Systematik":

Prof. Dr. W. HENNIG, Berlin (Seite 50).

Dipl.-Ing. agr. I. GREBENŠČIKOV, Gatersleben (Seite 72).

Dr. A. MÜLLER, Frankfurt a. M. (Seite 78).

Dr. W. QUEDNAU, Berlin (Seite 87).

Doz. Dr. F. P. MÜLLER, Rostock (Seite 93).

Nach diesen Vorträgen und Schlußworten von Dr. H. W. NOLTE strömten die Besucher um 16 Uhr 45 ins Aquarium der Stadt Berlin. Direktor W. SCHRÖDER hatte es als Mitglied der Gesellschaft liebenswürdigerweise übernommen, die zahlreich erschienenen Besucher zu begrüßen und sie nicht nur durch die bereits fertig und vorbildlich ausgestatteten Räume des Aquariums, sondern auch durch die erst in der Einrichtung befindlichen Räume des neu erbauten Terrariums zu führen. Er gab der Hoffnung Ausdruck, daß es recht bald gelingen möge, auch wieder wie früher ein Insektarium aufzubauen. Bei dessen Einrichtung kann er der Hilfe und Unterstützung der Deutschen Entomologischen Gesellschaft gewiß sein.

Abends fanden sich die Teilnehmer in den nunmehr festlich hergerichteten Räumen des „Schultheiß" ein. Hier gab die Gesellschaft allen Mitgliedern und Gästen ein Abendessen, in dessen Verlauf Glückwunsch-Adressen verlesen wurden. Solche waren eingegangen von folgenden Gesellschaften und Institutionen:

Arbeitsgemeinschaft Rheinisch-Westfälischer Lepidopterologen e. V., Celle; Deutsche Akademie der Wissenschaften, Sektion Biologie, Berlin; Deutsches Entomologisches Institut der Deutschen Akademie der Landwirtschaftswissenschaften zu Berlin; Deutsche Zoologische Gesellschaft; Entomologische Gesellschaft der UdSSR bei der Akademie der Wissenschaften der UdSSR; Entomologische Vereinigung Neukölln, Berlin-Neukölln; Finnische Entomologische Gesellschaft, Helsinki; Humboldt-Universität zu Berlin, Dekan der Landw. Gärtnenerischen Fakultät; Münchner Entomologische Gesellschaft; Naturhistorisches

Museum, Wien; Nederlandsche Entomologische Vereeniging, Amsterdam; Norsk Entomologisk Forening, Oslo (Norwegen); Polski Zwiazek Entomologiczny, Krakau (Polen); Schweizerische Entomologische Gesellschaft, Basel; Société Entomologique d'Égypte, Kairo (Ägypten); Société Royale d'Entomologie de Belgique; Tschechoslowakische Entomologische Gesellschaft; Tschechoslowakische Akademie der Wissenschaften; Tschechoslowakische Akademie der Landwirtschaftswissenschaften nebst allen entomologischen Arbeitsstätten in der ČSR; Verein für naturwissenschaftliche Heimatforschung zu Hamburg; Wiener Entomologische Gesellschaft; Zoologisch-Botanische Gesellschaft in Wien; Zoologisches Institut der Polnischen Akademie der Wissenschaften, Warschau; Zoologisches Museum, Oslo (Norwegen). Herr Dr. A. Müller, Frankfurt a. M., überbrachte ferner Glückwünsche des Entomologischen Vereins „Apollo", Ffm., des Internationalen Entomologischen Vereins, Ffm., der Senckenbergischen Naturforschenden Gesellschaft, Ffm., und des Vereins für naturwissenschaftliche Unterhaltung („Käwwernschachtel"), Ffm. Ferner waren Grußadressen eingegangen von A. Alfieri, Kairo (Ägypten); M. Bänninger, Zürich (Schweiz); Dr. A. Brauns, Hann. Münden; Ministerialdirektor Dr. Buurman, Bonn; Prof. Dr. V. Butovitsch, Stockholm (Schweden); Ministerialrat Dr. H. Drees, Bonn; PH. D. F. I. van Emden, Wimbledon (England); Senatsdirektor P. Fuellsack, Berlin; Prof. Dr. K. Gösswald, Würzburg; Dr. Guglia, Bundesministerium für Unterricht, Wien (Österreich); Prof. Dr. Hagen, Präsident des Bundesgesundheitsamtes, Koblenz; M. Herberg, Vogelschutzstation Steckby; Dr. H. E. Karl Jordan, Tring (England); Kustos Dr. S. G. Kiriakoff, Gent (Belgien); Prof. Dr. O. Koehler, Freiburg i. Br.; H. Köller, Halle/Saale; Prof. Dr. W. Kotte, Freiburg i. Br.; Dipl. Arch. H. Kühne, Zürich (Schweiz); Prof. Dr. W. Kühnelt, Wien (Österreich); Prof. Dr. G. de Lattin, Hamburg; Reg.-Rat Dr. E. Leib, Bonn-Lengsdorf; Prof. Dr. E. Lindner, Stuttgart; Prof. Dr. E. Martini, Hamburg; Prof. Dr. G. Müller, Triest (Italien); Dr. Kurt R. Müller, Halle/Saale; G. Ochs, Nieste über Kassel; Prof. Dr. A. Pfeffer, Prag (ČSR); Prof. J. Roubal, Prag (ČSR); Dr. F. Schneider, Wädenswil (Schweiz); Senatsdirektor Prof. Dr. Schröder, Berlin; Prof. Dr. H. J. Stammer, Erlangen; Prof. Dr. Suhr, Regierender Bürgermeister von Berlin; Senator Theuner, Berlin; Landgerichtsdirektor i. R. G. Warnecke, Hamburg-Altona.

Am Dienstag, dem 2. Oktober

wurden vormittags im Hörsaal der Technischen Universität Berlin-Charlottenburg weitere Fachvorträge geboten.

Tagesvorsitzender: Prof. Dr. E. Titschack, Hamburg-Altona.

Vorträge zum Thema „Ökologie":

Prof. Dr. K. Friederichs, Göttingen (Seite 100).

Dr. W. Schwenke, Berlin (Seite 106).

Dr. Skuhravý, Prag (Seite 118).

Priv.-Doz. Dr. J. ILLIES, Schlitz/Hessen (Seite 121).

Doz. Dr. K. MAYER, Berlin (Seite 122).

Dr. H.-W. NOLTE, Aschersleben (Seite. 135).

Dr. R. FRITZSCHE, Aschersleben (Seite 141).

Nach der Mittagspause fand für Mitglieder eine Geschäftssitzung statt. Ihr erster Teil war als außerordentliche Generalversammlung einberufen worden, damit die Mitglieder satzungsgemäß über die vom Vorstand vorgeschlagenen Ehrenmitgliedschaften abstimmen konnten. Jeweils einstimmig wurden anläßlich des hundertjährigen Bestehens der Deutschen Entomologischen Gesellschaft zu Ehrenmitgliedern ernannt: Prof. Dr. HANS BISCHOFF, Berlin, für seine hervorragenden Leistungen und Kenntnisse auf dem Gebiet der Systematik und Biologie der Hymenopteren und in Anerkennung seiner fruchtbaren literarischen Tätigkeit; Oberlandesgerichtsrat i. R. Dr. h. c. PAUL BLÜTHGEN, Naumburg a. S., für seine vorbildlichen Leistungen auf dem Gebiet der Systematik der Hymenopteren und für seine klassisch zu nennenden Typenbeschreibungen; Dr. h. c. RUDOLF MELL, Berlin, für seine hervorragenden Leistungen auf dem Gebiet der Systematik und Biologie der Schmetterlinge, vor allem Süd-Chinas. Im zweiten Teil der Geschäftssitzung konnten die aus ganz Deutschland anwesenden Mitglieder über ihre Wünsche und Meinungen hinsichtlich der künftigen Programmgestaltung sowie des Verhältnisses der Deutschen Entomologischen Gesellschaft zu anderen entomologischen Gesellschaften befragt werden. Ein Bericht über diese Sitzung ist in Heft 4 (1956) der „Mitteilungen der Deutschen Entomologischen Gesellschaft, E. V.“ gegeben.

Nicht-Mitglieder konnten diese Mußestunde zur Besichtigung einer von der Gesellschaft veranstalteten Ausstellung in den Räumen der Technischen Universität benutzen. Hier zeigten das bekannte Antiquariat Friedländer & Sohn, Berlin-Charlottenburg, eine große Auswahl älteren und neuesten entomologischen Schrifttums, die Firmen Zeiß optische Geräte, Werner, Berlin NW 21 — in Kommission der Fa. Reitter, München —, entomologische Sammelutensilien und Schrock, Berlin-Friedenau, Briefmarken mit Insektendarstellungen.

Nachmittags fand eine Stadtrundfahrt statt, die das Verkehrsamt der Stadt Berlin liebenswürdigerweise für die Gesellschaft veranstaltet hatte und die fast drei Stunden lang durch beide Teile Berlins führte. Die Rundfahrt mit den gegebenen Erklärungen war nicht nur für ausländische Besucher, sondern auch für viele Berliner Entomologen interessant und lehrreich und zeigte, daß nach den Zerstörungen des letzten Krieges nunmehr allenthalben neue Wohnhäuser entstehen.

Abends fand wiederum in den Räumen des „Schultheiß“ ein geselliges Beisammensein mit Vorführungen neuester wissenschaftlicher Filme statt. Der Vorsteher des Schweizerischen Tropeninstitutes, Prof. Dr. R. GEIGY, Basel, hatte seine hervorragenden, bereits auf dem X. Internationalen Kongreß für Entomologie in Kanada gezeigten Filme über die schwierige „Aufzucht und Biologie der Tsetse-Fliege“, der gefürchteten Überträgerin der Schlafkrankheit, über die Lebensweise der „Termiten der Elfenbeinküste" und über Beobachtungen zur „Übertragung des afrikanischen Rückfallfiebers (Borrelia duttoni) durch *Ornithodorus moubata*" zur Verfügung gestellt und Herrn Sarasin aus Basel als Erklärer gesandt. Außerdem wurden neuere Filme von Prof. Dr. Petersen, Tübingen, über den Netzbau und das Verhalten von Spinnen gezeigt und durch Dr. W. Crome erläutert.

Am Mittwoch, dem 3. Oktober

wurde die Festtagung nunmehr im Großen Hörsaal des Anatomischen Instituts der Humboldt-Universität, Hannoversche Straße, fortgeführt. Der Vorsitzende, Prof. Dr. F. Zacher, dankte zunächst dem Hausherrn für die Überlassung des gut ausgestatteten Saales und verkündete vor allen Teilnehmern die am Vortage verliehenen Ehrenmitgliedschaften.

Vorsitzender der Vormittags-Sitzung: Dr. habil. G. Magnus, Darmstadt.

Vorträge zum Thema „Physiologie":

Prof. Dr. M. Gersch, Jena (Seite 146).

Doz. Dr. G. Herbst, Berlin (Seite 170).

Zur Belebung und Auflockerung wurden hier zwei Kurzberichte eingefügt:

Prof. Dr. H. Kemper und Dr. E. Kirchberg, beide Berlin (Seite 186).

Nach einem gemeinsam in der HO-Gaststätte „Stadtmitte" eingenommenen Mittagessen waren auch in der zweiten Tageshälfte weitere Vorträge dem Rahmenthema des Vormittags gewidmet.

Vorsitzender der Nachmittags-Sitzung: Prof. Dr. G. Unterstenhöfer, Leverkusen.

Vorträge zum Thema „Physiologie":

Dr. K. Görnitz, Teltow b. Berlin (Seite 188).

E. Haeger, Kreuzbruch/Mark (Seite 199).

Dr. E. Urbahn, Zehdenick/Havel (Seite 204).

Doz. Dr. Grete Meyerhoff, Hohen Neuendorf b. Berlin (Seite 208).

Doz. Dr. D. Magnus, Darmstadt (Seite 211).

Wegen der vorgeschrittenen Zeit wurde der von Dr. W. Funke, Mainz, angekündigte Vortrag auf den Beginn des nächsten Tages verschoben.

Etwa 50 Teilnehmer besichtigten anschließend die Schausammlung und eine entomologische Sonderausstellung des Zoologischen Museums der Humboldt-Universität, die neben Kostbarkeiten aus den wissenschaftlichen Sammlungen auch neue Wege in der schausammlungsmäßigen Darstellung von Insekten zeigte.

Abends sahen viele Mitglieder und Gäste eine ausgezeichnete Aufführung der Mozart-Oper „Die Entführung aus dem Serail" in der wieder aufgebauten Staatsoper Unter den Linden. Die beschwingte Musik brachte eine willkommene Entspannung nach den wissenschaftlichen Berichten dieser Tage.

Am Donnerstag, dem 4. Oktober

kamen im Hörsaal des Anatomischen Instituts weitere Vortragende zu Wort zu den beiden Hauptthemen des Tages „Fortpflanzung und Entwicklung" und „Entomologie im Ausland". Auch hier war in angrenzenden Räumen eine reich beschickte Ausstellung entomologischer Literatur aufgebaut, die sich eines regen Zuspruches erfreute.

Vorsitzender der Vormittags-Sitzung: Prof. Dr. H. LÜERS, Berlin.

Dr. W. FUNKE, Mainz (Seite 212).

Vorträge zum Thema „Fortpflanzung und Entwicklung":

Prof. Dr. H. ULRICH, Göttingen (Seite 224).

Dr. B. E. WOLF, Berlin (Seite 225).

Dr. HILDEGARD STRÜBING, Berlin (Seite 227).

Prof. Dr. FR. SCHALLER — Dr. H. ANGERMANN, Mainz (Seite 228).

Dr. D. BÜCKMANN, Mainz (Seite 238).

Prof. Dr. R. S. USCHATINSKAJA, Moskau (Seite 250).

(Nach Übermittlung der Glückwünsche der Allrussischen Entomologischen Gesellschaft an die Festversammlung durch Frau Prof. Dr. USCHATINSKAJA wurde ihr Vortrag von einer Dolmetscherin verlesen.)

Nach der Mittagspause gaben die ausländischen Gäste ihre aufschlußreichen Berichte über den Stand der Entomologie in ihren Heimatländern. Vom Besuch des X. Internationalen Kongresses für Entomologie in Montreal mit den sich anschließenden längeren Exkursionen durch Kanada waren mehrere Teilnehmer — vor allem aus West- und Nordeuropa — noch nicht wieder zurückgekehrt und hatten daher ihre Berichte abgesagt. Da es in den letzten Jahren schwierig war, mit den Entomologen aus Ost- und Südosteuropa Literatur- und Gedankenaustausch zu pflegen, wurden die Referate dieser anwesenden ausländischen Gäste besonders freudig begrüßt.

Vorsitzender der Nachmittags-Sitzung: Dr. R. GASSER, Basel

Vortrag noch zum Thema „Fortpflanzung und Entwicklung":

Dr. NOVÁK, Prag (Seite 264).

Vorträge zum Thema „Entomologie im Ausland":

Prof. Dr. J. H. SCHUURMANS STEKHOVEN, Deventer (Seite 265).

Dr. N. ATANASSOV, Sofia (Seite 270).

Dr. H. Bytinski-Salz, Israel (Seite 275).
Prof. Dr. C. H. Lindroth, Lund (Seite 276).
Dr. V. Novák und Dr. V. Skuhravý, ČSR, (Seite 280).
(Referat wurde durch Dr. Skuhravý, Prag, verlesen)
Prof. Dr. Smreczynski, Krakau (Seite 286).
Dr. V. Székessy, Budapest (Seite 290).

Der Vorsitzende, Prof. Dr. F. Zacher, dankte in seinen Schlußworten allen Vortragenden und Diskussionsrednern für ihre Beiträge, die sich durch ein hohes wissenschaftliches Niveau und durch gleichmäßige Berücksichtigung aller Gebiete der Entomologie ausgezeichnet hätten. Die Deutsche Entomologische Gesellschaft könne stolz darauf sein, mit dieser gelungenen Festtagung das zweite Jahrhundert ihres Bestehens so glücklich eingeleitet zu haben.

Ein glanzvoller, von der Gesellschaft getragener Abschiedsabend in den Räumen des Hauses „Budapest", Stalinallee, vereinte noch einmal alle Teilnehmer, die bei Ungarwein, echter Zigeunermusik und Tanz bis zum frühen Morgen frohgestimmt beisammen blieben.

Zur Abrundung der Tagung wurden

am Freitag, dem 5. Oktober

ganztägige Omnibus-Fahrten veranstaltet. Etwa 25 Teilnehmer besuchten den Tierpark Berlin-Friedrichsfelde und anschließend das Deutsche Entomologische Institut der Akademie der Landwirtschaftswissenschaften in Berlin-Friedrichshagen. Weitere 125 Teilnehmer fuhren nach Eberswalde/Mark zum Institut für Forstzoologie der Humboldt-Universität und zum Institut für Waldschutz der Akademie der Landwirtschaftswissenschaften. Der Leiter des Tierparks Berlin-Friedrichsfelde, Dr. Dathe, der Direktor des Deutschen Entomologischen Instituts, Prof. Dr. Sachtleben, und die leitenden Eberswalder Professoren Dr. Gäbler und Dr. Kruel sowie deren Mitarbeiter boten den Besuchern ihrer Wirkungsstätten gründliche, gut vorbereitete Führungen.

Damit fand die Hundertjahrfeier der Deutschen Entomologischen Gesellschaft ihren Abschluß. Mit ihrem hohen wissenschaftlichen Niveau und ihren abwechslungsreichen, glanzvollen gesellschaftlichen Veranstaltungen hat sie der deutschen Öffentlichkeit und darüber hinaus ausländischen Fachkreisen gezeigt, daß sie wieder zur repräsentativen Standesorganisation der deutschen Entomologen geworden ist.

Hundert Jahre Deutsche Entomologische Gesellschaft

Festvortrag gehalten von H. BISCHOFF

Hochverehrte Festversammlung! Meine Damen und Herren!

Die Zentenarfeier der Deutschen Entomologischen Gesellschaft ist der gegebene Anlaß, das vorgesehene reiche Programm mit einem Rückblick auf die wechselvollen Geschicke im bisherigen Lebenslauf unserer Jubilarin zu eröffnen.

Durch das Erwachen der Systematik unter LINNÉ und die entomologischen Schriften seines genialen Schülers FABRICIUS wurde die Insektenkunde als Liebhaberei aufs Stärkste gefördert. Die binäre Nomenklatur ergab die unerläßliche Verständigungsmöglichkeit, während man sich vorher mit Trivialnamen oder durch umständliche Umschreibungen behelfen mußte. Man sammelte, gruppierte und entdeckte immer neue Formen. Diese Entdeckerfreuden teilte man mit anderen Freunden der Entomologie; sie gaben den Anreiz zum weiteren Ausbau der Sammlungen, die nun auch im Tauschverkehr vergrößert wurden. Die Interessenten lernten sich persönlich oder brieflich kennen; eine engere Fühlungnahme kam zustande. Solche engeren Zusammenschlüsse von Insektenfreunden lassen sich in England bis 1745 zurück verfolgen, dürften aber auch anderen Orts entstanden sein. Für eine Veröffentlichung der neuen Entdeckungen standen nur allgemein wissenschaftliche Zeitschriften zur Verfügung. Der naheliegende Gedanke an eine Zusammenfassung entomologischen Schrifttums wurde besonders stark durch den Berliner Garnisonprediger und eifrigen Entomologen J. F. W. HERBST vertreten, der im Jahre 1781 einen Plan mit dem heute merkwürdig anmutenden Titel zur Gründung einer „deutschen entomologischen Republik" aufgestellt hatte. So erschienen denn am Ende des 18. und am Beginn des 19. Jahrhunderts die verschiedenen Magazine, Journale und Archive, die an die Namen FUESSLY, SCRIBA, SCHNEIDER, ILLIGER, GERMAR u. a. geknüpft sind, denen aber sämtlich nur eine kurze Lebensdauer vergönnt war. Langlebige Publikationsserien entstanden erst in Verbindung mit Fachgesellschaften.

Im Jahre 1832 wurde als erste entomologische Gesellschaft die Société Entomologique de France in Paris gegründet; 1833 folgte die Entomological Society of London. 1837 entstand der Stettiner Entomologische Verein, von W. L. E. SCHMIDT ins Leben gerufen, der von 1840 ab dem Wirken von C. A. DOHRN seine weit über die eines Lokalvereins hinaus gehende Bedeutung verdankte.

Auch in Berlin stand damals das entomologische Leben durchaus in Blüte. Neben den Wissenschaftlern an der Königlichen Sammlung gab es eine ganze Reihe sammlerisch und publikativ tätiger Insektenliebhaber. Von geselligen Zusammenkünften derselben hören wir aber erst aus dem Sommer 1856. Damals trafen sich der 25jährige Dr. KRAATZ, Prof. v. BAERENSPRUNG, Dr. STEIN, TIEFFENBACH, STRUEBING und noch einige andere in gemütlichen Zusammenkünften zum Gedankenaustausch. Für KRAATZ, der damals schon dem Stettiner Entomologischen Verein, der Société Entomologique de France und der Wiener zoologisch-botanischen Gesellschaft angehörte, mag der Gedanke an einen Berliner Verein besonders nahe gelegen haben. So wurde denn am 9. Oktober 1856 die Gründung des Vereins beschlossen. Die Sitzungen fanden wöchentlich in einem Lokal hinter der Werderschen Kirche statt. Ein Grundstock von 21 Mitgliedern war bereits vorhanden. Von v. BAERENSPRUNG ging der Gedanke zur Herausgabe einer eigenen Zeitschrift aus, doch wollte niemand den Vorsitz für die zur Durchführung nötigen organisatorischen Maßnahmen übernehmen, bis sich schließlich KRAATZ im April 1857 bereit erklärte. Am 2. Juli wurde die Herausgabe der Zeitschrift offiziell beschlossen und am 12. November des gleichen Jahres wurde das erste Heft an die Mitglieder ausgegeben. Wir hatten also jetzt den Entomologischen Verein und die Berliner Entomologische Zeitschrift. Fünfzig Jahre hat KRAATZ den Vorsitz geführt, fünfzig Jahre war er Herausgeber der Zeitschrift. Sein Name wird uns daher im Laufe der weiteren Ausführungen immer wieder begegnen, so daß wir uns hier zunächst einmal mit seinem Werdegang ein wenig beschäftigen müssen.

ERNST GUSTAV KRAATZ wurde am 13. März 1831 in Berlin geboren, wo die väterliche Familie schon seit anderthalb Jahrhunderten ansässig war. Er besuchte das Köllnische Realgymnasium und hatte schon als Schüler ein auffallend großes Interesse an Käfern. C. A. DOHRN in Stettin hörte von der Liebhaberei des Knaben, schenkte ihm manche kleine Kollektion und förderte die Neigung. Als Fünfzehnjähriger war er bei dem durch seine Insektennadeln bekannt gewordenen alten KLAEGER ein häufiger Gast und erwarb von ihm, wie auch von manchen anderen Berliner Sammlern ihn interessierende Käfer. Im übrigen machte er mit gleichgesinnten Sammlerfreunden häufige Exkursionen. Schon damals schickte er eine größere Anzahl von Staphyliniden an v. KIESENWETTER zur Bestimmung, hatte auch bereits eine ausgedehnte entomologische Korrespondenz. Im Museum hatte er besonders Beziehungen zu Dr. STEIN angeknüpft, lernte auch noch den alten KLUG persönlich kennen. Schon als Schüler hatte KRAATZ eine Arbeit über Myrmekophile, sowie eine über die Gattung *Colon* veröffentlicht. Nach einem Studium von zwei Semestern Jura in Berlin und Bonn kehrte er nach Berlin zurück, um hier u. a. Zoologie bei LICHTENSTEIN und PETERS, Anatomie bei JOH. MUELLER, Entomologie bei SCHAUM, dem Neffen GERMARS, Botanik bei BRAUN u. a. zu hören. Als Dissertation wurde eine Arbeit mit dem Titel „Genera Aleocharinorum“ anerkannt und in Jena eingereicht, wo auch die Promotion in absentia erfolgte. Seine wirtschaftliche Lage war so gut fundiert, daß er ein sorgenfreies Leben als Privatgelehrter führen konnte. Auf zahlreichen Reisen im In-

und Ausland knüpfte er persönliche Bekanntschaft mit den dort tätigen Koleopterologen an, lernte deren Sammlungen kennen und machte mit ihnen Exkursionen. Zur Erweiterung seiner kostbaren Bibliothek durchstöberte er die Bestände der Antiquare und erwarb die wissenschaftlichen Nachlässe von Entomologen. Auf seinen Reisen zog es ihn immer wieder nach Paris, wo zu damaliger Zeit das entomologische Leben ganz besonders in Blüte stand. Nach diesen kurzen Vorbemerkungen über den Werdegang des Gründers unserer Gesellschaft wollen wir uns nun dieser selbst wieder zuwenden.

Der erste Jahrgang der Berliner Entomologischen Zeitschrift (BEZ), herausgegeben vom Berliner Entomologischen Verein (BEV), lag vor; als Redakteur fungierte Dr. G. KRAATZ. Der Inhalt zeichnete sich bei noch verhältnismäßig geringem Umfang durch eine bemerkenswerte Vielseitigkeit aus. Von vornherein wird der Besprechung neuerer Literatur der nötige Raum gewidmet. Die Tafelbeilage kam durch die Mithilfe zweier Mitglieder, der Kupferstecher HABELMANN und WAGENSCHIEBER zustande. Die Nikolaische Buchhandlung nahm die Zeitschrift in Kommission. Der Mitgleidsbeitrag war auf 2 Taler festgesetzt. Das erste Mitgliederverzeichnis umfaßte 76 Namen, zwei Jahre später waren es bereits 230. Als kleine Blütenlese seien eine Reihe von Mitgliedernamen genannt, die kennzeichnend für diese klassische Periode sind: v. BAERENSPRUNG, v. FRIVALDSKY, v. KIESENWETTER, LOEW, REDTENBACHER, SCHAUM, SCHINER, BRAUER, GEMMINGER, v. HAROLD, MULSANT, SAUNDERS, WATERHOUSE, LACORDAIRE, LEDERER, STÅL, STIERLIN, HERRICH-SCHAEFFER, STURM, STAUDINGER.

Für das Jahr 1858 ist ein nationaler Entomologenkongreß in Dresden zu erwähnen, bei dem SCHAUM den Vorsitz führte, und v. KIESENWETTER als Sekretär fungierte. Den Hauptpunkt der Tagung bildeten die ,,Gesetze der entomologischen Nomenklatur", die in 19 Paragraphen behandelt wurden. Schon damals ergab sich eine Schwierigkeit bez. der reinen Priorität und der Einführung sog. nomina conservanda. SCHAUM selbst vertrat das Verjährungsprinzip. Außerdem wurden ,,Regeln, deren Befolgung bei Erteilung neuer Namen wünschenswert ist", aufgestellt.

In den folgenden Jahren wird der Verein durch die Initiative von KRAATZ weiter ausgebaut. Einer der ersten Schritte war, daß in größeren Städten, in denen mehrere Mitglieder saßen, eine Sammeladresse bestimmt wurde, an die die Zeitschriftenhefte gesandt wurden und von wo aus auch der Mitgliedsbeitrag eingezahlt wurde. So wurde für Paris BUQUET, der Schatzmeister der Französischen Gesellschaft, dazu bestimmt. Für die Literaturbesprechungen schien es zweckmäßig, daß BONVOULOIR über das französische, LE CONTE über das amerikanische und JANSON über das englische Schrifttum referierten. Um eine reichere Ausstattung der Zeitschrift zu ermöglichen, wurde an die wohlhabenderen Mitglieder appelliert, statt 2, 3 Taler zu geben und auf Tafelstiftungen v. BAERENSPRUNGS, v. HAROLDS und anderer hingewiesen.

Aus den Sitzungen der damaligen Zeit erfahren wir, daß Stoff zu allgemein anziehenden größeren Vorträgen sich nur selten bot, wogegen es an anregenden kleineren Mitteilungen nicht fehlte. Der Grund für den Austritt mehrerer Lepidopterologen und deren überhaupt zu geringe Beteiligung wird darin gesehen, daß der Inhalt der Zeitschrift den Schmetterlingsfreunden bisher wenig geboten hat, weswegen auch die „Wiener Entomologische Monatsschrift" einen stärkeren Zuspruch von dieser Seite zu verzeichnen hat. Auch der Zustrom an österreichischen Mitgliedern ist zu gering, da die „Monatsschrift" schneller ihre Literaturberichte herausbringt. Als Sonderbeilagen zur Zeitschrift sind die Revision der europäischen *Otiorrhynchus* von STIERLIN und das Register der ersten sechs Jahrgänge der Zeitschrift zu erwähnen, zu deren Druck das Vereinsvermögen mit herangezogen wurde, die aber von den Mitgliedern käuflich, allerdings zu einem Vorzugspreise, erworben werden sollte.

Inzwischen hatten Lepidopterologen und Schmetterlingssammler einen eigenen Verein, den „Verein für Schmetterlingskunde", gegründet, der auch wöchentlich tagte. Trotz der früheren ungünstigen Erfahrungen mit dem BEV trat aber doch eine größere Anzahl von Mitgliedern dazu über, wobei KRAATZ bemerkt, daß „der Anschluß von den älteren Mitgliedern mit so aufrichtiger Freude begrüßt wurde, daß ein ebenso glückliches Einvernehmen zwischen den Berliner Lepidopterologen und Coleopterologen vorauszusehen ist, wie bisher in den vorzugsweise von den letzteren besuchten Versammlungen". Mit dem Abschluß des 10. Jahrgangs der Zeitschrift wurde ein Bibliotheksverzeichnis veröffentlicht; die Mitgliederliste wies 32 Berliner, 234 auswärtige, 5 korrespondierende Mitglieder und 30 Tauschverbindungen auf. Im übrigen wird Klage darüber geführt, daß von Staats wegen keine Unterstützung zu erlangen sei. Trotz Erscheinen der HAROLDschen Coleopterologischen Hefte in München war genügend Stoff für die BEZ vorhanden. Das Verhältnis zum Stettiner Entomologischen Verein, das von vornherein kein gutes war, hatte sich infolge persönlicher Angriffe von DOHRN gegen KRAATZ immer schlechter gestaltet, und KRAATZ zog nun selbst scharf gegen DOHRN zu Felde. Zu Ehrenmitgliedern wurden in dieser Zeit ernannt: HAGEN in Cambridge, v. KIESENWETTER in Bautzen, HEINEMANN in Braunschweig, LACORDAIRE in Lüttich, LOEW in Guben, REDTENBACHER in Wien und O. STAUDINGER in Dresden. Im Sitzungsleben jener Jahre, das sich in Kunerts Restaurant vis à vis dem Kgl. Schlosse abspielte, soll sich besonders STEIN durch größere Vorträge hervorgetan haben. Für die Sitzungen wurde im allgemeinen gewünscht, daß das gesellige Moment stärker betont würde. Rein persönliche Schmähartikel sollten in der Zeitschrift keine Aufnahme finden und auch die Stellungnahme zu solchen persönlichen Angriffen, die nicht in bezug zur Wissenschaft standen, unterbleiben. KRAATZ wollte unter allen Umständen verhindern, daß die Zeitschrift einen Charakter annehmen könnte, wie er für die Stettiner Zeitschrift unter DOHRNS Leitung typisch war. Eine Beihilfe des Mainzer Universitätsfonds in Höhe von 100 T. für den Druck der KAUBschen Passaliden-Arbeit wurde mit Dank quittiert.

Mit dem Aufblühen der Wirtschaft nach dem Kriege von 1870/71 stiegen Druckpreise und sonstige Herstellungskosten erheblich, was zunächst eine Erhöhung des Mitgliedbeitrages nach sich zog. Doch reichte auch diese Erhöhung nicht aus, um die Zeitschrift in dem längst gewünschten größeren Umfang herauszugeben. KRAATZ glaubte dem dadurch abhelfen zu können, daß er eine größere Konzentration der deutschen entomologischen Publikationen anstrebte. „Der Berliner Verein soll sich mit anderen gelehrten Gesellschaften und Privatpersonen in Verbindung setzen, um in Zukunft eine Deutsche entomologische Zeitschrift herauszugeben, welche mehr als 4 Hefte umfaßt, in der Weise, daß der BEV Herausgeber von 4 Heften und seine Mitglieder Abonnenten auf diese bleiben, während die Anschaffung der übrigen ihrem besonderen Ermessen überlassen bleibt, wie bisher bei den sog. Beiheften". Von solchen Beiheften waren bereits eine ganze Reihe erschienen. Mit dem Jahrgang 1875 als 19. Band der bisherigen Reihe tritt nun die Deutsche Entomologische Zeitschrift (DEZ) ins Leben mit dem Untertitel „früher Berliner Entomologische Zeitschrift" herausgegeben von dem Entomologischen Verein in Berlin in Verbindung mit anderen gelehrten Gesellschaften und Privaten. In diesem Sinne sollten als Hefte der DEZ angesehen werden die „Berichte über die wissenschaftlichen Leistungen im Gebiet der Entomologie" aus dem WIEGMANNschen Archiv für Naturgeschichte, die HAROLDschen Coleopterologischen Hefte, die eine entsprechende Formatänderung vorzunehmen hätten, das von der Erfurter Akademie herausgebrachte KELLNERsche Verzeichnis der Käfer Thüringens, die REITTERsche Monographie der Gattung *Temnochila* aus dem 13. Bande des Naturf. Vereins in Brünn, KATTERs Entomologische Nachrichten. Mit der Zoolog.-botanischen Gesellschaft in Wien sollten dahingehende Vereinbarungen getroffen werden, daß der entomologische Anteil der Veröffentlichungen ebenfalls als Bestandteil der DEZ gelten könnte. Auch auf die Publikationen des neu gegründeten Leipziger entomologischen Vereins hatte KRAATZ bereits ein Auge geworfen. Sogar die Stettiner entomologische Zeitung könnte später einmal als lepidopterologischer Teil der DEZ angegliedert werden. KATTER und v. HAROLD lehnten ab, trotzdem wurden der Band der Entomologischen Nachrichten für 1875 und fünf Coleopterologische Hefte als Anhängsel zum 19. Jahrgang der DEZ geführt. Gegen diese dem KRAATZschen Geltungsbedürfnis entsprungenen Absichten mögen in den Sitzungen des Vereins, die damals montags abends in der Roßstr. stattfanden, Stimmen laut geworden sein, zu denen KRAATZ sich folgendermaßen äußerte: „Wenn mein Plan, die deutschen entomologischen Arbeiten oder Separata derselben allmählich mehr und mehr in einer deutschen entomologischen Zeitschrift zu konzentrieren, deren Hefte von jedem beliebigen Verein oder Privatmann und in jeder beliebigen deutschen Stadt herausgegeben werden können, auch von manchen noch nicht recht begriffen wird, so liegt dies vielleicht daran, daß er zu einfach und praktisch ist".

Als ein weiteres Experiment zur Verwirklichung KRAATZscher Ideen müssen die „Entomologischen Monatsblätter" angesehen werden, die, für das Jahr zusammengefaßt, ein fakultatives Heft der DEZ ergeben sollten. Diese „Monatsblätter" sollten neben kleineren systematischen Aufsätzen eine leichtere Kost wie Artikel über entomologische Sammlungen, Museen, Reisen, Sammlungsanlage, Utensilien, Tauschverkehr, kurze Literaturberichte u. ä. bringen. 1876 erschienen 10 solcher Hefte u. zw. im Selbstverlag von KRAATZ. Er fühlte sich berufen, darin an allem, was ihm im entomologischen Leben nicht behagte, herumzukritteln und es an die Öffentlichkeit zu zerren. Das mag nicht nur die betroffenen Stellen verärgert haben, sondern dürfte auch im weiteren Leserkreise als anmaßende persönliche Meinungsäußerung aufgefaßt und als abstoßend empfunden worden sein. Diese kleine Reihe fand also nicht die Zustimmung, und für das folgende Jahr wurde eine Unterstützung der „Monatsblätter" durch den Verein abgelehnt. Trotzdem machte KRAATZ noch einen zweiten Versuch und brachte 4 Jahre später (1880) 12 Monatsblätter heraus. Wie sehr ihm die „Kratzbürstigkeit" (es war dies eine von seinem Stettiner Gegner C. A. DOHRN, der in dieser Beziehung ein durchaus ebenbürtiger Kämpe war, auf ihn gemünzte Bezeichnung) im Blute steckte, geht unmittelbar daraus hervor, daß er im Prospekt zu den „Monatsblättern" für 1880 sagt: „Die Monatsblätter sind durchaus nicht wesentlich polemischer Natur, aber sie werden dem immer mehr um sich greifenden Dilettantismus mit weniger Schonung entgegentreten als in Vereinsschriften aus gewissen Rücksichten nicht selten geboten ist". KRAATZ brauchte offenbar ein solches Ventil. Ein weiterer Jahrgang dieser Monatsblätter ist nicht mehr erschienen.

In den Sitzungen, die für den Winter in den Ratskeller verlegt waren, in den Sommermonaten aber in einem Gartenlokal in der Commandantenstr. abgehalten wurden, scheint allmählich ein Ton eingerissen zu sein, der KRAATZ nicht recht gefiel, an dessen Zustandekommen aber sein eigenes Geltungsbedürfnis maßgebend beteiligt gewesen sein dürfte. Er dreht aber den Spieß um und sagt: „Je mehr der Vorstand von jeher bemüht gewesen ist, den Berliner Vereinssitzungen den Charakter von gesellig gemütlichen Vereinigungen zu geben, gewiß nicht zum Schaden des Vereins, um so mehr sollte jeder bemüht sein, den Versammlungen diesen Charakter zu bewahren, und dieselben weder als eine parlamentarische noch als eine hochgelehrte Körperschaft betrachtet wissen zu wollen. Es ist nichts leichter als Parteien in einem Verein zu bilden, die Lepidopterologen auf die Coleopterologen eifersüchtig zu machen usw.; es ist aber ein gefährliches Spiel, ohne welches sich der Verein entschieden lange Zeit glücklich und zufrieden befunden hat."

Daß es in der berliner Zentrale des Vereins etwas kriselte, hatte sich schon bei den Vorstandswahlen des Jahres 1879 zu erkennen gegeben, wobei zum erstenmal seit Bestehen des Vereins, also nach 22 Jahren, KRAATZ nicht einstimmig zum Vorsitzenden gewählt worden war, sondern einige Stimmen auf v. HAROLD, den Verwalter der Coleopterensammlung im Museum, fielen. Aber erst mit Beginn des Jahres 1880 kam es zum offenen Zwiespalt. KRAATZ, der sich als Vorkämpfer der Entomologie in Deutschland fühlte, hatte bereits 1876 den Wunsch geäußert, ein deutsches entomologisches Nationalmuseum zu gründen, in dem die Sammlungen deutscher Entomologen konserviert werden sollten, ohne daß darin eine Konkurrenz gegen das Kgl. Museum gesehen werden sollte. Dieser Plan hatte dadurch, daß bereits mehrere Vermächtnisse vorlagen, eine handgreiflichere Form angenommen. Damals war nun die LOEWsche Fliegensammlung an das Kgl. Museum gekommen, und KRAATZ schreibt in seinem Nachruf für LOEW: „Leider hat der

Direktor des Berliner zoologischen Museums (nicht zu verwechseln mit Herrn Baron v. HAROLD) gegen den dringenden Rat sämtlicher Dipterologen und vieler sonstiger Autoritäten angeordnet, daß die LOEWsche Sammlung der des Museums einverleibt wurde." PETERS, der damalige Museumsdirektor, der es gern gesehen hätte, wenn sich HAROLD des Berliner Vereins angenommen hätte, erklärte daraufhin am 5. 1. 1880 seinen Austritt aus dem BEV. KRAATZ hatte auch die Anstellung von DEWITZ als Kustos bemängelt, und als bald darauf HAROLD, dem ein Antrag auf Bewilligung größerer Mittel abschlägig beschieden war, seine Stelle am Museum aufgab und diese Stelle nicht wieder besetzt werden sollte, obwohl, wie KRAATZ sagt, von fast allen Seiten Herr WEISE als ein tüchtiger Ersatzmann empfohlen wurde, da erklärte KRAATZ, daß nunmehr die Gründung eines eigenen Museums unbedingt nötig sei, um der Geringschätzung der Entomologie von anderen Seiten der Zoologie entgegenzuarbeiten. Er rief also damit zur Gründung seines Deutschen Entomologischen Nationalmuseums auf und gab auch die bisherigen Erklärungen zugunsten desselben bekannt.

In der gleichen Sitzung, in der PETERS seinen Austritt erklärt hatte, brachte DEWITZ eine Beschwerdeschrift gegen KRAATZ vor, und der langjährige Stellvertretende Vorsitzende Baron v. TUERCKHEIM machte KRAATZ offen den Vorwurf, daß er den Verein mit dem Museum verfeinde. Weiter stellte sich STEIN, der schon seit vielen Jahren im Vorstand als Schriftführer und Bibliothekar tätig gewesen war, als Museumsangehöriger auf die Seite der Gegner von KRAATZ, Und als schließlich nach Schluß der Sitzung STRECKFUSS, der die Seele der Opposition war, zu KRAATZ sagte: „Sie gehören überhaupt nicht in den Verein", da war für ihn das Maß voll. Die STRECKFUSSsche Äußerung war von verschiedenen Seiten gehört worden; KRAATZ teilte sie dem Verein im übrigen sofort mit, und STRECKFUSS gab sie auch zu. Um weiteren Provokationen aus dem Wege zu gehen, schrieb KRAATZ an v. TUERCKHEIM, daß er in Zukunft Sitzungen des Vereins nur dann noch besuchen würde, wenn es ihm notwendig erscheine; dies könne um so ruhiger geschehen, da er die Leitung in den bewährten Händen v. Ts. wisse.

Nach den Satzungen hatte die Vorstandswahl in der Monatssitzung des Oktober stattzufinden. Mit Rücksicht auf die Schulferien — Lehrer bildeten einen erheblichen Prozentsatz unter den berliner Mitgliedern — hatte KRAATZ als Vorsitzender auf Wunsch von anderer Seite den Wahltermin um eine Woche verschoben und dazu durch STEIN als Schriftführer einladen lassen. In der Monatssitzung des Oktober hatte nun eine Majorität gegen den nicht anwesenden Vorsitzenden einen Beschluß durchgedrückt, nach dem die Wahlversammlung um weitere 14 Tage bis zum 25. Oktober verschoben wurde. Da nach den Satzungen nur der Vorsitzende berechtigt war, außerordentliche Sitzungen einberufen, die Wahlversammlung am 25.10. aber als eine solche angesehen werden mußte, hat KRAATZ daraus später die Ungültigkeit dieser Wahl abgeleitet. In einem Schreiben von KRAATZ, das sowohl WEISE wie STEIN übergeben war und nach einem Vermerk auf dem Umschlag vor der Wahl verlesen werden sollte, beklagte er sich, daß der Verein zu den verletzenden Äußerungen von STRECKFUSS keine Stellung genommen habe, durch die es ihm vielleicht doch noch möglich gewesen wäre, sich dem Verein wieder zuzuwenden. Eine Präzisierung seiner Stellung zum Verein könne danach erst nach der Wahl stattfinden. Als dieses Schreiben durch Stein nicht rechtzeitig verlesen wurde und Weise ihn erst daran erinnern mußte, waren die Wahlzettel bereits verteilt, und Streckfuss stellte den Antrag, den Wahlakt nicht zu unterbrechen. Die Wahl kam zustande; zum Vorsitzenden wurde der bisherige Stellvertreter, Herr v. Tuerckheim, zum Stellvertreter Ruedorf gewählt, so daß zwei Lepidopterologen einem größtenteils koleopterologisch eingestellten Verein vorstanden. Noch am gleichen Tage erklärte Kraatz als Vorsitzender die Wahl für ungültig und mindestens als unzulässig beeinflußt, da sein Brief, dessen Wichtigkeit nach seinem langen Fernbleiben besonders klar sein mußte, nicht verlesen worden sei. Für sich selbst lehnte er jede Wiederwahl von vornherein ab, es müßte denn v. Tuerckheim ebenfalls ablehnen.

Eine Woche nach der Wahl hatte Herr v. T. am 2. 11. ein Zirkular an die Mitglieder als Vorsitzender unterzeichnet, gegen das Kr. Einspruch erhob, da die Amtszeit des Vorsitzenden mit dem Kalenderjahr und nicht unmittelbar nach der Wahl beginne. Sollte sich v. T. trotzdem auf die Gültigkeit versteifen, dann wäre die Wahl auch dadurch hinfällig, daß sie nicht in der Monatssitzung des Oktober, wie die Statuten es vorschrieben, erfolgt sei. Da Weise, der diese Angelegenheit für Kr. im Verein vorbringen sollte, erkrankt war, sah sich Kr. gezwungen, seine Sache dort selbst zu vertreten, allerdings mit dem Erfolge, daß sie einer Kommission übertragen wurde.

In einem zweiten Zirkular, das v. T. wieder als Vorsitzender des Berliner entomologischen Vereins unterschrieben hatte, suchte eine Kommission, in der Streckfuss der Wortführer gewesen war, nachzuweisen, daß Kr. seine Befugnisse als Redakteur eigenmächtig überschritten und sich nicht an die satzungsgemäße Redaktionskommission gehalten hätte. Außerdem wird eine neue Fassung des Redaktionsparagraphen in den Satzungen angeregt. Kr. konnte dagegen die Unrichtigkeit der ihm gemachten Vorwürfe nachweisen und machte seinerseits einen Vorschlag für eine neue Fassung des in Frage kommenden Paragraphen, die auch vom Verein akzeptiert wurde. Damit ist für Kr. der Friede zwischen ihm und dem Verein wiederhergestellt, aber nicht zwischen ihm und Streckfuss. Er erklärte, wenn der Verein seine Irreführung dadurch zu erkennen gäbe, daß er ihn (Kr.) wiederwähle, sollte alles in Ordnung sein, träte aber der Verein auf Seite von Streckfuss, dann gehöre er (Kr.) nicht mehr hinein.

Die ehrgeizigen Pläne, die Kr. mit dem Ausbau der Zeitschrift verfolgt hatte, hatten ihn auch inzwischen in seinen weiteren organisatorischen Arbeiten nicht ruhen lassen. Der Gedanke, über den Rahmen des Berliner Vereins hinaus eine Deutsche Entomologische Gesellschaft (DEG) zu schaffen, war für ihn um so naheliegender, als die Zeitschrift schon seit fünf Jahren den Titel DEZ führte. Vielfach waren auch Sendungen, die für den Verein bestimmt waren, an eine bisher nicht existierende DEG gerichtet worden, und Kriechbaumer hatte in einer Zeitschrift an die Naturforscher-Versammlung eine Verschmelzung der Stettiner entomologischen Zeitung mit der Deutschen Entomologischen Zeitschrift unter Beibehaltung dieses Namens angeregt. So hatte sich Kr. bereits vor jener als ungültig erklärten Wahlversammlung mit den Herren Calix, Weise und Bluecher zusammengetan, um als provisorischer, von der Majorität der Gesellschaft zu bestätigender Vorstand die Geschäfte bis zur Konstituierung der Gesellschaft zu führen. Weiterhin hatte er erklärt, die DEZ nur noch in Verbindung mit einer DEG herausgeben zu wollen. Hieraus wurde von der Gegenpartei im Verein gefolgert, daß Kr. damit formell sein Amt als Redakteur niedergelegt habe, und durch ein Rundschreiben den Mitgliedern mitgeteilt, daß die DEZ unter anderer Redaktion weitergeführt werden würde. Beiträge für die Zeitschrift seien daher nicht mehr an Kr. sondern an Stein einzusenden. Dagegen protestierte nun wiederum Kr. Der Wortlaut „er wolle die DEZ nur noch in Verbindung mit einer DEG herausgeben" sei absichtlich so gewählt worden, daß es dem Belieben des Vereins anheimgestellt wäre, sich mit der DEG zu verschmelzen. Im übrigen liefe sein Amt als Redakteur erst mit Jahresschluß ab. Austrittserklärungen nähme er nur bis zum Ende des Jahres entgegen; spätere Erklärungen für die berliner Redaktion sollten an Stein gerichtet werden. Die berliner Mitglieder, die sich der DEG anzuschließen wünschten, würden gebeten, ihren Austritt aus dem BEV nicht zu erklären, um dort nicht ihr Stimmrecht zu verlieren. Auswärtige Entomologen unter Führung L. v. Heydens erklärten darauf in einem Aufruf ihren Austritt aus dem BEV, wenn Kr. bei einer vorzunehmenden Neuwahl nicht wieder gewählt würde; Herr v. Tuerckheim, der sich bei der Agitation nicht beteiligt hätte, könne als Stellvertreter im Vorstand bleiben.

Kr. beauftragte nun Stein, die Mitglieder des BEV zu einer Neuwahl des Vorstandes am 6. 12. 1880 einzuladen, doch kam Stein dieser Aufforderung, da er die Oktoberwahlen für legal hielt, nicht nach. In der Dezembersitzung soll dann, nach dem Kraatzschen Bericht, von den anwesenden Lepidopterologen den Coleopterologen gegenüber ein derartiger Ton angeschlagen worden sein, daß diese erklärten, daß ein kollegialer Verkehr in Zukunft nicht mehr möglich sei. Damit war die Trennung vollzogen. Der Umstand, daß der Vorstand der DEG nun nicht gewillt war, das Vereinsvermögen dem BEV zu überlassen, machte die Kluft noch tiefer. Vermittlungsvorschläge schlugen fehl.

Mit Beginn des Jahres 1881 sehen wir uns nun also zwei getrennten Vereinen gegenüber, von denen der eine unter v. Tuerckheim den alten Namen BEV beibehält, während der andere unter Kraatz sich DEG nennt. Beide erhoben Anspruch darauf, die rechtmäßige Fortsetzung des alten Vereins zu sein. Der BEV griff für seine Publikation den alten Titel der Zeitschrift auf, nachdem dieselbe von 1875—1880 DEZ geheißen hatte, und zählte den Band für 1881 als 25. Jahrgang. Die DEG behielt den nun schon eingeführten Titel der DEZ bei, gebrauchte aber auf dem Titelblatt den Zusatz „(vorher BEZ), herausgegeben von der DEG (bisher BEV) in Verbindung mit Dr. Kraatz und verschiedenen gelehrten Gesellschaften". Der Jahrgang 1881 wird ebenfalls als 25. Jahrgang gezählt.

Eine ruhige Entwicklung der beiden nebeneinander bestehenden Vereine konnte aber noch nicht einsetzen, da namentlich die ungeklärte Vermögenslage eine Reibungsfläche darstellte. Kr. hatte noch einmal (1886) versucht, sich dem Verein wieder zuzuwenden, war aber dort auf Ablehnung gestoßen. Sein Rat, eine vorzugsweise lepidopterologische Zeitschrift herauszugeben, war zurückgewiesen worden, worauf einige Coleopterologen, die nun keinen Grund mehr sahen, den Verein bei der Herausgabe seiner Zeitschrift zu unterstützen, austraten (u. a. Weise). All dies mag dazu geführt haben, daß Kr. in der Generalversammlung vom 17. 1. 1887 mit 35 gegen 8 Stimmen bei 3 Enthaltungen aus dem BEV ausgeschlossen wurde. Kaum war dies geschehen, als ein mit zahlreichen Unterschriften versehener Antrag L. v. Heydens beim BEV einlief, Kraatz zum Ehrenmitglied des Vereins zu ernennen. Dieser Antrag wurde als „eine ebenso widersinnige, wie dreiste und ungehörige Einmischung in die internen Angelegenheiten des BEV" von diesem zurückgewiesen.

Die Klärung der Rechtslage kam 1888 zustande u. zw. in allen Punkten zugunsten des BEV. Die Titelzustäze, die die DEG als „früher BEV" und die DEZ als „früher BEZ" kennzeichneten, mußten fallen, ebenso die fortlaufende Bandzählung. Das Vereinsvermögen von 1880 wurde dem BEV zugesprochen, ebenso der Erlös, den die Nikolaische Buchhandlung für Verkauf von Heften der Zeitschrift in der fraglichen Zeit eingenommen hatte. Erst jetzt konnte die für eine gedeihliche Entwicklung der beiden Schwestergesellschaften nötige Ruhe nach dem Sturm eintreten, wenn auch hin und wieder einmal eine kleinere Welle aufbrandete.

Der BEV setzte sich nun vorwiegend aus Schmetterlingsfreunden, die DEG aus Käferfreunden zusammen. Eine ruhigere Entwicklung nahm das Vereinsleben im BEV, dem wir nun zunächst folgen wollen. Die Vorsitzenden wechselten häufig. Unter v. Tuerckheim war die Spaltung erfolgt, unter Honrath kam es zu dem endgültigen Bruch mit Kraatz, unter Doenitz war die Ruhe eingekehrt. Die Zeitschrift, die nacheinander von Dewitz, Kolbe, Karsch, Doenitz, Stichel, P. Schulze redigiert wurde, nahm einen guten Aufschwung und zeichnete sich durch ihre Vielseitigkeit aus. Besonderer Wert wurde auch auf die Ausgestaltung der Sitzungsberichte gelegt. Mehrfach werden auch Sonderbeihilfen für die Publikation erwähnt. Der Vorwurf, das Vereinsvermögen zu stark für die Zeitschrift beansprucht zu haben, veranlaßte Karsch nach dem Tode von Honrath, in dem er eine Stütze gehabt hatte, sein Amt als Redakteur und Bibliothekar (1894) niederzulegen. Aus der laufenden Bandzählung der Berliner Entomologischen Zeitschrift mag hier ein kleines Kuriosum erwähnt sein. Auf den Bd. 33 für 1889 folgt der Bd. 35 für 1890. Dazwischen wird als 34. Bd. eine Veröffentlichung von Schilde mit dem Titel: Schach dem Darwinismus geführt. Wie diese merkwürdige Schrift einmal in die Reihe der Zeitschrift hineinlanziert worden ist, habe ich nicht ermitteln können. Aus diesem Grunde erschien auch der 50. Band in besonderer Aufmachung als Jubiläumsband bereits 1905 statt 1906. In ihm gab Stichel als damaliger Redakteur einen kurzen Überblick über die Entwicklung des Vereins und der Zeitschrift. Die Sitzungen fanden nach wie vor wöchentlich statt; das Vereinslokal wurde mehrfach gewechselt, blieb aber immer in der Innenstadt. Es gab damals zahlreiche Schmetterlingsfreunde, die gegenüber allen anderen Gebieten der Entomologie

Scheuklappen trugen, denen auch das Niveau des BEV nicht zusagte und die auch keinen Wert auf die Zeitschrift legten. Sie schlossen sich zu einer Berliner Entomologischen Gesellschaft zusammen; allerdings waren auch viele Doppelmitglieder dabei. Zu einer eigenen Liebhabergruppe vereinigten sich die Neuköllner Sammler, wobei wohl weniger Lokalpatriotismus als räumliche Verhältnisse und die Straßenbahnverbindungen eine Rolle spielten.

Aus persönlicher Erinnerung darf ich sagen, daß mir der patriarchalische Ton, wie er unter dem alten Ziegler als Vorsitzenden etwa um 1909 im BEV herrschte, und die Vielseitigkeit der Vorlagen mehr behagt hat als das steifere Sitzungsleben in der DEG zur gleichen Zeit.

Lassen Sie mich ganz kurz den Verlauf einer damaligen Sitzung schildern. Wir tagten im Vereinszimmer des Königgrätzer Gartens gegenüber dem Anhalter Bahnhof. Die Tische waren in T-Form, bei stärkerem Besuche und bei besonderen Anlässen auch in U-Form aufgestellt. In dem Raum stand unser Vereinsschrank, in dem außer einer Reihe von Handbüchern und Nachschlagewerken eine Serie der Zeitschrift aufgestellt war. Die Präsenzliste, Quittungsbücher, neuere Literatureingänge wurden neben Schreibzeug, Stempeln und der Präsidentenglocke darin aufbewahrt. Auch Material wurde bis zur nächsten Sitzung hin und wieder darin abgestellt. Die Besucherziffer der wöchentlichen Sitzungen bewegte sich um 20. An der Querseite der Tafel saßen der Präsident, Schriftführer und andere amtierende Vorstandsmitglieder. Der Kellner brachte das Bier und manchen älteren Herren auch Rotwein. Zwischen 8.15 und 8.30 Uhr schwenkte der Vorsitzende die Glocke und erklärte die Sitzung für eröffnet. Nach Verlesen des Protokolls der vorhergehenden Sitzung und dessen Genehmigung wurden zunächst einige geschäftliche Dinge, darunter die Neuaufnehme von Mitgliedern vorgenommen. Es folgte das Vorlegen neuer Eingänge für die Bibliothek, dem sich die entomologischen Vorlagen anschlossen. Irgendeine Programmgestaltung gab es damals nicht. Größere zusammenhängende Vorträge, soweit es sich nicht um Reisen und Ausbeuten handelte, wurden kaum gehalten. Geheimrat B. legte irgendwelche Parnassier vor, Geheimrat X kam mit Sphingiden, Geheimrat Y mit Noctuiden, Prof. Th. mit südamerikanischen Satyriden, der alte P. mit irgendeiner geköderten Eule. Mit Stentorstimme ließ sich der sehr schwerhörige Oberstleutnant R. vernehmen, der irgendwelche Käfer aus dem Plänterwald oder von der Sommerreise demonstrierte. Prof. W. brachte gern allgemeinere Fragen zur Diskussion. Die Vorlagen wurden mehr in launigem Unterhaltungston erörtert. Vielfach kamen so lebhafte Diskussionen in Gang, daß der Vorsitzende Geheimrat Z. mit der Präsidentenglocke für einen ruhigeren Verlauf sorgen mußte. Kleine Kabbeleien waren selten und drehten sich höchstens um irgendwelche Flecken auf einem Apollo-Flügel, kleine Sticheleien, mit denen St. seinem Namen Ehre machte, gehörten zur Tagesordnung. Gegen 11.00 Uhr wurde die Sitzung geschlossen. Da damals die Titelnennungen üblich waren, werden Sie es verstehen können, wenn der BEV in Entomologenkreisen als der „Geheimratsverein" bezeichnet wurde.

Es ist jetzt an der Zeit, einen Rückblick auf die Entwicklung der DEG unter Kraatz zu werfen. Auch dort ging es, nachdem die Reibereien mit dem BEV durch die gerichtlichen Entscheidungen von 1888 aufgehört hatten, in ruhigeren Bahnen weiter. Durch Verhandlungen mit O. Staudinger hatte Kraatz es 1888 erreicht, daß der Dresdener entomologische Verein „Iris" sein Correspondenzblatt als lepidopterologischen Teil der DEZ herausgab und der Verein selbst als selbständige lepidopterologische Sektion der DEG angesehen werden konnte. Die Satzungen wurden einander angepaßt. 1901 wurde von seiten der „Iris" dieses Verhältnis jedoch wieder gelöst, da der Vorstand erklärt hatte, daß er keinerlei Nutzen aus dem Zusammenarbeiten mit der DEG herauszufinden vermöge. 1901 hatte Kraatz als Siebzigjähriger seine Sehfähigkeit so weit verloren, daß er nicht mehr in der Lage war, wissenschaftlich zu arbeiten und seine Korrespondenz zu führen. Für die Redaktion der Zeitschrift erhielt er damals Weise als Mitredakteur. Jetzt galten seine Hauptsorgen seiner größten Lebensaufgabe, dem Deutschen Entomologischen National-Museum. Die Stadt Berlin konnte entgegen ursprünglichen Verabredungen keine geeigneten Räumlichkeiten im Märkischen Museum zur Verfügung stellen, so daß Kraatz ein Grundstück in Berlin NW, Thomasiusstr. 21, erwarb. Dorthin wurden die bereits vorliegenden Grundsammlungen übergeführt, und S. Schenkling übernahm als Kustos auf Lebenszeit deren Betreuung. 1905 oder 1906 war ich in meiner Schülerzeit einmal dort und entsinne mich noch der räumlichen Enge. Schenkling empfahl mir damals als Bestimmungswerk für Käfer die Seidlitzsche Fauna Baltica, die ich mir daraufhin auch zulegte. Für Kraatz war es recht naheliegend, die DEZ als Organ für sein Museum einzuspannen, was denn auch seit 1905 im Titel zum Ausdruck kam. Das Preußische Kultusministerium verlieh ihm im gleichen Jahre in Anerkennung seiner Verdienste um die Wissenschaft den Titel als Professor. Das folgende Jahr brachte das Kraatz-Jubiläum. Der Gründer des Vereins konnte auf eine ununterbrochene fünfzigjährige Tätigkeit als Vorsitzender und Redakteur zurückblicken; hinzu kam das fünfzigjährige Doktorjubiläum. Aus diesem Anlaß erschien eine Festschrift, in der Horn die Lebensgeschichte dieses großen Mannes darlegt. Beim Lesen rollt ein großes Stück Historie der systematischen Entomologie vor uns ab. Die Krönung seines Lebenswerkes ist das Deutsche Entomologische Nationalmuseum. Auf dessen Schicksale hier näher einzugehen, liegt außerhalb des Rahmens meiner Ausführungen. Es ist ein Institut von Weltruf geworden und bildet jetzt das Deutsche Entomologische Institut der Akademie der Landwirtschaftswissenschaften in Berlin-Friedrichshagen, wo die Teilnehmer unserer Tagung es am nächsten Freitag (5. 10.). besichtigen können. Wenn nun auch Kraatz aus dem Vereinsleben ausschied, so ist die „Area Kraatziana" damit keineswegs abgeschlossen. Schon seit langem nötige, aber aus Pietät zurückgestellte Reformen mußten durchgeführt werden. Häufiger Wechsel im Vorsitz ist erwünscht. Die Zeitschrift muß häufiger erscheinen und inhaltlich abwechslungsreicher gestaltet werden, wofür an Stelle des bisherigen Redakteurs eine vierköpfige Kommission einzusetzen ist. In den Sitzungen soll zwar wie früher das gesellige Moment betont werden, doch ist ein mehr wissenschaftlicher

Ausbau erwünscht, um vor allem erzieherisch wirken zu können. Ganz im Sinne von KRAATZ lag es noch, wenn die durch den Tod von KONOW freigewordene „Zeitschrift für Hymenopterologie und Dipterologie“ mit der DEZ fortgeführt werden sollte. Die ersten Vorsitzenden nach dem Ausscheiden von KRAATZ waren die Herren HORN, SCHENKLING, OHAUS, SCHILSKY, GRÜNBERG, GREINER, AHLWARDT. Am 2. November 1909 verstarb der 78jährige KRAATZ. Er hatte ein Testament hinterlassen, das durch verschiedene Anhänge, Kodizille, Abänderungen früherer Bestimmungen usw. außerordentlich kompliziert und schwer zu überblicken war. Für uns, die wir 1910 die Sitzungen besuchten, hat diese Zeit einen üblen Nachgeschmack. Die Entomologie kam kaum noch zu Worte. Durch die im Testament angestrebte allzu enge Verbindung der DEG mit dem entomologischen Nationalmuseum sah sich die Gesellschaft in ihrer Selbständigkeit bedroht. HORN konnte mit seinen Getreuen die auf die Selbständigkeit der Gesellschaft bedachte Seite nicht überzeugen, und es kam schließlich zum Bruch. So stand dann von 1911 ab die Gesellschaft ohne Bindung frei da.

Das Leben in den Sitzungen der DEG lief ähnlich ab wie im BEV. Die Sitzungen fanden wie dort wöchentlich statt; die Sitzungslokale waren des öfteren gewechselt worden, lagen aber auch immer in der Innenstadt. Daß der Ton der Verhandlungen mehr formal und trockener als im „Geheimratsverein“ war, mag an der Zusammensetzung des Mitgliederkreises gelegen haben, die der Gesellschaft den Namen „Lehrerverein“ eingetragen hatte.

Der Gedanke an eine große, repräsentative Gesellschaft war aber nicht erloschen. Nach der reinlichen Scheidung konnte jetzt durchaus erwogen werden, den BEV und die DEG unter einen Hut zu bringen. So richtete denn im März 1911 der damalige Schriftführer des BEV WANACH eine vorfühlende Frage an die DEG, die dort auf einen günstigen Nährboden fiel. In einer außerordentlichen Generalversammlung vom 11. 12. 1911 wurden Richtlinien für eine engere Fühlungnahme im Jahre 1912 als Probejahr aufgestellt. Von den 24 Mitgliedern, die dieses Schriftstück unterzeichneten, bin ich der einzige Überlebende. Das Probejahr verlief zu aller Zufriedenheit, so daß der Verschmelzungsvertrag aufgesetzt werden konnte. Der BEV verzichtete zugunsten der weitergehenden Bezeichnung auf seinen Namen, wünschte ihn aber aus historischen Gründen, vor allem zum Aufzeigen der Kontinuität, in einem zusätzlichen Untertitel zu erhalten. Dies wurde zugestanden. So wurde der künftige Name: DEG (BEV eV 1856 u. DEG e. V. 1881 in Wiedervereinigung). Ein entsprechender Zusatz kennzeichnete die DEZ als ein Verschmelzungsprodukt der beiden Vorläufer. Durch Vorsichtsklauseln sicherten sich die einzelnen Fachgebiete ihre Gleichberechtigung, daß also die Coleopterologen nicht von den Lepidopterologen und umgekehrt benachteiligt werden konnten. Im April und Mai 1913 fanden die gemeinsamen Statutenberatungen statt. Die Fusion selbst konnte erst am 11. 4. 1914 nach Ablauf des Liquidationsjahres erfolgen, doch hatte die BEZ mit Jahrgang 1913 ihr selbständiges Erscheinen eingestellt, und getrennte Sitzungen fanden nur noch dann statt, wenn sie zur Erledigung mit der Liquidation zusammenhängender geschäftlicher Dinge nötig waren. Die Sitzungen wurden damals im Altstädter Hof abgehalten.

Erster Vorsitzender nach der Fusion wurde OHAUS, der von seiten der früheren DEG kam, Stellvertreter wurden H. STICHEL von seiten des BEV und WANACH als Doppelmitglied.

Bald kam der 1. Weltkrieg. Von dem anfangs gefaßten Beschluß, monatlich nur eine Sitzung abzuhalten, kam man schnell wieder ab und 1915 kehrte man zum wöchentlichen Turnus zurück. Die publikative Tätigkeit wurde nicht unterbrochen, wenn auch selbstverständlich der Schriftenaustausch lahmgelegt war. Vorübergehend wurde die Gesellschaft ihrer alten Tradition untreu und verlegte die Sitzungen in die Wilhelmshallen am Zoo, kehrte jedoch nach dem Krieg wieder in die Innenstadt zurück. Auch über die Inflationszeit kam die Gesellschaft gut hinweg. Wenn auch das damalige Nachkriegspapier recht schlecht war, so konnten doch stattliche Bände geliefert werden, weil mit der Stabilität ausländischer Valuten, die wir als Mitgliedsbeiträge erhielten, gearbeitet werden konnte. Da die Friedländerschen „Entomologischen Literaturblätter" ihr Erscheinen eingestellt hatten, versuchte HEDICKE ein ähnlich angelegtes Berichtsorgan als Repertorium entomologicum der DEZ anzugliedern, was aber nicht gelang. Es wurde ein selbständiges Unternehmen daraus. 10 Bände erschienen, die von den Mitgliedern zum Vorzugspreis erworben werden konnten. In den zwanziger Jahren wurde der Versuch gemacht, durch Gestaltung des Vortragsprogramms den Sitzungen einen mehr wissenschaftlichen Anstrich und höheren Inhalt zu geben. Die Programme wurden auf längere Sicht festgelegt, die einzelnen zur Behandlung kommenden Themen sorgfältig gegeneinander abgewogen. Da wir allwöchentlich Sitzungen abhielten, hatte der Vorstand viel Arbeit damit, die Hauptreferenten zu gewinnen. Für größere Vorträge und Vorführungen mit Lichtbildern stand der Hörsaal des Zoologischen Museums zur Verfügung, während die kleineren Sitzungen in der Nicolaischen Konditorei in der Invalidenstr. abgehalten wurden. Wenn auch im Sitzungsprogramm Abende für kleinere Vorlagen vorgesehen waren, so reichte dies vielfach für die Coleopterologen, die sich über Käfer unterhalten wollten, nicht aus, was zur Folge hatte, daß diese sich zu eigenen Abenden unter NERESHEIMER und WAGNER zusammenfanden. Die umfangreiche Bibliothek der Gesellschaft war 1926 aus dem Lehrervereinshaus am Alexanderplatz in die Räume des Zoologischen Museums übergesiedelt. Von den wöchentlichen Sitzungen gingen wir in den dreißiger Jahren zu zwei Sitzungen im Monat über.

In dem verhältnismäßig seltenen Erscheinen der Zeitschrift lag die Gefahr, daß die Verbindung mit den auswärtigen Mitgliedern zu locker würde und sich ganz lösen könnte. So wurde denn beschlossen, ab 1930 jährlich zehn kleinere Hefte als „Mitteilungen der DEG" herauszubringen, die außer den Sitzungsberichten andere Mitteilungen aus dem Vereinsleben, Personalien, kleinere Aufsätze u. a. enthalten sollten. Sie sind dann auch laufend erschienen. Neben der im Plan vorgesehenen normalen Zahl von Heften der Zeitschrift sind oft auch umfangreiche Beihefte mit wertvollen größeren Arbeiten veröffentlicht worden.

Gelegentlich hat die Gesellschaft versucht, Mitglieder zu gemeinschaftlichen Aufgaben heranzuziehen. Ich denke hier z. B. an die noch von AHLWARDT inspirierte Fauna marchica. Dabei war sogar an Sammlungsanlage gedacht. Nach anfänglicher Begeisterung und einigen wenigen, zusammenfassenden Ergebnissen, unter denen besonders REINECKS Cerambycidenfauna der Mark hervorgehoben zu werden verdient, ist die Angelegenheit im Sande verlaufen. Im Zusammenwirken mit den Berliner Sammlervereinen gab es Kommissionen, die gemeinsam die Tauschbörsen vorbereiteten und zweimal im Jahre zusammentraten. 1933 wurde zur Wahrung gemeinsamer Interessen eine Interessengemeinschaft deutscher entomologischer Vereine gegründet, in der sich München, Stettin, Bremen und Berlin zusammenfanden. Ich entsinne mich nicht, daß irgendetwas damit erreicht worden ist. Dagegen sind gemeinschaftliche Veranstaltungen mit anderen naturwissenschaftlichen Gesellschaften, wie Einladungen zu Vorträgen, oder auch gemeinsame Diskussionssitzungen zu allgemeineren Themen immer als ein Erfolg zu verzeichnen gewesen. Zu internen Vereinsveranstaltungen gehörte in früheren Jahren das mit einem Festessen verbundene Stiftungsfest, feierlich gemacht durch offizielle Ansprachen und in Stimmung gebracht durch die mit Berliner Humor gewürzten kleinen Vorlagen.

Über die letzten Jahre unseres Vereinslebens während des Krieges brauche ich nur kurz zu sprechen. Zunächst wurden die Sitzungen im alten Modus abgehalten. Auch die Publikation kam nicht ins Stocken. 1941 wurde unsere Gesellschaft auf Anregung von Herrn ADOLF MUELLER durch eine Spende des Genannten, sowie der Herren O. BANG-HAAS und MANFRED KOCH in die Lage versetzt, eine Auszeichnung zu schaffen, die jährlich an einen verdienten deutschen Entomologen verliehen werden kann, wobei die Entscheidung über die Würdigung in Händen einer Kommission liegt. Es handelt sich um die Stiftung der Fabricius-Medaille. Der letzte Band unserer Zeitschrift, der für 1944 bestimmt war, war im Umbruch durckfertig; erschienen ist er nie; er ist verbrannt. Unsere Bibliothek blieb glücklicherweise erhalten.

Mit dem Zusammenbruch von 1945 war das Leben der DEG still gelegt worden. Entomologen, die beruflich mit der Insektenkunde zu tun hatten, nahmen die früheren Arbeiten bald wieder auf. Liebhabersammler, die noch bis zuletzt ihre Exkursionen gemacht hatten, wobei sie nicht selten durch Fliegeralarm beunruhigt worden waren, und denen die Beschäftigung mit ihren Käfern, Schmetterlingen oder anderen Insekten über manche schwere Stunden hinweg geholfen hatte, fanden sich schnell wieder zusammen. Mit Bedauern erfuhr man von der Zerstörung mancher wissenschaftlich wertvollen Sammlung, und neuer Aufbau setzte ein. Bald kamen auch zwanglose Zusammenkünfte zustande, bei denen ein anregender Gedankenaustausch gepflegt wurde. Hier in Berlin bot sich dafür ein gastliches Heim im Institut für Wasser-, Boden- und Lufthygiene in Dahlem. Im Zoologischen Museum erschienen oft Mitglieder der DEG und Sammler mit ihren Auskunftswünschen. Immer wieder kam auch von auswärts die Frage: Wann kommt die DEG endlich wieder? Aus dem Dahlemer „Käfertisch“, wie sich die dortige zwanglose Tafelrunde zuerst genannt hatte, wurde eine dem wachsenden Bedürfnis nach engerem Zusammenschluß entsprechende vorläufige Vereinigung der „Freunde der DEG“, der nicht nur frühere Migtlieder beitraten, sondern der sich auch neuer Nachwuchs aus allen Teilen Deutschlands anschloß. So konnte ein Stamm von künftigen Mitgliedern gesichert werden, sobald es gelang, die DEG aus ihrem Dornröschenschlaf zu erwecken. Die dabei zu durchschreitende Dornenhecke bot allerlei Schwierigkeiten, bis es endlich zur Neueintragung ins Vereinsregister am 19. 6. 1953 kam.

Genügen dem lokalen Zusammenhang der interessierten Kreise die fachlichen Sitzungen, so stellt die Zeitschrift das Bindeglied nach außen dar. Es muß den Mitgliedern die Gelegenheit geboten werden, wissenschaftliche Publikationen an geeigneter Stelle unterbringen zu können Es muß außerdem ein anerkanntes Organ vorhanden sein, das im Schriftenaustausch mit In- und Ausland das entsprechende Schrifttum der Gesellschaftsbibliothek zuführt. Die Gesellschaft mußte also wieder die DEZ zur Verfügung haben. Die Mitgliedsbeiträge hätten aber allein unter den veränderten Verhältnissen nicht ausgereicht, eine würdige Zeitschrift herauszugeben. Eine unerwartete Lösung wurde gefunden. Für die Wissenschaft gibt es keine trennenden Grenzen. Das Zoologische Museum, mit dem die Gesellschaft in alter, traditioneller Verbindung gestanden hatte, sprang ein und übernahm die Herausgabe der DEZ, die zugleich als Organ der DEG gilt. Die im Schriftenaustausch mit ihr eingehende Literatur wandert in die Bibliothek der Gesellschaft. Die Verhältnisse liegen also gerade umgekehrt, als es seinerzeit unter KRAATZ der Fall war, der die DEZ zum Organ seines Museums machen wollte, wodurch sich die DEG damals in ihrer Selbständgikeit bedroht sah. Neben der DEZ gab die Gesellschaft früher die bereits erwähnten „Mitteilungen der DEG" heraus. Auch diese Publikationsreihe ist mit den gleichen Zielen wieder aufgegriffen worden und wird von der Gesellschaft direkt herausgegeben. Wenn unsere DEG jetzt wieder lebenskräftig und entwicklungsfähig dasteht, dann können Fernerstehende kaum ermessen, wieviel Mühe dafür aufgewandt und wieviel Ärger dabei hingenommen werden mußte. Die Gesellschaft hat also allen Grund, all denen, die dazu beigetragen haben, dankbar zu sein. Ganz besonderer Dank gebührt denjenigen Stellen auf beiden Seiten unseres noch immer getrennten Vaterlandes, die das Erscheinen der DEZ und der Mitteilungen der DEG ermöglicht haben und weiterhin ermöglichen.

Hochverehrte Festversammlung! Im Gegensatz zum einzelnen Organismus, der von vornherein den Keim des Sich-innerlichen-Verbrauchens in sich trägt, wird eine wissenschaftliche Gesellschaft zwar älter, bleibt aber jung, wenn sie nicht veraltet, d. h. starr am Alten hängen bleibt. Dafür, daß das nicht geschieht, sorgt der junge Nachwuchs. Mit neuen Forschungsrichtungen fügt er sich dem Fortschritt der Wissenschaft im Ganzen ein. Das gilt, auch für die systematische Entomologie, die unser eigenstes Arbeitsgebiet war, ist und bleiben wird. Unter immer neuen Gesichtspunkten tritt man an die zu lösenden Fragen heran; die Problematik ändert sich. Bei einem Vergleich alter Jahrgänge unserer Zeitschrift mit modernen kommt dies ganz deutlich zum Ausdruck. Die systematische Entomologie war in früheren Jahrzehnten in viel höherem Maße als heute eine Liebhaberwissenschaft, wobei die Insektenfreunde aus den allerverschiedensten Schichten der Bevölkerung kamen. Wenn dies nicht mehr so stark der Fall ist, dann liegt dies an der Ausdehnung der einzelnen Wissensgebiete, die den Überblick erschwert, und an neuen Forschungsrichtungen, die nicht mehr vom Liebhaber gepflegt werden können. Das Forschungsgebiet der Entomologie ist aber so riesenhaft, daß wir die Mitarbeit des Liebhabers nicht entbehren können. Es muß daher auch in Zukunft das Bestreben der DEG sein, einen solchen Liebhaberkreis unter ihren Mitgliedern zu haben und auf ihn erzieherisch einzuwirken. Wie vor hundert Jahren sieht unsere Deutsche Entomologische Gesellschaft ihre Aufgaben vor sich. Daß sie auf dem Wege zu deren Lösung zum Nutzen unserer Wissenschaft kräftig voranschreiten möge, gilt ihr mein Wunsch: vivat, crescat, floreat!

Genetik und Artbildung

Festvortrag[1]) gehalten von KLAUS GÜNTHER

Hochansehnliche Festversammlung, meine Damen und Herren!

Die Frage nach der Entstehung der Arten stand im Mittelpunkt biologischen Interesses, seitdem die Vorstellung von ihrer Unveränderlichkeit erschüttert worden war. Heute liegt auf der Hand, daß der Gedanke an die Evolution oder Transformation der Organismenarten ein genetisches Problem einschließt. Und es konnte unlängst mit Recht gesagt werden, daß die neue Genetik überhaupt die eigentlichen Beweise der Deszendenztheorie liefere. Aber im 18. Jahrhundert waren genetische Fragestellungen in hier anwendbarer Form noch kaum entwickelt, und deszendenztheoretische Anschauungen stellten damals vor allem ein weltanschaulich-religiöses und philosophisches Problem dar.

Die gewaltigen und erfolgreichen Kräfte, die im abendländischen geschichtlichen und zumal geistesgeschichtlichen Werden ständig auf die Entmachtung der Tradition drängen und damit die Dynamik, den Glanz — aber, so sind wir heute zuweilen versucht zu sagen, auch das Elend — abendländischer Entwicklungen bezeichnen, hatten im Zeitalter der „Aufklärung", dies ist ja das 18. Jahrhundert, mit der Befreiung naturwissenschaftlicher Aussagen von kirchlich-dogmatischer Bindung einen großen Fortschritt erzielt. Jedoch die Mächte der Tradition — gewaltig auch sie — fanden grade in unserem, dem speziell biologischen Bereich, sofort einen neuen Kristallisationspunkt: Die Philosophie, nach der Säkularisation religiös tradierter Vorstellungen zur Ordnerin naturwissenschaftlicher Grundlagenproblematik durchaus legitimiert, bot hier im Bereich organischer Formenkunde noch im wesentlichen die von ARISTOTELES überkommenen Vorstellungsbildungen an. Daraus waren für das 18. Jahrhundert besonders bedeutsam geworden die Gedanken von der rationalen Harmonie der Weltordnung, von den übereinander geschichteten Gradstufen zunehmender Vervollkommnung in der uns umgebenden Welt und von der nicht übergangslos-unverbundenen, sondern durch harmonische Übergänge aller Art verbundenen Abfolge dieser Stufenschichten. „Natura non facit saltus", „die große Kette des Lebens", „die organisch-harmonische Verbundenheit alles Lebendigen" waren gleichsam Schlagworte, in denen jene Grundvorstellungen sich niederschlugen. Sie schlossen freilich den Ge-

---

[1]) Vom Vortragenden für die Drucklegung gekürzt.

danken an eine Veränderlichkeit der Arten noch nicht ein; für ARISTOTELES blieb er ausgeschlossen und war noch für KANT unannehmbar.

Aber bei etwas fahriger, philosophisch ungenauer Handhabung jener Theoreme konnte die Vorstellung von den verbindenden Übergängen zwischen den Abstufungen vor allem des Lebendigen schließlich auch dynamisch interpretiert werden, im Sinne allmählicher Entwicklung höher organisierter Stufenschichten des Organischen aus niederer organisierten: damit war die eigentliche Deszendenztheorie in der Biologie geboren. Und so ist es kein Zufall, wenn derjenige, der sie zuerst vorbehalt- und im Grundsätzlichen fast kommentarlos in die Biologie einführte, ein Mann war, der weder philosophisch noch naturwissenschaftlich auf der Bildungshöhe seiner Zeit stand. Ich spreche von DE LAMARCK; und im Gegenteil hatte dieser als Autodidakt sich von den tragenden Erscheinungen und bewegenden Kräften in der uns umgebenden Welt ein sehr krauses und sonderbares Bild gemacht, in dem eben auch die Deszendenztheorie auftritt.

Sie sehen, daß von genetischer Fragestellung oder gar Einsicht hier bei Aufstellung dieser Theorie keine Rede ist, aber auch von ihren klassischen, vergleichend morphologischen Beweisen ist noch keine Rede: sie wurde konzipiert aus — im übrigen unzulänglichen — philosophischen und ganz empiriefreien Überlegungen. Daher blieben DE LAMARCKS Zeitgenossen mit wenigen Ausnahmen weit entfernt davon, ihm in seinen Anschauungen zu folgen; wenn wir ihn heute bewundern, dann wegen der Unbeirrtheit, mit der er sein Gedankengebäude vortrug, und wegen der unvergänglichen Verdienste, die er sich später als Begründer der modernen Evertebraten-Klassifikation erwarb.

Wir finden nach DE LAMARCK für unseren Fragenkreis sogar vorherrschend die jeder Deszendenzvorstellung abholde, idealistisch-typologisch gesinnte Naturphilosophie, die die Verwandtschaft der Organismen in prästabilierten, planimetrischen Netzschemen zu fassen versuchte. Aber dann war es CH. DARWIN, der in fast 30jährigem geistigen Ringen die Deszendenztheorie unabhängig von aller auf solche Fragen einwirkenden, bis dahin mächtigen Tradition empirisch-naturwissenschaftlich begründete; gerade in diesem von der geistigen Tradition sich befreienden, empirischen Bemühen lag die ungeheure Bedeutung seiner Tat.

DARWIN stellte, wie bekannt, mit der Frage nach der Denknotwendigkeit der Artendeszendenz zugleich auch die nach den Mechanismen, die sie bewirken könnten. Auch DE LAMARCK hatte das getan, und die gegensätzlichen, hierin von den beiden Gelehrten entwickelten Anschauungen fassen wir — etwas äquivok — als den Gegensatz des Lamarckismus zum Darwinismus. Es ist klar, daß solche Fragen denen nach den Beweisen der Deszendenztheorie nachgeordnet sind und nur dann, wenn diese Beweise anerkannt wurden, überhaupt erst auftreten können: die Aussage der Deszendenztheorie bleibt danach unabhängig und unerschüttert von allen Antworten, die in der nachgeordneten Faktorenfrage für möglich oder für unmöglich gehalten werden. Darüber waren in der Folgezeit, bis heute, manche Mißverständnisse verbreitet; und es mag dies auch damit zusammenhängen, daß die Verstiegenheiten der Naturphilosophie vor DARWIN und dessen eigenes, ganz traditionsfreies, möglichst empirisch argumentierendes Vorgehen die Biologie zur Vernachlässigung einer philosophischen Grundlegung für ihre Aussagemöglichkeiten bewogen hatten: Recht unerfreuliche Wirrnisse und Unklarheiten auch in der einfachen philosophischen Grundlagenproblematik der Biologie waren die mißliche und langanhaltende Folge solcher Entwicklungen.

Darwins Antwort auf die Faktorenfrage der Artbildung war bekanntlich die Selektionstheorie; und sie stieß gleichsam — mit dem Hinweis auf erbliche Einzelmerkmale, in denen sich Kinder von ihren Eltern, Jungtiere von ihren unmittelbaren Erzeugern oder von ihren Vollgeschwistern unterscheiden könnten — die genetische Fragestellung für jedermann sinnfällig in den deszendenztheoretischen Problemkreis hinein: Inwiefern waren manche solcher Einzelmerkmale erblich, andere nicht, wie waren die etwaigen Gesetzmäßigkeiten ihres Erbganges durch die Generationen, und wie konnten Erbmerkmale gelegentlich neu entstehen, was die Selektionstheorie ja forderte und voraussetzte?

Die Erbwissenschaft jener Tage konnte all diese Fragen nicht beantworten, und — merkwürdiger noch — sie waren in ihr bis dahin auch kaum aufgetreten. Erbwissenschaftliches Interesse — die Genetik, wenn man will — datierte aus den Zeiten des Hippokrates und Aristoteles, und dieser griechischen Forscher und Denker Fragestellung war in ihr vorherrschend geblieben bis zu Darwin hin: warum sind die Nachkommen ihren Erzeugern ähnlich, warum schlüpft aus den Eiern eines Huhns immer wieder ein Huhn und kaum je oder nie ein Frosch? Diese Frage — sie ist heute aus der Genetik mit guten Gründen fast völlig verschwunden — hatte durch alle jene Jahrhunderte die grundsätzlich gleiche, rein hypothetische und von keiner Erfahrung gestützte Antwort gefunden, die Darwin noch, unabhängig von seinen Vorgängern, als „Gemmula-Theorie" konzipierte.

Aber es war die andere, durch Darwins Selektionstheorie drängend gewordene Frage nach den Erscheinungen und Gesetzmäßigkeiten des Erbganges einzelner Merkmale, deren experimentelle Behandlung der modernen Genetik zu ihren alsbald einsetzenden triumphalen Erfolgen verholfen hat. Doch entwickelte sich diese besondere Fragestellung nicht im Anschluß an die Selektionstheorie, wie man nach dem Gesagten meinen könnte, sondern bei physisch-anthropologisch interessierten Denkern und bei Pflanzenzüchtern, die auf Veredelung ihrer Produkte bedacht waren; de Maupertuis, der lange in Berlin ansässige französische Akademiker, und der badische Tabakzüchter Koelreuter sind als ihre ersten Vertreter zu nennen. Und bereits ein Zeitgenosse Darwins klärte die Frage nach den Gesetzmäßigkeiten des Erbganges einzelner Merkmale, ohne daß beide voneinander wußten: Gregor Mendel; wegen der gläsernen Klarheit und Grundsätzlichkeit seiner Problemstellung, seines experimentellen Ansatzes, der Auswertung und Formulierung seiner Befunde für immer einer der Größten in der Entwicklung der biologischen Wissenschaften. Zu groß, wie Sie wissen, für seine Zeit, ihr zu weit voraus, blieb er mit seinen Ergebnissen unbeachtet. Aber die 35 Jahre, während derer die heute nach ihm genannten, von ihm entdeckten Vererbungsgesetze noch unbekannt blieben, verflossen gleichwohl nicht unfruchtbar für die Genetik; sie sind bezeichnet durch die Namen je eines der bedeutendsten Theoretiker und

Praktiker der neuen Vererbungswissenschaften, die Namen von WEISMANN und JOHANNSEN. Wenn JOHANNSEN durch ein an seine so bedeutsamen Befunde geknüpftes Mißverständnis zum Gegner der Selektionstheorie werden konnte, bleibt dies für uns sonderbar genug.

Als um 1900 die MENDELschen Vererbungsgesetze wiederentdeckt wurden, konnten die Ergebnisse der experimentellen Genetik alsbald mit denen der inzwischen hinlänglich entwickelten cyto- und karyologischen Morphologie zur „Chromosomentheorie der Vererbung" vereinigt werden, d. h. man durfte jetzt die von JOHANNSEN konzipierten Gene, als die erblichen Steuerer der Merkmalsausprägungen, in den Chromosomen der Zellkerne lokalisieren. Und als um etwa die gleiche Zeit DE VRIES seine Mutationstheorie aufstellte — übrigens eines der vielen seltsamen Beispiele für die Lehre vom fruchtbaren Irrtum —, fiel endlich auch Licht auf den so lange fraglichen Mechanismus von erblichen Abänderungen im Keimplasma.

Auch bei diesem Stande der Dinge blieb die Frage, ob die inzwischen erkannten genetischen Mechanismen und Gesetzmäßigkeiten die Anschauungen der Deszendenz- und Selektionstheorie überhaupt stützen und plausibel machen könnten, zunächst noch offen und unergiebig. Aber die mathematisch-statistischen Methoden, mit denen die experimentelle Merkmalsgenetik seit MENDEL arbeitete, spielten jene Frage alsbald in die Hände der Mathematiker, der Biostatistiker: mit den noch spärlichen Daten der jungen Genetik entwickelten sie ein rechnerinerisches Modell der Möglichkeiten selektionsbedingter Erbkonstitutionsänderungen für zwei- und getrenntgeschlechtlich sich fortpflanzende Organismenarten. Dies Modell erforderte drei Voraussetzungen: Einmal durften die natürlichen Organismenbevölkerungen („Populationen"), in denen solche Selektionswirkungen mit allmählich das Erscheinungsbild dieser Population erblich abändernden Erfolge angreifen sollten, keine „reinen Linien" sein, sondern sie mußten die verschiedenartigsten individuellen Erbkonstitutionen einschließen; zum anderen war dafür weiterhin neben den „klassischen" Evolutions- oder Transformationsfaktoren der Mutabilität und der Selektion auch noch die Wirksamkeit weiterer, vor allem populationsisolierender Faktoren zu fordern. Danach können abändernde Auslese- oder Selektionsbedingungen das gesamte Erbgut einer Individuengemeinschaft oder Population nur dann bis zum Stadium der Bildung einer neuen Art verändern, wenn die betreffende Population von anderen, die zunächst noch zur gleichen Art gehören, irgendwie (am einleuchtendsten: räumlich) und also tokogenetisch (d. i. in ihren Sexualbeziehungen) weitgehend isoliert ist. Drittens mußte schließlich die biologische Tatsächlichkeit von Selektionswirkungen auf natürliche Organismenbevölkerungen nachgewiesen werden.

Das erste Postulat der individuell verschiedenen und trotz übereinstimmender Phaenotypen — trotz also so gut wie einheitlicher äußerer Erscheinung der Individuen — bunt variablen Genotypen in einer natürlichen Population wird erfüllt und möglich durch den rezessiven (verdeckterbigen) Erbgang der meisten, in bestimmten spärlichen Raten ständig neu auftretenden Mutationen und durch die komplizierten, auch genetisch gesteuerten, als „Homoeostatik einer Population" zusammengefaßten Mechanismen, die trotz aller individuellen Verschiedenartigkeit der Genotypen in der Population: trotz ihrer „Genovarianz", die erscheinungsmäßige (phaenotypische) Einheitlichkeit ihrer Angehörigen im großen und ganzen wahren. Das zweite Postulat wird gedeckt durch die z. B. jedem Faunisten geläufige Tatsache, daß jede nicht nur an einem Punkt, sondern über einigermaßen größere Areale verbreitete Organismenart darin nicht gleichmäßig dicht, sondern in ± voneinander isolierten Einzelbevölkerungen auftritt.

Wir verfolgen hier nicht, in wie zahlreichen und ruhmvollen Untersuchungen die — auch experimentell arbeitende — Populationsgenetik und die Populationsanalyse überwältigende empirische Materialien zur Klärung und Bestätigung der genannten Voraussetzungen für das genetische Verständnis der Selektionstheorie bis zum heutigen Tage beibrachte. Lassen Sie sich nur daran erinnern, wie diese Wissenschaftsdisziplinen zeigten, daß die Genovarianz selbst benachbarter und phaenotypisch ununterscheidbarer Populationen der gleichen Art ganz verschieden sein kann, und daß die spezifische Genovarianz einer Population sich zugleich mit — und zweifellos abhängig von dem Wechsel der Außenbedingungen, unter denen sie lebt, verschieben kann. Solche Verschiebungen im Gesamtbild der Genovarianz einer Population können bei Organismen mit rascher Generationenfolge sogar im Jahreszeiten-Rhythmus hin und her fluten: Mit solchen Befunden wurde zugleich die Tatsächlichkeit der erblichen Selektionswirkungen auf natürliche Organismenbevölkerung evident.

Diese glänzenden Ergebnisse sehr mühevoller Forschungen knüpfen sich vor allem an die Namen von TIMOFÉEFF-RESSOVSKY in Deutschland, DOBZHANSKY in Amerika und DUBININ in Rußland samt ihren Mitarbeitern und Schülern, um nur der großen Pioniere auf diesem Gebiete zu gedenken. Ihre und sämtliche anderen hier anzuziehenden Befunde bewiesen klar, daß der Beginn von evolutorisch bedeutsamen Verschiebungen in der genetischen Konstitution, die unter umweltbedingten Selektionsabänderungen schließlich bis zur Neubildung einer Art führen könnten, nicht beim einzelnen Individuum, nicht bei der gesamten Art, sondern bei der Population einsetzen, bei einer ± isolierten Bevölkerungsgruppe innerhalb des Gesamtverbreitungsgebietes einer Art.

Die Population ist danach gleichsam die Ur- oder Keimzelle aller evolutions- oder transformationshistorischen Abläufe. Dies „Populationskonzept" der modernen Evolutionstheorie ist von weittragender, ja grundlegender Bedeutung für das Verständnis der neuen, nun nicht mehr einfach selektionistisch-darwinistischen sondern — wenn Sie erlauben — neodarwinistisch-mutationistisch-genetischen Interpretation der Deszendenztheorie: Aus der durch die Mutabilität ständig bereicherten und durch die Zwei- und Getrenntgeschlechtlichkeit ständig umgeschichteten Genovarianz, d. h. dem Vorrat an verschiedenen individuellen Genotypen, einer ± isolierten Population vermag eine sich unter Abänderung der Außenbedingungen verschiebende Selektion bestimmte Genotypen und Allelenkombinationen auszulesen und anzureichern, andere zurückzudrängen oder zu unterdrücken; denn die Genovarianz bedingt die individuelle Variabilität in der Bevölkerung, und diese phaenotypische Variabilität, die sich — in gewöhnlich nur geringster Schwankungsbreite — auf alle nur erdenklichen morpho- und physiologischen Qualitäten der Individuen beziehen kann, ist der Rohstoff evolutiver Veränderungen unter Selektionseinwirkung. Das ursprüngliche Erscheinungs- und Verteilungsbild der individuellen Genotypen innerhalb einer Population kann sich im Zuge solcher Entwicklungen allmählich immer weiter und schließlich so weit verschieben, daß deren äußeres Gesamterscheinungsbild sich endlich ändert und — dauert all dies nur lange genug — auch die genetischen oder tokogenetischen Beziehungen zu anderen Populationen ehedem der gleichen Art verloren gehen und verloren bleiben selbst dann, wenn sekundär wieder innige Grenzberührung zu jenen Nachbarbevölkerungen eintritt: eine neue Art hat sich gebildet.

Diese von der Biostatistik, von der Experimental- und Populationsgenetik in unserem Fragenkreis erarbeiteten Ergebnisse deckten sich nun überraschend mit dem Bilde, das die neuere Systematik mit fein- und populationstaxonomischen Methoden über den Charakter der Spezies, der Organismenart, entwickelte. Die Befunde führten zur Begründung der Lehre von den „geographischen Rassenkreisen" durch KLEINSCHMIDT, STRESEMANN und RENSCH, und diese Lehre nahm unter Führung der beiden letztgenannten Biologen an, daß die Unterarten oder Rassen eines solchen Rassenkreises zum wenigsten potentiell auf dem Wege der Entwicklung zu echten Arten wären. Die Vereinigung der vorher gekennzeichneten Ergebnisse, wie sie die Genetiker und Biostatistiker errungen hatten, mit denen der biologischen Rassenkreislehre schließlich in unseren Tagen — bahnbrechend hier das zusammenfassende Werk des rastlosen DOBZHANSKY: „Die genetischen Grundlagen der Evolution", und J. HUXLEYs Sammelwerk „Die neue Systematik" — ergab eine so imposant geschlossene und fast einmütig vertretene Auffassung von der Zuverlässigkeit dieser genetisch fest untermauerten, selektionstheoretischen Interpretation der biologischen Artbildung, daß wir sie zum gesicherten Bestande unserer naturwissenschaftlichen Kenntnisse rechnen dürfen. Und dies gilt, wenn auch sehr zahlreiche und mit gelungenen Klärungen immer wieder neu auftretende Probleme — wie selbstverständlich in der Wissenschaft — in diesen Zusammenhängen weitere intensive Arbeit erfordern.

Im Auge zu behalten ist, daß das skizzierte Bild vorzüglich für zwei- und getrenntgeschlechtlich sich fortpflanzende Organismen gilt, zum anderen, daß es den Begriff der Art und Unterart in einer für den Morphologen und Taxonomen gradezu vexatorischen Weise verschoben hat. Weit entfernt davon, statische Gegebenheiten sein zu können, stellen jene Grundeinheiten der biologischen Systematik in Wirklichkeit Prozesse dar eines ständig im Gange befindlichen Evolutions- und Transformationsablaufes, für die gewisse Beharrungstendenzen sich nur aus dem bisexuell diöcischen Reproduktionsmechanismus ergeben. HENNIG hat unlängst einleuchtend formuliert, daß die Art den labilen Gleichgewichtszustand zwischen dem Vermannigfaltigungsdruck der Selektion und dem konservierenden Prinzip der bisexuell-diöcischen Fortpflanzung darstellt. Der dynamische Aspekt, den der Artbegriff uns danach bietet, läßt zugleich erkennen, daß er so nur für zwei- und getrenntgeschlechtlich reproduzierende Organismen voll brauchbar ist.

Systematik und Phylogenese

Von W. Hennig

Mit 13 Abbildungen im Text

Systematische Arbeiten bilden in erster Linie den Inhalt der ersten Bände der Berliner Entomologischen Zeitschrift.

Darüber wird sich niemand wundern, denn die Systematik stand ja überhaupt am Anfang unserer Wissenschaft.

Inzwischen sind 100 Jahre vergangen und 200 Jahre seit Linné, aber systematische Arbeiten bilden immer noch einen sehr wesentlichen Teil des Inhaltes unserer Zeitschriften. Bei einem Jubiläum wie dem heutigen drängt sich daher ganz von selbst die Frage auf, ob das, was wir heute Systematik nennen, denn wirklich noch dasselbe ist wie das, was vor 100 und 200 Jahren so hieß bzw. die Frage, was denn unsere heutige Situation vor der damaligen auszeichnet.

Auf den ersten Blick scheint sich freilich nicht viel geändert zu haben: Artbeschreibungen, Beschreibungen neuer Gattungen, Bestimmungstabellen, Monographien größerer Gruppen bilden heute wie damals den Inhalt systematischer Arbeiten. Und der Artbegriff, der eine so zentrale Bedeutung für die Systematik hat, ist wie viele andere wissenschaftliche Grundbegriffe aus dem vorwissenschaftlichen Denken übernommen worden:

In der Sintfluterzählung erhält Noah die Aufforderung: „Und Du sollst in den Kasten tun allerlei Tiere von allem Fleisch, je ein Paar Männlein und Weiblein, daß sie lebendig bleiben bei Dir. Von den Vögeln nach ihrer Art, von dem Vieh nach seiner Art und von allerlei Gewürm auf Erden nach seiner Art; von dem allen soll je ein Paar zu Dir hineingehen, daß sie leben bleiben."

Es scheint mir, daß in dieser Anweisung an Noah schon durchaus klar zum Ausdruck kommt, was auch wir meinen, wenn wir heute gern die Art als „Fortpflanzungsgemeinschaft" definieren: die Vorstellung, daß die ganze Formenmannigfaltigkeit der Tierwelt auf natürliche Weise in eine Anzahl von Gruppen gegliedert ist, die sich durch das Mittel der zweigeschlechtlichen Fortpflanzung bei Bestand erhalten und ergänzen.

In dieser Hinsicht können wir Systematiker uns in einem durchaus ernsthaften Sinne als Nachfolger Noahs fühlen, die sich bemühen, von jeder Tierart wenigstens ein Männchen und ein Weibchen in den Kasten zu tun.

Aber die zoologische Systematik wäre eine merkwürdige Wissenschaft, wenn sich ihre Aufgaben und Fragestellungen und auch ihre grundsätzlichen Erkenntnisse in 100 und 200 Jahren oder sogar seit vorwissenschaftlicher Zeit nicht geändert und vertieft hätten. Die Frage „Was haben wir dazu gelernt?" läßt sich also nicht beiseite schieben. Zunächst das eine, daß wir wissen, um wieviel größer die Zahl der Arten ist als man früher dachte. Wenn LINNÉ, der 1758 4236 Tierarten verzeichnete, auch zweifellos nicht geglaubt haben wird, damit den größten Teil der existierenden Tierarten zu kennen, so wird er sich doch nicht vorgestellt haben, daß allein die Zahl der Insektenarten, oder vielleicht schon die der Käferarten, eine Million übertrifft, wie wir heute wissen.

Man soll diese Entwicklung unserer Kenntnisse nicht für zu unwichtig halten. Sie ist ein Teil der geistesgeschichtlichenEntwicklung, die den Menschen während der letzten Jahrhunderte aus dem Mittelpunkte einer zeitlich und räumlich verhältnismäßig leicht übersehbaren Welt vertrieben hat, und die ihn zwingt, immer mehr zum Spezialisten zu werden.

Aber wichtiger für uns ist die Tatsache, daß viele dieser neuen Arten, die seit LINNÉ und auch seit der Zeit von vor 100 Jahren beschrieben worden sind, nicht aus fernen Ländern und Erdteilen gekommen sind, die man damals nur wenig kannte, sondern daß sie, forschungstechnisch gesehen, aus der Auflösung schon früher bekannter Arten entstanden sind.

Wir wissen ja alle, daß mit den alten Artbeschreibungen, selbst wenn sie sehr viel jünger als 100 Jahre alt sind, meist nicht viel anzufangen ist. Allzuoft stellt sich heraus, daß von dem alten Autor 2, 3, 4 oder noch mehr Arten miteinander vermengt worden sind. Daß wir diese Arten heute unterscheiden können, liegt nur zum Teil an der besseren Untersuchungstechnik, daran z. B., daß wir uns heute nicht mehr mit der Handlupe begnügen. Mehr noch liegt das an unserem vertieften Einblick in die natürlichen Verhältnisse: Wir sind heute darauf aufmerksam geworden, daß die Artunterschiede oft viel geringfügiger, die Artgrenzen viel enger gezogen sind als man früher dachte, und daher finden wir sie nun auch. Das alles hat dazu geführt, daß wir heute ganze Komplexe von Arten unterscheiden, dort, wo man früher nur eine einzige Art erkennen konnte.

Dieser Prozeß ist so heftig im Gange, daß z. B. manche Familienmonographien in LINDNERS „Fliegen der paläarktischen Region", die in den 30er Jahren erschienen sind, heute schon ganz veraltet sind und nur mit großer Vorsicht benutzt werden dürfen, weil eben zu viele der darin behandelten Arten sich als solche Artenkomplexe erwiesen haben.

Nicht überall wird die Bedeutung dieser Entwicklung begriffen. So las ich vor kurzem in dem Büchlein eines Amateurentomologen die Warnung an die Systematiker, es mit der Aufsplitterung der Arten bei den Käfern so weiter zu treiben wie bisher. Dem könnten die Amateurentomologen nicht mehr folgen, und wenn das so weiterginge, müsse man befürchten, daß sie, die schon jetzt so selten geworden seien, ganz ausstürben.

Hier scheint eine völlige Verkennung der Sachlage vorzuliegen. Der Systematiker, der einige Individuen als Angehörige einer bestimmten Art, *Musca domestica*, ansieht und in seinen Kasten tut, befindet sich in derselben Lage wie ein Kriminalpolizist, der einen Mann festnimmt, weil er bestimmte Merkmale eines Steckbriefes an ihm festgestellt hat. Nicht weil der Mann eine bestimmte Tätowierung auf dem linken Unterarm hat, wird er festgenommen, sondern weil Grund zu der Annahme besteht, daß diese Tätowierung ihn als Angehörigen einer bestimmten Bande ausweist, die von der Polizei gesucht wird.

So ist es in der Artsystematik. Nicht weil bestimmte Individuen bestimmte Merkmale gemeinsam haben, gehören sie zur selben Art, sondern bestimmte Merkmale können solange als Artmerkmale gelten, solange Grund zu der Annahme besteht, daß sie als Steckbriefmerkmale zur Erfassung einer Gruppe von Individuen wertvoll sind, die sich als Fortpflanzungs-Gemeinschaft von anderen Gruppen getrennt hält.

Wir wissen nun schon lange von Vögeln und anderen Wirbeltieren und neuerdings in steigendem Umfange von den Insekten mit aller Sicherheit, daß Fortpflanzungs-Gemeinschaften, die unvermischt nebeneinander leben, also verschiedene Arten, sich häufig nur durch äußerst geringfügige Merkmale voneinander unterscheiden.

Daher werden weder Zweckmäßigkeits-Überlegungen, noch irgendwelche anderen außerwissenschaftlichen Gründe die wissenschaftliche Systematik davon abhalten können, auch geringfügigste Merkmale als Artmerkmale zu werten, wenn Grund zu der Annahme besteht, daß in einem bestimmten Falle so geringfügige Merkmale wirklich verschiedene Arten trennen.

Gerade diese Erkenntnis aber, daß die morphologischen Merkmale in der Systematik keinen Eigenwert haben, sondern nur als Steckbriefmerkmale für etwas anderes dienen, was hinter ihnen steht, verleiht der Warnung unseres Amateurentomologen eine merkwürdige Ambivalenz: Tatsächlich läßt sich aus der besonderen Rolle, die die Merkmale in der Systematik spielen, nicht nur eine Rechtfertigung für den Systematiker ableiten, der auch geringfügigste Merkmale als Artmerkmale wertet, sondern ebenso auch eine Warnung.

Mindestens ebenso charakteristisch für die moderne Systematik wie die Erkenntnis, daß die Zahl der Arten viel größer und ihre Unterscheidung oft viel schwieriger ist, als man sich das früher träumen ließ, ist nämlich die andere Erkenntnis, daß nicht alles, was sich, auch an Individuen-Gruppen, unterscheiden läßt, zu verschiedenen Arten gehört.

Auch diese Erkenntnis ist an sich keineswegs neu. Aber die Erkenntnis, daß die Arten keineswegs in sich einheitliche Gebilde sind, hat sich in neuerer Zeit doch gewaltig vertieft und ist von entscheidender Bedeutung für die moderne Systematik geworden.

Zeitweise stand die Entdeckung der geographischen Variationen und das Studium geographischer Rassenkreise im Mittelpunkt des Interesses. Neben der geographischen aber gibt es ökologische Rassenbildung. Geographische und ökologische Rassenbildung, genetisch und nicht genetisch bedingte individuelle Variabilität, Generationsunterschiede, Geschlechtsunterschiede und Unterschiede zwischen verschiedenen Metamorphose-Stadien können, wenn sie bei einer Art zusammentreffen, dieser eine außerordentlich komplizierte und schwer zu durchschauende intraspezifische Struktur verleihen. Die Warnung, alle feststellbaren Unterschiede, auch wenn es Gruppenunterschiede sind, als Artunterschiede zu werten, besteht also zu Recht.

Das Charakteristische unserer heutigen Situation besteht also darin, daß wir heute viel deutlicher als frühere Zeiten wissen, daß die Unterschiede, die zwischen verschiedenen Arten bestehen, weder größer noch von anderem Charakter sind oder doch zu sein brauchen als diejenigen, die als Gruppenunterschiede innerhalb der Arten auftreten.

Für die Praxis und für die Beziehungen der Systematik und der Systematiker zu anderen Wissenschaften ist das sehr wichtig. Es bedeutet 1. daß die Entscheidung, ob zwei sich morphologisch voneinander unterscheidende Individuen-Gruppen als verschiedene Arten anzusehen sind oder nicht, immer häufiger mit den traditionellen Methoden des bloßen Abschätzens der morphologischen Merkmale nicht mehr getroffen werden kann; und es bedeutet 2., daß die bloße Artangabe heute in vielen Fällen nicht mehr genügt, wenn biologische Untersuchungen beschrieben werden sollen.

Wenn ein Systematiker gebeten wird, einige Tiere zu bestimmen, d. h. ihre Artzugehörigkeit festzustellen, so geschieht das von seiten des Bittstellers stets in der Erwartung, daß ihm mit dem Artnamen gleichsam der Schlüssel zu einem Schließfach ausgehändigt werden wird. In diesem Schließfach hofft er alles zu finden, was bisher über diese Art schon festgestellt worden ist. Und in diesem Schließfache will er dann den Bericht über seine eigenen Untersuchungen und Beobachtungen deponieren.

Die Einsicht in die komplizierte Struktur vieler Arten und die Beobachtung des geringen Abstandes vieler Arten voneinander hat uns nun den Blick dafür geschärft, daß es etwas dogmatische Voraussetzungen sind, auf denen diese Erwartung beruht. Für manche Zwecke kann es genügen, die Artengruppe, also etwa die Gattung oder Untergattung, zu kennen, zu der bestimmte Individuen gehören. Die Forderung nach einer Artbestimmung ist dann also unnötig streng. Für viele Zwecke aber genügt nicht einmal die Artbestimmung, eben weil wir die Bedeutung der komplizierten intraspezifischen Struktur vieler Arten erkannt haben.

Wir wissen seit langem, daß z. B. bei Malaria-Untersuchungen die Kenntnis der *Anopheles*-Art nicht genügt. Um eine Malaria-Lage beurteilen zu können, muß man intraspezifische Gruppen kennen, die sich morphologisch bei den Imagines nicht unterscheiden lassen. Und diese Fälle mehren sich von Jahr zu Jahr.

Für die Gallmücken z. B. stellt Barnes fest, daß es für den angewandten Entomologen und für den Pflanzenzüchter in sehr vielen Fällen nicht mehr genüge, nahe verwandte Gallmücken-Gruppen nach morphologischen Kriterien zu unterscheiden, weil auch Gruppen, die als tote Individuen keinerlei morphologische Unterschiede zeigen und folglich nicht unterscheidbar sind, sich doch in der Lebensweise voneinander unterscheiden. Rübenfliege, Fritfliege und die große Stubenfliege, die im Zusammenhang mit der DDT-Resistenz heute in den Mittelpunkt des Interesses gerückt ist, das sind nur wenige Beispiele praktisch wichtiger Dipteren, von denen heute bekannt ist, daß sie eine komplizierte intraspezifische Struktur besitzen oder bei denen die Frage noch nicht entschieden ist, ob eine einzige Art oder ein Komplex nahe miteinander verwandter Arten anzunehmen ist.

Die Systematik ist heute im Hinblick auf alle diese komplizierten und ungeklärten Fälle in einer eigenartigen Lage. Sie kann sich nicht, wie etwa die Genetik, auf die genaue Untersuchung weniger Modellbeispiele beschränken.

Wenn ein Systematiker etwa um Auskunft über die Rübenfliege, dem Komplex *Pegomyia hyoscyami*, gebeten wird, dann wird der Auskunftsuchende kaum mit der Mitteilung zufrieden sein, daß hier komplizierte Verhältnisse vorliegen, die im einzelnen zwar ungeklärt, im Prinzip aber anderen genauer untersuchten Fällen ähnlich sein dürften. Er wird vielmehr konkrete Daten über den ganz speziellen Fall *Pegomyia hyoscyami* verlangen.

Wenn der Systematiker diese Forderung auch anerkennt, so wird ihm doch nichts anderes übrigbleiben als dem Auskunft Suchenden zu empfehlen, sich selbst an die Arbeit zu machen, um den Fall zu klären. Er selbst kann das nicht tun, weil die traditionellen Methoden des rein morphologischen Vergleiches toter Individuen hier, wie wir gesehen haben, nicht mehr ausreichen, und weil er mit Rücksicht auf seine anderen Aufgaben die notwendigen Freilandbeobachtungen, Zuchten, Kreuzungs- und Übertragungsexperimente nicht selbst durchführen kann.

Die Grenzen zwischen der Systematik und den anderen biologischen Wissenschaften verwischen sich also. Wir sehen heute, daß die Systematiker an den großen Sammlungsinstituten, den traditionellen Forschungsstätten der Systematik, die Aufgaben der Artsystematik nur noch bis zu einem gewissen Grade lösen können. Die Feinarbeit wird von anderen übernommen. So sehen wir heute schon vielfach, daß die Detailarbeit in der Systematik der Gattung *Drosophila* in genetischen Instituten von genetisch geschulten Bearbeitern und die Bearbeitung der Gallmücken und Blattläuse in landwirtschaftlichen und angewandt-entomologischen Instituten durchgeführt wird, wo die Möglichkeit zu Zuchten in großem Maßstabe, zu Kreuzungs- und Übertragungsversuchen besteht. Man kann leicht voraussehen, daß die weitere Klärung der systematischen Fragen in der Fritfliegen- und in der Rübenfliegengruppe, wahrscheinlich auch bei der Stubenfliege, denselben Weg gehen wird, um nur wenige Beispiele zu nennen.

Legen wir uns nun Rechenschaft darüber ab, was wir unter dem Gesichtspunkte der anfangs gestellten Frage nach dem Verhältnis unserer heutigen Systematik zu der vor 100 und 200 Jahren über das Artproblem sagen können. Da müssen wir feststellen, daß wir Systematiker uns noch immer dem Auftrage verpflichtet fühlen, der an unseren Ältervater Noah ergangen ist: „Nimm ein Pärchen von jeder Art und tue es in den Kasten“. Aber das naive Vertrauen in die Lösbarkeit dieser Aufgabe haben wir verloren. Wir glauben nicht mehr, daß es auch nur im Prinzip möglich wäre, die gesamte Schöpfung nach einer neuen Sintflut aus dem zu reproduzieren, was wir in den Kasten bekommen können. Zwar sind wir nach wie vor überzeugt, daß es Arten in der Natur wirklich gibt. Aber diese Arten sind uns nicht mehr etwas so Einfaches, wie sie es wohl früheren Systematikern gewesen sind. Die einfache Gleichung Art = Fortpflanzungsgemeinschaft gilt uns nur noch als ein selten verwirklichter Idealfall, in dem die konservativen Kräfte, die sich aus der bisexuellen Fortpflanzungsweise ergeben, den zentrifugalen, die auf einen Zerfall der Fortpflanzungsgemeinschaft hinwirken, einander die Waage halten.

Die Arten sind uns aus einfachen und konstanten Gebilden zum Wirkungsfelde von Kräften geworden. Es ist den Systematikern also in den letzten 100 oder 200 Jahren dasselbe geschehen, was auch anderen Wissenschaften in der gleichen Zeit geschehen ist. Den Physikern z. B., deren Atome sich aus kleinen, stabilen Billardkugeln zu höchst komplizierten und dynamischen Gebilden verwandelt haben.

Auf unserem Gebiete der biologischen Systematik hängt die Veränderung natürlich auf engste mit einem Ereignis zusammen, daß zeitlich mit der Gründung der Deutschen Entomologischen Gesellschaft fast zusammenfällt, mit dem Auftreten bzw. dem Durchbruch der Deszendenztheorie. Wir können der Frage im einzelnen nicht nachgeben, in welcher Weise unsere heutigen Vorstellungen aus den Wechselbeziehungen zwischen den Erkenntnissen der Deszendenztheorie und denen der Systematik sich ergeben haben. Jedenfalls aber steht seit 100 Jahren auch über der Systematik nicht mehr allein der Name LINNÉS, sondern unverrückbar auch der Name DARWINS. Das wird sich ganz deutlich zeigen, wenn wir jetzt nach dem Artproblem noch die andere wesentliche Aufgabe der Systematik etwas genauer betrachten.

Selbst wenn der Systematiker seine, wie wir sagten, von NOAH übernommene Aufgabe vollständig gelöst, alle Arten erkannt und auch ihre innere Struktur aufgegliedert hätte, könnte er sich nicht zur Ruhe setzen. Er hätte dann zwar die Arten, aber noch kein System. Es bliebe ihm also dann noch auf jeden Fall die Aufgabe, ein System aufzustellen.

Wie das System aussieht, an dem die Systematik neben der Aufgabe, von der wir bis jetzt gesprochen haben, von jeher arbeitet, ist allgemein bekannt: Arten werden zu Gattungen zusammengefaßt, diese zu Familien, diese zu Ordnungen, Klassen usw. Dieser Typus eines Systems wird als „Hierarchisches System" bezeichnet. Mancher Systematiker glaubt, das sei die einzig mögliche Form eines Systems. Aber das ist nicht der Fall. Schon der Hinweis auf das Periodische System der Elemente kann das zeigen. Hier handelt es sich um einen ganz anderen Systemtypus. Dieses Beispiel zeigt zugleich, daß bei der Ordnung einer Mannigfaltigkeit die Wahl des Systemtypus nicht gleichgültig ist. Wenn die Entdeckung (wohlgemerkt: „die Entdeckung") des Periodischen Systems der Elemente mit Recht eine naturwissenschaftliche Entdeckung ersten Ranges genannt worden ist, so liegt das nur daran, daß hier die Wahl des Systemtypus dem Strukturbild bestimmter Beziehungen entspricht, die zwischen den im System untergebrachten Elementen bestehen. Oder anders ausgedrückt: die geniale Wahl des richtigen Systemtypus hat hier die Entdeckung wichtiger Beziehungen zwischen den Elementen ermöglicht.

Wie steht es nun in dieser Hinsicht mit dem System der Zoologie? Der hierarchische Systemtypus ist in neuester Zeit von WOODGER genauer untersucht worden. GREGG hat die Ergebnisse dieser Untersuchungen in seinem Buche „The Language of Taxonomy" dargestellt. Das geschieht mit den Methoden der symbolischen Logik. Meiner Ansicht nach ist das Unternehmen von WOODGER und GREGG außerordentlich wichtig, denn es klärt mit Methoden, die jede Unklarheit und jeden Widerspruch ausschalten, die Eigenschaften des hierarchischen Systemtypus und fügt sie in die wissenschaftliche Mengenlehre ein. Jeder Systematiker sollte sich daher mit diesen Fragen beschäftigen.

Die Definition des „hierarchischen Systems" lautet nach Woodger: HR = the set in which any relation z is a member if and only if ($z \varepsilon$ One-Many) and ($\check{z}$ " UN $= z_{po}$ " {B ' z}).

Ich versuche nicht, den Wortlaut dieser Definition ins Deutsche zu übersetzen. Man kann den Inhalt, die Aussage, dieser Definition auch anschaulich darstellen (Abb. 1). Sie besagt, daß die Elemente, aus denen sich die im System geordnete Menge zusammensetzt, paarweise geordnet sind durch einseitig gerichtete Beziehungen. Das sind Beziehungen, wie sie etwa zwischen Mutter und Kind, Vater und Sohn, Vorgesetztem und Untergebenem bestehen. Diese Beziehungen sind in der Abbildung durch Pfeile dargestellt. Es gibt auch Beziehungen, die nicht einseitig gerichtet sind, wie die etwa zwischen zwei Brüdern. Hier sind die Elemente beliebig vertauschbar. Solche Beziehungen sind es also nicht, die zwischen je zwei Elementen einer Hierarchie bestehen.

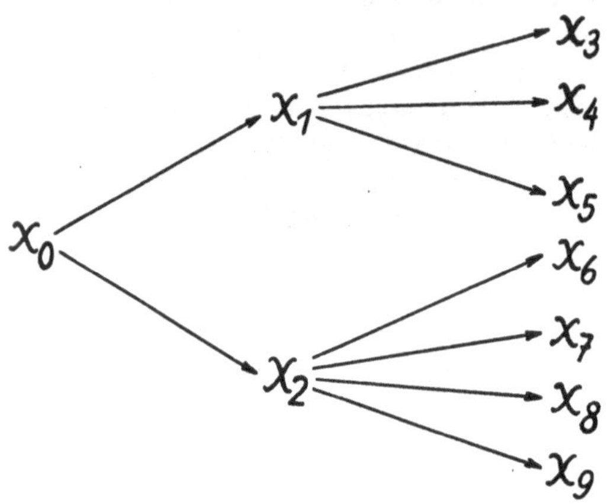

Abb. 1. Struktur der zwischen den Elementen einer „Hierarchie" bestehenden Beziehungen. Nach Gregg

Stellt man also wie gesagt, die in einer Hierarchie bestehenden Beziehungen durch einseitig gerichtete Pfeile dar, dann gilt weiterhin

1. daß bei jedem Element der Hierarchie nur 1 Pfeilspitze liegen darf, während mehrere Pfeile von ihm ausgehen können,
2. daß es 1 und nur 1 Element gibt, von dem nur Pfeile ausgehen, zu dem aber kein Pfeil hinführt. Woodger und Gregg nennen dieses Element „beginner",
3. daß alle Elemente, zu denen ein Pfeil hinführt, die also an einer Pfeilspitze liegen, auch durch einen Pfeil oder eine Folge von Pfeilen mit dem „beginner" verbunden sind.

Wenn diese Bedingungen bei einer Menge erfüllt sind, spricht man nach Woodger von einer Hierarchie.

Die Untersuchungen Woodgers beziehen sich nur auf die formale Seite des Problems. Es ist also gleichgültig, ob es sich bei der betrachteten Menge um ein Protozoenindividuum und seine Teilungsprodukte handelt oder um Karl den Großen und seine Nachkommenschaft oder um die Beamten einer Verwaltungsbehörde oder um die Priesterschaft einer Kirche (Hierarchie heißt, nebenbei gesagt, ja Priesterherrschaft).

Sehr wichtig aber ist die Tatsache, daß die Frage, ob eine zu untersuchende Menge eine Hierarchie darstellt oder nicht, d. h. also die Frage, ob der hierarchische Systemtypus der für die Ordnung dieser Menge adäquate Systemtypus ist, nicht willkürlich entschieden werden kann. Sie wird vielmehr entschieden durch die Art der Beziehungen, die zwischen den Elementen dieser Menge objektiv bestehen, die also bestehen, gleichgültig, ob ein Mensch da ist, der sie beachtet und erkennt, oder nicht.

Wir müssen nun untersuchen, ob es Gründe gibt, die den hierarchischen Systemtypus, den wir für unser Zoologisches System von jeher verwenden, als denjenigen Systemtypus erscheinen lassen, der seinem Zwecke wirklich angemessen ist.

Die Menge, die im Zoologischen System geordnet erscheint, ist die Gesamtheit aller Tierarten. Wir müssen also fragen, ob zwischen diesen Tierarten Beziehungen bestehen, von denen die oben angeführten Bedingungen WOODGERs erfüllt werden; und zwar müßten das Beziehungen sein, die zwischen dieser Arten objektiv bestehen, unabhängig davon, ob ein Mensch da ist, der sie erkennt, oder nicht.

Um diese Frage zu beantworten, müssen wir ganz kurz noch einmal zum Artproblem zurückkehren. Dabei erinnern wir uns der Feststellung, daß die kurze Formel Art = Fortpflanzungsgemeinschaft den Kern dessen, was wir unter einer Art verstehen, ganz gut zu treffen schien. Graphisch dargestellt sieht das so aus wie in Abb. 2: Wenn wir die genealogischen Beziehungen zwischen den jetzt ebenden Individuen darstellen und uns erinnern, daß jedes Individuum 2 Eltern hat, dann würden wir also ganze Komplexe von Individuen finden, die in der Zeit durch solche genealogischen Beziehungen miteinander verbunden sind. Zwischen diesen Individuenkomplexen würden wir Lücken finden, die nicht durch genealogische Linien überbrückt sind. Diese Lücken entsprechen natürlich den Artgrenzen, die Individuenkomplexe selbst den Arten. Man kann sich das ganze in die Zukunft fortgesetzt denken und da würde sich zunächst nichts ändern: die Lücken zwischen den Arten würden unüberbrückt bestehen bleiben.

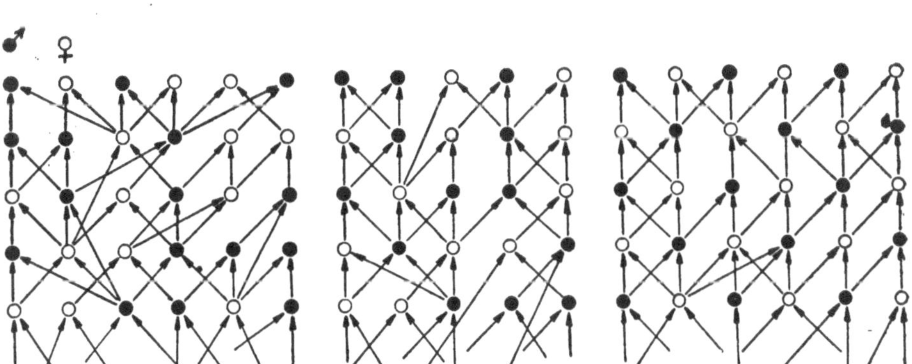

Abb. 2. Schema der genealogischen Beziehungen, die zwischen den Individuen dreier Arten theoretisch bestehen

Nun belehrt uns die moderne Genetik darüber, wie neue Arten entstehen (Abb. 3, unten): Dadurch, daß den Fortpflanzungsbeziehungen der Individuen Schranken gesetzt werden, entstehen im Strome der genealogischen Beziehungen neue Lücken, d. h. es entstehen neue Artgrenzen, neue Arten. Wie DOBZHANSKY und viele andere annehmen, spielen geographische Schranken dabei die Hauptrolle.

Aus diesen, von der Erfahrung gelieferten Tatsachen über die Entstehung neuer Arten können wir die Annahme ableiten, daß auch die heute zwischen den Arten bestehenden Lücken in der Vergangenheit einmal auf die gleiche Weise, durch Auftreten von Schranken entstanden sind. Das bedeutet also, daß wir die Lücken der genealogischen Beziehungen, die heute zwischen verschiedenen Arten bestehen, überbrückt finden würden, wenn wir in die Vergangenheit zurückgehen könnten. Verfolgen wir beispielsweise den Strom der genealogischen Beziehungen, die zwischen den Individuen der Art B bestehen nach rückwärts und tun wir dasselbe von der Art C aus, dann würden wir uns eines vergangenen Tages im Bereiche ein und derselben Art A finden, die wir als die gemeinsame Stammart von B und C bezeichnen können.

Nennen wir nun diese genealogischen Ströme, die verschiedene Arten miteinander verbinden, phylogenetische Beziehungen dieser Arten und stellen wir sie vereinfacht durch Linien oder Pfeile dar (Abb. 3, oben). Für die Struktur der phylogenetischen Beziehungen, die nach Aussage der Deszendenztheorie zwischen allen Arten bestehen müssen, ergibt sich dann zwangsläufig das in Abb. 4 dargestellte Bild.

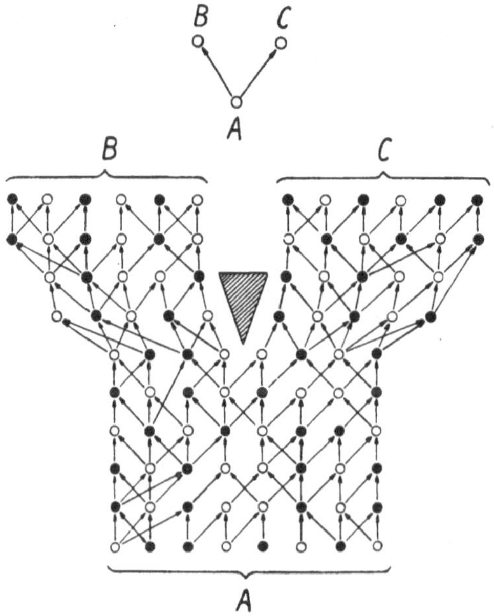

Abb. 3. Schematische Darstellung des Vorganges der Artspaltung

Es liegt auf der Hand, daß dieses Strukturbild der phylogenetischen Beziehungen genau übereinstimmt mit dem Strukturbild der Beziehungen, die zwischen den Komponenten einer Menge bestehen, die nach WOODGERs Definition als Hierarchie bezeichnet werden muß (Abb. 1). Wir können das beweisen, wenn wir WOODGERs Definition Punkt für Punkt mit dem vergleichen, was wir über die Struktur der phylogenetischen Beziehungen wissen. Das bedeutet aber nichts anderes, als daß der hierarchische Systemtypus tatsächlich der angemessene Ausdruck für die Darstellung der phylogenetischen Beziehungen ist.

Die beiden Darstellungen Abb. 4, I und II entsprechen einander:

Jeder Kreis in einer der Darstellungen entspricht einem Kreise in der anderen. Die Pfeile der Darstellung II. kommen in I. dadurch zum Ausdruck, daß die Kreise jeweils alle untergeordneten Kreise umfassen. In Darstellung I. ist das Wesentliche des Hierarchischen Systems gleichsam auf eine Dimension reduziert. Daraus ergibt sich, daß auch eine rein textliche Darstellung, die das System ja in linear fortschreitender Folge beschreiben muß, eine durchaus angemessene Darstellung des phylogenetischen Systems sein kann, was manchmal bezweifelt worden ist.

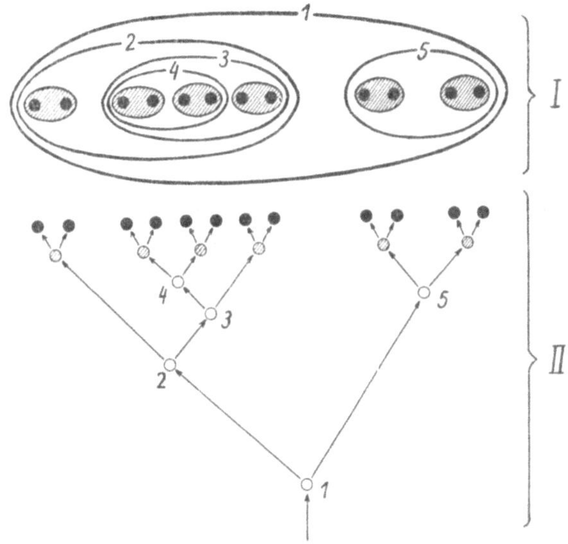

Abb. 4. Schema der zwischen den Arten einer monophyletischen Gruppe bestehenden phylogenetischen Beziehungen in verschiedener Darstellungsform (I und II)

Seit dem Auftreten der Deszendenztheorie ist die möglichst vollständige Erfassung und Darstellung der zwischen den Arten bestehenden phylogenetischen Beziehungen eine unabweisbare Aufgabe der Zoologie bzw. der Biologie. Sie wird gelöst durch Aufstellung eines phylogenetischen Systems, das, wie wir gesehen haben, zwangsläufig den Charakter eines hierarchischen Systems haben muß.

Diese Feststellung gilt unabhängig von der Frage, ob es neben diesem phylogenetischen System in der Zoologie noch andere Systeme geben kann oder geben muß. Tatsächlich gibt es ja nicht wenige Systematiker, die am zoologischen System mitarbeiten, aber heftig gegen die Forderung opponieren, daß dies ein phylogenetisches System sein soll. Sie befürworten ein morphologisches oder typologisches oder sog. natürliches System oder lehnen es überhaupt ab, sich über den Charakter des Systems zu äußern, das sie mit aufzubauen helfen wollen.

Fast alle diese Systematiker benutzen aber auch den hierarchischen Systemtypus. Man muß daher die Frage aufwerfen, ob es tatsächlich neben den phylogenetischen Beziehungen zwischen den Arten noch andere Beziehungen gibt, deren Struktur ebenfalls einer Hierarchie entspricht. Das ist bisher noch niemals nachgewiesen worden, und solange dieser Nachweis nicht geführt wird, muß den Systematikern, die nicht auf dem Boden der phylogenetischen Systematik stehen, sich aber trotzdem des hierarchischen Systemtypus bedienen, der Vorwurf gemacht werden, daß sie das widerrechtlich tun und damit Verwirrung stiften.

Verwirrungen ergeben sich auch aus Unklarheiten über den Begriff der phylogenetischen Verwandtschaft. Man hört ja oft die Feststellung, im phylogenetischen System seien die Arten nach ihrer phylogenetischen Verwandtschaft geordnet. In welchem Sinne das gilt, müssen wir jetzt untersuchen, denn bisher haben wir den Begriff der phylogenetischen Verwandtschaft ja nicht eigentlich gebraucht.

Wenn wir eine Reihe von Arten in das phylogenetische System einordnen wollen, dann können wir unser Vorgehen anschaulich beschreiben (Abb. 5). Wir zeichnen die Arten auf und stellen uns vor, daß wir als Gruppe von 4 Mitarbeitern von jeder dieser Arten aus auf dem Strome der genealogischen Beziehungen in die Vergangenheit vordringen. Dann fragen wir uns, welche unserer Mitarbeiter zuerst miteinander zusammentreffen werden.

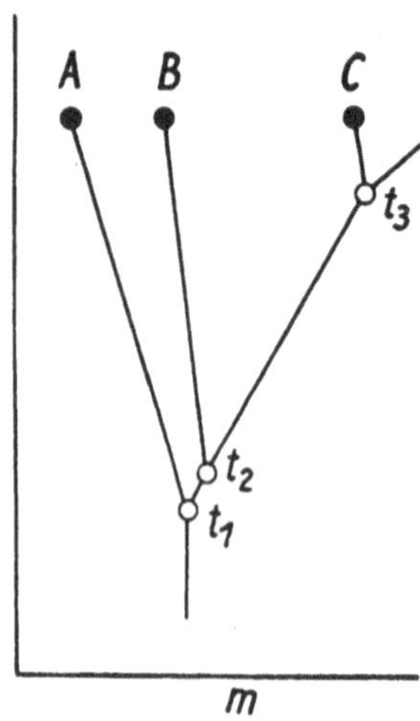

Abb. 5. Schema zur Erläuterung der Definition des Begriffs „phylogenetische Verwandtschaft"

D wird zuerst mit *C* zusammentreffen. Beide Arten sind Schwesterarten und werden daher in einer Gruppe zusammengefaßt. Beim weiteren Vordringen in die Vergangenheit wird zunächst unser Mitarbeiter *B* mit *C*/*D* zusammentreffen. *B* und *C*/*D* sind Schwestergruppen und als solche in einer Gruppe höherer Ordnung zu vereinigen. Zuletzt wird *A* zu der vereinigten Reisegesellschaft *B*/*C*/*D* stoßen. Daraus ergibt sich die exakte Definition des Begriffes „phylogenetische Verwandtschaft":

„Eine Art *x* ist mit einer beliebigen anderen Art *y* dann und nur dann näher verwandt als mit einer beliebigen Art *z*, wenn sie mit der Art *y* mindestens eine Stammart gemeinsam hat, die nicht zugleich auch Stammart von *z* ist ".

Demnach ist (Abb. 5) *C* mit *D* näher verwandt als *B*, aber *B* ist auch näher verwandt mit *C* und *D* als mit *A*.

Gegen diese Folgerung protestieren nun manche Systematiker, die sich ebenfalls Phylogenetiker nennen. Sie erkennen zwar an, daß *C* mit *D* näher verwandt ist als mit jeder anderen Art. Aber sie sagen, *B* sei mit *A* näher verwandt als mit *C* oder *D*.

Begründet wird das in verschiedener Weise. Entweder macht man geltend, daß *B* sich viel weniger weit von *A* entfernt habe als *C* und *D*, oder man weist daraufhin, daß die Zeit (t_2) der Entstehung von *B* der von *A* (t_1) viel näher liege als der von *C* und *D* (t_3).

Prinzipiell muß zugegeben werden, daß es verschiedene Möglichkeiten gibt, den Begriff der phylogenetischen Verwandtschaft zu definieren. Wissenschaftlich unmöglich ist es aber, dieselbe Bezeichnung „phylogenetische Verwandtschaft" für verschieden definierte Begriffe anzuwenden. Dann wird nämlich jede wissenschaftliche Diskussion unmöglich.

Wenn z. B. jemand behauptet, die Symphyla seien mit Diplopoden näher verwandt als mit den Insekten und er meint damit die „phylogenetische Verwandtschaft 1. Art“ (*B* mit *C* und näher verwandt als mit *A* und *D*), und wenn jemand anderes behauptet, die Symphyla seien mit den Insekten näher verwandt als mit den Diplopoden und er meint damit die „phylogenetische Verwandtschaft 2. Art“ (*B* mit *A* näher verwandt als mit *C* und *D*), so werden die beiden, auch wenn sie sachlich vollständig einer Meinung sind, in alle Ewigkeit aneinander vorbeireden, wenn sie nicht merken, daß sie mit dem gleichen Wort „phylogenetische Verwandtschaft“ verschiedene Begriffe verbinden.

Sehr wichtig ist nun die Tatsache, daß der hierarchische Systemtypus für die Darstellung der phylogenetischen Verwandtschaftsbeziehungen nur dann der adäquate Ausdruck ist, wenn dieser Begriff so definiert wird, wie ich das vorhin getan habe („phylogenetische Verwandtschaft 1. Art“).

Diejenigen Systematiker nun, die den Begriff der phylogenetischen Verwandtschaft anders definieren, und trotzdem den hierarchischen Systemtypus benutzen, um das, was sie „phylogenetische Verwandtschaft“ nennen, zum Ausdruck zu bringen, machen sich also desselben Vergehens schuldig wie die morphologischen und typologischen Systematiker, von denen vorhin gesprochen wurde.

Das ist leicht einzusehen, wenn wir uns erinnern (s. oben Seite 58–59), daß die beiden Darstellungsweisen eines hierarchischen Systemes einander genau entsprechen. Wenn nun der Versuch gemacht wird, die „phylogenetischen Beziehungen 2. Art“ in einem hierarchischen System darzustellen (Abb. 6, Ia), so gelten die Entsprechungen nicht: Man erkennt leicht, daß in diesem Falle der schraffierte Kreis und die schraffierten Pfeile (der Darstellung 6, II) unterschlagen worden sind.

Das ist nun sehr gefährlich, weil jemand, der eine ihm fremde Tiergruppe in einem hierarchischen System dargestellt findet, und der zugleich das Bildungsgesetz eines hierarchischen Systems kennt, notwendigerweise annehmen muß, daß zwischen den jeweils in einer Gruppe zusammengefaßten Arten „phylogenetische Verwandtschaft 1. Art“ bestehen. Er kann dem System nicht ansehen, daß sein Urheber diese in einigen Fällen gar nicht zum Ausdruck bringen wollte.

Unter dieses Schema (Abb. 6, Ia) fallen viele Systeme der älteren und auch der neueren Systematik: Wirbellose und Wirbeltiere, bei den Insekten Apterygota und Pterygota, bei den Odonaten wahrscheinlich Zygoptera und Anisoptera, bei den Phthiraptera wahrscheinlich die Einteilung in Mallophaga und Anoplura, bei den Schmetterlingen Jugata und Frenata, Monotrysia und Ditrysia, bei den Dipteren die alte Einteilung in Orthorrhapha und Cyclorrhapha, und vielleicht auch die neue in Nematocera und Brachycera. Alle diese Einteilungen und zahlreiche andere sind Klassifizierungen vom Typus der Einteilung der Tiere in Wirbellose und Wirbeltiere. In allen diesen dichotomischen Einteilungen sind die beiden Gruppen auf verschiedenen Begriffen von „phylogenetischer Verwandtschaft“ aufgebaut. Von allen diesen Einteilungen wird jeweils die eine Gruppe (an 2. Stelle

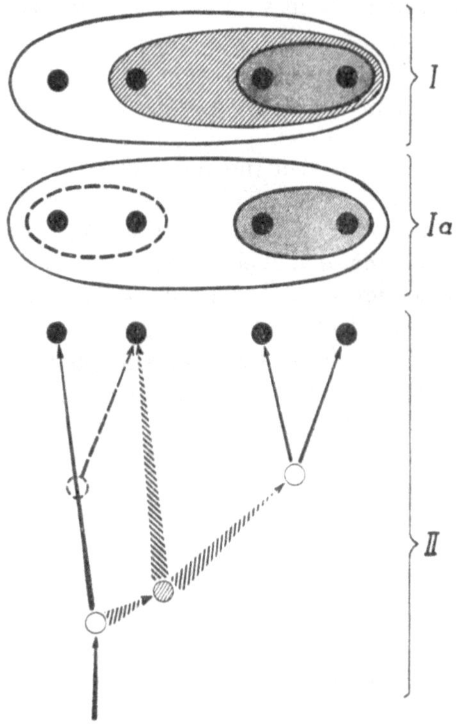

Abb. 6. Schema zur Erläuterung der Tatsache, daß der hierarchische Systemtypus nur dann zur Darstellung der phylogenetischen Verwandtschaft der Arten geeignet ist, wenn dieser Begriff so definiert wird, wie auf S. 60 angegeben

genannt) vor dem Forum der phylogenetischen Systematik bestanden haben, die andere wird der Auflösung verfallen.

Von besonderer Bedeutung sind die Verwechslungsmöglichkeiten, die sich aus der Vermengung verschiedener Begriffe von phylogenetischer Verwandtschaft ergeben, deshalb, weil das phylogenetische System nicht Selbstzweck ist. Für alle Untersuchungen, die sich mit dem Ablaufe der Phylogenese, ihren Gesetzmäßigkeiten und eventuell auch ihren Ursachen beschäftigen, ist ein phylogenetisches System geradezu Vorbedingung.

Die Phylogenese ist eine Abfolge von Vorgängen, die sich sämtlich an den Arten abspielen. Meist sind sie mit der Spaltung, der Neubildung von Arten verbunden. Diese zentrale Bedeutung der Arten, die ja nicht zufällig auch im Titel des Darwinschen Buches zum Ausdruck kommt, entspricht ihrer zentralen Stellung im phylogenetischen System. Hier entspricht auch jeder höheren Kategorie, also jedem Taxon, eine Art: Die Stammart aller in diesem Taxon vereinigten Arten (und nur dieser Arten); und zu jeder Kategorie gleich welcher Rangstufe gehört ein Artbildungsprozeß. Das gilt aber nur für das richtig konstruierte phylogenetische System. Dieses liefert gleichsam eine genaue Liste aller Artbildungvorgänge, die bei der Herausbildung des gegenwärtigen Zustandes der Tierwelt eine Rolle gespielt haben. Wenn man daher untersuchen will, ob sich bestimmte Ereignisse im Laufe der Phylogenese in bestimmten Zeitabschnitten der Erdgeschichte gehäuft haben, ob das für alle Tiergruppen in gleicher Weise gilt, oder ob sich verschiedene Tiergruppen darin verschieden verhalten, ob dabei palaeogeographische oder andere Ereignisse eine Rolle gespielt haben usw., dann ist man auf ein sauberes phylogenetisches System unbedingt angewiesen.

Dafür möchte ich nur zwei sehr einfache Beispiele bringen:

I. Aus allen Tiergruppen sind Gattungen, Familien oder Taxa anderer Rangstufen bekannt, die einerseits in Australien und eventuell Neuseeland, andererseits in Südamerika, sonst aber nirgends vorkommen. Das bekannteste Beispiel sind die Beuteltiere. Bei den Homopteren wären die Peloriidae, unter den Dipteren die Chiromyzinae (Fam. Stratiomyiidae) zu nennen und viele andere Gruppen. Für die Coleopteren gibt JEANNEL Beispiele usw.

Selbstverständlich sind es immer andere Untergruppen, mindestens verschiedene Arten, die in Australien und in Südamerika vorkommen. Die Aufklärung dieses Verbreitungstypus ist zweifellos ein sehr interessantes phylogenetisches Problem. Wer dieses näher untersuchen will, muß damit beginnen, möglichst viele Beispiele für diesen Verbreitungs- und Vikarianztypus zu sammeln, um sich eine möglichst breite Vergleichsgrundlage zu schaffen, um Gruppen zu finden, bei denen vielleicht ausreichende Fossilfunde eine Erklärung ermöglichen, die auch auf andere Fälle übertragen werden kann, usw. Wer anfängt, ein solches Problem zu bearbeiten, wird bald verzweifeln, weil es ihm nicht gelingt, bei Tiergruppen, die ihm nicht genau bekannt sind, festzustellen, nach welchem Prinzip die Gruppen gebildet sind, die den gesuchten Verbreitungstypus zeigen. Es liegt auf der Hand, daß Gruppen, die nach dem Prinzip (Abb. 6, I bzw. Ia rechts) gebildet sind, nicht ohne weiteres zu vergleichen sind mit Gruppen, die nach dem Prinzip (Abb. 6, Ia links) gebildet sind. In dem einen Falle sind die australischen und südamerikanischen Teilgruppen wirklich Schwestergruppen; im anderen Falle gilt das nicht: die tatsächliche Schwestergruppe etwa der australischen Teilgruppe lebt vielleicht in der Paläarktis oder in Südafrika.

Es ist klar, daß beide Fälle unter Umständen ganz verschiedene Erklärungen erfordern. Mit anderen Worten: Es handelt sich gar nicht um den gleichen Verbreitungs- und Vikarianztypus.

Daß dieser Mangel eines Systemes, das verschiedene Begriffe von phylogenetischer Verwandtschaft durcheinander bringt, bisher nicht stärker empfunden wird, liegt großenteils an unserer Genügsamkeit, die heute im allgemeinen nur sehr geringe Ansprüche an die Präzision solcher doch recht wichtigen Untersuchungen stellt.

II. Ein zweites, gerade in der Entomologie verhältnismäßig viel behandeltes Problem ist die Möglichkeit, aus dem Vorkommen von Parasiten Rückschlüsse auf die Verwandtschaftsbeziehungen der Wirtsgruppe zu ziehen.

Da ist z. B. die FAHRENHOLZsche Regel formuliert worden, die besagt, daß in vielen Fällen (denn sonst könnte man ja nicht von einer Regel sprechen) Parasiten und Wirtsgruppe sich parallel aufgespalten haben. Meiner Ansicht nach bedarf die Frage, ob die Fälle in denen das geschehen ist, wirklich so zahlreich sind, daß man hier von einer Regel sprechen darf, noch sehr gründlicher Untersuchung.

Häufiger ist offenbar der Fall, daß eine Parasitenart oder, davon ist meist die Rede, eine Art oligophager pflanzenfressender Insekten von einer Wirtsart, an die sie sich zuerst angepaßt hatte, auf andere Wirtsarten mit ähnlichen Nahrungsbedingungen, z. B. ähnlichem Eiweißaufbau, übergegangen ist. Diese Ähnlichkeit der Bedingungen, die verschiedene Wirtsarten den gleichen Parasiten bieten, kann nun wohl tatsächlich auf naher phylogenetischer Verwandtschaft beruhen. Sie kann aber auch auf dem beruhen, was wir vorhin „phylogenetische Beziehungen 2. Art" nannten. Es kann sich also um eine Noch-Ähnlichkeit des Eiweißaufbaues der Wirte handeln.

Fast alle Arbeiten, die sich mit diesem Problem beschäftigen, sind, soweit ich sie kenne, unbefriedigend, weil sie nicht klar erkennen lassen, welche Art von „phylogenetischer Verwandtschaft" der Autor meint, wenn er diesen Begriff gebraucht. Und selbst, wenn aus seiner Arbeit klar hervorgeht, daß er den Begriff so verwendet, wie ich das hier getan habe, dann bleibt immer noch unklar, welche Gründe er gegen den Verdacht ins Feld führen kann, die Parasiten selbst hätten sich bei der Auswahl ihrer Wirte durch die andere Art von Beziehungen, die „Noch-Ähnlichkeit" im Eiweißaufbau leiten lassen.

Diese wenigen Beispiele sollten erkennen lassen, wie wichtig es ist, die Begriffe richtig auseinander zu halten. Ein Systematiker, der heute über phylogenetische Verwandtschaft redet, und sich nicht darüber klar ist, was er meint, der also das, was wir phylogenetische Verwandtschaft im eigentlichen Sinne und das, was wir „phylogenetische Verwandtschaft 2. Art" genannt haben, nicht sauber auseinander hält, und auch erkennen läßt, daß er das tut, der ist so zu beurteilen wie ein Physiker, der von Ursachen redet und dabei den Unterschied zwischen Causa efficiens und Causa finalis nicht kennt und beide Begriffe daher ständig durcheinanderbringt.

Wir haben bisher darüber gesprochen, wie wir uns als Systematiker bei der Aufstellung des Systems verhalten müssen, wenn wir die phylogenetischen Beziehungen der Arten bereits kennen. Das war unerläßlich nach dem Motto: „Wer das Ziel nicht kennt, kann den Weg nicht haben". Nun aber ist es nötig, nach dem Wege zu fragen, der zu dem erkannten Ziele führt. Wie stellen wir die phylogenetischen Beziehungen fest, da wir doch nicht auf dem Strome der genealogischen Beziehungen der Individuen in die Vergangenheit reisen können, wie wir das bisher bei unseren theoretischen Überlegungen theoretisch getan haben.

Da ist es an der Zeit sich zu erinnern, daß auch Linné, der noch nichts von phylogenetischen Beziehungen wußte, den hierarchischen Systemtypus wählte. Außerdem haben viele der von ihm aufgestellten Gruppen auch heute noch vor den kritischen Augen der Phylogenetischen Systematik Bestand. Sollte das Zufall sein, oder wie ist das zu erklären?

Linné teilte die Tiere zweifellos im wesentlichen nach ihren morphologischen Übereinstimmungen und Unterschieden ein. Die am nächsten liegende Erklärung wäre wohl die, daß auch die morphologischen Übereinstimmungen der Tierarten ein Strukturbild ergeben, das dem einer Hierarchie entspricht. Aber das ist offenbar nicht der Fall. Linné selbst soll schon gesagt haben, daß die zwischen den Tierarten bestehenden Beziehungen, und damit kann er nur die morphologischen Merkmalsbeziehungen gemeint haben, sich am besten mit einem vielfach zerrissenen Netze vergleichen lassen. Darstellungen dieser „Netzverwandtschaft" der Arten gibt es in der neueren Literatur verhältnismäßig zahlreich (Abb. 7).

Unsere Frage lautet nun: Wie lassen sich aus diesem netzartig geordneten morphologischen Beziehungen der Tierarten, die wie wir wissen, hierarchisch geordneten phylogenetischen Beziehungen erschließen?

Die am nächsten liegende Hypothese wäre: Je zahlreicher, größer, augenfälliger die Übereinstimmungen, umso näher die phylogenetische Verwandtschaft. Auf die Unzulänglichkeit dieser Hypothese brauche ich nicht näher einzugehen. Sie ist oft genug festgestellt worden. Die Hypothese ist nicht völlig falsch, und darauf beruht zum Teil die vorhin erwähnte Tatsache, daß auch viele Gruppenbildungen der vorphylogenetischen Systematik vor den Augen der phylogenetischen Systematik Bestand haben. Sie gestattet eine Feststellung der phylo-

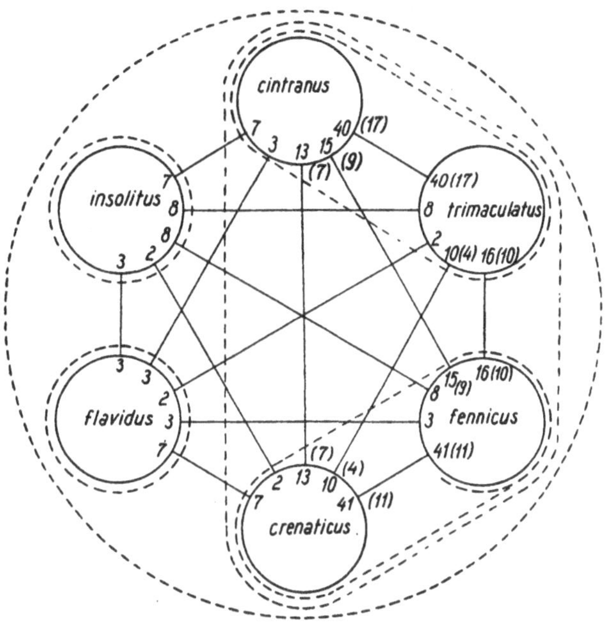

Abb. 7. Schema der typologischen Beziehungen der Arten der Trichopteren-Gattung Cyrnus. Die Zahlen bezeichnen die den Arten gemeinsamen Merkmale. Nach KLINGSTEDT

genetischen Verwandtschaftsbeziehungen nur in grober Annäherung, führt manch mal zu offensichtlich falschen Ergebnissen und stellt uns oft vor Schwierigkeiten die auch theoretisch unauflösbar bleiben. Die Unzulänglichkeit dieser Hypothese zwingt uns also, sie durch eine bessere zu ersetzen oder mindestens zu ergänzen. Dazu verhelfen uns einige Überlegungen:

1. Kein Merkmal tritt bei einer Art isoliert auf. Die Merkmale verschiedener Arten sind immer gleichsam nur verschiedenartige Ausprägungsformen ein und desselben Merkmales. Zu dem Merkmal „Halteren" z. B. gehört als andere Ausprägungsform das Merkmal „wohlausgebildete Hinterflügel". Man spricht in diesem Falle ja von homologen Organen. Aber selbst wo das nicht möglich ist, gilt unsere Überlegung: Zu einer Borste, die bei einer Art vorhanden ist gehört immer als Partner-Merkmal das Fehlen dieser Borste bei den anderen Arten.
2. Die verschiedenen Ausprägungsformen eines Merkmales stehen oft, und für rein theoretische Überlegungen darf man wohl sagen immer, in einer solchen Beziehung zueinander, daß man die eine Ausprägungsform als ursprünglich, die andere als abgeleitet bezeichnen kann. Die Literatur ist voll von Angaben darüber, welche Merkmale in einer Gruppe als ursprünglich, welche als abgeleitet zu betrachten sind.

Man kann also je zwei Ausprägungsformen eines Merkmales oft genug so durch einen Pfeil miteinander verbinden, daß die ursprünglichere Ausprägungsform an den Anfang, die abgeleitete an die Spitze des Pfeiles kommt (Abb. 8a und a').

Nichts liegt näher als die Folgerung, daß zwei Arten, denen die abgeleitete Ausprägungs-Form eines Merkmals gemeinsam ist, diese von einer nur ihnen gemeinsamen Stammart übernommen haben; das würde also bedeuten, daß sie miteinander näher verwandt sind, als mit Arten, die diese Ausprägungsform des Merkmals nicht besitzen (Abb. 8).

Man kann also, um auf eines der früher angeführten Beispiele zurückzukommen, wohl den Besitz von Flügeln zur Begründung der Gruppe Pterygota heranziehen, da es sich um die abgeleitete Ausprägungsform eines Merkmalpaares handelt. Man kann aber nicht die ursprüngliche Ausprägungsform, das primäre Fehlen der Flügel, zur Begründung einer Gruppe im phylogenetischen System heranziehen.

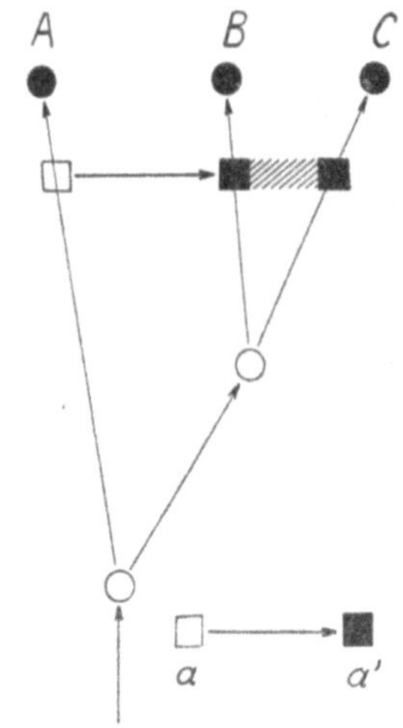

Abb. 8. Morphologische Begründung der Annahme näherer phylogenetischer Verwandtschaft zwischen den Arten B und C: gemeinsamer Besitz der abgeleiteten (apomorphen) Ausprägungsstufe a' des Merkmalspaares a/a' („Synapomorphie")

Das bedeutet aber nichts anderes, als daß der Richtungssinn, der in den Be-

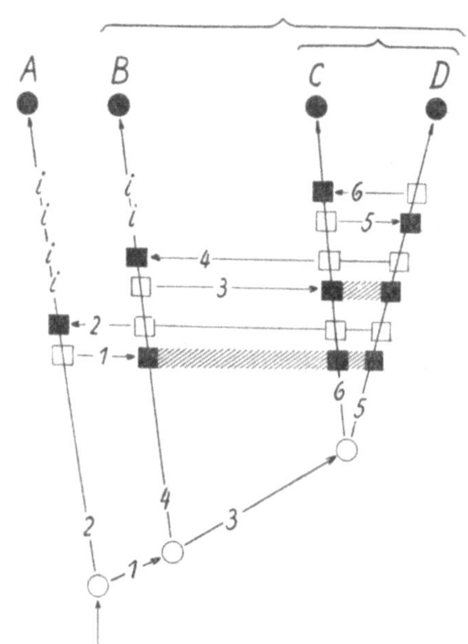

Abb. 9. Argumentierungsschema der phylogenetischen Systematik: Sämtliche als monophyletisch angesehenen Gruppen sind durch den Besitz der abgeleiteten Ausprägungsstufe (schwarz) eines Merkmalspaares ausgezeichnet (Synapomorphie der Arten monophyletischer Gruppen). Da die Unterscheidung zwischen ursprünglicher (plesiomorpher) und abgeleiteter (apomorpher) Ausprägungsstufe eines Merkmals nur für die Begründung von Schwestergruppenverhältnissen von Bedeutung ist, kann die Gruppe A für die Merkmale 3—6, die Gruppe B für die Merkmale 5 und 6 als indifferent (i) bezeichnet werden. Durch gleiche Ziffern ist angedeutet, wie die phylogenetischen Beziehungen der Gruppen aus deren Merkmalsbeziehungen erschlossen werden.

ziehungen der Merkmale zueinander liegt, wenn man sie als relativ ursprüngliche bzw. abgeleitete Ausprägungsform eines Grundmerkmales wertet, identifiziert wird mit dem Richtungssinn, der in den phylogenetischen Beziehungen der Arten liegt.

Arbeitet man nun nicht mit Arten, sondern mit Artengruppen, so ist klar, daß jede Artengruppe durch den Besitz solcher abgeleiteten Merkmale ausgezeichnet sein muß, wenn sie als Gruppe nächstverwandter Arten, als monophyletische Gruppe gelten soll.

Aus diesen Überlegungen läßt sich nun ein Argumentierungsschema für den Systematiker ableiten. In diesem Schema (Abb. 9) ist jede Gruppenbildung durch die Angabe abgeleiteter Merkmale begründet. Ebenso gut kann man auch sagen: Jedes Pfeilpaar im Strukturbild der phylogenetischen Beziehungen, das ein Schwestergruppenverhältnis bezeichnet, ist erschlossen und begründet, durch ein Pfeilpaar im Strukturbild der Merkmalsbeziehungen dieser Gruppen. Dieses Schema beansprucht also keinen Erkenntniswert, es ist vielmehr ein aus plausiblen Prämissen abgeleitetes und durch die Erfahrung bestätigtes Mittel der Selbstzucht, daß dem Systematiker zeigen soll, was er sich abverlangen muß, wenn das von ihm aufgestellte phylogenetische System als gut begründet gelten und nicht nur eine unverbindliche Meinungsäußerung darstellen soll.

Das alles gilt nun nicht nur für morphologische Merkmale. Merkmale in diesem Sinne sind vielmehr auch die physiologischen und ökologischen Eigentümlichkeiten der Arten und Artengruppen, die Verhaltungsweisen, die Entwicklungsabläufe, wie etwa die komplizierten Ontogenesen parasitischer Würmer, und selbst die geographische Verbreitung. Alle diese Eigentümlichkeiten sind im Verlaufe der Phylogenese entstanden und in ihren gegenwärtigen Zustand gebracht worden. Daher kann auch bei ihnen wie bei den morphologischen Merkmalen zwischen ursprünglicheren und abgeleiteten Ausprägungsformen unterschieden werden. Die Phylogenetik, d. h. die phylogenetische Systematik, ist das einigende Band, das die vergleichenden biologischen Wissenschaften in realer Weise miteinander verbindet.

Wenn wir Systematiker uns meist auf die Berücksichtigung der morphologischen Merkmale und hier sogar meist auf die oberflächlich sichtbaren beschränken, so liegt das nicht an unserem beschränkten Horizont, sondern nur daran, daß uns die vergleichenden Wissenschaften und darunter auch die tiefer eindringende Morphologie meist nur Stichprobenuntersuchungen liefern, die an wenigen Arten gewonnen sind, und mit denen sich daher nicht allzuviel anfangen läßt. Aber alle vergleichenden Wissenschaften müßten sich aufgerufen fühlen, ihren jeweiligen Gegenstand unter denselben Gesichtspunkten zu betrachten, den der Systematiker auf die leichter erreichbaren Merkmale anwendet. Da das phylogenetische System stets nur den jeweiligen Forschungsstand wiedergeben und niemals fertig sein wird, werden sie dann jederzeit in der Lage sein, das System zu berichtigen; aber sie werden auch umgekehrt durch den Zwang, sich mit den im System bereits niedergelegten Ergebnissen anderer Disziplinen auseinanderzusetzen, zu einem vertieften Verständnis ihres eigenen Gegenstandes kommen können.

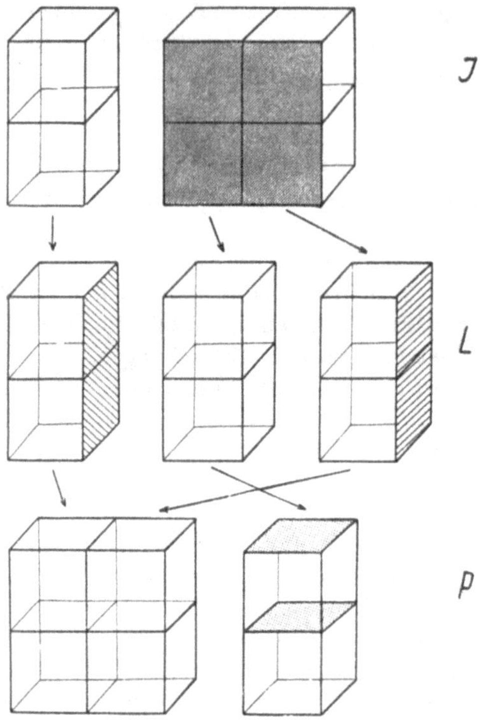

Abb. 10. Verschiedene Gruppierung von 6 verschiedenen Taxa je nach Berücksichtigung der Imaginal- (Vorderfläche der Würfel in J), Larven- (rechte Seitenfläche der Würfel in L) oder Puppen- (obere Fläche der Würfel in P) Merkmale. Unechte Inkongruenz der Systeme, da bei der Bewertung der Merkmale unberücksichtigt geblieben ist, ob die in einer Gruppe zusammengefaßten Arten durch die ursprüngliche (die betreffenden Flächen sind weiß gelassen) oder die abgeleitete Ausprägungsstufe (die entsprechenden Flächen punktiert oder schraffiert) einander entsprechender Merkmale ausgezeichnet sind.

In diesen Zusammenhang gehört auch das Problem der Beziehungen zwischen Larven- und Imaginalsystematik. Hier wird viel von den Inkongruenzen gesprochen, die zwischen Larven- und Imaginalsystem bestehen können. Damit soll gesagt sein, daß man (Abb. 10) z. B. 6 Taxa jeweils anders im System gruppieren möchte, je nachdem, ob man die Imagines, die Larven oder die Puppen betrachtet.

Ein Bearbeiter, der hier von Inkongruenzen spricht, stößt völlig ins Leere, wenn er nicht beachtet, daß z. B. die abweichende Gruppierung bei den Larven sich auf die Übereinstimmung in ursprünglichen Merkmalen gründet, während bei der Gruppierung der Imagines die Übereinstimmungen in abgeleiteten Merkmalen maßgebend waren oder umgekehrt. Das Problem der Inkongruenzen bleibt auch theoretisch unlösbar, wenn wir glauben, wir hätten einmal Larven, das andere Mal Imagines zu klassifizieren. Tatsächlich sind es die Arten, die wir im System nach ihrer phylogenetischen Verwandtschaft einordnen wollen (Abb. 11). Larven, Puppen und Imagines sind dann nur verschiedene Aspekte, unter denen sich uns die Arten und Artengruppen darbieten, sowie auch die verschiedenen morphologischen und physiologischen Eigenschaften und Verhaltensweisen nur verschiedene Aspekte sind.

Es kann denn durchaus vorkommen, daß wir bestimmte Verwandtschaftsgruppen entsprechend unserem Argumentierungsschema nur nach Larvenmerkmalen, andere nur nach Puppenmerkmalen und wieder andere nur nach Imaginalmerkmalen begründen können (Abb. 12). Aber in solchen Fällen von Inkongruenzen zu sprepsprechen wäre sinnlos, weil hier ja kein Widerspruch vorliegt gegen etwas, was wir theoretisch erwarten müssen.

Abb. 11. Phylogenetische Beziehungen der 6 in Abb. 10 dargestellten Taxa. Vorderflächen: Imaginal-, rechte Seitenflächen: Larven-, obere Würfelflächen: Puppenmerkmale.

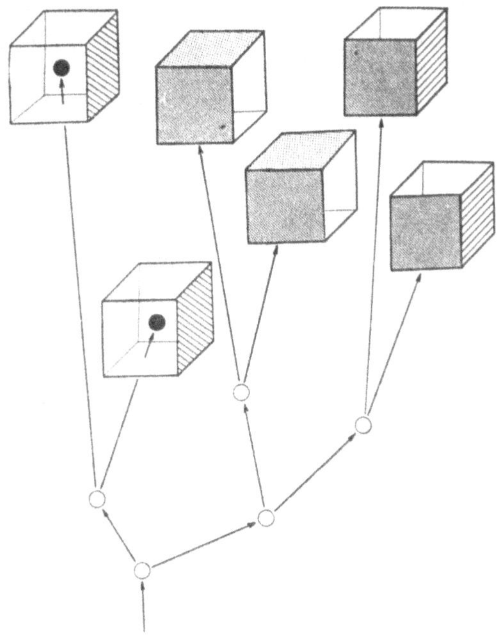

Von echten Inkongruenzen kann man nur dann sprechen, wenn bei den Larven und Imagines jeweils andere Artengruppen durch abgeleitete Merkmale gekennzeichnet sind (Abb. 13). Dann müssen in dem einen Falle Konvergenzen vorliegen und dann ergibt sich die Frage, wie kann man Konvergenzen, die ja auch Übereinstimmungen in abgeleiteten Ausprägungsstufen von Merkmalen sind, unterscheiden von Übereinstimmungen, die wirklich auf Abstammung von einer gemeinsamen Stammart beruhen. Auch dafür gibt es Regeln, aber darauf und auf andere Methodenfragen näher einzugehen, ist im Rahmen dieses Vortrages unmöglich.

Wenn wir nun zum Schluß auf unsere Ausgangsfrage zurückkommen,

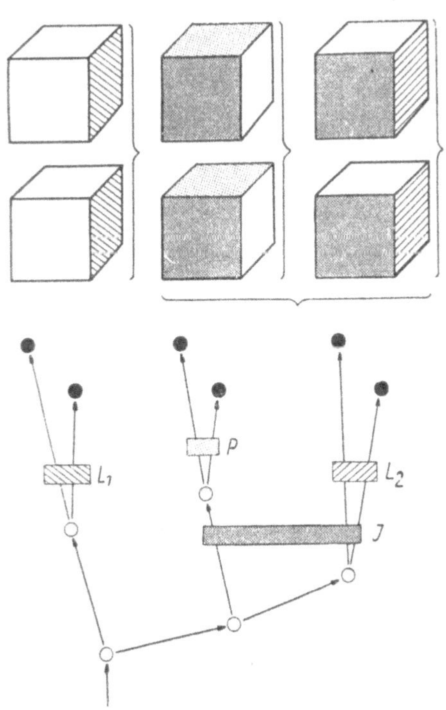

Abb. 12. Gruppierung der in Abb. 10 und 11 dargestellten 6 Taxa nach ihrer phylogenetischen Verwandtschaft (Klammern neben den Würfeln oben). Erschlossen werden die Verwandtschaftsbeziehungen aus der Verteilung abgeleiteter (apomorpher) Ausprägungsstufen der Merkmale (Punktierung, Schraffur, Kreuzschraffur) entsprechend dem in Abb. 9 dargestellten Argumentierungsschema. Dabei können manche Verwandtschaftsgruppen nur nach Imaginal- (J), andere nach Larven- (L_1, L_2) wieder andere nur nach Puppenmerkmalen (P) erkannt werden.

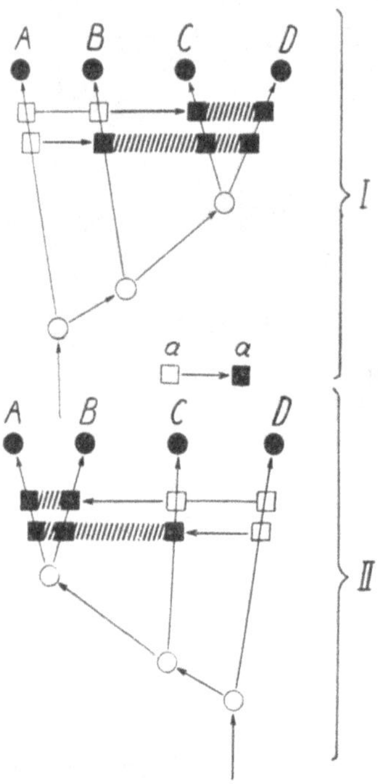

Abb. 13. Echte „Inkongruenz" zwischen Imaginal- (I) und Larvensystem (II). In diesem Falle muß angenommen werden, daß entweder die Ausprägungsstufen der Merkmale bei Larven oder bei Imagines falsch gedeutet sind, oder daß die scheinbar synapomorphe Übereinstimmung bei Larven oder Imagines auf Konvergenz beruht.

wodurch sich denn etwa unsere heutige Systematik von der Systematik von 1856 und von 1758 unterscheidet, so kann ich wohl feststellen, daß sie ihre entscheidende Prägung erhalten hat durch das Ereignis, das fast mit der Gründung der Deutschen Entomologischen Gesellschaft zusammenfällt, d. h. durch das Auftreten der Deszendenztheorie und durch die Entwicklung dieser Theorie in den 100 Jahren, die seitdem vergangen sind.

Es gab eine Zeit, vor etwa 200 Jahren, in der Biologie zu sein fast selbstverständlich hieß, Systematiker zu sein. Diese Zeit ist endgültig vorbei. Später galt die Systematik als ein notwendiges Übel, das je schneller um so besser zu überwinden wäre, damit man sich anscheinend wichtigeren und interessanteren Aufgaben widmen könnte. Die besten Köpfe wandten sich anderen Gebieten der Biologie zu, manchmal selbst dann, wenn sie Stellen an Museen besetzten, die eigentlich ausschließlich Systematikern vorbehalten sein sollten. Der Systematiker galt nur noch als Registraturbeamter und Schlüsselbrettverwalter der Biologie.

Diese Zeit ist noch nicht endgültig vorbei. Aber durch die Deszendenztheorie ist die Systematik in Geben und Nehmen wieder unlösbar mit den übrigen Teilgebieten der biologischen Wissenschaft verbunden worden, selbst wenn das noch nicht überall bemerkt worden ist.

Freilich hat die Systematik dafür den Preis bezahlen müssen, daß sie nicht mehr hoffen darf, ihr Ziel jemals vollständig zu erreichen. Aber gerade dieses Merkmal der unendlichen Aufgabe ist das untrügliche Kennzeichen jeder echten Wissenschaft. Auf dem Wege zu diesem Ziele wird jeder neue Schritt schwieriger als alle vorhergehenden. Die Anforderungen an den Systematiker, was theoretische und methodologische Vorbildung anbelangt, werden daher in Zukunft immer höher werden. Die Zeit, in der ein durchschnittlicher Autodidakt hoffen konnte, mehr als Handlangerdienste leisten zu können, nähert sich auch in der Zoologischen Systematik schnell ihrem Ende, sowie sie für die meisten anderen Wissenschaften ja schon lange zu Ende gegangen ist. Aber der Systematiker, der sich diesen Bedingungen unterwirft, und bei der Arbeit seinen Blick auf das einmal als richtig erkannte Ziel gerichtet hält, darf dafür auch die Gewißheit haben, daß er einer

Wissenschaft dient, die für alle Zukunft ein lebendiges Glied der großen biologischen Wissenschaft bleiben wird.

Literatur:

GREGG, J. R., (1954): The Language of Taxonomy. An Application of Symbolic Logic to the Study of Classificatory Systems. New York.

GÜNTHER, K., (1956): Systematik und Stammesgeschichte der Tiere 1939—1953. — Fortschr. Zool. (N. F.) 10, p. 33—278.

HENNIG, W., (1950): Grundzüge einer Theorie der phylogenetischen Systematik. Berlin.

—, (1953): Kritische Bemerkungen zum phylogenetischen System der Insekten. — Beitr. Ent. 3, Sonderheft, p. 1—85.

—, (1954): Flügelgeäder und System der Dipteren. — Beitr. Ent. 4, p. 245—388. (mit allgemeinen Erörterungen über die Rolle der Fossilien im phylogenetischen System, p. 377—385)

—, (1955): Meinungsverschiedenheiten über das System der niederen Insekten. — Zool. Anz. 155, p. 21—30.

KIRIAKOFF, S. G., (1953): Zoogéographie et phylogénie. — Bull. Ann. Soc. Ent. Belg. 89, p. 126—134.

—, (1954): Chorologie et systématique phylogénétique. — l. c. 90, p. 185—198.

—, (1954): Paléontologie et Taxonomie. — l. c. 90, p. 107—116.

—, (1955): Le Système phylogénétique: Principes et méthodes. — l. c. 91, p. 147—158

—, (1955): De „Nieuwe Systematiek" en het Soortproblem in de Dierkunde. — Naturwetenschapp. Tijdschr. 37, p. 57—66.

—, (1956): Das Vavilovsche Gesetz, die Taxonomie und die Zoogeographie. — Zool. Anz. 156, p. 277—284.

—, (1956) Beginselen der Dierkundige Systematiek. Antwerpen.

Zum Problem der Untergattung bei der Gattung *Aphodius* Ill. (Col. Scarab.)

Von Igor Grebenščikov

Meine heutigen Ausführungen bringen nichts Neues. Es sind eher einige Überlegungen über die Mißstände in der Systematik der Gattung *Aphodius*, wobei, wie mir scheint, diese Mißstände auch Gültigkeit haben für viele andere Tier- und Pflanzengruppen, deren biologische Situation und systematische Bearbeitung der Gattung *Aphodius* ähnlich sind. Mögen meine Ausführungen eine gewisse Anregung zur weiteren Erforschung dieser, heute ziemlich vernachlässigten Käfergruppe geben.

Von der großen Gattung *Aphodius* aus der Gruppe der sogenannten coprophagen Lamellicornia (Fam. Scarabaeidae) sind heute weit über 700 Arten beschrieben. Mehr als die Hälfte dieser Arten bewohnt die palaearktische Region. Für Mitteleuropa sind nach Horion (1951) 70 Arten, die zu 26 Untergattungen gruppiert sind, bekannt.

Die Gattung *Aphodius* gehört heute keinesfalls zu den Tiergruppen, die bei modern eingerichteten Biologen ein lebhaftes Interesse wecken. Als Gründe dafür könnte man folgende Punkte anführen:

1. Aphodien sind für die menschliche Wirtschaft wenig interessant; sie sind weder als ausgesprochene Nützlinge noch als Schädlinge bekannt.
2. Theoretisch gesehen bieten sie dem modernen Forscher wenig, da
   a) die Arten der Gattung im großen und ganzen keine auffallende geographische Variabilität zeigen und
   b) sie als Zuchtobjekt für experimentelle Untersuchungen zu umständlich sind.
3. Es existiert eine relativ neue Weltmonographie der Gattung und des ganzen Tribus Aphodiini aus dem Jahre 1922, die freilich schon 1914 abgeschlossen war. Ich meine die — als 600 Seiten dicken Band des „Tierreiches“ — erschienene Arbeit von Ad. Schmidt (1922). Diese Tatsache stößt zweifellos viele Forscher ab; man denkt dabei: „eine umfassende neuere Weltmonographie ist schon da — also ist hier alles in Ordnung —, nehmen wir besser eine andere Gruppe zur Forschung!“

Nun, ob wirklich alles in Ordnung ist?

1. Ob *Aphodius*-Arten wirtschaftlich tatsächlich so belanglos sind, wird uns die Zukunft zeigen. Denn außer den Angaben von G. Schmidt (1935), Madle

(1935, 1936), MEDVEDEV (1952) und einigen zerstreuten Bemerkungen, die sich auf eine sehr kleine Zahl der Arten beziehen, wissen wir von der Ökologie der Aphodien sehr wenig.

2a) Ob Aphodien wirklich so selten geographische Variabilität zeigen, kann heute noch nicht endgültig beantwortet werden. Die moderne Biologie weiß eine ganze Reihe von Gründen, aus welchen die geographische Variabilität bei einer bestimmten Tiergruppe nicht vorliegt, und als erste Ursache dafür wird in dem grundlegenden Werke von MAYR (1949) mangelhafte Erforschung angegeben (was für Aphodien zweifellos zutrifft!). Wir kennen aber auch heute schon einige *Aphodius*-Arten, die geographische Rassen bilden. Als Beispiele seien genannt: die engverbreiteten alpinen Arten aus der Verwandtschaft von *A. limbolarius* RTT., *A. praecox* ER. (J. DANIEL, 1902; H. FRANZ, 1938), die weitverbreiteten *A. sorex* F. (G. SCHMIDT, 1935), *A. vittatus* SAY (BALTHASAR, 1952), weiterhin *A. alpinus* SCOP. mit der neuerdings als Subspecies erkannten kaukasischen Form *asphaltinus* KOLEN. (MEDVEDEV, 1952) und wahrscheinlich viele andere, die heute noch nicht erkannt sind. Jede neue ernste Forschung (nicht die bloße Beschreibung neuer Arten auf Grund von einem oder wenigen Exemplaren!) bringt nicht nur die Aufstellung von meist mehreren geographischen Rassen mit sich, was uns aus anderen Tiergruppen bekannt ist, sondern sie führt auch zu einer wesentlichen Vereinfachung und Objektivierung des Systems, indem sie zeigt, daß viele frühere „gute Arten" nicht sozusagen freischweben, sondern als Glieder weit verbreiteter, größerer polytypischer Sippen anzusehen sind.

2b) Die Zuchtschwierigkeiten zwecks eines genetischen Experiments werden bei Aphodien wahrscheinlich so lange als Tatsache bestehen bleiben, bis nicht ein witziger Forscher die Zuchtmethodik plötzlich so vorantreibt, daß diese keine Schwierigkeiten mehr bietet, wie es schon mit mehreren Objekten in der Biologie der Fall war. Das genetische Experiment aber sowie die umfangreichen biometrischen Arbeiten (vgl. GREBENŠČIKOV, 1955) sollen wir im allgemeinen nicht für systematische Zwecke erforderlich machen — wie verlockend es auch sein mag —, da wir sowieso nie alle zoologischen Objekte zuchtfähig machen werden können. Es wird immer nur ein winziger Bruchteil des Systems bleiben, den wir genetisch-cytologisch untersuchen könnten, und solche Methoden dürfen nicht ernstlich die systematische Methodik belasten, die ja immer auf Klärung des ganzen Systems zielt und zielen muß.

3. Nun kommen wir zu der erwähnten Monographie von AD. SCHMIDT (1922). Er war sicher einer der besten *Aphodius*-Kenner, aber ich muß gestehen, daß ich kaum ein anderes zoologisches Werk kenne, in welchem es so wenig biologisches Denken gibt! Er kennt Gattungen und Untergattungen, Arten und Unterarten, aber er unterscheidet nicht zwischen deutlich ausgeprägter geographischer Rasse und einer Farbaberration, die überall neben der sogenannten „Stammform" vorkommt, und bezeichnet sie alle als Unterarten. Er benutzt praktisch eine quaternäre Nomenklatur — z. B. *Aphodius* (*Volinus*) *melanostictus sexmaculatus* MULS. —, wobei sich die zweite Stelle auf die Unter-

gattung und die letzte meistens nur auf eine Aberration bezieht. Gedächtnis und Nomenklatur werden dadurch schwer belastet. Die Reihenfolge der aufgezählten Untergattungen und Arten ist überhaupt nicht begründet, aber deutlich anders als bei den Vorgängern.

Außer dieser Monographie hat AD. SCHMIDT — abgesehen von zahlreichen Einzelarbeiten — die Gattung *Aphodius* in „Genera Insectorum" (1909), in JUNKS „Coleopterorum Catalogus" (1910) und praktisch auch in dem letzten WINKLERschen Katalog der palaearktischen Käfer (1929) bearbeitet. Er hat also Aphodien in allen maßgebenden Nachschlagewerken monopolisiert. In allen diesen Werken gruppiert er die Arten zu Untergattungen, die in der letzten Fassung eine erschreckende Anzahl von 74 erreicht hatten und heute durch seine Nachfolger wahrscheinlich bis 100 angewachsen sind.

Versuchen wir uns klarzumachen, welchen systematischen und phylogenetischen Wert die AD. SCHMIDTschen Untergattungen — und wohl die Kategorie Untergattung überhaupt — haben?

Wie weit diese Gruppierungen objektiv sind, möge uns folgendes Beispiel zeigen. Ein Koleopterologe mit feinem systematischem Gefühl (der etwa zur gleichen Zeit wie AD. SCHMIDT wirkte), EDM. REITTER, hat 1906 eine gute Arbeit über die nächste Verwandtschaft des *A.prodromus* BRAHM veröffentlicht. Von den 22 hier als zu Subgenus *Melinopterus* s. str. gehörigen Arten sind bei AD. SCHMIDT in dieser Untergattung nur 8 geblieben. Die anderen haben sich wie folgt verteilt: 1 zu Subg. *Volinus*, 1 zu *Pseudagolius*, 2 zu *Alocoderus*, 3 zu *Cinacanthus* und 6 zu *Nobius*. Beispiele solchen subjektiven und willkürlichen Jonglierens mit den Arten könnte man in der Geschichte der *Aphodius*-Systematik dutzendweise anführen. Die Gründe solcher Umpflanzungen sind meist wenig überzeugend: der eine findet, daß die Borstenkränze der Hinterschienen gleichlang sind, der andere meint, sie wären eher ungleich, und die Versetzung ist geschehen, womöglich noch eine neue Untergattung dabei aufgestellt.

Es gibt natürlich einige Artengruppen, die mindestens habituell gut charakterisierbar sind — als eine solche wird von BALTHASAR (1932) z. B. die Untergattung *Acrossus* MULS. bezeichnet —, denn es ist klar, daß in jeder größeren Gattung die Arten untereinander nicht gleichmäßig verschieden sind; die Lücken (Hiatus) zwischen den einzelnen Formen sind verschieden groß. Auf diesem natürlichen evolutionistischen Phänomen beruht die Kategorie Gattung. Die Kategorie Untergattung ist nach MAYR (1949) als Kompromiß zwischen zwei verschiedenen Forderungen entstanden: 1. der Gattung ihren Charakter einer breiten kollektiven Kategorie zurückzugeben und 2. eine gewisse Information über die kleineren Lücken innerhalb der Gattung zu ermitteln.

Es fragt sich, wie ein Verfechter der Untergattungskategorie — ohne total subjektiv zu werden — eine Untergattung von einer Gattung unterscheiden kann, wenn beide Kategorien auf demselben Phänomen beruhen: auf ungleicher Verschiedenheit der Arten voneinander. Entweder ist eine Gruppe Gattung, oder sie ist es nicht. Eine andere Lösung kann logisch für relativ so niedere Kategorien nicht ermittelt werden, jedenfalls nicht im Bereiche der Speziation (sensu SIMPSON). Der bedeutende russische Zoologe ALPHERAKY hat schon 1911 in einer leider wenig bekannten Arbeit gezeigt, daß „die Kategorie Untergattung wegen der Unmöglichkeit ihrer Anwendung und ihrer genauen Abgrenzung von der Kategorie Gattung in der Systematik der Tiere überhaupt nicht zulässig ist" (p. 308). In der *Aphodius*-Forschung ist noch niemand so weit gegangen. Wir können höchstens den bekannten Koleopterologen PAULIAN erwähnen, der in seiner Bearbeitung französischer Aphodien (1941) die Untergattungen als „divisions pratiques" beibehält, ohne ihnen einen anderen Wert zuzuschreiben.

Evolutionistisch gesehen entsteht die Gattung — wenn wir mit SIMPSON (1951) einig sein wollen — nach prinzipiell demselben Evolutionsmodus wie die Art, d. h. durch Speziation, obwohl sie auch durch phyletische Evolution entstehen kann, wie überhaupt nach SIMPSON alle drei Evolutionsformen (Speziation, phyletische Evolution und Quanten-Evolution) nur typisch, nicht aber obligatorisch, für bestimmte taxonomische Stufen sind. Wenn also „Gattungsbildung" durch Speziation geschehen kann, bedeutet es, in günstigen Fällen ein objektives Kriterium für diese Kategorie auf experimentell-genetischem Felde suchen zu können. Wir wissen aber, daß es meist praktisch unmöglich ist. Wir wissen weiter, daß auch das morphologische Kriterium, für niedere taxonomische Stufen, im allgemeinen zu subjektiv ist.

Als Überwindung dieser Kriteriumskrise kam in der Systematik das segensreiche Prinzip der geographischen (evtl. ökologischen oder sogar zeitlichen) Vertretung — der Vikarianz — auf. Hier haben wir eine Möglichkeit für eine objektive, auf geographischer Verbreitung beruhende Kategorienbildung, welche auch phylogenetisch einigermaßen unterbaut ist, da die vikarierenden verwandten Formen uns meist ihre Abstammung voneinander verraten. Ein solcher Kreis der Formen umfaßt, wie SCHILDER in seiner „Biotaxonomie" (1952) sagt, „alle miteinander verwandten Formen, welche sich gegenseitig geographisch, ökologisch oder chronologisch vertreten; dabei ist gleichgültig, ob sich einzelne Formen bereits genetisch zu Spezies oder gar Genera differenziert haben oder noch als Subspezies gewertet werden müssen" (p. 11).

Es ist klar, daß bei konsequenter Anwendung dieser Prinzipien eine solche kompromißhafte Kategorie wie Untergattung[1]) überflüssig wird, da hier anstatt des kaum anwendbaren genetischen und des — für untere taxonomische Stufen — unsicheren morphologischen Kriteriums ein objektives, meist geographisches Kriterium das System ordnet. Man ging leider auch bei diesem Prinzip manchmal ad absurdum (z. B. bei *Carabus*), aber schlechte Anwendung soll nicht das Prinzip diskreditieren.

Die Untergattungen werden nicht nur überflüssig, sondern auch schädlich, denn 1. lenken sie den Forscher von dem notwendigen Suchen nach objektiveren Gruppierungen ab, und 2. gefährden sie die systematische „Natürlichkeit". In

[1]) Hier ist nicht die Rede von solchen Begriffen wie „subgenus geographicus" u. ä., die mit heute gebräuchlichen „morphologischen" Untergattungen bei *Aphodius* nichts zu tun haben.

der Wissenschaft nämlich ist es keinesfalls gefahrlos, scharfe Grenzen durch Einrichtung von künstlichen Begriffen zu ziehen, denn jede Registration ist eine gewisse Angst des Verstandes vor der Mannigfaltigkeit der Naturerscheinungen; sie ist kein echter Wunsch, diese Erscheinungen zu begreifen, sie ist eher ein Mittel, sich eine Ordnung zu gewährleisten und dadurch sein Denken zu beruhigen ... Dieser Gedanke stammt von dem Philosophen W. JAMES (nach KUSNEZOV 1921). Wir müssen also äußerst sparsam mit systematischen Kategorien umgehen in den Fällen, wo wir das System einigermaßen phylogenetisch unterbauen wollen, denn jede Einschaltung einer neuen Kategorie schneidet grob etwas von der „Natürlichkeit" des Systems ab und verdunkelt es. Ganz anders ist die Sache, wenn es sich nicht um ein natürlich-phylogenetisches System handelt, sondern um ein künstlich-praktisches, das wir, z. B. bei einigen alten Kulturpflanzen und evtl. bei Haustieren, gezwungen sind anzunehmen, wie wir in unseren Arbeiten aus dem Institut für Kulturpflanzenforschung in Gatersleben gezeigt haben (z. B. GREBENŠČIKOV 1953 u. a.).

Genau so gefährlich für die Klarheit des Systems ist die Vermehrung der Zahl der Gattungen — das, was man heute als schlimme Seuche ansieht und Gattungsspalterei nennt. Als sozusagen embryonalen Zustand dieses Übels sind auch die Untergattungen anzusehen. Wir haben schon oft erlebt, daß alle Untergattungen einer Gattung plötzlich zu Gattungen erhoben worden sind, was nur zur Desorientierung führt und das System unübersichtlich macht. MAYR (1949) gibt in seinem schon erwähnten, ausgezeichneten Werke über Systematik und Artentstehung die Situationen an, in welchen die Untergattungen meist aufgestellt werden; es sind etwa folgende:

entweder

1. wenn ein Autor gerne eine neue Gattung machen würde, aber keine Courage hat, es zu tun, angesichts der wachsenden Opposition gegen Gattungsspalterei;

oder

2. im Gegenteil, wenn ein Autor eine Gattung als nicht notwendig abzuschaffen wünscht, es aber nicht wagt, da dieser Gattungsname besonders alt oder zu gut bekannt ist.

Abschließend könnte man wünschen, daß die Untergattungskategorie nur als vorübergehende Bezeichnung gebraucht wird. Die zahlreichen Untergattungen könnten heute in vielen Fällen als Zeichen einer systematisch schlecht durchgearbeiteten Gruppe angesehen werden, denn es gibt Forscher, die die Systematik als eine bloße Registration auffassen. Mögen die Untergattungen bald verschwinden, so wie die unbestimmte Bezeichnung varietas heute aus der koleopterologischen Literatur allmählich verschwindet! Dieser Wunsch gilt besonders den rezenten Großkennern der palaearktischen Aphodien, bei denen die Untergattung noch eine große Rolle spielt.

Literatur:

ALPHERAKY, S. (1911): (Considération sur le catégorie du genre et sousgenre en zoologie) — Revue Russe entomol. *10*, 301—308 (russisch).

BALTHASAR, V. (1932): Übersicht der *Aphodius*-Arten der Untergattung *Acrossus* Muls. — Koleopterologische Rundschau *18*, 200—211.

BALTHASAR, V. (1952): Wissenschaftliche Ergebnisse der Zool. Expedition des Nationalmuseums in Prag nach der Türkei (Coleopt. Scarab.) — Acta Entomol. Mus. Nation. Pragae *28* (396), 19—26.

DANIEL, J. (1902): Das *Aphodius*-Subgenus *Agolius* Muls. — Münch. Koleopt. Ztschr. *1*, 73—95.

FRANZ, H. (1938): Zur Systematik und geographischen Verbreitung der *Agolius*-Arten (Col. Scarab.) des Alpengebietes. — Koleopt. Rundschau *24*, 190—209.

GREBENŠČIKOV, I. (1953): Die Entwicklung der Melonensystematik. — Kulturpflanze *1*, 121—138.

GREBENŠČIKOV, I. (1955): Über die Mittelmeerpopulationen von *Epilachna chrysomelina* F. — Bericht 7. Wanderversammi. deutsch. Entomol. 1954 in Berlin, 134—147.

HORION, Ad. (1951): Verzeichnis der Käfer Mitteleuropas (2. Abt.). Stuttgart.

KUSNEZOV, N. (1921): (On „taxonomic conceptions" and some attempts of their foundation on morphological data) — Revue Russe Entomol. *17*, 53—80 (russisch mit engl. Zusammenfassg.).

MADLE, H. (1935—1936): Larven der Gatt. *Aphodius* I—II. — Arb. Physiol. angew. Ent. Berlin-Dahlem *2*, 281—304, und *3*, 1—52.

MAYR, E. (1949): Systematics and the origin of species. New York. (erster Druck 1942.)

MEDVEDEV, S. (1952): (Die Blatthornkäferlarven der Fauna der UdSSR). — Opredeliteli po faune SSSR *47*. Mosk.-Len. (russisch).

PAULIAN, R. (1941): Coléoptères Scarabéides. — In „Faune des France" *38*, Paris.

REITTER, EDM. (1906): Übersicht der Coleopteren-Arten der Gatt. *Aphodius* Ill. aus dem nächsten Verwandtschaftskreise des *Aph. prodromus* Brahm, des Subgen. *Melinopterus* s. str. — Deutsche Ent. Ztschr. 1906, 435—442.

SCHILDER, FR. (1952): Einführung in die Biotaxonomie (Formenkreislehre). Jena.

SCHMIDT, AD. (1909): Aphodiinae. — In „Genera Insectorum", Fasc. 110. Bruxelles.

SCHMIDT, AD. (1910): Aphodiinae. — In JUNKS „Coleopterorum Catalogus", Pars 20. Berlin.

SCHMIDT, AD. (1922): Aphodiinae. — Das Tierreich, Lief. *45*, Berlin und Leipzig.

SCHMIDT, G. (1935): Beiträge zur Biologie der Aphodiinae (Col. Scarab.). — Stett. Ent. Ztg. *96*, 293—350.

SIMPSON, G. (1951): Zeitmaße und Ablaufformen der Evolution. — Übers. v. G. HEBERER. Göttingen. (Original 1944).

WINKLER, A. edit. (1929): Cat. Col. reg. pal. Pars 9. Wien.

Zur Morphologie der Schuppen des Flügelrandes der Lepidopteren

Von Adolf Müller

Mit 3 Abbildungen im Text

Ein Hauptmerkmal der Lepidopteren sind, wie bereits der Name sagt, die ihre Flügel bedeckenden Schuppen. Mit ihrem Studium hat man sich schon seit vielen Jahren befaßt. So berichtet bereits 1878 Schneider in einer ausführlichen Arbeit über die Schuppen an den verschiedenen Flügel- und Körperteilen der Lepidopteren, und 1894 gibt Kellogg in seiner grundlegenden Arbeit über Schmetterlingsschuppen sogar eine Bestimmungstabelle bekannt, nach welcher die Jugatae und die Frenatae auf Grund der Schuppen voneinander unterschieden werden können. Reuss (1921) benutzt die Art und die Verteilung der Androconien auf den Adern der Flügel zur Charakterisierung von *Argynnis*-Arten. Aber trotz zahlreicher Untersuchungen ist man in taxonomischer Hinsicht nicht vorwärtsgekommen. Dies ist auf die große Variabilität der verschiedenen Schuppenarten, die sich nur sehr schwer in ein System einordnen lassen, zurückzuführen.

An zahlreichen Vertretern der Unterfamilie Parnassiinae vorgenommene Untersuchungen, die etwa 30000 Messungen und Zählungen erforderten, ergaben, daß die besonders auffallenden, als Randschuppen I. Ordnung bezeichneten, größten Schuppen des Flügelrandes in ihren verschiedenen Merkmalen für größere oder kleinere Artengruppen, sowie auch für bestimmte Arten charakteristisch sind. Auch konnte durch diese Befunde die von Hering (1932) in der Gattung *Parnassius* Latr. auf Grund genitalmorphologischer Untersuchungen getroffene Einteilung im wesentlichen bestätigt werden (Müller 1954—56). Diese Tatsachen gaben Veranlassung, Untersuchungen gleicher Art auf breiterer Basis und zwar an palaearktischen Arten der verschiedensten Lepidopterenfamilien durchzuführen.

Über die bisher erzielten Ergebnisse sei nachfolgend berichtet. Gegenstand der Untersuchungen waren wiederum die zwischen r 5 und m 3 des Flügelrandes des Vorderflügels befindlichen, als Randschuppen I. Ordnung bezeichneten, größten Schuppen. Diese werden der Einfachheit halber nachfolgend meist Schuppen genannt. Die Beschreibungen selbst enthalten nur die wichtigsten Daten und zwar unter Einschluß der bei den Parnassiinae gemachten Feststellungen. Als Nomenklatur wurde mit Ausnahme der Parnassiinae die von Seitz zur Anwendung gebracht.

Zu besonderen Dank bin ich den Herren M. GÖTTMANN, M. STEEG und A. WUNDERLICH verpflichtet, welche mir zahlreiche Falter zur Verfügung stellten. Dem SENCKENBERG-Museum, dessen reichhaltige Sammlungen ich einsehen konnte, habe ich ebenfalls sehr zu danken. Ferner gebührt mein Dank auch den Herren Dr. O. KRAUS und H. SCHRÖDER, die mir in jeder Weise behilflich waren.

Folgende Merkmale der Schuppen erwiesen sich als taxonomisch brauchbar: 1. Die Länge; 2. Das Verhältnis zwischen Länge und Länge des Vorderflügels; 3. Die Breite; 4. Das Verhältnis zwischen Breite und Länge; 5. Die Anzahl der Spitzen; 6. Die Länge der jeweils längsten Spitze; 7. Das Verhältnis zwischen Länge der längsten Spitze und der Länge der dazugehörigen Schuppe; 8. Der Abstand der Längsrippen; 9. Die Anzahl der Längsrippen.

Diese Merkmale sind mehr oder weniger variabel. Die Variabilität tritt bereits bei dem Einzelindividuum in Erscheinung und kann im Bereich der Unterart und der Art sehr bedeutend sein. Aber auch hier sind Grenzen gesetzt. Trotz ihrer Variabilität sind daher die verschiedenen Merkmale der Schuppen zur Charakterisierung von Gattungen, Artengruppen und auch einzelnen Arten geeignet. Grundsätzlich wurde ein Merkmal nur dann zur Trennung bzw. Charakterisierung von Artengruppen oder Arten herangezogen, wenn trotz seiner Variabilität erhebliche Unterschiede festgestellt wurden. Es ist empfehlenswert, normal entwickelte Schuppen, sogenannte Leitschuppen, zur Untersuchung zu wählen. Vorhandene Unterschiede in dem zu prüfenden Merkmal treten in diesem Falle besonders deutlich hervor.

Falter mit extrem entwickelten Schuppen kommen nicht sehr häufig vor; unter 64 ♂♂ und 25 ♀♀ von *Parnassius apollo wenzeli* BRYK fanden sich nur 2 Falter (1 ♂ und 1 ♀), die extrem schmale und zwar zweispitzige Schuppen aufwiesen. Die Schuppen der übrigen Falter waren normal. Falter mit extrem breiten, vielspitzigen Schuppen fehlten.

Der Grad der Variabilität der verschiedenen Schuppenmerkmale erwies sich als unabhängig vom Geschlecht, von der Art des Biotops und von äußeren Einflüssen. Von Bedeutung ist, daß die Schuppen trotz der mitunter erheblichen Variabilität ihrer Merkmale jeweils ihre typische Form bewahren.

Die Länge der Schuppen

Dieses Merkmal variiert im Bereich der Art nicht sehr erheblich. Zwischen den Arten bestehen hingegen mitunter ganz bedeutende Unterschiede. Soweit bisher festgestellt werden konnte, bewegen sich die Schuppenlängen zwischen 175 und 1408 μ. Bemerkenswert ist, daß die Arten der Gattung *Catocala* SCHRK., sowie die Arten der Familie Noctuidae überhaupt, sich durch außergewöhnlich lange Schuppen auszeichnen. Auch andere Heteroceren besitzen lange Schuppen. Unter den Rhopaloceren weisen, soweit solche untersucht wurden, jeweils einer Gattung oder Artengruppe zugehörige Arten etwa gleichlange Schuppen auf. Es handelt sich dabei z. B. um die Gattungen *Argynnis* F. und *Satyrus* LATR., sowie um die *acco*-Gruppe der Gattung *Parnassius* LATR. Unter den Lycaeniden fällt *Lycaena*

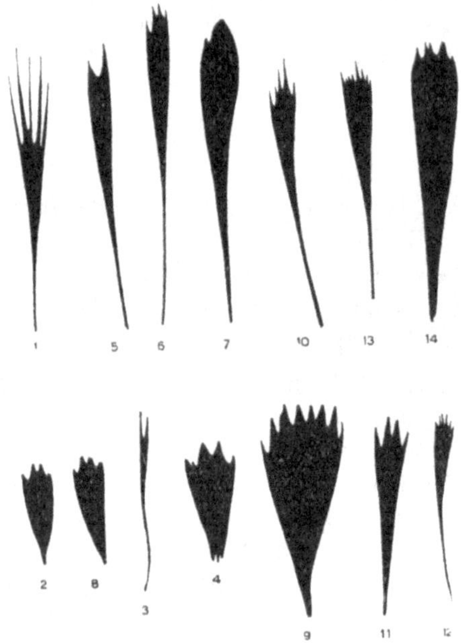

Abb. 1. Fig. 1—14: Schuppen des Flügelrandes (Randschuppen I. Ordnung) zwischen r5 und m3 des Vorderflügels einiger Rhopaloceren (excl. Parnassiinae). Vergr. etwa 50 ×; Fig. 12 Vergr. etwa 25 ×. Die hinter den Artnamen eingeklammerten Zahlen geben die jeweilige Schuppenlänge in $^1/_{1000}$ mm an.
Fig. 1: *Zerynthia hypermnestra hypermnestra* (SCOP.) (708); Fig. 2: *Papilio podalirius* L. (245); Fig. 3: *Pieris napi bryoniae* O. (438); Fig. 4: *Gonepteryx rhamni* L. (298); Fig. 5: *Erebia ligea* L. (700); Fig. 6: *Melanargia galathea galathea* L. (787); Fig. 7: *Satyrus semele* L. (735); Fig. 8: *Apatura iris* L. (245); Fig. 9: *Vanessa antiopa* L. (515); Fig. 10: *Melitea aurinia aurinia* ROTT. (630); Fig. 11: *Argynnis aglaja* L. (455); Fig. 12: *Lycaena corydon* PODA (963); Fig. 13: *Lycaena bellargus* ROTT. (630); Fig. 14: *Hesperia comma* L. (692).

corydon PODA auf, welche gegenüber den anderen Arten der Familie außergewöhnlich lange Schuppen besitzt. Die Schuppenlänge beträgt bei: *Parnassius nordmanni nordmanni* MÉNÉTR. 175—227 μ; *acco*-Gruppe 453—578 μ; *Catocala* 893—1295 μ.

Das Verhältnis zwischen Schuppenlänge und Flügellänge

Die Schuppenlänge ist unabhängig von der Flügellänge. Das Merkmal besteht aus zwei Werten, nämlich aus dem Verhältnis zwischen längster Schuppe und kürzestem Flügel und kürzester Schuppe und längstem Flügel. Infolge der Variabilität beider Faktoren sind bereits im Bereich der Art die Werte mitunter sehr verschieden. Die größte Variationsbreite wurde bei *Parnassius apollo* L. festgestellt, dessen nahezu 200 Unterarten und geographische Formen Flügellängen zwischen 28 und 55 mm aufweisen, und bei welchen Schuppenlängen zwischen 228 und 358 μ ermittelt wurden. Hiernach variiert bei dieser Art das Merkmal zwischen 1 : 78 und 1 : 241. Bei Arten, die nur wenige oder keine Unterarten aufweisen und deren Flügellängen kaum variieren, sind die Werte nicht sehr verschieden. Sie sind bei einer ganzen Anzahl von Arten sehr groß. Beispiele:

Tholera popularis F. 1 : 14—1 : 15; *Parnassius clodius clodius* MÉNÉTR. 1 : 106—1 : 212.

Die Breite der Schuppen

Wie die Untersuchungen an Schuppen der Gattung *Parnassius* LATR. ergaben, ist deren Breite mitunter bereits im Bereich der Unterart derart variabel, daß hier diesem Merkmal keinerlei taxonomische Bedeutung zukommt. Die Schuppen von Arten anderer Gattungen ließen jedoch erkennen, daß die Schuppenbreite doch ein brauchbares Charakteristikum darstellt. Unter Einschluß aller bisher untersuchten Arten variiert die Schuppenbreite zwischen 10 und 237 μ. Bemerkenswert ist dabei, daß manchmal unter verschiedenen einer Gattung und auch Familie angehörenden Arten in diesem Merkmal Übereinstimmung herrscht. Beispiele:

Parnassius apollo loferensis KOLLAR 70—237 μ; *Melitaea aurinia aurinia* ROTT. 30—50 μ; *Aglia tau tau* L. 10—12 μ.

Das Verhältnis zwischen Schuppenbreite und Schuppenlänge

Dieses Merkmal ist infolge der Variabilität beider Faktoren im Bereich der Art und auch der Unterart ebenfalls sehr variabel. Trotzdem bestehen zwischen den verschiedenen Arten bemerkenswerte Unterschiede. Soweit bisher festgestellt werden konnte, bewegen sich die Werte zwischen 1 : 1 und 1 : 54. Einige dieser Werte, seien hier mitgeteilt.

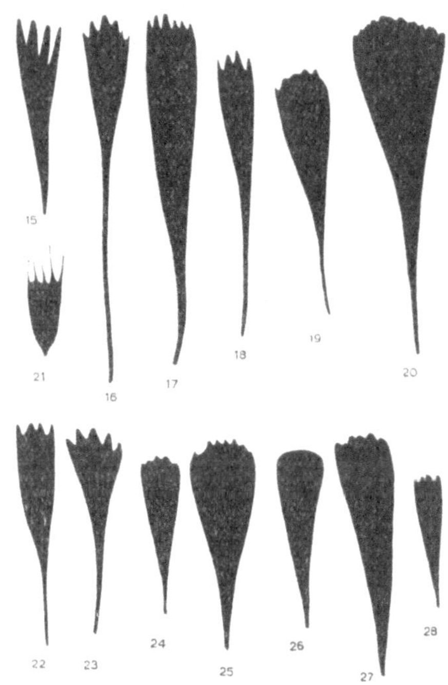

Abb. 2. Fig. 15—28: Schuppen des Flügelrandes (Randschuppen I. Ordnung) zwischen r5 und m3 des Vorderflügels einiger Arctiiden, Sphingiden u. a. Vergr. etwa 50 ×. Die hinter den Artnamen eingeklammerten Zahlen geben die jeweilige Schuppenlänge in $^{1}/_{1000}$ mm an. Fig. 15: *Phragmatobia fuliginosa fuliginosa* L. (473); Fig. 16: *Rhyparia purpurata* L. (850); Fig. 17: *Arctia caja* L. (848); Fig. 18: *Callimorpha dominula* L. (692); Fig. 19: *Gastropacha quercifolia* L. (595); Fig. 20: *Pachypasa otus* DRURY (823); Fig. 21: *Acherontia atropos* L. (280); Fig. 22: *Sphinx ligustri ligustri* L. (540); Fig. 23: *Amorpha populi populi* L. (525); Fig. 24: *Deilephila nerii* L. (385); Fig. 25: *Macroglossum stellatarum* L. (490); Fig. 26: *Celerio euphorbiae euphorbiae* L. (420); Fig. 27: *Celerio lineata livornica* ESP. (595); Fig. 28: *Pergesa elpenor elpenor* L. (333).

Parnassius glacialis glacialis BTLR. 1 : 1—1 : 4; *Melitaea aurinia aurinia* ROTT. 1 : 14,7—1 :18,6; *Samia cynthia* DRURY 1 : 33—1 : 39; *Aglia tau tau* 1: 39—1: 54.

Die Anzahl der Spitzen

Berücksichtigt wurden nur die Hauptspitzen. Die manchmal auftretenden Nebenspitzen sowie die von den Hauptspitzen ab und zu gebildeten sekundären Spitzen wurden in die Untersuchungen nicht einbezogen. Das gleiche gilt naturgemäß für Arten, deren Schuppen apikal nur mit kleinen Zähnchen versehen oder hier glatt abgerundet sind.

Die Anzahl der Spitzen ist bei den einzelnen Schuppen sehr verschieden. Nach den bisherigen Feststellungen gibt es solche, die in einer Spitze enden und solche, die zwischen 2 und 11 Spitzen besitzen. Diese Variabilität in der Zahl der Spitzen tritt bis zu einem gewissen Grade in vielen Fällen bereits bei dem Einzelindividuum auf. Im Bereich von Unterarten und Arten, die an sich vielspitzige Schuppen besitzen, ist die Variabilität dieses Merkmals mitunter sehr bedeutend. Es ist bemerkenswert, daß hier (z. B. bei *Parnassius apollo wenzeli* BRYK) manchmal Falter vorkommen, deren Schuppen zwischen r5 und cu2 des Flügelrandes des Vorderflügels ausnahmslos 2 Spitzen besitzen. Beispiele:

Saturnia pyri SCHIFF. 2; *Synanthedon cephiformis* O. 6—11.

Die Länge der Spitzen

Berücksichtigt wurde jeweils nur die längste Spitze der Schuppen. Ihre Länge ist bereits bei dem Einzelindividuum manchmal sehr variabel. Das gleiche gilt für die Arten. Trotzdem ist dieses Merkmal ein gutes Charakteristikum. Es gibt Schuppen, deren Spitzen außergewöhnlich lang sind oder apikal nur winzige Zähnchen besitzen. Die Bestimmung der Spitzenlänge entfällt bei Schuppen, die apikal abgerundet sind und keine Spitzen aufweisen, sowie bei Schuppen, die in einer Spitze enden. Die Variationsbreite dieses Merkmals ist sehr beträchtlich; sie bewegt sich zwischen fehlenden oder winzigen Spitzen und 350 μ. Diese erhebliche Variabilität macht sich z. B. bereits im Bereich der nur zwischen 30 und 40 Arten zählenden Gattung *Parnassius* LATR. bemerkbar. Hier finden sich Schuppen, die keinerlei Bewehrung zeigen und solche mit einer Spitzenlänge bis zu 188 μ. In der Familie Saturnidae treten neben 1-spitzigen Schuppen je nach der Art solche mit nur 20—35 μ langen Spitzen und solche, deren Spitzen eine Länge von 350 μ erreichen, auf. Bei zahlreichen Arten der Rhopaloceren wiederum ist bei einer mitunter erheblichen Variabilität die Länge der Spitzen nicht sonderlich groß. Beispiele:

Eudia pavonia pavonia L. 20—35 μ; *Saturnia pyri* SCHIFF. 298—350 μ.

Das Verhältnis zwischen Länge der längsten Spitze und Länge der dazugehörigen Schuppe

Die Variabilität dieses Merkmals ist in vielen Fällen bereits bei dem Einzelindividuum sehr groß. Die bisher ermittelten Werte bewegen sich zwischen 1 : 1,5 und fehlenden Spitzen. Diese Variabilität wurde bereits in der Gattung *Parnassius* LATR. festgestellt. Trotzdem gibt es aber einige Arten dieser Gattung, die gerade durch das Verhältnis zwischen Spitzen- und Schuppenlänge gut charakterisiert sind. Beispiele:

Parnassius stubbendorfi koyaensis O. BANG-HAAS 1 : 1,5—1 : 1,6; *Pyrameis atalanta* L. 1 : 23,6—1 : 30.

Der Abstand der Längsrippen

Dieses Merkmal ist bei dem Einzelindividuum und auch sonst nicht sehr variabel. Gemessen wurde jeweils der Abstand von 10 Längsrippen (= 9 Zwischenräumen, und zwar stets an der Stelle ihres größten Abstandes. Die bisher festgestellten Rippenabstände bewegen sich zwischen 12 und 68 μ. Beispiele:

Argynnis aglaia L. 13—15 μ; *Parnassius imperator dominus* O. Bang-Haas 54—63 μ.

Die Anzahl der Längsrippen

Infolge der oft erheblichen Variabilität in der Breite des Schuppenkörpers und der Variabilität ihres Abstandes voneinander ist die Anzahl der Längsrippen bereits bei dem Einzelindividuum sehr verschieden. Im Bereich der Art variiert dieses Merkmal sehr beträchtlich. Bei 4 variablen Faltern von *Parnassius glacialis glacialis* Btlr. wurden zwischen 13 und 29 Rippen festgestellt. Nach den bisherigen Ermittlungen bewegt sich die Anzahl der Rippen zwischen 6 und über 60. Die Zählungen wurden stets an der breitesten Stelle des Schuppenkörpers vorgenommen. Die geringste Anzahl von Längsrippen besitzen die Schuppen von *Aglia tau tau* L. und *Samia cynthia* Drury, und zwar 6—7 bzw. 9—13. Die größte Anzahl Rippen haben die von *Hypermnestra helios helios* (Nick.) und *Parnassius tenedius* Eversm. mit 40—über 60 bzw. 40—50 (bei einer Schuppenbreite von 140 μ).

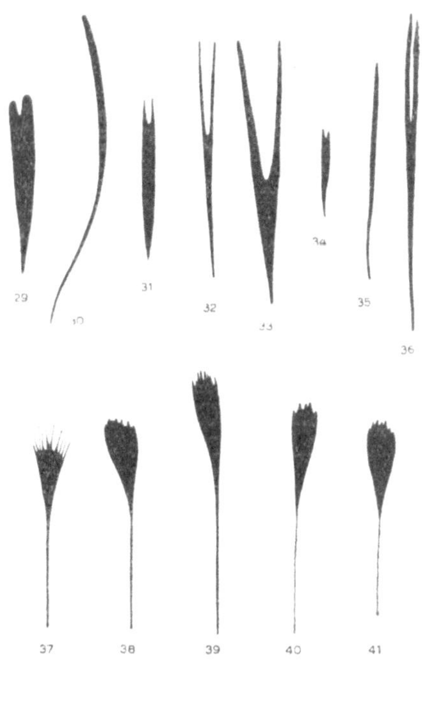

Abb. 3 Fig. 29—41: Schuppen des Flügelrandes (Randschuppen I. Ordnung) zwischen r5 und m3 des Vorderflügels einiger Saturniden, Noctuiden u. a. Fig. 29—37 Vergr. etwa 50 ×, Fig. 38—41 Vergr. etwa 25 ×. Die hinter den Artnamen eingeklammerten Zahlen geben die jeweilige Schuppenlänge in $^1/_{1000}$ mm an.

Fig.: 29 *Graëllsia isabellae* Graëlls (420); Fig. 30: *Samia cynthia* Drury (800); Fig. 31: *Antheraea pernyi* Guér. (403); Fig. 32: *Perisomena caecigena* Kupido (595); Fig. 33: *Saturnia pyri* Schiff. (648); Fig. 34: *Eudia pavonia pavonia* L. (220); Fig. 35: *Aglia tau tau* L. (543); Fig. 36: *Brahmaea japonica* Btlr. (838); Fig. 37: *Synanthedon cephiformis* O. (438); Fig. 38: *Rhyacia ypsilon* Plott (1085); Fig. 39: *Tholera popularis* F. (1365); Fig. 40: *Catocala puerpera* Giorn. (1190); Fig. 41: *Phytometra gamma* L. (980).

Weitere Merkmale der Schuppen

Es handelt sich hier um Merkmale, die zahlenmäßig nicht zu erfassen, aber in taxonomischer Hinsicht ebenfalls beachtenswert sind. Bemerkenswert ist zunächst, daß die Randschuppen I. Ordnung bei *Gonepteryx rhamni* L. und demnach sicher auch bei anderen *Gonepteryx*-Arten Sinusschuppen sind. Es ist dies ein einzig dastehender Fall, denn die Schuppen aller bisher untersuchten, den verschiedensten Familien angehörenden Arten sind keine Sinusschuppen. Der Schuppenkörper geht hier allmählich in den Schuppenstiel über. Auffallend ist ferner, daß *Aporia crataegi* L. überhaupt keine Randschuppen besitzt. Der Flügelrand ist hier völlig glatt. *Rhodinia fugax fugax* BTLR. wiederum hat keine besonders geformten Randschuppen. Hier treten die den Flügel bedeckenden gewöhnlichen Deckschuppen an ihre Stelle. — Der Schuppenstiel ist ebenfalls für eine ganze Reihe von Arten charakteristisch; er ist entweder sehr dünn und sehr lang oder außerordentlich kurz. Im ersten Falle entspricht seine Länge etwa der Hälfte der Gesamtlänge der Schuppe. Schuppen dieser Art sind für eine Anzahl von Rhopaloceren (Lycaeniden) und Heteroceren (Noctuiden) charakteristisch. Schuppen mit sehr kurzem Schuppenstiel besitzen z. B. die Arten der Gattung *Parnassius* LATR. — Die Spitzen der Schuppen sind ebenfalls mitbestimmend für die Form der Schuppen. Es gibt Schuppen, welche sehr lange, nadelförmige Spitzen besitzen und daher sehr tief gegabelt sind. Solche finden sich z. B. bei *Parnassius stubbendorfi* MÉNÉTR. Bei anderen Arten hingegen sind die Spitzen der Schuppen kurz und kräftig; sie sind weniger tief gegabelt. Dies ist z. B. bei *Parnassius apollo* (L.) der Fall. — Über die Längsrippen ist zu sagen, daß dieselben nicht bei allen Arten gleich entwickelt und, wie z. B. bei *Eudia pavonia* L., manchmal nur schwer erkennbar sind. Darüber hinaus konnte festgestellt werden, daß bei Arten, bei welchen infolge ihres rasanten Fluges nicht nur die Flügel, sondern besonders auch die langstieligen, langen Randschuppen außerordentlich stark beansprucht werden, im Schuppenkörper neben den normal ausgebildeten Längsrippen mehrere besonders starke Rippen auftreten. Die offensichtliche, sinnvolle Versteifung der Schuppen wird weiterhin dadurch erreicht, daß der lange Schuppenstiel von einer stabförmigen Chitinverstärkung durchzogen wird, die sich bis in die Mitte des Schuppenkörpers erstreckt. Schuppen dieser Art wurden bei einer ganzen Reihe von Eulen, so Arten der Gattungen *Rhyacia* HBN. und *Acronycta* TR. sowie bei allen untersuchten Arten der Gattung *Catocala* SCHRK. festgestellt. Bei manchen Arten spaltet sich diese Versteifung bereits an der Basis des Schuppenkörpers in besonders starke Rippen auf, z. B. bei *Phytometra chrysitis chrysitis* L. — Ein weiteres Merkmal ist die Lage der breitesten Stelle der Schuppe. Bei Schuppen mit stark divergierenden, langen Spitzen befindet sich die breiteste Stelle zwischen den Enden der Spitzen, bei anderen Schuppen wiederum am apikalen Ende, in der distalen Hälfte oder, wie bei *Parnassius delphius* (EVERSM.), in der Mitte des Schuppenkörpers. — Die Form der Schuppen ist außerordentlich verschieden, und zwar oft im Bereich kleiner Gattungen, so z. B. bei *Parnassius* LATR. Bei den Noctuiden hingegen scheint sie ziemlich einheitlich zu sein. Manche Saturniden besitzen zwei Arten von Randschuppen I. Ordnung, so z. B. *Antheraea pernyi* Guér. Hier treten nämlich bei ein und demselben Falter zwischen den eigentlichen Randschuppen I. Ordnung ebenso lange, haarförmige, mit Längsrippen versehene Schuppen auf. Es kommt auch vor, daß der Flügelrand ausschließlich solche haarförmige Schuppen aufweist, und zwar bei *Samia cynthia* Drury. — Eine Beschreibung der unendlich vielen Schuppentypen würde zu weit führen. Es sei hier auf die beigefügten Abbildungen verwiesen, welche die vielgestaltige Ausbildung der Schuppen hinreichend zeigen. Betrachtet man alle bei einem Falter zwischen r5 und m3 des Vorderflügels auftretenden Randschuppen, so kommt man zu folgendem, in taxonomischer Hinsicht ebenfalls bedeutungsvollen Ergebnis. Es gibt Arten, welche nur Randschuppen I. und II. Ordnung besitzen und solche mit Randschuppen verschiedenster Länge, deren Klassifikation unmöglich ist. Zu den erstgenannten Arten gehören solche der Gattung *Parnassius* Latr. und die durch besonders lange Schuppen ausgezeichnete Eule *Tholera popularis* F. Die Randschuppen II. Ordnung sind hier etwa halb so lang, wie die I. Ordnung. Zu den letztgenannten Arten gehören solche der Gattung *Colias* F.

Berücksichtigt man weiterhin die die Flügel bedeckenden Schuppen, so kann man die Lepidopteren in gut voneinander zu unterscheidende Gruppen einteilen. Die wichtigsten sind wie folgt gekennzeichnet:

1. Gruppe: Randschuppen und Deckschuppen sind keine Sinusschuppen. Hierzu gehören z. B. die Parnassiinae.
2. Gruppe: Die Randschuppen sind keine Sinusschuppen, die Deckschuppen sind Sinusschuppen. Hierzu gehören z. B. die meisten Rhopaloceren.
3. Gruppe: Randschuppen und Deckschuppen sind Sinusschuppen. Hierzu gehört *Gonepteryx rhamni* L. und sicher die ganze Gattung *Gonepteryx* Leach.
4. Gruppe: Randschuppen fehlen, die Deckschuppen sind Sinusschuppen. Hierzu gehört *Aporia crataegi* L.

Für jede dieser Gruppen wurden nur einige Beispiele genannt. Die Gruppen 1 und 2 sind die größten; sie umfassen jeweils zahlreiche Familien.

Faßt man die Ergebnisse dieser auf breiterer Basis an den Schuppen des Flügelrandes, den Randschuppen I. Ordnung, durchgeführten Untersuchungen zusammen, so bestätigen diese die früheren Feststellungen bei den Parnassiinae. Auch sie lassen erkennen, daß die Schuppen trotz der Variabilität ihrer verschiedenen Merkmale eine gewisse Konstanz innerhalb einzelner Familien, Gattungen und auch Arten zeigen und somit zur Charakterisierung derselben geeignet sind. Darüber hinaus gestatten sie, besonders in Verbindung mit anderen Merkmalen, einen tieferen Einblick in die verwandtschaftlichen Verhältnisse. Die Schuppen des Flügelrandes stellen somit ein morphologisches Merkmal dar, welches die größte Aufmerksamkeit verdient. Es gilt daher, durch weitere Untersuchungen unsere Kenntnisse auf diesem Gebiet zu vertiefen. Auch in den Diagnosen sollten künftig die Schuppen des Flügelrandes berücksichtigt werden.

Aber auch für andere Wissenszweige können die Schuppen des Flügelrandes von Bedeutung sein. Den Genetiker dürfte es sicher interessieren, daß es verschiedenen Gattungen angehörende Arten gibt, die sich leicht kreuzen lassen, deren Schuppen aber in Form und Merkmalen außerordentlich verschieden voneinander sind. Dem Palaeontologen wiederum stehen Bernsteineinschlüsse von Lepidopteren zur Verfügung, die am ersten noch die exponierten Schuppen des Flügelrandes erkennen lassen. Ein Vergleich dieser fossilen, dem Tertiär entstammenden Stücke mit rezenten der gleichen Gattung könnte Aufschluß darüber geben, ob im Laufe des dazwischen liegenden großen Zeitraumes Veränderungen in der Form der Schuppen stattgefunden haben. Ist dies nicht der Fall, so könnte man gegebenenfalls fossile Stücke auf Grund ihrer Schuppen bestimmbar machen. In phylogenetischer Hinsicht könnten solche Untersuchungen ebenfalls wertvolle Aufschlüsse geben.

Literatur:

HERING, M. (1939): Vortrag über morphologische Merkmale bei Lepidopteren. — Mitt. aus der Deutsch. Entom. Ges. 45.

KELLOGG, V. L. (1894): The taxonomic Value of the Scales of the Lepidoptera. Kans. Univ. Quart. vol. III, No. 1.

MÜLLER, A. (1954—56): Die Schuppen des Flügelrandes der Unterfamilie Parnassiinae F. KIRBY (Lepidopt.), ihre Variabilität und ihre Bedeutung für die Taxonomie und Systematik. — Entom. Zeitschrift. 64.—66. Jahrg.

REUSS, T. (1921): Eine Androconienform von „*Argynnis*" *niobe* L. f. n. und durch entsprechende ♂♂ gekennzeichnete ostasiatische Formen oder Arten, die bisher zu „*adippe*" L. (rect. *cydippe* L.) gerechnet wurden, sich aber nunmehr durch die Art und Verteilung der Androconien abtrennen lassen. Mit einer Revision des „Genus *Argynnis* F." — Arch. f. Naturg. Berlin Abt. A 87, H. 11, 180—230.

SCHNEIDER, R. (1878): Die Schuppen an den verschiedenen Flügel- und Körperteilen der Lepidopteren. — Dissertation Inauguralis Zoologica, Halle.

VERITY, R. (1905—11): Rhopalocera palaearitica. Iconographie et Description des Papillons Diurnes de la Region paléarctique par Roger Verity. — Florence, 4.

Der Wert des physiologischen Experimentes für die Artsystematik von Trichogramma (Hym. Chalcididae)

Von Wolfgang Quednau

Mit 5 Abbildungen im Text

Die Systematik stellt die Krönung und zugleich die Grundlage der biologischen Wissenschaften dar. Wer mit Lebewesen umgeht, weiß, wie wichtig die Kenntnis der einzelnen Tier- und Pflanzenarten, insbesondere für die praktische Forschung, ist. In früherer Zeit war die Systematik vorwiegend anatomisch-morphologisch orientiert. Sie benutzte die innere und äußere Ähnlichkeit der Organismen als Maßstab für den Grad ihrer natürlichen Verwandtschaft. Heute bedient sich die systematische Forschung bei der Eruierung von Artkriterien in zunehmendem Maße der physiologisch- verhaltensbiologischen Betrachtungsweise. Die stammesgeschichtlich jungen und artenreichen Gruppen geben dem Morphologen nicht immer genügend Merkmale in die Hand, und so ist schon ein genaues Studium der Lebensäußerungen notwendig, will man die einzelnen Formen sicher unterscheiden. Diese Arbeit kann natürlich nur am lebenden Objekt durchgeführt werden.

Ein schönes Beispiel für die kombinierte morphologisch-physiologische Arbeitsweise in der Systematik ist die Feststellung selbständiger Arten innerhalb der Schlupfwespengattung *Trichogramma*, deren Aufzucht im Laboratorium keine Schwierigkeiten macht.

Die Trichogrammen sind mikroskopisch kleine, pleophage Eiparasiten, die in der Natur als Feinde vieler Kleinschmetterlinge eine wichtige Rolle spielen. Das Weibchen legt seine Eier in die Gelege der Wirtespezies, in denen die Schlupfwespenbrut ihre vollständige Entwicklung durchmacht. Die Tierchen sind weltweit verbreitet. Früher wurden alle Trichogrammen als eine Art betrachtet und unter dem Namen *Trichogramma evanescens* Westwood geführt. Doch haben unsere Untersuchungen gezeigt, daß es in Europa mindestens 5 gute *Trichogramma*-Arten gibt, und in den übrigen Teilen der Welt finden wir weitere, von den Mitteleuropäern grundverschiedene Arten. Damit konnten auch die fast vergessenen Namen und Beschreibungen älterer Autoren zu neuem Leben erweckt werden. Abb. 1 stellt ein *Trichogramma*-Männchen dar. Das Geschlecht ist an den verlängerten, langborstigen Fühlern zu erkennen. Alle Trichogrammen sind durch den Besitz höchst merkwürdiger, mehr oder weniger lang behaarter Flügel ausgezeichnet, was der ganzen Gesellschaft auch den Namen gegeben hat.

In Berlin-Dahlem haben wir 5 verschiedene Trichogrammen gezüchtet, die schon in der Natur nur in ganz bestimmten Biotopen anzutreffen sind. *T. cacoeciae*

March. lebt in Obstgärten (Wirt: *Cacoecia rosana*), sie kommt gelegentlich auch auf dem Felde vor (Wirt: *Barathra brassicae*). *T. embryophagum* (Hartig) ist die typische Form des Forstes (Wirt: Forleule, Kiefernspanner). *T. minutum* (Riley) lebt wahrscheinlich auf dem Felde, *T. evanescens* Westw. wird auf Kohlfeldern gefunden (Wirte: Kohleule, großer Kohlweißling) und *T. semblidis* (Auriv.) lebt teils im Moor (Wirt: *Sialis flavilaterata*) und teils auf dem Feld (Wirt: Kohleule). *T. minutum* stammt aus den USA, die anderen Arten sind deutsche Faunenelemente. Alle diese Formen lassen sich in Gefangenschaft nur äußerst selten miteinander paaren und liefern auch niemals Bastarde. Hinzu kommt, daß die Fortpflanzungsweise bei den *Trichogramma*-Arten auffallend verschieden ist. *T. cacoeciae* hat nur Weibchen, die aus unbefruchteten Eiern entstehen (thelytoke Parthenogenese), Männchen treten nur ganz selten auf (Spanandrie). Die Arten *T. embryophagum*, *T. minutum* und *T. evanescens* sind bisexuell,

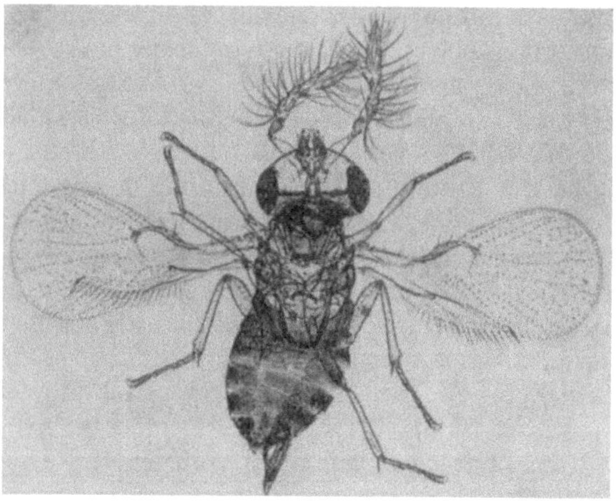

Abb. 1. *Trichogramma evanescens* Westw., Männchen, bei 27° C aus *Barathra brassicae* gezüchtet (Vergr. 60 ×).

dabei stammen die Weibchen aus befruchteten, die Männchen aus unbefruchteten Eiern (Arrhenotokie). Das Verhältnis Männchen zu Weibchen beträgt 1 : 2. Die bisexuelle *T. semblidis* erzeugt beide Geschlechter unabhängig von der Befruchtung (amphoterotoke Parthenogenese), auch hier entstehen etwa $^2/_3$ Weibchen und $^1/_3$ Männchen. Letztgenannte Art besitzt ferner 2 Ausgaben von Männchen (Poikilandrie), deren Gestalt vom Wirtsei bestimmt wird. Aus den Eiern von *Sialis* schlüpfen nur ungeflügelte Männchen mit weibchenartigen Antennen, aus anderen Wirten entweder nur geflügelte (Wirte: *Barathra brassicae*, *Ephestia kühniella*) oder geflügelte neben ungeflügelten Männchen (Wirt: *Arctia caja*). Die geflügelten Männchen haben die typischen langhaarigen Fühlerkeulen. — Es besteht um so mehr der Grund, an der Einheitlichkeit der Sammelart *T. evane-*

scens zu zweifeln, wenn man das Farbspektrum und die Entwicklungsdauer der Schlupfwespen untersucht. Einige Trichogrammen werden, in der Wärme (30° C) gezüchtet, gelb, gleichzeitig verschwindet die dunkle Pigmentierung des Hinterleibes, bei den Weibchen in stärkerem Maße als bei den Männchen. Andere Arten bleiben ihrer Farbe und Pigmentierung treu. In der Kälte gezüchtete *Trichogramma*-Weibchen sind äußerlich nicht mehr zu unterscheiden, da sie dasselbe Farbkleid besitzen. Bei einer Zuchttemperatur von 30° C ist die Entwicklungsdauer vom Ei bis zur Imago konstant und für die einzelnen Farbformen signifikant verschieden. So gibt es *Trichogramma*-Arten mit kurzem (Entwicklungsdauer 6,5 Tage) und solche mit langem (Entwicklungsdauer 8,5 Tage) Lebenszyklus. Die Temperaturkurven für die Imaginalentwicklung verlaufen für verschiedene *Trichogramma*-Arten deutlich getrennt (Abb. 2). Anfang und Ende der Kurven sind für die einzelnen Formen charakteristisch. Die experimentellen Befunde lassen sich am besten als asymmetrische Kettenlinien nach Janisch darstellen. Besonders eindrucksvoll ist ein Vergleich der Entwicklung von *T. cacoeciae* und *T. semblidis* bei 10° C (Abb. 3). Während *T. semblidis* trotz hoher Mortalität nach 80 Tagen schlüpft, vollendet *T. cacoeciae* ihre Entwicklung nur bis zur Präpuppe und geht auf diesem Stadium in Diapause. Dieser Versuch wirft auch ein Licht auf den Mechanismus der Überwinterung von *Trichogramma*.

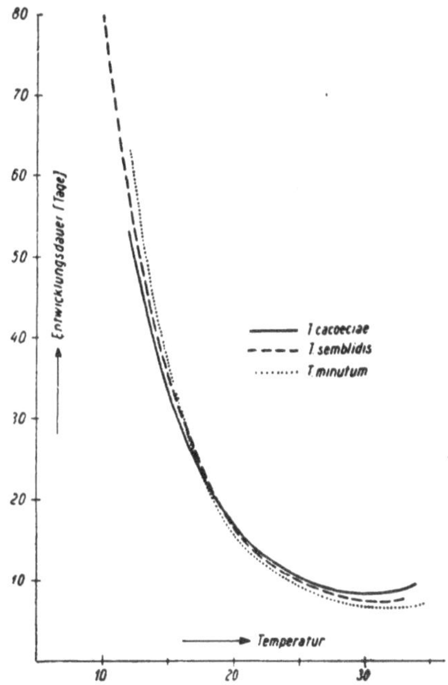

Abb. 2. Kettenlinien für die Imaginalentwicklung von 3 *Trichogramma*-Arten. Wirt: *Ephestia kühniella*, 80% rel. Feuchtigkeit. Temperaturmessung nach Celsius.

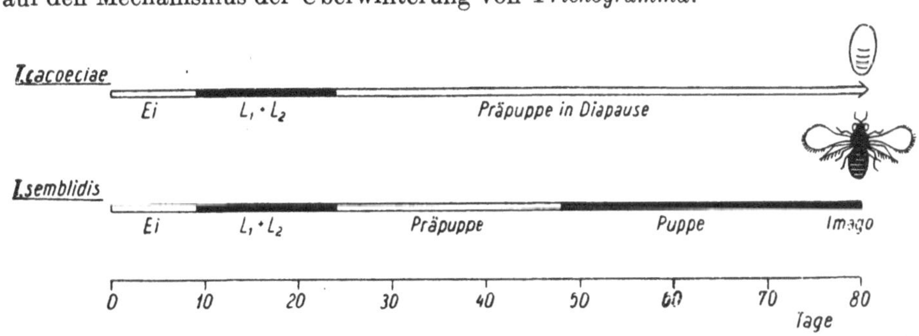

Abb. 3. Entwicklung von *T. semblidis* (Auriv.) und *T. cacoeciae* March. bei + 10° C. Wirt: *Ephestia kühniella*, 80% rel. Feuchtigkeit.

Daß das oben aufgeführte Parasitenmaterial nicht einheitlich ist, wird besonders deutlich, wenn wir uns nun einigen verhaltensbiologischen Artkriterien zuwenden. Bei der Parasitierung von Eiern der Mehlmotte (*Ephestia kühniella*) setzt die kurzlebige *T. minutum* (Lebensdauer 11 Tage) fast $^3/_4$ der gesamten Brut am ersten Lebenstage ab, während die langlebige *T. evanescens* (Lebensdauer 23 Tage) täglich wenige Eiablagen macht, dafür aber um so länger lebt. Die Gesamtfruchtbarkeit der beiden Arten (ca. 100 Eiablagen pro Weibchen) unterscheidet sich deshalb nicht.

Die *Trichogramma*-Wirte haben für die einzelnen Parasitenspezies recht unterschiedlichen Wert. In Testversuchen (Abb. 4) wurden von uns 4 Eisorten verwendet, die schon rein äußerlich nicht zu verwechseln sind. Die Eier der Kohleule (*Barathra brassicae*) und des großen Kohlweißlings (*Pieris brassicae*) sind groß, domförmig. Es finden darin meist 2—3 Trichogrammen Platz. Die Gelege der Wachsmotte (*Galleria mellonella*) und der Schlammfliege (*Sialis flavilaterata*) bestehen aus kleineren Eiern, die meist nur 1 *Trichogramma* beherbergen. Bei *Galleria* sind die Eier in Täfelchen zusammengefaßt, bei *Sialis* wie Granaten aneinandergeschichtet. Die Anzahl der zur Parasitierung vorgelegten Wirte beträgt 30 große oder 100 kleine Eier. Ein ausgefüllter Kreis bedeutet, daß diese Gesamtzahl tatsächlich trichogrammiert wurde, dunkele Sektoren deuten an, daß nur ein Teil der Wirtseier parasitiert worden ist. Leere Kreise weisen auf eine

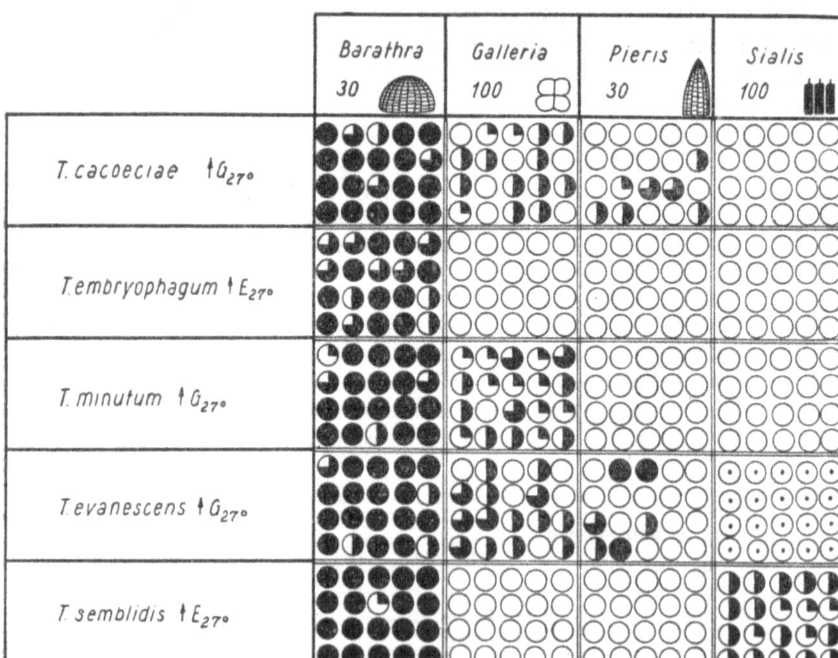

Abb. 4. Biologischer Artentest bei 27° C und 80% rel. Feuchtigkeit.

Ablehnung des Geleges durch das *Trichogramma*-Weibchen hin. Die Eier der Kohl eule (*Barathra brassicae*) werden von allen *Trichogramma*-Arten gern angenommen, aber die der Wachsmotte (*Galleria mellonella*) nur von *T. cacoeciae, T. minutum* und *T. evanescens; T. embryophagum* und *T. semblidis* lehnen sie ab. Bei den zuletzt genannten Arten liegt chemisch unvollständiger Parasitismus vor. An *Pieris* und *Sialis* kann man nur ganz bestimmte *Trichogramma*-Arten züchten. Aus der graphischen Darstellung des Artentestes geht ferner die individuelle Leistung der einzelnen Testweibchen hervor. Während an *Barathra* und *Sialis* alle Testweibchen Eier legen, sind es nur ganz bestimmte Individuen innerhalb der Population, welche *Pieris*-Eier bestiften. *Pieris* ist also gegenüber *Barathra* als Brutgelegenheit weniger gut geeignet. Nur kurz erwähnt werden kann hier die interessante Tatsache, daß *T. evanescens* nur aus dem Gelege isolierte *Sialis*-Eier angreift, doch geht dann später die gesamte *T. evanescens*-Brut in diesem Wirt zugrunde, wie SALT (1938) gezeigt hat. Es handelt sich hier um einen physiologisch unvollständigen Parasitismus. Diese Unterschiede im Verhalten gegenüber verschiedenen Wirten sind wohl die schönsten Kriterien einer biologischen Trennung der *Trichogramma*-Arten.

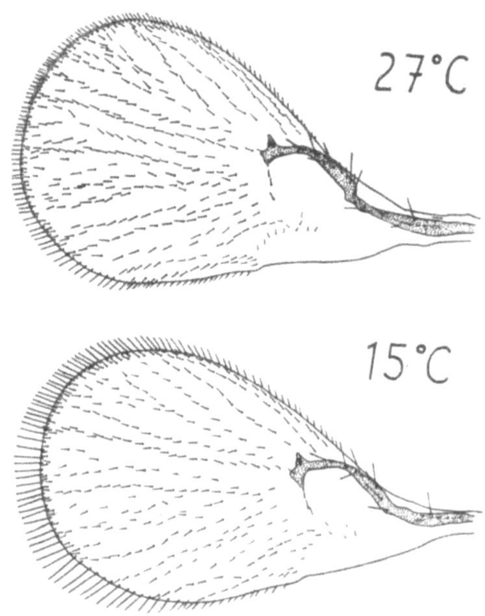

Abb. 5. Morphologie des Vorderflügels von *T. cacoeciae* MARCH. bei 27° C und bei 15° C. Wirt: *Ephestia kühniella*, 80% rel. Feuchtigkeit. (Ver-gr. 125 ×.)

Zum Schluß sollen noch die wenigen morphologischen Merkmale und ihre Variabilität Erwähnung finden. So sind die *Trichogramma*-Arten stets leicht an der Behaarung der männlichen Fühlerkeulen sowie der Länge der Randhaare des Vorderflügels bei beiden Geschlechtern zu unterscheiden. Lange Flügelfransen zeigen *T. semblidis* und *T. minutum*, kurze dagegen *T. evanescens* und *T. embryophagum*. Die Fühler der Männchen haben bei *T. evanescens* eine lange, peitschenartige Behaarung (Abb. 1), bei den übrigen Arten ist sie deutlich kürzer. Die morphologischen Merkmale von *T. caioeciae* stimmen mit denen von *T. evanescens* überein. Eine sichere Unterscheidung liefert in diesem Falle erst das Farbspektrum, die Entwicklungsdauer und der biologische Test. So kann sich nach den Untersuchungen von MARCHAL (1939) *T. evanescens* in den Eiern von *Cacoecia rosana* nicht entwickeln, sondern nur die Art *T. cacoeciae*. Die Länge der Vorderflügelrandhaare wird von der Zuchttemperatur beeinflußt (Abb. 5). Die Borstenmerkmale des Vorderflügels sind nur für einen Temperaturbereich von 27—30° C zutreffend. Im kühlen Milieu gezüchtete Trichogrammen haben sämtlich lange Flügelfransen und eine dunkele Körperfarbe. Die Gestalt der männlichen Fühlerkeulen wird dagegen durch Zuchteinflüsse nicht verändert.

Diese Ausführungen mögen ein Bild von der Vielschichtigkeit der Schlupfwespenbiologie sowohl wie von der Arbeitsweise der modernen Systematik geben, die bestrebt ist, mehr als bisher den Blick aufs ganze zu richten, wenn es gilt, die Rätsel der belebten Natur zu lösen.

Die Futterpflanzen in der Blattlaus-Systematik (Hom. Aphididae)

Von FRITZ PAUL MÜLLER

In vielen Blattlaus-Bestimmungstabellen werden die Futterpflanzen mit zur Erkennung der Arten herangezogen. Dieses Verfahren hat sich eingebürgert in Anbetracht des hohen Grades der Ähnlichkeit, den manche in einer oder nahe verwandten Gattungen vereinigte Arten aufweisen, und da die meisten Blattläuse monophag oder oligophag und selbst Fälle von Monophagie 1. Grades (Bezeichnung nach HERING, 1955) recht häufig sind. Demgegenüber ist die Zahl der Blattläuse mit polyphager Ernährungsweise eine sehr kleine. Bei den meisten Fällen der Oligophagie handelt es sich um temporäre Oligophagie. Diese liegt vor bei den wirtswechselnden Arten. Hier leben die Generationstypen an verschiedenen, meist nicht miteinander verwandten Pflanzen, wobei der Hauptwirt, an dem die Fundatrix ihre Entwicklung durchläuft, ein Holzgewächs ist.

Bei Berücksichtigung der morphologischen Einheitlichkeit dieser Insektengruppe liegt die Vermutung nahe, daß die Stammformen unserer Blattläuse polyphag gewesen sind, und daß mit der Herausdifferenzierung der Arten eine Spezialisierung auf bestimmte Futterpflanzen eingetreten ist. BÖRNER (1939) hat für die Existenz dieses auch heute noch nicht abgeschlossenen Vorganges überzeugende Argumente dargeboten. Er führt auch die temporäre Oligophagie der wirtswechselnden Pflanzenläuse auf diesen Spezialisierungsprozeß zurück und nimmt an, daß dieser die verschiedenen Generationsformen der heterözischen Blattläuse nicht gleichartig, sondern sehr ungleich verändert hat, bis schließlich ganz verschiedene Pflanzenarten als Wirte der Fundatrix und Fundatrigenien einerseits und der Exsules andererseits beibehalten worden sind. Dabei muß aber die Sonderstellung hervorgehoben werden, welche die geflügelten Fundatrigenien und die Sexuparen bzw. Gynoparen und Männchen bei Arten mit extremen Wirtswechselverhältnissen einnehmen. Denn diese müssen im Zusammenhang mit der Häutung zur Imago eine tiefgreifende physiologische Umstimmung durchmachen, weil sie diejenige Pflanzenart, auf der sie ihre Larvenzeit durchlaufen haben, im Imaginalstadium als Futterpflanze ablehnen.

Jedoch nicht alle Aphidologen sind der gleichen Auffassung. MORDVILKO (1934) und HILLE RIS LAMBERS (1950) halten es ebenfalls für sehr wahrscheinlich, daß im Zuge der Differenzierung der Gattungen und Arten eine Spezialisierung auf bestimmte Futterpflanzen stattgefunden hat; sie geben jedoch für die Entstehung der temporären Oligophagie eine andere Erklärung. Sie sehen in den Haupt- oder Primärwirten der wirtswechselnden Arten die ursprünglichen Nährpflanzen, auf die sich die Ahnen der rezenten Arten bereits spezialisiert hatten, als sie noch keinen Wirtswechsel besaßen. Nach ihrer Auffassung soll die Fähigkeit zur Besiedelung der Nebenwirtspflanzen erst sekundär erworben worden sein. Das würde bedeuten, daß einzelne Arten der Pflanzenläuse in der Lage sind, im Laufe der Generationen ihren Wirtspflanzenkreis zu vergrößern. Hering (1950, 1955) hat für die Insekten ganz allgemein eine solche, auf einzelne Arten beschränkte Erweiterung des Wirtspflanzenkreises als gegeben angesehen. Er weist darauf hin, daß es in monophagen oder oligophagen Insektengattungen oft eine oder wenige Species gibt, die im Gegensatz zu dem Gros der Verwandten polyphag sind, und betrachtetet diese Polyphagie als sekundär erworben.

Wenn man die Pflanzenläuse zusammen mit ihren Wirtspflanzen betrachtet, so ergibt sich die auffallende Tatsache, daß die Familien Lachnidae, Chaitophoridae, Callaphididae, Thelaxidae, Phylloxeridae und Adelgidae, welche im mitteleuropäischen Raum rund 25% des Artenbestandes umfassen, wenn man von einigen Grasbewohnern absieht, nur streng wirtsspezifische Arten enthalten. In den drei letztgenannten Familien kommt Wirtswechsel vor. Dabei sind die auf den Nebenwirtspflanzen lebenden Exsules ebenso wie die auf die Hauptwirte beschränkten Generationsformen streng wirtsspezifisch. Die Familie der Eriosomatidae, etwa 8% der Arten in Mitteleuropa enthaltend, besteht fast ausschließlich aus wirtswechselnden oder sekundär anholozyklisch gewordenen Arten. Die Fundatrizen sind monophag, die Exsules mono- oder oligophag, im letzteren Falle entspricht die größte Wirtspflanzenbreite jedoch nur derjenigen der systematischen Oligophagie 1. Grades. Nur eine Art, *Smynthurodes betae* Westw. (*Trifidaphis phaseoli* Pass.), die anholozyklisch an den Wurzeln verschiedener Pflanzen lebt, ist polyphag. Besonderes Interesse verdient die Familie Röhrenblattläuse Aphididae, in der die große Masse der Blattläuse zusammengefaßt wird (2/3 der einheimischen Arten). Wie bei den übrigen Aphidina so lassen sich auch in dieser Familie viele Beispiele finden, daß morphologisch ähnliche Arten mit sehr geringer Wirtspflanzenbreite, die in einer oder verwandten Gattungen vereinigt werden, auf nahe verwandten Futterpflanzen leben. Wenn einige Angehörige solcher Gattungen Wirtswechsel haben, dann reihen sich die Exsules in diese Gemeinsamkeit ein. So sind die entsprechenden Wirtspflanzen in der Gattung *Pentatrichopus* Börn. nur Rosaceen, bei *Macrosiphoniella* Del Guercio nur Kompositen, bei *Cryptomyzus* Oestl. nur Labiaten usw. Daneben findet man Gattungen, in denen eine Art Oligophagie 1. Grades aufweist, die übrigen Arten dagegen monophag sind. Das ist der Fall bei *Megoura* Buckt. (an krautigen Leguminosen) und bei *Lipaphis* Mordv. (an Cruciferen). Interessant ist dabei, daß sämtliche oder ein Teil der Futterpflanzen der monophagen Arten in den Wirtspflanzenkreis der einen oligophagen Art eingeschlossen sind. Diese Verhältnisse sind geeignet, die Börnersche Auffassung über die im Zuge der Artendifferenzierung erfolgende Einschränkung des Wirtspflanzenkreises zu stützen. In der Gesamtheit der Aphididae gibt es alle Übergänge bis zu Gattungen, die neben monophagen eine oder mehrere polyphage Arten enthalten. In solchen Gattungen können außerdem Arten mit Oligophagie verschiedenen Grades und Typs vorhanden sein. Die Gattung *Myzus* PASS. z. B. enthält einige streng monophage Arten. Diese sind *M. myosotidis* BÖRN. an Myosotis palustris, *M. ajugae* SCHOUT. an Ajuga reptans und *M. ligustri* (MOSLEY) an Ligustrum vulgare, sämtlich ohne Wirtswechsel. Neben einigen Oligophagen mit oder ohne Wirtswechsel sind in dem gleichen Genus einige extrem polyphage Arten vereinigt. Es handelt sich um *M. persicae* (SULZ.), *M. ornatus* LAING und *M. ascalonicus* DONC. *M. persicae* fand ich ebenso wie die polyphage Art *Neomyzus circumflexus* (BUCKT.), die von manchen Autoren mit in die Gattung *Myzus* gestellt wird, sogar in großen Individuenzahlen an Farnen (Adiantum sp. in Gewächshäusern). Sehr polyphag und von mir in Gewächshäusern auch an Farnen (Adiantum sp.) gefunden ist *Aulacorthum solani* (KALT.). Die übrigen Angehörigen der Gattung *Aulacorthum* MORDV. sind demgegenüber streng monophag: *A. speyeri* BÖRN. an Convallaria majalis, *A. majanthemi* F. P. MÜLLER an Majanthemum bifolium, *A. rufum* HRL. an Vaccinium myrtillus und V. uliginosum, *A. vaccinii* HRL. an Vaccinium uliginosum. In der Gattung *Macrosiphum* PASS. hat *M. euphorbiae* (THOMAS) (*solanifolii* ASHM.) einen weiten Wirtspflanzenkreis, während die übrigen hierher gehörenden Arten oligophag oder monophag sind. Besonders auffallend sind die verschiedenen Wirtspflanzenbreiten in der Gattung *Aphis* L., deren Arten zudem morphologisch z. T. nur sehr schwer unterscheidbar sind, und in der die Artabgrenzung von den Aphidologen verschieden gehandhabt wird. Es sei nur auf den Formenkreis der Schwarzen Bohnenlaus, *Aphis fabae* SCOP., hingewiesen.

Ob in diesen Gattungen ganz allgemein die polyphagen oder einige monophage Arten die ursprünglicheren sind, läßt sich schwer sagen. Für beide Möglichkeiten sind Argumente beizubringen. Die Tatsache, daß die polyphagen Arten ausnahmslos im Zentrum sehr artenreicher Gattungen oder Gattungsgruppen stehen und, wie unten noch gezeigt wird, ihrerseits Formen mit verschiedenem Wirtsspektrum enthalten, spricht für die erstere Möglichkeit, d. h. die heute noch vorhandene Polyphagie kommt dem ursprünglichen Zustand am nächsten, und mit der Differenzierung der Arten ist eine Einschränkung des Lebensraumes in bezug auf die Futterpflanzen eingetreten. Diese Entwicklungsrichtung ist offenbar am meisten beschritten worden. Es darf aber nicht unerwähnt bleiben, daß einige Fälle der kombinierten Oligophagie viel besser mit der anderen Möglichkeit — Ausweitung des Futterpflanzenkreises — erklärt werden können. So fand ich *Sitobion avenae* (F.), eine häufige, monözisch an Gräsern lebende Blattlaus, auch an Capsela bursapastoris. Interessant war dabei, daß die nahe verwandte Art *S. fragariae* (WALK.), die zwischen Rubus und Rosa einerseits und Gräsern andererseits migriert, mit bestem Erfolg ebenfalls auf dem Hirtentäschelkraut gezüchtet werden konnte, das zudem auch für andere Blattläuse mit Wirtspflanzen ganz anderer Familienzugehörigkeit eine brauchbare Futterpflanze ist, z. B. für die an Schmetterlingsblütlern lebende Erbsenlaus *Acyrthosiphon pisum* (HARRIS).

Die im Übertragungsversuch ermittelten Wirtspflanzen sind oft bei einzelnen Populationen, die nach den morphologischen Kennzeichen der gleichen taxonomisch festgelegten Art zuzurechnen sind, verschieden. Diese Unterschiede sind in nicht wenigen Fällen streng alternativ. Manche Autoren haben deshalb solche Formen trotz des Fehlens brauchbarer morphologischer Unterscheidungsmerkmale nicht als bionomische Rassen oder Subspecies, sondern als selbständige Arten aufgeführt. Die Voraussetzungen zum Herausdifferenzieren bionomischer Rassen sind bei den Blattläusen ganz besonders günstig. Bastardierungen zwischen Populationen, von denen die eine infolge mutativer Vorgänge in der Besiedelungsfähigkeit für eine oder mehrere Pflanzenarten abweicht, werden seltener als bei amphigonen Insekten stattfinden. Denn infolge der zyklischen Parthenogenese entsteht nur einmal im Jahr eine bisexuelle Generation, die zudem bei manchen Arten nur schwach vertreten ist oder völlig zu fehlen scheint. Geschlechtliche Vermischungen sind besonders bei nicht wirtswechselnden Arten eingeschränkt, da die auf einer Pflanze lebenden Sexuales häufig Nachkommen einer einzigen zugewanderten Geflügelten sind.

In den Jahren 1955 und 1956 habe ich mit verschiedenen durch besonderes Wirtsspektrum charakterisierten Formen mehrerer oligophager und polyphager Blattlausarten Züchtungs- und Übertragungsversuche vorgenommen mit dem Ziel der Feststellung, inwieweit Unterschiede in den Wirtspflanzen vorliegen und zur Abgrenzung von Arten herangezogen werden können.

Eins der bekanntesten Beispiele für eine polyphage Blattlaus ist die Schwarze Bohnenlaus *Aphis fabae* SCOP., deren heftiges Schadauftreten an Vicia faba, Beta-Rüben und Dahlia allgemein bekannt ist. Als Hauptwirte werden Evonymus europaea, Viburnum opulus und Philadelphus coronarius angegeben. Auf Evonymus europaea leben außerdem die Fundatrizen einer weiteren wirtswechselnden Form, deren Exsules nicht auf Vicia faba und Beta zu leben vermögen, und die deshalb von manchen Autoren als besondere Species, *Aphis evonymi* F., angespro-gesprochen wird. Philadelphus coronarius trägt die Fundatrizen einer anderen schwarzen Blattlaus, die wahrscheinlich nicht migriert und von BÖRNER zunächst als Art *A. philadelphi* abgegrenzt, später aber trotz der Unterschiede in den Futterpflanzen von *A. fabae* nicht mehr unterschieden wurde. Damit ist die Formenfülle noch nicht erschöpft. Eigene Untersuchungen haben ergeben, daß auch die Vicia faba und Beta besiedelnden Läuse nicht einheitlich sind. Die Fundatrizen meiner Zuchtpopulation entwickeln sich nur an Evonymus europaea, sie lehnen Viburnum opulus und Philadelphus coronarius ab. Die Futterpflanzenwahl ist dabei streng alternativ.

Myzus persicae (SULZ.) lebt als Fundatrix an verschiedenen Prunus-Arten. Die Fundatrix der ssp. *dyslycialis* F. P. MÜLLER lebt am Bocksdorn, Lycium halimifolium, an dem als Folge dieses Primärbefalls ein charakteristisches Cecidium entsteht. Die Wirtspflanzenwahl ist hier jedoch nur graduell verschieden, denn pfirsichgeborene Fundatrix-Junglarven vermochten sich in meinen Versuchen auch an Lycium halimifolium bis zum fortpflanzungsfähigen Tier zu entwickeln, allerdings mit deutlicher Verzögerung und erhöhter Mortalität und, als besonders wesentliches Merkmal, ohne daß die Lycium halimifolium-Zweige unter dem Einfluß des Saugens dieser Läuse vergallten oder in irgendeiner anderen

Weise verändert wurden. Trotz vielen Suchens habe ich bisher im Freiland noch keinen Primärbefall an Lycium halimifolium ohne das Cecidium gesehen. Diese Erscheinungen kann ich nur so erklären, daß die Fundatrix in der polyphagen Art *M. persicae* im Zuge einer fortschreitenden Einengung des Wirtspflanzenkreises nach 2 (oder mehr?) Richtungen differenziert worden ist, ohne daß es bisher zur Abgliederung vollkommen gesonderter Formen gekommen ist. Die noch vorhandene Pluripotenz kann im Übertragungsversuch evident gemacht werden, sie tritt dagegen nicht mehr in Erscheinung bei der von den Gynoparen und Männchen weitgehend aktiv vorgenommenen Nahrungswahl. Substratgebundene Anlockungsstoffe beeinflussen diese offenbar mehr als die Nährstoffe des Wirtes, ähnlich wie bei den von BUHR (1952) untersuchten Cruciferen-Insekten.

Acyrthosiphon pelargonii (KALT.) s. str. findet man in Gewächshäusern an Pelargonien. Die Läuse sind grün gefärbt und lassen sich auf Malva- und Geranium-Arten übertragen. Eine sehr ähnlich aussehende Form, *A. pelargonii* ssp. *geranii* (KALT.), lebt im Freien an Geranium und Erodium. Man findet, oft an der gleichen Pflanze, rote und grüne Tiere. Die grünen Tiere konnte ich manchmal mit Erfolg auf Pelargonium grandiflorum zur Ansiedelung bringen, jedoch ohne daß es zu starker Vermehrung kam. Die roten Tiere waren dagegen nicht auf Pelargonium grandiflorum seßhaft zu machen. *A. pelargonii* ssp. *rogesii* (THEOB). ist grün gefärbt und lebt auf Erdbeeren. Aber es gelang mir, grüne Tiere von Geranium molle längere Zeit auf Erdbeere zu halten, während andererseits sporadisch auf Erdbeere gefundene Läuse nicht auf der gleichen Pflanze gezüchtet werden konnten. *Pelargonii*, *geranii* und *rogersii* werden von manchen Autoren als selbständige Arten, von anderen als Unterarten verzeichnet. Nach den mitgeteilten Übertragungsversuchen zeigt die Besiedelungsfähigkeit gegenüber einigen Wirtspflanzen jedoch nur graduelle Unterschiede. Außerdem ist, wie nachgewiesen wurde, *geranii* keine einheitliche Form.

Die „Erbsenlaus" *Acyrthosiphon pisum* (HARRIS) ist bei BÖRNER (1952) in 2 Arten aufgeteilt. Die eine, mit *A. spartii* (KOCH) bezeichnet, ist grün und lebt anscheinend nur an Sarothamnus scoparius. An dieser Pflanze fand ich auch eine Fundatrix. Die Besenginsterlaus ist jedoch nicht die einzige hinsichtlich der Futterpflanzen charakterisierte Form innerhalb dieses Formenkreises. Hierauf hat schon HILLE RIS LAMBERS (1947, 1955) hingewiesen, der *spartii* KOCH, da brauchbare morphologische Unterscheidungsmerkmale fehlen, als Synonym zu *pisum* HARRIS stellt. Nach HILLE RIS LAMBERS haben auch Ononis und Lotus uliginosus ihre eigenen *A. pisum*-Rassen. Für Ononis kann ich dieses mit meinen eigenen Übertragungsversuchen bestätigen. Damit ist die Zahl der Formen noch keineswegs restlos erfaßt. Auf Pisum sativum findet man nur grüne Tiere, auf Klee und Luzerne dagegen grüne und rote. Ich übertrug grüne und rote Läuse von Trifolium pratense auf Pisum sativum. Die roten Tiere wanderten sofort ab und verhungerten, während die grünen sich stark vermehrten. Es sei noch vermerkt, daß in Nordamerika und Ostafrika die Subspecies *destructor* JOHNSON vorkommt, deren Männchen geflügelt sind. Aus Europa waren bisher von *A. pisum* nur ungeflügelte Männchen bekannt. 1956 erhielt ich von Herrn Dipl.-Landw. NEITZEL,

Institut für Pflanzenzüchtung Großlüsewitz bei Rostock, einen aus dem Gebiet von Rostock stammenden *A. pisum*-Stamm, in dem nur geflügelte Männchen auftraten. Die Läuse dieses Stammes sind gelblichgrün und besiedelten in Übertragungsversuchen einige Pflanzenarten wie die grüne Form von Pisum sativum.

Ich möchte mich auf diese wenigen Beispiele beschränken. Mit Absicht sind solche Blattläuse herangezogen worden, die heute als Direktschädlinge oder Virusüberträger größte Beachtung finden. Innerhalb der erwähnten 4 Formenkreise sind die einzelnen Formen nur in den Wirtspflanzen verschieden. Brauchbare morphologische Unterschiede, die ihre Erkennung in allen Generationen ohne Kenntnis der Wirtspflanzen und des Zyklus zulassen, sind nicht vorhanden. An lebenden *Acyrthosiphon pelargonii* s. l. oder *A. pisum* kann die Grundfärbung die Erkennung erleichtern. Aber wenn z. B. mit Blattlausfallen erbeutete und konservierte Geflügelte von *A. pisum* untersucht werden, dann läßt sich nicht sagen, wie viele Tiere zu der schädlichen Erbsenlaus und wie viele zu „belanglosen" Formen gehören. Eine Aufgliederung in Arten erscheint in solchen Fällen ungeeignet, und zwar auch dann, wenn die morphologisch nicht sicher unterscheidbaren Formen, die lediglich im Wirtsspektrum verschieden sind, nicht bastardierbar sind. Leider sind derartige Bastardierungsversuche kaum durchgeführt worden. Es sind bisher nur die Versuche von BÖRNER (1952) bekannt geworden, der die schwarzen Läuse der Süß- und Sauerkirsche miteinander gekreuzt hat. Diese Kreuzung war auffallenderweise durchführbar und hat eine Intermediärform geliefert. Durch das Prinzip der Artentrennung nach den Futterpflanzen müßte, wie an den angeführten Beispielen gezeigt wurde, die Zahl der Artnamen eine noch mehr verwirrende Zunahme erfahren. Die Versuchsansteller würden mit einer Menge von Artnamen belastet, die sie vielfach nicht benutzen können. Es bleibt deshalb nichts anderes übrig, als die Artentrennung bei den Blattläusen in erster Linie nach morphologischen Gesichtspunkten durchzuführen, so daß eine Erkennung, d. h. sichere Bestimmung ermöglicht wird. Dieses Verfahren hat einen erwünschten praktischen Vorteil. Mit ihm kann aber leicht eine scheinbare biologische Uniformität vorgetäuscht werden. Damit besteht die Gefahr, daß Untersuchungen über die Epidemiologie derjenigen Arten, die schädliche und belanglose Formen enthalten, leicht zu falschen Schlußfolgerungen führen können. Es wird sich als notwendig erweisen, in der Aphidologie künftig mehr von der Aufgliederung in Subspecies Gebrauch zu machen und dabei den Zucht- und Übertragungsversuchen eine gebührende Rolle einzuräumen.

Literatur:

BÖRNER, C. (1939): Anfälligkeit, Resistenz und Immunität der Reben gegen Reblaus. Allgemeine Gesichtspunkte zur Frage der Spezialisierung von Parasiten: die harmonische Beschränkung des Lebensraumes. Z. hyg. Zool. Schädlingsbek. *31*, 274—285, 301—308, 325—334.

BÖRNER, C. (1952): Europae centralis Aphides. Mitt. Thür. Bot. Ges., Beih. 3, Weimar.

BUHR, H. (1952): Betrachtungen über die Wirtskreise von Parasiten. Ber. Deutsch. Bot. Ges. *65*, 419—426.

HERING, E. M. (1950): Monophagie und Xenophobie. Die Nahrungswahl phytophager Insekten und die geographische Herkunft ihrer Wirtspflanzen. Naturwissenschaften *37*, 531—536.

HERING, E. M. (1955): Die Nahrungswahl phytophager Insekten. Verh. Deutsch. Ges. Angew. Entom. 13. Mitgliedervers., Berlin, 29—38.

HILLE RIS LAMBERS, D. (1947): Contributions to a monograph of the Aphididae of Europe, III. Temminckia *7*, 179—319.

HILLE RIS LAMBERS, D. (1950): Hostplants and aphid classification .Trans. 8th Int. Congr. Entom., Stockholm, 4 pp. (Sonderdruck).

HILLE RIS LAMBERS, D. (1955): Hemiptera 2. Aphididae. The Zoology of Iceland, Vol. 3, Part 52a. Copenhagen and Reykjavik.

MORDVILKO, A. (1934): On the evolution of Aphids. Arch. Naturgesch., N. F., *3*, 1—60.

Zur Bedeutung der Biozönotik für die Kultur der Gegenwart

Von K. FRIEDERICHS

Meine Damen und Herren!

In jedem Fach gibt es allgemeine Fragen, die in der Forschungspraxis im allgemeinen nicht gestellt werden, die aber bei besonderen Anlässen, wie diese Jubelfeier eine ist, am Platze sind. Entomologen einer längst vergangenen Zeit haben nicht selten betont, daß die Entomologie wie die Floristik eine ars amabilis sei, so etwa WILLIAM KIRBY in seiner „Introduction to Entomology" und noch früher RÖSEL VON ROSENHOF. Heute spricht man nicht soviel davon, aber jeder Entomologe ist sich klar darüber, daß außer dem Streben nach Erkenntnis und deren praktischer Anwendung der entomologischen Arbeit ein anderes Anliegen zugrunde liegt: ein emotionelles Verhältnis zum Untersuchungsgegenstand; man arbeitet über Insekten, weil sie Insekten sind und man ihr Studium dem aller anderen Tiere vorzieht. Dieses Gefühl ist ein mächtiger Motor in der Psychologie des entomologischen Arbeitsprozesses, aber nicht nur das, wenn GOETHEs Wort wahr ist: „Man erkennt nur das, was man liebt".

So gibt es in jeder Wissenschaft Anliegen, deren man sich nicht dauernd bewußt ist. Und von einer Wissenschaft können Wirkungen ausgehen, deren man sich ebenfalls nicht dauernd oder überhaupt nicht bewußt ist. Jedermann weiß, daß die Biozönologie, die Ökologie überhaupt, die wichtigste Grundlage zahlreicher Zweige der angewandten Biologie ist, damit größte Bedeutung für die Wirtschaft und Gesundheitspflege hat. Darüber hinaus aber kann sie eine Bedeutung haben für etwas, von dem man das nicht annimmt:

Zwei Damen lernen einander in Bad Gastein kennen und sprechen von dem Beruf ihres Gatten. Die eine sagt: Mein Mann ist Ökologe und erklärt, was das ist. Die andere sagt: Der meinige arbeitet ganz ähnlich. Er ist Importeur von Lebensmitteln. Nicht nur aus der Wirtschaftslage, sondern auch aus der Wetterlage, den Schäden durch Insekten usw. schließt er auf die zu erwartenden Ernten und damit auf die künftige Preisgestaltung. Natürlich kann das nicht jeder Importeur, sondern es handelt sich um einen, auf den die ganze Branche angewiesen ist. Das Verfahren ist offenbar ein ähnliches wie bei der Prognose eines Schädlingsauftretens. Übrigens ist das nichts anderes als ein Denken in größten Zusammenhängen, die auch im Handel in dem genannten Fall großenteils solche der Natur sind, wie in der Ökologie ausschließlich, und zwar um ein Denken, in dem Intuition eine bedeutende Rolle spielt. Diese Art von Intuition aber ist wesentlich Kombinationsgabe.

Jedoch handelt es sich bei dem allem um zivilisatorische Anliegen, nicht um kulturelle, wenn wir Kultur von Zivilisation begrifflich unterscheiden. Kultur betrifft Formen des Lebens, Gestaltungen der nächsten Umwelt und das Verhältnis zum Nebenmenschen, dies alles soweit es über die einfache Befriedigung der notwendigen Lebensbedürfnisse hinaus geistig bestimmt ist, vor allem Kunst, Kultus und Sitten. Kultur kann mit der Natur des Landes in Harmonie sein; sie kann sich auch weit davon entfernen, befindet sich dann aber in einer Endphase. FROBENIUS verglich kulturelle Abläufe mit dem Lebenslauf eines Organismus. Da die Kultur heute stark intellektuell bestimmt ist, so können Vorstellungen, die man von der Natur hat, die Kultur weitgehend beeinflussen. „Kultur" kann auch hiernach ein positives oder ein negatives Vorzeichen haben. Dabei zeigt sich, daß die kulturellen und die praktischen Folgen des Verhältnisses zur Natur unlöslich miteinander verbunden sind. Denn dieses Verhältnis bestimmt die einen wie die anderen, praktisch z. B. das Maß der Entwaldung und Entwässerung.

Hier muß ich einen erkenntnistheoretischen Exkurs einfügen. Die richtige Beurteilung jedes Sachverhaltes hängt nicht allein vom Grad der Intelligenz, sondern von der dem Menschen angeborenen Beobachtungs- und Auffassungsordnung ab, die den einen, ob er es weiß oder nicht, zum Demokritianer, den anderen zum Aristoteliker oder Platoniker stempelt. Die erstere Form ist auch die des nächstliegenden Wirtschaftsdenkens, das nur den zu nutzenden Gegenstand oder das Gebiet, allenfalls in seinem nächsten Zusammenhang, beachtet und berücksichtigt. Anderes Denken sieht größere und größte Zusammenhänge, wie die Biozönologie, ja sie ist geradezu der Prototyp dieser der Wirklichkeit der Natur allein gerecht werdenden und damit allein auf die Dauer Segen bringenden Denkart. Die Biozönologie lehrt uns Leben und Umwelt als einen großen Zusammenhang sehen, letzthin die ganze Natur als Kosmos, als eine durchgreifende, wiewohl mit vielerlei Sinnlosigkeiten und Zufälligkeiten gepaarte hohe Ordnung. Eben darum kann sie eine Grundlage so vieler praktischer Disziplinen sein.

Sie ist auch Grundlage des Naturschutzes, wie er in unserer Zeit der immer größeren Unterwerfung der Natur zu einer ethischen, damit zu einer kulturellen, aber auch praktischen Aufgabe geworden ist. „Höchste Kultur umschließt zugleich höchste Verantwortlichkeit für die Erhaltung der Natur und aller ihrer Schöpfungen", sagte SCHÖNICHEN einmal, und ich füge hinzu: „durch ein Kompromiß, das neben der notwendigen Indienststellung und damit Umwandlung und örtlichen Vernichtung der Natur ihr ein begrenztes Eigenleben läßt, und dies im eigensten Interesse des Menschen, aber auch aus Ehrfurcht vor dem Leben".

Ein anderes Zitat und zwar von THIENEMANN: „Unsere geistige Haltung darf sich nicht erschöpfen in der Erkenntnis der Naturgesetze als der Grundlage unserer materiellen Kultur. Sie muß sich emporringen zu einer Naturanschauung, wie sie Goethe beseelte, der in der lebenden Natur und in jedem ihrer Teile stets das Ganze sah, die große Harmonie bei allen disharmonischen Einzelerscheinungen, dem sie ein wohlgeordnetes Ganzes, ein Kosmos war".

Dabei konnte diese Schau zu GOETHES Zeit nur unvollkommen begründet werden und war hundert Jahre nachher praktisch vergessen. Während dieser

Zeit aber hatte das Einzelwissen gewaltig zugenommen und eine Fülle von Material geliefert, das jene Idee begründen konnte. Ihr Wiedererwachen wurde durch die aufkommende Biozönologie vorbereitet, denn die Kosmos-Idee ist letzte Folgerung aus der Biozönologie: so wie jeder Biotop mit seiner Lebensgemeinschaft ein dynamisches System durch Korrelation bildet, so auch das Leben insgesamt mit seiner Umwelt. Formuliert wurde dieser allgemeine Zusammenhang von THIENEMANN und meinerseits. Es scheint, daß er nicht von allen erkannt wird. Manchem mag die Natur auch heute noch als sinnloser Kreislauf erscheinen wie vor dieser These. Oder man tut wenigstens so, etwa wenn ein Pflanzenökologe mir erklärte: „Wenn ich alle Bedingungen für das Vorkommen einer Pflanze an ihrem Standort erkannt habe, so ist für mich die ökologische Aufgabe gelöst". Die Biozönologie der Pflanzen, meist Pflanzensoziologie genannt, wird dann nur als Ordnungslehre anerkannt. Natürlich ist dabei das System des Zusammenlebens der Pflanzen, dessen Kenntnis neuerdings fortgesetzt durch die Antibiose bereichert wird, höchstens autökologisch berücksichtigt, nicht als ein System der gesamten Pflanzengemeinschaft, und dasselbe gilt vom Zusammenleben der Tiere. Solche Auffassung neigt dazu, die Biozönologie der Biogeographie zuzuschieben, die natürlich z. B. für dergleichen wie das Zusammenleben von Wirt und Parasit in keiner Weise zuständig ist; physiologisch allein aber ist es auch nicht zu verstehen, sondern eben nur synökologisch, d. h. biozönotisch.

Dieser Gegensatz der Gesichtspunkte – Analyse und Synthese – ist kein anderer als der vorhin erwähnte zwischen den alten griechischen Philosophen. Er ist ein Motor des wissenschaftlichen Fortschrittes, wenn die komplementäre Natur der beiden Denkweisen erkannt wird. THIENEMANN: „Endziel der naturwissenschaftlichen Forschung scheint mir zu sein nicht ... die Aufdeckung von Gesetzeszusammenhängen, sondern nach Analyse des Einzelnen die Welt als Ordnung und Ganzheit, als Kosmos zu schauen". Das meine ich auch: Dies muß das A und das O sein. Zwar handelt es sich im Grunde um einen Kreislauf: Die Synthese stellt der Analyse neue Aufgaben, und so bedingt eins das andere. Aber „Das Wahre ist das Ganze", sagte HEGEL und damit jedenfalls hat er recht. Dieser Wahrheit entspricht der heutige Stand der Biologie nur sehr schwach. Die Synthese tritt ganz zurück hinter der Analyse. Das muß sie freilich insofern immer, als sie erst auf die Analyse zu folgen hat, aber ich meine mit dem Zurücktreten, daß die herrschende Ideologie von der Analyse her bestimmt wird. Die Analyse, als Methode so fruchtbar, selbstverständlich und unentbehrlich für den Fortschritt des differenzierten Wissens, ist das alles in direkter Anwendung für die Ideologie nicht. Man vergißt oft, daß aus der Kenntnis von Gesetzmäßigkeiten, also Abstraktionen, das konkrete Ganze nicht direkt wieder aufgebaut werden kann, sondern daß vorher der in der Analyse methodisch aufgehobene Zusammenhang des Ganzen wiederhergestellt werden muß, z. B. in der Physiologie die Konfiguration der Organe und der seelische Anteil an der Organisation, den die analytische Untersuchung aufhob.

Die Biozönologie ist eine echte Synthese, wenn man sie als die Lehre von den überindividuellen Gefügen (Systemen) oder, mit HESSE und DOFLEIN, von den Lebewesen als Gliedern des Naturganzen auffaßt. Diese Definition gilt aber für die gesamte Ökologie, denn schon das Individuum bildet mit seiner Umwelt zusammen ein überindividuelles Gefüge. Die Hinwendung zum konkreten Ganzen der Natur ist ebenso wie die Analyse eine Methode, aber sie gibt die Wirklichkeit, die eben das Ganze ist, wieder, und diese Methode ist auf dem Wege über die Biozönologie erstarkt, und das ist deren größte wissenschaftliche Bedeutung. THIENEMANN sagte dazu (1950) mit Bezug auf seinen speziellen Untersuchungsgegenstand, die Limnologie:

„In der bewußten Betonung der Synthese ... und in der Hervorhebung der ganzheitlichen Züge im Naturgeschehen, aus denen auch das Einzelne erst verständlich wird, sehe ich das Wesen der Wissenschaft von den Binnengewässern, so wie wir sie heute fassen."

Das gilt natürlich von der gesamten Ökologie in der Form der Bioökologie, wie amerikanische Autoren sie genannt haben als eine ungeteilte Ökologie der gesamten Lebensgemeinschaft von Tieren und Pflanzen und ihrer Umwelt als Holocön oder Cön.[1]) „Solche Betrachtungsweise des Naturganzen ist berufen, eine immer größere Rolle in der allmählichen Überwindung der geistigen und kulturellen Krise der Gegenwart zu spielen".

Damit bin ich zum Kern meiner Ausführungen gekommen. Sie sind, wie man sieht, öfters gesagt worden, auch von mir, aber sie müssen von Zeit zu Zeit wiederholt werden, denn man vergißt heute schnell, und bei den Jungen kann man die Kenntnis dessen, was in der Wissenschaft zwei bis drei Jahrzehnte zurückliegt, keineswegs ohne weiteres voraussetzen. Der Kern aber ist: Die Sicht der Natur als Kosmos schafft in dem Chaos der Meinungen, der Relativität aller Urteile, dem Kampf sozusagen aller gegen alle, einen festen Halt und ein Regulativ, das ebenso, wie es in praktischen Dingen sich so brauchbar und notwendig erwiesen hat, dies auch in kultureller Hinsicht vermag, denn aus dieser unschwer einzusehenden Grundauffassung heraus können viele andere allgemeine Fragen mit logischer Konsequenz entschieden werden. Damit scheint mir zur Zeit das einzig mögliche Mittel gegeben zu sein, die Biologie als Einheit wieder zusammenzufassen; der Verlust dieser Einheit, nach einem berühmt gewordenen Wort als „Verlust der Mitte" bezeichnet, wurde in einer Versammlung der Deutschen Zoologischen Gesellschaft vom Vorsitzenden festgestellt und beklagt. Daß in der Bioökologie diese Mitte liegt, wenn man außerdem deren ganzheitliche Methode auch auf das Ganze des Individuums anwendet, auf seine ins Seelische transzendierende Gesamtordnung, trat dabei nur erst in das Bewußtsein Einzelner ein.

Die Folge einer ungestalteten Naturanschaunug jedoch, die keinen Sinnzusammenhang der Gesamtnatur kennt, ist die Vorstellung vom „sinnlosen Kreislauf der Natur" (eine Vorstellung, die schon durch die Geschichte der Natur, die Höherentwicklung des Lebens im Laufe der Erdgeschichte, widerlegt wird), wogegen heute nach der „Entwertung aller Werte" Sinn und Wert vom Ganzen der Wirklichkeit her ihre Neuprägung zu erhalten beginnen, und diese Begriffe auch

[1]) Der statt dessen oft gebrauchte Ausdruck „Ökosystem" (nach TANSLEY) ist unlogisch, da auch das Individuum mit seiner Umwelt schon ein Ökosystem bildet.

in der Naturwissenschaft wieder einen bisher allerdings nur sehr schmalen Platz finden.

Wie der Zeitgeist von heute das Bild äußerster Spaltung und Zerrissenheit darbietet, so ist auch die Wissenschaft ohne Einheit und durchgreifenden Zusammenhang, und die innere Not und äußere Gefährdung des Menschen von heute hat ihren tiefsten Grund darin, daß er, wenn nicht im Glauben gefestigt und selbst dann gestört und bedrängt von außen her, der „Mensch ohne Zusammenhang" ist, wie der Schweizer Literat Max PICARD es ausdrückt und wie auch ich ähnliches vorher in anderer Ausdrucksweise in dem Buch „Ökologie als Wissenschaft von der Natur" es äußerte, das heute in dieser Hinsicht noch nicht veraltet ist. Der Zustand des Menschen „ohne Zusammenhang" ist auch ein solcher „außer Zusammenhang", er kann auch als Disharmonie innen und nach außen hin bezeichnet werden. Der Mensch ist auf sich selbst gestellt ohne den oft verlorenen metaphysischen Zusammenhang und auch aus seinem natürlichen Zusammenhang mehr oder weniger losgelöst durch Überschätzung der ohne Grenzen gedachten Vernunft.

Innerhalb ihrer Grenzen aber kann die Vernunft wesentlich dazu beitragen, aus dieser Lage herauszuführen, und zwar indem wir in der Gesamtnatur, trotz aller Disharmonien im Einzelnen, im Ganzen ein harmonisches System erblicken und dadurch zu einer geschlossenen Naturanschauung gelangen, die auch die Weltanschauung weitgehend bestimmen kann. Der Erkenntnisweg dazu ist die richtig verstandene Biozönotik. Das Denken vom Ganzen her, im größten Zusammenhang, befähigt, alles, aber auch alles, anders und gesunder anzusehen als der Fall ist, wenn nur nächste, unmittelbar greifbare Ursachen und Wirkungen in Betracht gezogen werden. Wir haben gesehen, daß die Einheit der Natur, ihr Systemcharakter logisch begründet werden kann. Außerdem aber kann diese Einheit erlebt werden, z. B. in einer harmonischen Landschaft, die im günstigen Fall durchaus auch eine vom Menschen geformte sein kann.

Das System der Natur, das die Biozönotik untersucht, ist kein bloßes Denkprodukt, sondern eine Realität. Denn, sagte der Philosoph BOUTROUX: „le moindre changement des lois de la nature bouleverserait l'univers." Darin zeigt sich die reale Einheit. Leiten wir doch die Gesetze der Natur aus dem Zustand der Natur und ihren Veränderungen als deren sinnhaften Zusammenhang ab, so daß also das System der Naturgesetze den Kosmos als System voraussetzt. Und was vom Ganzen der Natur gilt, gilt ebenso vom Lebensgemeinschaft-Umwelt-System jedes einzelnen Cöns, etwa eines Waldes oder eines Sees. Die Einheit sehen wir nicht hinein, sondern sie besteht. Man denke z. B. daran, wie eine Succession das ganze Cön im Zusammenhang ergreift und umwandelt.

Wir befinden uns in einer Periode des Überganges, einer gewaltigeren Veränderung als sie je vorher stattfand, da sie alle Völker erfaßt. In verhältnismäßig ruhigen Perioden leben die Völker, wie ORTEGA Y GASSET sagte, in bestimmten Ideologien „gefangen und geborgen", in einer Konvention, an der nicht oder wenig gerüttelt wird, bis eine Krise eintritt, die das Bisherige fraglich macht und früher oder später zu einer neuen Konvention führt. Vorher hat beim Übergang immer größte geistige Verwirrung geherrscht, so um die Zeitwende bei Christi Geburt, so zur Zeit der Renaissance, so heute. Tritt das Rettende Neue ein oder bereitet es sich vor, so sind es zum Teil alte Ideen in neuer Form, so auch die vom Naturganzen, schon ARISTOTELES und GOETHE bekannt, die heute wieder an der Reihe ist, ein Fundament zu bilden, an dem sich vieles Unklare und Streitige ausrichten könnte und an dem die Biozönologie einen so großen Anteil hat. Ich wiederhole den Hinweis, daß wie diese Ideologie als eine Grundlage für praktische Fragen in der Form der angewandten Disziplinen der Biologie längst ihre Feuerprobe bestanden hat und sich als etwas von fundamentaler Bedeutung erwiesen hat, sie nur darauf wartet, auch im Geistesleben als für dieses ebenso wertvoll anerkannt zu werden. Die Behandlung dieser allgemeinen Frage an dieser Stelle war naheliegend bei der großen Rolle, die die Insekten in der Biozönologie spielen.

Ich könnte noch ausführen, wie andere Wissensgebiete durch die Biozönologie befruchtet werden, indem sie ihre Methode derjenigen der Biozönologie analogisieren, aber auch durch Übernahme von Resultaten. Ein Beispiel für Analogie der Methode sei angeführt. Manche Zellforscher neigen dazu, das Beieinander der Zellbestandteile bis zu den kleinsten herab ökologisch zu verstehen, also wie eine Biozönose. Das bedarf freilich einer Maßgabe. Die Biozönose ist lediglich ein System durch Wirkung und Gegenwirkung lebender Wesen und völlig analysierbar. Der Protoplast einer Zelle dagegen ist eine Konfiguration einzeln nicht lebender Bestandteile, aus der zufolge des Gestaltcharakters dieser Konfiguration das Leben entspringt, ohne völlig analysierbar zu sein.

Meine Damen und Herren, da ich es kurz gemacht habe, so hoffe ich, Sie mit diesen theoretischen Ausführungen als einer Einleitung zu den dann folgenden Vorträgen nicht ermüdet zu haben. Mir scheint, es ist eine große Genugtuung für den biozönotisch Arbeitenden zu wissen, daß er seine Tätigkeit nicht nur nach dem Grundsatz l'art pour l'art, die Kunst für die Kunst, auch nicht nur zugunsten praktischer Tätigkeiten betreibt, sondern auch ohne es direkt zu wollen, bewußt oder unbewußt, zum Fluß der allgemeinen Geistesgeschichte nicht nur additiv beiträgt, vielmehr in sinnvoller Verbindung mit ihr als ein wesentlicher Faktor, dessen diesbezügliche und praktische Bedeutung in anderen Ländern, besonders in den USA bereits viel mehr gewürdigt wird als bei uns.

Über Biocönosetypen, Populationstypen und Gradocöntypen

Ein Beitrag zur biocönologischen Fundierung der Massenwechsel-Erforschung der Insekten

Von W. SCHWENKE

Mit 1 Abbildung im Text

Die Grundlage meiner folgenden Erörterungen über den Massenwechsel der Insekten bilden die Biocönosen, jene kleinsten Landschaftseinheiten, die schon seit Jahrhunderten als „Kiefernwald“, „Erlenbruch“, „Flachmoor“ usw. physiognomisch gegeneinander abgegrenzt werden und — wie die Steine eines Mosaiks — die belebte Erdoberfläche zusammensetzen.

Zwischen diesen kleinsten Landschafteigenschaften, den Biocönosen, und dem Massenwechsel (der Populationsdynamik) der Organismenarten, besteht insofern der engste Zusammenhang, als der Massenwechsel jeder Organismenart einen Teil der dynamischen Struktur der betreffenden Biocönose bildet, und die Massenwechsel-Vorgänge aller zu einer Biocönose gehörenden Arten zusammen die dynamische Gesamtstruktur der Biocönose ergeben.

Die Erkenntnis des Zusammenhanges zwischen Biocönose und Massenwechsel wurde schon bald nach dem Aufkommen der Biocönologie gewonnen. In der Forstentomologie, in der sie am stärksten Fuß faßte, resultiert daraus z. B. das sogenannte „Mischwald-Problem“, welchem die Erfahrung zugrunde liegt, daß das Artgleichgewicht von Forstschädlingen in Mischwäldern stabiler ist als in Einarten-Wäldern.

Um die Vertiefung unserer Erkenntnisse über den Zusammenhang zwischen Biocönose und Massenwechsel haben sich vor allem FRIEDRICHS und SCHWERTDFEGER verdient gemacht. Trotz ihrer wertvollen Arbeiten befinden wir uns aber auf diesem ebenso umfangreichen wie schwierigen Gebiete immer noch am Anfang. Vor allem fehlen praktische Untersuchungen, die bewußt zur Überprüfung und Weiterentwicklung des theoretischen Gebäudes angestellt wurden. Die ersten Untersuchungen dieser Art wurden von FRIEDERICHS und Schülern (1941, 1942) sowie von ENGEL (1942) auf der Grundlage eines Vergleiches von Biocönose-Typen hinsichtlich des Massenwechsels ein- und derselben Insektenart durchgeführt. Seit 1950 bemühe ich mich um die Fortsetzung dieser hoffnungsvollen Ansätze in praktischer und theoretischer Hinsicht.

Mit meinen heutigen Ausführungen möchte ich einen weiteren Beitrag zu diesem Thema leisten und einige wesentliche Fragen im Zusammenhang von Biocönosen und Massenwechsel der Insekten erörtern. Beginnen möchte ich mit einer Gegenüberstellung der Probleme Individuum/Umwelt und Population/Umwelt, um damit das Wesen der populationsdynamischen Forschung zu kennzeichnen; und zwar möchte ich dies tun an Hand einer kurzen Auseinandersetzung mit der 1954 in der Deutschen Entomologischen Zeitschrift veröffentlichten Arbeit von F. Peus: „Auflösung der Begriffe 'Biotop' und 'Biozönose'". In dieser Arbeit wird die Existenz von Biocönosen bestritten, die Biocönologie als gegenstandslos erklärt und der Populationsdynamik ein m. E. unbefriedigender Platz zugewiesen.

Ich möchte betonen, daß es mir im Rahmen dieses Vortrages nicht um eine Auseinandersetzung mit Peus als solche geht, sondern daß vielmehr die genannte, sehr geistreiche, Arbeit, die zahlreiche neue, glänzend formulierte und meine volle Zustimmung findende, Gesichtspunkte enthält, mir die willkommene Gelegenheit bot, meine in den vergangenen Jahren vorgetragene Auffassung vom Verhältnis zwischen Individuum und Population sowie zwischen Ökologie und Biocönologie an Hand neuer Aspekte zu überprüfen und dabei zugleich die im Rahmen meines heutigen Themas notwendige Darstellung dieses Verhältnisses vorzunehmen.

Den Kernpunkt der von Peus vertretenen Auffassung bildet die Forderung nach Schaffung einer Ökologie, die — wie der Autor sagt — „ganz allein in der Schau auf das Tier betrieben" wird und die frei ist — wie es an anderer Stelle heißt — „von anthropozentrischem und anthropogenem Beiwerk". Dieses Beiwerk wird in allen indirekt auf das Tier einwirkenden Faktoren erblickt, Faktoren, welche dadurch, daß sie nicht direkt (d. h. nicht erstgradig) auf das Tier einwirken, auch nicht zur „ökologischen Umwelt" des Tieres, die seiner „Merkwelt" entspricht, gehören. Die indirekten Wirkungen seien zwar vorhanden, jedoch der menschlichen Erkenntnis vorbehalten, und damit kein Objekt der Ökologie mehr, sondern der Physiographie und Geographie.

Ein Beispiel hierzu. Eine Kohlweißlingsraupe hungert, weil ihre älteren Artgenossen, die aus früher abgelegten Eigelegen entstammen, bereits alle verfügbare Nahrung weggefressen haben.

Nach Peus Auffassung hat den Ökologen bei dem soeben genannten Zusammenhang nur die Tatsache zu interessieren: die Raupe hungert. Das ist eine direkte, erstgradige Umwelteinwirkung (Umweltfaktor: Nahrungsmangel). Die Frage nach dem 'Warum'?, also der Kausalzusammenhang, der über den Kahlfraß der älteren Artgenossen (als zweitgradige Wirkung auf die hungernde Raupe) zu der zeitlichen Ungleichheit der Eiablage (als drittgradige Wirkung auf die Raupe) verläuft, bildet danach kein Objekt der Ökologie mehr, sondern ein Objekt der Physiographie oder Geographie.

Abgesehen davon, daß — nach meiner Ansicht — die Verfolgung eines Kausalzusammenhangs, der sich auf ein Lebewesen bezieht, stets ein Objekt der Biologie ist, glaube ich einen wesentlichen schwachen Punkt der genannten Auffassung darin zu erkennen, daß diese „Merkwelt-Ökologie", wie sie genannt werden könnte, sich nicht auf diejenige biologische Einheit beschränkt, welche allein imstande ist zu „merken", also auf das Individuum, sondern sich auch auf die Population erstreckt. Das halte ich jedoch für eine unzulässige Ausdehnung, denn — wie die nähere Betrachtung zeigt — fügt sich die Population/Umwelt-Forschung im Gegensatz zur Individuum/Umwelt-Forschung nicht einer Beschränkung auf die direkten Umwelt-Einwirkungen oder mit anderen Worten: *die Populationsdynamik kann nicht ökologisch im Sinne* Peus' *unter Ausschaltung der indirekten — der menschlichen Erkenntnis vorbehaltenen — Zusammenhänge betrieben werden.* Das, was man „Population" nennt, ist ja an sich schon ein der menschlichen Erkenntnis vorbehaltener Zusammenhang. Man sieht die „Population" nicht; vielmehr muß man Individuen von oft völlig verschiedenartiger Gestalt und Lebensweise sowie verschiedenem zeitlichen und örtlichen Vorkommen erst durch — nicht selten eingehende — Untersuchungen als zur Population ein- und derselben Organismenart zugehörig feststellen. Selbst die Angehörigen eines bestimmten Entwicklungsstadiums einer bestimmten Generation einer Insektenart können auf Grund differierender Diapause-Länge in verschiedenen Jahren auftreten und zwar dann gleichzeitig mit Angehörigen des gleichen Stadiums, aber einer oder gar mehrerer anderer (schon folgender) Generationen. Worauf wirkt hier nun ein direkter Umweltfaktor? auf das Individuum? oder auf das betreffende — über mehrere Jahre verteilte — Entwicklungsstadium? oder auf die betreffende — gleichfalls über mehrere Jahre verteilte — Generation? oder etwa auf eine zeitlos betrachtete Gesamt-Population?

Die Antwort auf diese Frage kann m. E. nur lauten: der Faktor wirkt direkt auf ein Individuum und zugleich indirekt auf die Populationsdichte der betreffenden Generationen, das heißt: auf die Zahl der den Abschluß des Generationszyklus bildenden fortpflanzungsbereiten weiblichen Imagines.

Hierin kommt der Unterschied zwischen der ökologischen und der biocönologischen Betrachtungsweise einer Umwelt-Einwirkung zum Ausdruck: in der Ökologie gibt es nur eine, zugleich perzipierende als auch reagierende, Einheit, den individuellen Organismus. Die Reaktion desselben kann sehr mannigfaltig sein, z. B. in einer Ortsveränderung, einer Entwicklungsbeschleunigung, einer Gewichtsabnahme usw. bestehen. In der Biocönologie dagegen ist der Rezeptor ein Individuum, der Reaktor aber die Populationsdichte der betreffenden Generation. Eine vom Individuum rezerpierte direkte Umweltwirkung wird transformiert in eine indirekte Wirkung auf die Populationsdichte, und die Reaktion besteht einzig und allein in einer Erhöhung oder Senkung des Dichte-Wertes. Die ungezählten direkten Einzelwirkungen auf die Individuen der verschiedenen Entwicklungsstadien einer Population haben alle ihre spezifischen indirekten Wirkungen auf die Populationsdichte, die sie im Sinne einer Erhöhung oder Senkung beeinflussen. Die Resultierende all dieser indirekten Wirkungen ist dann die Populationsdichte, und es ist menschlicher Erkenntnis vorbehalten, den indirekten Einfluß, den eine irgendwo im Generations-Zyklus angreifende direkte Einwirkung auf die Dichte hat, zu verfolgen.

Abgesehen von diesem Zusammenhang erscheint es mir aber auch unmöglich, populationsdynamische Untersuchungen auf diejenigen Faktoren zu beschränken, welche auf die Individuen einer Population direkt einwirken. Folgende zwei Beispiele mögen das erläutern.

Als erstes sei angenommen, daß die Populationsdichte einer Insektenart gegenüber derjenigen der vorangegangenen Generation dadurch in die Höhe schnellte, daß die in ihren Larven sonst als Hauptparasit schmarotzende Schlupfwespenart infolge Hyperparasitierung weitgehend ausfiel. Wo ist hier nun eine direkte Umwelt-Einwirkung? Sie fehlt offensichtlich. Die Larven wurden nicht parasitiert. Was aber nicht geschieht, interessiert den Ökologen hier nicht, wohl aber den Biocönologen, der dieses Nicht-Geschehen als Abweichung von der Norm zu erkennen hat. Er stellt fest: die Hyperparasitierung, also zweifellos eine indirekte Wirkung auf die betrachtete Insektenart, wirkte stark mortalitätssenkend (gegenüber dem langjährigen Mittel) auf das Larvenstadium. Diese indirekte Mortalitätssenkung wirkte sich nun — auf abermals indirekte Weise — steigernd auf die Dichte der künftigen weiblichen Imagines aus.

Als zweites Beispiel sei die bekannte Doppelwirkung der Temperatur auf das Ei des Apfelblütenstechers (*Anthonomus pomorum* L.) genannt. Der weibliche Rüsselkäfer legt seine Eier in die Blütenknospen des Apfelbaumes. Bei einer bestimmten Temperatur öffnet sich nun die Blüte eher als die Larve aus dem Ei schlüpft; in diesem Falle fällt das Ei aus der geöffneten Blüte und kommt um. Bei einer bestimmten tieferen Temperatur dagegen gewinnt das Ei den Wettlauf: die Larve schlüpft eher als sich die Blüte öffnet und verhindert nun ihrerseits durch Benagen der Innenseite der Blütenblätter deren Öffnung, wodurch ihre Weiterentwicklung gewährleistet ist.

Die Wirkung der Temperatur auf das Ei ist hier also einmal eine direkte (die Entwicklung beschleunigende bzw. verlangsamende) und als solche ein Gegenstand der Ökologie. Zum anderen ist die Wirkung derselben Temperatur auf das dasselbe Ei eine indirekte (als Mortalitätsfaktor auf das Eistadium wirkende) und als solche ein Gegenstand der Biocönologie. Nur diese indirekte — über den Blütenöffnungs-Mechanismus verlaufende — Temperaturwirkung auf das Ei ist für den Biocönologen und Massenwechsel-Forscher von Interesse, obwohl diese indirekte Wirkung sich hier auf eine — im populationsdynamischen Sinne — direkte Wirkung zurückführen läßt, nämlich auf diejenige, welche letzten Endes den Tod des einzelnen Eies (bzw. der gerade geschlüpften Eilarve) unmittelbar und erstgradig verursachte. Erstgradig wirkte hier wohl der Nahrungsmangel, der die am Boden liegende, frisch geschlüpfte, Eilarve verhungern ließ; zweitgradig wirkte wahrscheinlich der Wind, der das in der Blüte lose liegende Ei zu Boden warf; als drittgradiger Mortalitätsfaktor wirkte die Blütenöffnung, die das Ei dem Windstoß aussetzte und ihrerseits wieder bedingt wurde durch den viertgradig wirkenden Temperatur-Faktor. Nur letzterer interessiert, wie gesagt, in dieser Kausalkette den Biocönologen, der in dieser viertgradigen Wirkung den für die Mortalitätsrate des Eistadiums entscheidenden Faktor erkennt, ja, bei genauerer Betrachtung nicht einmal diesen Faktor an sich, sondern vielmehr die Temperatur/Entwicklungsdauer-Korrelation zwischen der Apfelblüte und dem Rüsselkäfer-Ei.

Damit glaube ich gezeigt zu haben, daß für die populationsdynamische Forschung eine Beschränkung auf die direkt wirkenden Umweltfaktoren nicht möglich ist, daß somit die Forderung nach einer nur die direkten Umwelteinflüsse berücksichtigenden Ökologie einerseits — und die Einbeziehung der Population in diese Ökologie andererseits — zwei sich widersprechende Dinge sind. Ich stimme Peus darin zu, daß *der alleinige Gegenstand der Ökologie die Autökologie* ist, möchte jedoch hinzufügen, daß hierbei *unter „Autökologie" das Problem Indivi-*

duum/ökologische Umwelt zu verstehen ist. Das Problem Population/biocönotische Umwelt ist kein Gegenstand der Autökologie mehr, sondern ein Gegenstand der Biocönologie.

Unter diesem Aspekt fällt auch eine von der Merkwelt des Tieres aus abgeleitete Auffassung, es gäbe keine Biocönosen, dahin. Zur Überzeugung von der Existenz der Biocönosen gelangt man nicht vom Individuum/Umwelt-Problem aus, sondern nur vom Population/Umwelt-Problem. In der Verfolgung der Kausalketten zeichnen sich immer wieder jene Korrelationskomplexe ab, die ich Biocönosen nannte und die deutlich genug ihre Existenz im Landschaftsbild beweisen.

So möchte ich als Ausgangspunkt für meine weiteren Darlegungen zusammenfassen: Die belebte Erdoberfläche bildet ein Mosaik physiognomisch abgrenzbarer kleinster Landschaftseinheiten, der Biocönosen. Der von Generation zu Generation einer Organismenart vor sich gehende Wechsel in der Populationsdichte, der sogenannte Massenwechsel, bildet die Grund-Komponente des komplizierten dynamischen Beziehungsgefüges der Biocönose. *Die zentrale Aufgabe der Biocönologie ist identisch mit der Aufgabe der Massenwechsel-Forschung;* es ist: die Analyse und Synthese dieser dynamischen Struktur mit dem Ziel der Typisierung, also der Auffindung von Gesetzmäßigkeiten.

Daß gerade in der Biocönologie — gegenüber den anderen biologischen Disziplinen — das Auffinden von Gesetzmäßigkeiten bisher nur in sehr geringem Umfang gelang, liegt an der hier besonders großen Kompliziertheit des Objektes. Darin etwa eine Notwendigkeit, im Sinne einer prinzipiellen Unexaktheit der Biocönologie, zu erblicken, liegt kein Anlaß vor. Auch die Biocönologie ist eine statistische Wissenschaft wie jede Naturwissenschaft und birgt als solche die Voraussetzungen für ein objektives, exaktes Arbeiten in sich. Ihre besonderen Schwierigkeiten, die sich aus der Nicht-Reproduzierbarkeit der abiotisch-biotischen Beziehungsabläufe ergeben, lassen sich durch eine besondere *Vertiefung der vergleichenden Untersuchung,* mit der ich mich bereits an anderen Stellen beschäftigte (Schwenke, 1952, 1954 1955), überwinden. Ich unterschied dabei drei Arten des biocönologisch-populationsdynamischen Vergleichs: den Ortsvergleich (der die Population zur selben Zeit in verschiedenen Biocönosetypen untersucht); er ist der wichtigste unter den drei Vergleichs-Methoden — den Zeitvergleich (der die Population am selben Ort zu verschiedenen Zeiten untersucht) und den Artenvergleich (welcher Populationen verschiedener Organismenarten am selben Ort und zur selben Zeit untersucht). Der Wert dieser vergleichenden Untersuchungen besteht darin, örtliche, zeitliche oder artliche Unterschiede in der Populationsdynamik aufzudecken und damit den Ansatzpunkt zu schaffen für eine exakte biocönologische Kausalforschung.

Zu welchen Typisierungen ist man nun bisher innerhalb des Zusammenhanges Biocönose/Massenwechsel gelangt bzw. in welcher Richtung liegen hier die künftigen Möglichkeiten?

Als erstes und grundlegendes Ergebnis einer Typisierung sind die Biocönosetypen selbst zu nennen. Schon der Laie abstrahierte aus physiognomisch gleichen konkreten Einzelbeständen die Typen terrestrischer Biocönosen wie den „Fichtenwald“, das „Erlenbruch“ oder das „Hochmoor“, welche Begriffe ja Abstraktionen, Typen, darstellen. Die wissenschaftlich-vergleichende Untersuchung bestätigte diese Ergebnisse und verfeinerte sie, indem sie z. B. innerhalb des Sammel-Typs „Fichtenwald" eine ganze Reihe von Fichtenwaldtypen unterschied, die sich durch spezifische Kombinationen konstanter und dominanter Pflanzenarten auszeichnen. Ich habe mich bereits an anderer Stelle (SCHWENKE, 1952, 1953a) näher mit dem Problem der Typisierung von Biocönosen befaßt und möchte daher hier nicht näher darauf eingehen.

Aus der Existenz der Biocönosetypen ist als nächstes nun notwendig die Existenz von Populationstypen für alle diejenigen Organismenarten zu folgern, die nicht in ihrem Vorkommen an einen bestimmten Biocönosetyp gebunden sind; und das dürften zweifellos die meisten, wenn nicht alle, Organismenarten sein. Unter „Populationstyp" ist hierbei die Gruppierung von Populationen gleicher genetischer Struktur und damit gleichartiger Reaktionsnorm gegenüber den Umweltfaktoren zu verstehen.

Zugrunde liegt dieser Folgerung die Überlegung, die zugleich schon eine Erfahrung ist, daß eine in mehreren Biocönosetypen vorkommende Organismenart in jedem dieser Typen verschiedenartigen Umweltwirkungen ausgesetzt ist. Es kann nicht angenommen werden, daß dies ohne Einfluß auf die genetische Struktur der Population bleibt. Ich möchte vermuten, daß in vielen Fällen, wo man „Biotypen" oder „ökologische Rassen" einer Organismenart unterschied, derartige biocönotische Unterschiede zugrunde liegen.

Die zeit- und orts-ungebunden betrachtete Gesamtpopulation einer Organismenart setzt sich danach zusammen aus vielen zeit- und ortsgebundenen, d. h. an biocönotische Einheiten gebundenen, Teil-Populationen.

So umfaßt z. B. ein Flechten-Kiefernwaldbestand eine Teil-Population des Kiefernspanners, *Bupalus piniarius L.* In gleicher Weise, wie nun alle gleichartigen Flechten-Kiefernwaldbestände zusammen den Flechten-Kiefernwald-Typ bilden, bilden auch alle gleichartigen Flechten-Kiefernwald-Teilpopulationen des Kiefernspanners einen — diesem Waldtyp entsprechenden — Populationstyp, der wieder zusammen mit den Populationstypen des Heidekraut-Kiefernwaldes, des Himbeer-Kiefernwaldes usw. die zeit- und orts-ungebunden betrachtete Gesamtpopulation von *Bupalus piniarius* ergibt.

Dieses Gebiet der biocönologischen Fundierung der Population, auf das ich bereits an anderer Stelle (SCHWENKE, 1953b) aufmerksam machte, bildet ein neues und weites Untersuchungsfeld. Auf dem soeben vergangenen 10. Internationalen Entomolgen-Kongreß in Montreal wies auch GILIAROW, UdSSR, in einem Diskussionsbeitrag zu einem populationsdynamischen Referat, auf die Notwendigkeit einer derartigen biocönologischen Fassung des Populationsbegriffes hin.

Für die Massenwechsel-Forschung haben die Populationstypen hinsichtlich der Unterscheidung genetisch bedingter, sogenannter endogener, Massenwechsel-Faktoren Bedeutung.

Die Biocönosetypen führen, wie soeben schon angedeutet, außer zur Typisierung der Populationen zugleich zur Typisierung der Umwelt der Populationen oder, da für diese Umwelt SCHWERDTFEGER (1941) den Namen „Gradocön" prägte, zur Typisierung der Gradocöne (Gradocönosen).

Um über die Typisierungsmöglichkeiten innerhalb der Gradocöne etwas aussagen zu können, muß man sich zuerst über den Inhalt dieses — für die Massenwechsel-Forschung überaus wichtigen — Begriffes im klaren sein. Unter dem Gradocön einer Organismenart ist (nach SCHWERDTFEGER) die Gesamtheit der endogen und exogen, direkt und indirekt wirkenden Faktoren zu verstehen, welche den Massenwechsel dieser Art regeln. Bei näherer Betrachtung zeigt sich, daß man damit den Gradocön-Begriff in zweierlei Fassung sinnvoll anwenden kann. Ein in Abbildung 1 dargestelltes Schema des Massenwechsels einer Insektenart soll das erläutern.

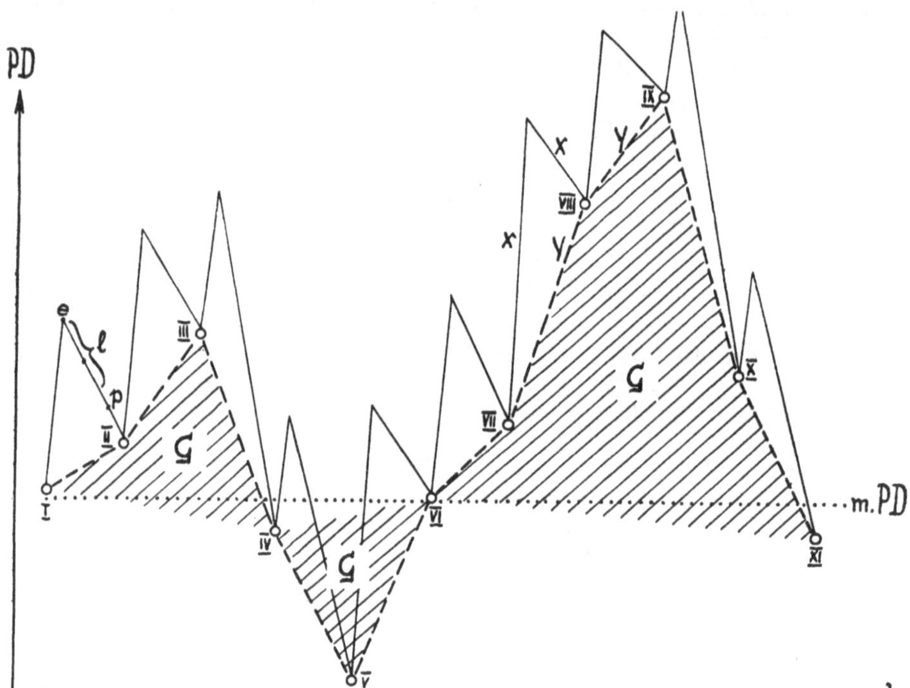

Abb. 1. Schema des intrazyklischen (x) und interzyklischen (y) Massenwechsels einer Insektenart. G = Gradation; PD = Populationsdichte; mPD = mittlere Populationsdichte; t = Zeit; e = Eistadium; l = Larvenstadium; p = Puppenstadium; I—XI = Generation I—XII

Den Ausgangspunkt der in Abbildung 1 enthaltenen Massenwechsel-Kurve bildet die Dichte der weiblichen Imagines einer Generation (d. h. also die Populationsdichte der Generation schlechthin) der betreffenden Insektenart. Infolge der Eiablage der Weibchen schnellt die Individuenzahl auf ihren Maximalwert im Eistadium (e). Von diesem Maximalwert fällt unter der Einwirkung der Umweltwiderstands-Faktoren die Individuenzahl laufend (über die Larvenstadien l und das Puppenstadium p) bis zu ihrem Minimalwert, der bei den weiblichen Imagines der nächsten Generation (Generation II) erreicht wird. Entsprechend geht es weiter in der II., III., IV. usw. Generation.

Es ist somit ein doppelter „Wechsel der Masse“ (der Populationsdichte) erkennbar, einmal innerhalb des Generationszyklus (von den weiblichen Imagines der einen Generation zu den weiblichen Imagines der nächsten Generation); er heißt, nach SCHWERDTFEGER (1941): die intrazyklische Bevölkerungsbewegung, — und zweitens der Wechsel der Masse von Generation zu Generation, der von SCHWERDTFEGER als „eigentlicher Massenwechsel“ bezeichnet wurde. Man kann ihm auch — im Gegensatz zum intrazyklischen — den interzyklischen Massenwechsel nennen.

Das Bild dieses doppelten Massenwechsels läßt aber gleichzeitig erkennen, daß die bewirkenden Faktoren beidemal diesselben sind. Es gibt keine besonderen Faktoren für den intrazyklischen Massenwechsel, welche verschieden wären von den interzyklischen Massenwechselfaktoren. Der interzyklische Massenwechsel ist vielmehr nur die Resultierende aus den intrazyklischen Massenwechsel-Abläufen. Die Resultierende aus den interzyklischen Massenwechsel-Vorgängen wieder ist das mittlere Populationsdichte-Niveau, das sogenannte Artgleichgewicht (in Abb. 1 als Punktlinie angedeutet).

Das interzyklische, im Prinzip unendlich verlaufende, Auf und Ab der Populationsdichte läßt sich — wie die nähere Betrachtung zeigt — in einzelne Massenwechsel-Abschnitte (in Abb. 1 schraffiert) gliedern, wobei ein Abschnitt jeweils den Anstieg bzw. Abfall der Dichte von einem Punkt in der Nähe des mittleren Populationsdichte-Niveaus aus und die anschließende Rückkehr der Dichte wieder hin zu einem Punkt in der Nähe dieses Niveaus umfaßt.

STELLWAAG (1921) bezeichnete die Massenwechsel-Schritte von besonders großer Amplitude als „Übervermehrungen“ oder — weil sie oft schrittweise verlaufen — als „Gradationen“ (von gradus = Schritt). Von diesem Namen wurden später die Termini „Gradocön“ für die Populationsdichte-regelnde Umwelt sowie „Gradologie“ für die Massenwechsellehre schlechthin, abgeleitet. Da nun einerseits diese Bezeichnungen (Gradocön und Gradologie) generell für alle Massenwechsel-Schritte gelten und nicht nur für die sogenannten „Übervermehrungen“ — zum anderen die Grenze zwischen den sogenannten „übernormalen“ und „normalen“ Populationsdichte-Schwankungen rein subjektiver Natur ist und keine wissenschaftliche Notwendigkeit bedeutet und zum dritten schließlich ein generell für alle Massenwechsel-Abschnitte ohne Rücksicht auf die Größe der Amplitude gültiger Fachausdruck fehlt, schlug ich an anderer Stelle vor (SCHWENKE, 1952, 1954), den Terminus Gradation in diesem generellen Sinne zu gebrauchen und künftig dort, wo notwendig, von „kleinen“ und „großen“ oder „unschädlichen“ und „schädlichen“ Gradationen zu sprechen.

Nach all dem kann man also ein *Gradocön des intrazyklischen Massenwechsels* sowie ein *Gradocön der Gradation* (i. m. S.) unterscheiden, wobei das erstere sich zum letzteren verhält wie ein Teil zum Ganzen.

Nach dieser Klarlegung des Wesens des Gradocöns nunmehr zurück zur Frage der Typisierung.

Rein als Ordnungsprinzip, unabhängig von den biocönologischen Belangen, stellte SCHWERDTFEGER (1954) Massenwechseltypen der Insekten auf, indem er einen „latenten“, einen „temporären“ und einen „permanenten“ Typus unterschied.

Beim latenten Typ tritt die Art ständig in niedriger, unauffälliger Dichte auf; beim temporären Typ steigen niedrige Dichte-Werte zu zeitweise sehr hohen an — und beim permanenten Typ kommt die Art dauernd in hoher, auffälliger Dichte vor. Innerhalb des temporären Typs unterschied SCHWERDTFEGER nach der Dauer bzw. Häufigkeit der Gradationen noch einige Untertypen.

Nach meiner Auffassung sind diese Typen nur im wirtschaftlichen Sinne brauchbar, dann, wenn eine bestimmte Schadensgrenze (z. B. Kahlfraß) diesen Begriffen objektiven Rang verleiht. In diesem Sinne spricht man dann von einem latenten Massenwechseltyp bei einer wirtschaftlich indifferenten Insektenart — vom temporären Typ bei einer Schadinsektenart mit zeit- und ortsweise schädlichen Massenvermehrungen — und vom permanenten Typ bei einer als wirtschaftlicher Dauerschädling wirkenden Insektenart. In generellem Sinne können wir diese Typen nicht verwenden, da ohne den Gesichtspunkt des Schadens ihre objektive Unterscheidungsmöglichkeit dahinfällt.

Will man die Populationsdichte, die Gradations-Amplitude und -Länge sowie die Häufigkeit besonders großer Gradationen für eine *generelle gradologische Typisierung* verwenden, so kann man dies — auf der Grundlage einer über möglichst viele Generationen verlaufenden Untersuchung — in folgenden zwei Schritten tun. Man ermittelt zuerst aus den einzelnen Populationsdichte-Werten der untersuchten Generationen die mittleren Dichte. Bei genügend großer Generationszahl kann man den so erhaltenen Mittelwert als angenähertes mittleres Populationsdichte-Niveau der betreffenden Art betrachten. Nunmehr verwendet man diesen Mittelwert zur Errechnung der genannten gradologischen Daten, und zwar derart, daß man jedes Ansteigen bzw. Abfallen der Dichte von diesem Mittelwert aus einschließlich der Rückkehr in die Nähe dieses Mittelwertes als einen Massenwechsel-Abschnitt (eine Gradation) betrachtet. Von den derart abgegrenzten Gradationen ermittelt man sodann

1. die mittlere Gradations-Amplitude mit der mittleren und maximalen Abweichung und
2. die mittlere Dauer einer Gradation (in Generationen) mit der mittleren und maximalen Abweichung.

Damit hätte man eine Grundlage zur objektiven und generellen Typisierung des Massenwechsels der Insekten hinsichtlich der Populationsdichte sowie der Amplitude, Dauer und Häufigkeit der Gradationen.

Legt man derartigen Untersuchungen die Biocönosetypen zugrunde, so wird man zweifellos finden, daß die unterschiedenen Massenwechsel-Typen einer Organismenart und die Biocönosetypen nicht unabhängig voneinander sind.

Die soeben genannte Typisierung auf der Grundlage der Populationsdichte und den aus ihr erkennbaren gradologischen Daten könnte man als eine synthetische Typisierung des Massenwechsels (der Gradocöne) bezeichnen, da ihr die Resultierende aller Massenwechsel-Vorgänge, eben die Populationsdichte, zugrunde liegt.

Ebenso gut denkbar ist aber auch eine **analytische Typisierung**, die irgendeinen vergleichbaren Teil der Massenwechsel-Struktur der Art (und damit der Struktur der Biocönose) zur Typisierung heranzieht, z. B. Relationen zwischen Wirt und Parasiten oder Relationen zwischen verschiedenen ökologischen oder systematischen Gruppen von Parasiten einer Insektenart. Ich möchte in den Tabellen 1 bis 4 einige in den letzten Jahren erzielte Ergebnisse zeigen, welche in dieser Richtung liegen. Es sei zuvor betont, daß es sich bei ihnen nicht um ausgewählte Ergebnisse handelt, sondern um alle, die mir in dieser Hinsicht vorliegen[1]).

Tabelle 1. Parasitierung von *Anarta myrtilli L.*, 1955/56, in drei Biocönosetypen (Kiefernwälder)

Parasiten	Biocönosetyp					
	A (trocken)		B (frisch)		C (feucht)	
	1	2	1	2	1	2
aus Larven						
Banchus volutatorius L.	—	—	3	5	—	—
Microplitis ruricola LYLE	7	7	17	7	—	—
Euplectrus bicolor SWED.	—	—	6; 8	6; 9	6; 4	9
Campylochaeta inepta MG.	—	—	3	1	1	3
Actia tibialis R. D.	—	—	2	2	1	—
aus Puppen						
Labrorychus tenuicornis GRAV.	2	8	4	10	6	—
Wirts-Imagines	3	4	9	8	10	4
Verhältnis $\frac{\text{Parasiten}}{\text{Wirts-Imagines}}$	$\frac{30}{10}$	$\frac{38}{10}$	$\frac{33}{10}$	$\frac{35}{10}$	$\frac{11}{10}$	$\frac{10}{10}$

Tabelle 2 Parasitierung von *Mamestra persicariae* L., 1955, in zwei Biocönosetypen (Gärten)

Parasiten (aus Larven)	Biocönosetyp			
	A (Sand)		B (Schlick)	
	1	2	1	2
Phryxe nemea MG.	18	15	1	2
Enicospilus ramidulus STEPH.	2	3	7	6
Wirts-Imagines	39	40	15	20
Verhältnis $\frac{\text{Parasiten}}{\text{Wirts-Imagines}}$	$\frac{5,1}{10}$	$\frac{4,5}{10}$	$\frac{5,3}{10}$	$\frac{4,0}{10}$
Verhältnis $\frac{\text{Tachiniden}}{\text{Ichneumoniden}}$	$\frac{90}{10}$	$\frac{50}{10}$	$\frac{1,4}{10}$	$\frac{3,3}{10}$

[1]) Nähere Angaben über die diesen Ergebnissen zugrunde liegenden Untersuchungen machte ich in dem von mir auf dem 10. Internationalen Entomologen-Kongreß in Montreal, August 1956, gehaltenen Vortrag: „Local dependence of parasitic insects and its importance for biological control.“

Tabelle 3 Parasitierung von *Evetria resinella* L., 1956, in zwei Biocönosetypen (Kiefernwälder)

Parasiten (aus Puppen)	Biocönosetyp: Flechten-Kiefernwald 1	Flechten-Kiefernwald 2	Beerkraut-Kiefernwald 1	Beerkraut-Kiefernwald 2
Actia crassicornis MG.	4	2	5	3
Glypta incisa GRAV.	26	17	4	7
Wirts-Imagines	68	24	73	52
Verhältnis $\frac{\text{Parasiten}}{\text{Wirts-Imagines}}$	$\frac{4,4}{10}$	$\frac{7,9}{10}$	$\frac{1,2}{10}$	$\frac{1,9}{10}$
Verhältnis $\frac{\text{Tachiniden}}{\text{Ichneumoniden}}$	$\frac{1,5}{10}$	$\frac{1,2}{10}$	$\frac{12,5}{10}$	$\frac{4,3}{10}$

Tabelle 4 Parasitierung von *Acronycta aceris* L., 1953 und 1955, in zwei biocönotischen Standorttypen (Stadtinneres)

Prozentsatz der Parasitierung durch *Compsilura concinnata* MG.	1953		1955		
Einzeln stehende Bäume in Höfen	1,2	2,2	1;2	2,9	3,5
Einige Bäume zusammen in Straßen oder Höfen	5,0	7,5	5,5		
Bäume in Parkanlagen	15,5	24,4	15,4	18,2	20,5

Aus den Tabellen geht hervor, daß zur gleichen Zeit, bei ein- und derselben Wirtsart, in verschiedenen Biocönosetypen die qualitativen und quantitativen, zumindest die quantitativen, Parasitierungsverhältnisse verschieden waren. Selbstverständlich reichen diese ersten Ergebnisse nicht aus, um Massenwechseltypen der betreffenden Wirtsarten danach aufzustellen; doch geben sie die Richtung an. Die in Tabelle 4 enthaltenen Ergebnisse über die Acronycta aceris — Parasitierung zeigen, daß die Parasitierungs-Unterschiede — zumindest zum Teil — zeitlich konstant sind, woraus sich eine Typisierungsmöglichkeit im geannten analytischen Sinne ergibt.

Beide soeben genannten Typisierungen des Gradocöns, die synthetische und die analytische, haben ein Gemeinsames: sie sind ihrem Wesen nach statisch, d. h. sie stehen mit der Aufzählung von Feindarten, der Errechnung von Mengenverhältnissen, der Ermittlung von Gradations-Amplituden usw. außerhalb des Massenwechsel-Geschehens, außerhalb der dynamischen Betrachtung. Sie betreffen die zeitlos betrachtete Struktur der Biocönose.

Ungleich schwieriger, aber wirtschaftlich weit wichtiger, erscheint das Problem einer Typisierung innerhalb der anderen Seite der Massenwechsel-Struktur, der dynamischen Seite. Die dynamische Typisierung des Gradocöns wäre eine

Typisierung populationsdynamischer Abläufe etwa derart, daß man an Hand einer derartigen Typisierung den Gang der Massenvermehrung einer Insektenart in seinen wesentlichen Phasen voraussagen könnte. So weit wir im Augenblick auch von ihrer Verwirklichung entfernt zu sein scheinen, dürfen wir doch — aus den biocönologischen Konzeptionen heraus — mit Sicherheit auf die Möglichkeit auch einer dynamischen Typisierung des Gradocöns schließen, und es ist das große Ziel der Biocönologie, in der Zukunft diese Erwartung zu erfüllen und damit den Kampf gegen die Schadinsekten einen großen Schritt weiterzubringen.

Literatur:

ENGEL, H., (1942): Über die Populationsbewegung des Kiefernspanners (*Bupalus piniarius* L.) in verschiedenen Bestandestypen. — Ztschr. angew. Ent., *29*, 116—163.

FRIEDERICHS, K., SCHAERFFENBERG, B. & STURM, H., (1941): Über die Feinde des Kiefernspanners, mit Berücksichtigung des Mischwaldes. Ztschr. angew. Ent., *27*, 621—641.

FRIEDERICHS, K. & STURM, H., (1942): Kiefernspanner und Bodenfeuchtigkeit. Mit Bemerkungen über die Kieferneule. — Mitt. Forstwirtsch. Forstwiss., 295—324.

SCHWERDTFEGER, F., (1941): Über die Ursachen des Massenwechsels der Insekten. — Ztschr. angew. Ent., *28*, 254—303.

—, (1954): Grundsätzliches zur Populationsdynamik der Tiere, insbesondere der Insekten. — Allg. Forst. u. Jagdzeitg., *125*, 200—209.

SCHWENKE, W., (1952): Untersuchungen zum Massenwechsel der Kiefernspanner *Bupalus piniarius* L. und *Semiothisa liturata* CL. auf vergleichend-biozönotischer Grundlage. I: Über die Abhängigkeit der Populationsdichte der beiden Spannerarten von Waldtyp, Bestandesalter und Bestandesklima im Kieferngebiet zwischen Berlin und Fürstenwalde. — Beitr. Ent., *2*, 1—55.

—, (1953 a): Biozönotik und angewandte Entomologie. — Beitr. Ent., *3*, Sonderheft: 86—162.

—, (1953 b): Beiträge zur Bionomie der Kiefernspanner *Bupalus piniarius* L. und *Semiothisa liturata* CL. auf biozönotischer Grundlage. — Beitr. Ent., *3*, 168—206.

—, (1954): Untersuchungen zum Massenwechsel der Kiefernspanner *Bupalus piniarius* L. und *Semiothisa liturata* CL. auf vergleichend-biozönotischer Grundlage. II: Über die Faktoren, die die Populationsdichteunterschiede der beiden Spannerarten in verschiedenen Kiefernwaldtypen außerhalb einer Massenvermehrung verursachen. — Beitr. Ent., *4*, 388—451.

—, (1955): Zur Grundlegung der vergleichenden Untersuchungsmethode in der Gradologie der Insekten. — Beitr. Ent., *5*, 237—245.

STELLWAAG, F., (1921) Die Schmarotzerwespen (Schlupfwespen) als Parasiten. — Monogr. angew. Ent., Nr. 6.

Studium der Entomocönose des Kartoffelfeldes

Von VÁCLAV SKUHRAVÝ

Mit 3 Abbildungen im Text

Fast in der ganzen Welt wird zur Zeit den zoocönologischen Studien eine große Aufmerksamkeit gewidmet. Es werden gegenseitige Beziehungen zwischen Insektenarten, Gesetzmäßigkeitem der Faunen verschiedener Gegenden, einzelne Insektengruppen vom zoocönologischen Gesichtspunkt, quantitative Sammelmethoden usw. studiert.

Seit 1952 wird auch in der Tschechoslovakei an mehreren Instituten in dieser Richtung gearbeitet. Vor allem wird die Aufmerksamkeit dem Studium der Zoocönosen von Kulturfeldern, den Nahrungsgewohnheiten der Insekten und den quantitativen Sammelmethoden gewidmet. Von 1953 bis 1955 haben Dr. K. NOVÁK

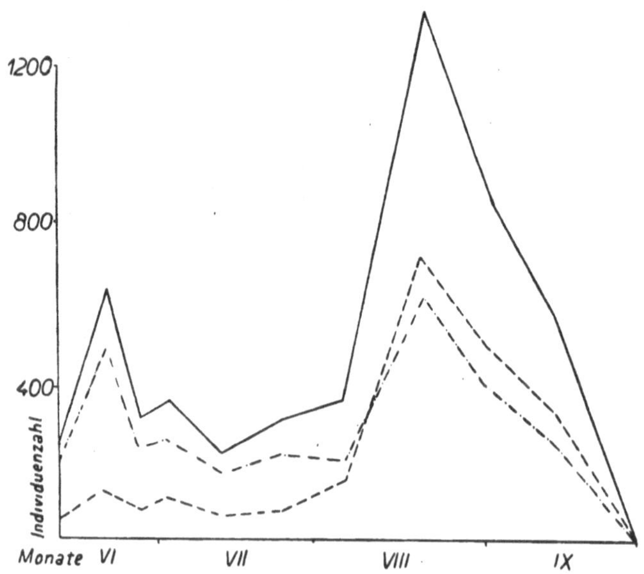

Abb. 1. Die Jahresdynamik von *Empoasca pteridis* auf dem Kartoffelfeld von Juni bis September.
— = ♂ + ♀; —.—.—.—.— = ♀; — — — — — — — = ♂.

und ich im Entomologischen Laboratorium der Čs. Akademie der Wissenschaften die Entwicklung und die Jahresdynamik der auf den Kartoffelfeldern vorkommenden Insekten studiert. Wir haben diese Arbeit mit den für die landwirtschaft-

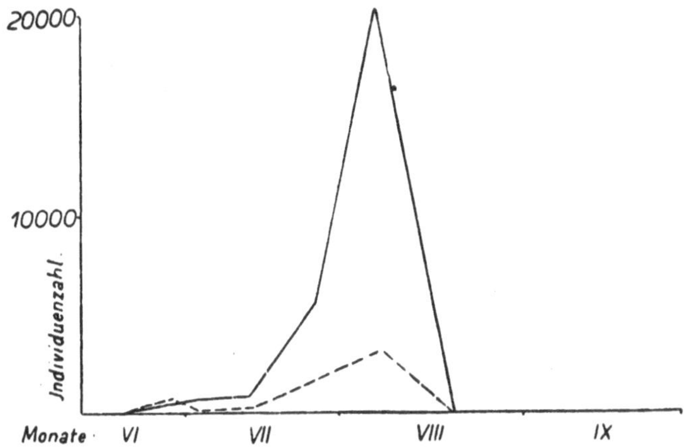

Abb. 2. Die Jahresdynamik von *Doralis rhamni* auf dem Kartoffelfeld von Juni bis September.
— = normale Entwicklung; — — — — — — — = Entwicklung der Population nach der Einwirkung von DDT-Aerosol am Anfang Juli.

liche Praxis wichtigen Fragen verbunden, insbesondere wie sich ein Eingriff von DDT in Aerosolform, das in der Tschechoslavakei gegen den Kartoffelkäfer benutzt wird, auf die Jahresdynamik der Insekten des Kartoffelfeldes auswirkt, und wie es zur Erneuerung der dort lebenden Insektenarten kommt. Den Einflüssen

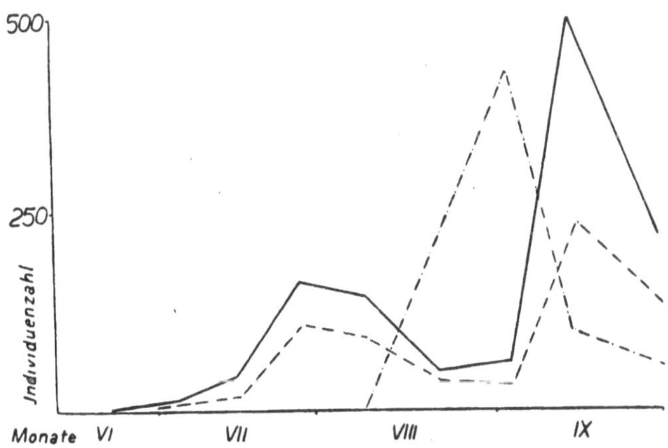

Abb. 3. Die Jahresdynamik von *Lygus rugulipennis* auf dem Kartoffelfeld von Juni bis September.
— = ♀ + ♂; — — — — — — — = ♂; —.—.—.—.— = Nymphalstadien.

chemischer Präparate auf andere Insekten (als den Schädling) und der Entwicklung der ganzen Insektenfauna wurde bisher nur wenig Aufmerksamkeit gewidmet, obwohl es bekannt ist, daß durch die Wirkung des Giftes auch viele nützliche Insekten sterben.

Die Versuche wurden auf zwei Kartoffelfeldern durchgeführt. Jedes Feld hatte eine Größe von 5—6 ha. Das Studium des Feldes wurde in Form von regelmäßigen Exkursionen (jede dauerte 3—4 Tage) in 7 bis 14tägigen Zeitpausen durchgeführt (Juni—August je dreimal und im September zweimal). Für die Feststellung der Populationsdichte und der Jahresdynamik einzelner Arten haben wir die vier folgenden Methoden benutzt:

a) Keschern. — Während jeder Exkursion haben wir zwischen 11—13 Uhr dreimal 50 Kescherschläge durchgeführt. Außerdem wurde auch am Abend und in den Morgenstunden gekeschert, um den Tagesrhythmus einzelner Insektenarten festzustellen.

b) Bodenfallen. — Es wurden glattwandige Konservendosen (Höhe 12 cm, Durchmesser 9 cm, mit faulem Fleisch als Köder benutzt). Nach 24 Stunden wurden die Bodenfallen kontrolliert und alle gefangenen Käfer determiniert, gezählt und wieder freigelassen. Die Bodenfallen nach BARBER mit Formalin wurden nicht benutzt, weil bei unseren Versuchen auch das Bewegungsareal der Laufkäfer mittels Markierung verfolgt wurde, wozu das Wiederfangen derselben Käfer notwendig ist.

c) Blattmethode. — Bei jeder Exkursion wurden auf jedem Feld 600 Blätter auf Blattläuse und Psyllidenlarven kontrolliert.

d) Quadratmethode. — Um die Abundanz der Insekten feststellen zu können, wurden bei jeder Exkursion sechs Quadrate (jedes 1 m^2) ausgezählt.

Bei dem Studium des Insektenbestandes und der normalen Entwicklung der Insektenfauna im Kartoffelfeld haben wir alle dort vorkommenden Arten (mit Ausnahme der Dipteren) berücksichtigt. Zur Feststellung der Wirkung von DDT-Aerosol haben wir die Populationsdynamik der häufiger vorkommenden Arten untersucht. Es waren: *Brachynus crepitans* L., *Pterostichus cupreus* L., *Lygus rugulipennis* POPP., *Empoasca pteridis* DAHLB., *Eupteryx atropunctata* GOEZE, *Doralis rhamni* BOYER DE F., *Myzodes persicae* SULZ., *Trioza nigricornis* FÖRST. und die Coccinelliden.

Diese Arbeiten sind im Druck. Als Beispiel seien hier nur die Populationsdynamik von *Empoasca pteridis* und *Lygus rugulipennis* und der Einfluß von DDT auf *Doralis rhamni* gezeigt.

Literatur:

NOVÁK K. a col., (1953): Pokus o zjišťování vlivu HCH na hmyzí biocenosu lesních okrajů. Versuch zur Bestimmung der Einwirkung einer Bestäubung der Waldränder mit HCH auf die Biocönose der Insekten. Zool. a ent. listy 2, 3—16.

NOVÁK K. a SKUHRAVÝ V. (1957): Der Einfluß von DDT in Aerosolform auf einige Insektenarten des Kartoffelfeldes. Zool. listy 6, 41—51.

SKUHRAVÝ V., (1956): Fallenfang und Markierung zum Studium der Laufkäfer, Beiträge zur Entomologie *6*, 3/4, 285—287.

SKUHRAVÝ V. a NOVÁK K.: Entomofauna bramboriště a její sezonní dynamika. Entomofauna des Kartoffelfeldes. Rozpravy čsl. Akademie věd. (im Druck.)

Insekten-Biocönosen in Fließgewässern

Von J. ILLIES

Der Vortrag stellt eine abgeänderte Form der unter dem Titel „Die Besiedlung der Fulda (insbesondere das Benthos der Salmonidenregion) nach dem jetzigen Stand der Untersuchung“ in „Berichte der Limnologischen Flußstation Freudenthal, Außenstelle der Hydrobiologischen Anstalt der Max-Planck-Gesellschaft“, V, 1953, p. 1—28, erschienenen Publikation dar.

Der Einfluß ökologischer Faktoren auf das parasitäre Verhalten von Insekten

Von K. Mayer

In den letzten Jahren hat die immer mehr in den Vordergrund tretende ökologische Forschungsrichtung beachtliche Beiträge zur Klärung der biozönotischen Beziehungen der Insekten geleistet, unter denen vorwiegend Schädlinge unserer Kulturpflanzen als Untersuchungsobjekt dienten. Diese Ergebnisse führten naturgemäß zu einer Auseinandersetzung mit den bestehenden ökologischen Theorien und Begriffen. Unter ihnen sind es vor allem die Grundbegriffe der Zönologie, die im Mittelpunkt dieser Erörterungen stehen. Die sich häufig diametral entgegenstehenden Auffassungen hat Jermy (1956) einer kritischen Betrachtung unterzogen, in der er die Berechtigung zönologischer Forschung auch für die Kulturlandschaft nachweisen konnte. Er erwartet von ihr die Klärung vieler Probleme, stellt aber zugleich heraus, „daß die biozönotischen Beziehungen selbst die populationsdynamischen Vorgänge in den Biozönosen ebensowenig erklären können wie die Erforschung der Wirkung abiotischer Faktoren allein“. Wenn daher „ökologische Kleinarbeit“ zur Analyse der biozönotischen Konnexe gefordert wird, so muß sich diese in stärkerem Maße als bisher auch der Physiologie und dem Verhalten der Organismen zuwenden. Bereits 1942 hatte Weber die Bedeutung dieser Forschungsrichtung erkannt, die er als Sinnesökologie bezeichnete:

„Während früher besonders in der Schädlingsökologie die Umgebungsbeziehungen hauptsächlich im Licht der direkten Einwirkungen der Außenfaktoren auf die inneren Vorgänge des Stoffwechsels, der Entwicklung, der Vermehrung und Sterblichkeit gesehen wurden, treten in der neueren ökologischen Forschung auch diejenigen Reaktionen mehr und mehr hervor, die sich der Sinnesorgane, des Nervensystems und der Erfolgsorgane als Vermittler bedienen und die mit den direkten Einwirkungen in mannigfaltigen Wechselbeziehungen stehen. Der Einfluß von Außenfaktoren auf den Ausfall bestimmter Reizreaktionen, die dadurch oft bedingten Umstimmungen, das Aufsuchen mikroklimatisch günstiger Örtlichkeiten auf Grund der durch Sinnesreaktionen ermöglichten Wahlfähigkeit der Tiere können als Beispiel genannt werden und lassen die Zeit voraussagen, da auch die in der Gegenwart besonders in Deutschland stark vorwärts getriebene tierpsychologische Forschung für die Ökologie Bedeutung gewinnen wird.“ (Weber, 1942).

Die Auseinandersetzung mit der Umwelt entscheidet über den Bestand der Organismen, die in einem bestimmten Lebensraum angetroffen werden. Das komplexe Wirken biotischer und abiotischer Faktoren läßt sich am besten bei der Betrachtung des Wirt-Parasit-Verhältnisses zeigen. Umweltsverhältnisse können das spezifisch parasitäre Verhalten phytophager und entomophager Insekten in folgenden entscheidenden Phasen völlig verändern:

1. bei der Auffindung des Wirtes,
2. der Larvenentwicklung und
3. der neuen Wahl des Wirtes.

Die Reaktionen auf die Umwelt sind daher nicht starr, sondern wandlungsfähig und ändern sich mit dem zeitlichen Zustand von Lebensgemeinschaft und Lebensraum.

Reize aller Art wirken auf das Insekt ein, das sich auf die Suche nach einem geeigneten Wirt begibt, um zur Eiablage zu schreiten. Während meist abiotische Faktoren die Temperatur, Feuchtigkeit u. dgl. des Lebensraumes die Aktivität des Parasiten bestimmen, sind es Sinnesreize, die den Weg zum Wirt weisen. Häufig erfolgt eine Fernorientierung durch Duftreize, während das Finden in der Nähe durch Farb- oder Licht-, aber auch Kontakt- Tast-, oder Geschmacksreize ermöglicht wird. Jedem Sammler sind diese Beziehungen bekannt, da Ködersowie Farb- oder Lichtfallen seit jeher zur Ausrüstung des Entomologen gehörten. Daß die erwartete Attraktivwirkung nicht immer zur Geltung kommt, wenn auch ein genügender Artenbestand vorhanden ist, wurde häufig beobachtet. Ungünstige Witterungs-, Lichtverhältnisse u. dgl. führen zum Ausfall der erwarteten Reaktionen und zeigen bereits den starken Einfluß der Umweltfaktoren.

Die physiologische Forschung hat gezeigt, daß mehr oder weniger ausgeprägte Reflexketten das Insekt bei Auffindung des Wirtes leiten. Infolgedessen kann nicht ein Reiz allein das Tier zu der gewünschten Reaktion veranlassen. Eine Kopplung konnten wir auch bei solchen Duftstoffen feststellen, die als typische Attraktivstoffe angesehen werden. Fast gleichzeitig mit GÖRNITZ (1956) wurde von uns die attraktive Wirkung des Allylisothiozynates auf *Phyllotreta*-Arten gefunden, die aber nach unserer Auffassung nur die Fernorientierung der Insekten steuert. Die Fangergebnisse mit Senfölfallen in der Nähe der Winterquartiere ermöglichten eine Kontrolle der Abwanderung im Frühjahr. Später zeigte sich, daß auch Farbreize bei der Auffindung der Wirtpflanze von Bedeutung sind, auf die Herr GÖRNITZ näher in seinen Ausführungen eingehen wird. Der in unseren Gegenden nur selten auftretende Rüßler *Ceuthorrynchus suturalis* F., dessen Bestimmung ich Herrn G. SCHMIDT verdanke, wurde in großen Mengen angelockt, reagierte aber nur unwesentlich auf Farbreize. Populationsdichtebestimmungen der Erdflöhe in Kohlschlägen, die von meiner Mitarbeiterin GODAN durchgeführt wurden, zeigten in der Nähe der senfölhaltigen Gefäße eine Befallsabnahme. Erst nach 2 m Abstand von den Duftquellen begann die Zahl der Käfer anzusteigen.

Komplexe Wirkungen bei Drosophiliden, die artunterschiedliches Verhalten gegen Lichtreize aufweisen, führen zu Tagesperiodizitäten im Besuch des Nähr- und Brutbiotopes. So konnte BURLA (1955) in den Morgenstunden 6 *Drosophila*-Arten an den mit gärendem Saft überzogenen Stümpfen der Raphia-Palmen beobachten, während in den Abendstunden zwei andere Arten aktiv waren. Ähnliche Periodizitäten konnten wir in Köderfängen mit Cantharidin bei *Anthomyia pluviails* L. und *Atrichopogon oedemerarum* STORÅ nachweisen. Die Beziehungen der phytoparasitären Fliege *Anthomyia* zu Cantharidin sind noch nicht genügend geklärt. *Atrichopogon* ist jedoch von FREY (1954) und MAYER (1955) als Ektoparasit an *Anthomyia* und Meloiden (WIRTH 1956) gefunden worden. Beide Arten enthalten Spuren von Cantharidin, das demnach die Orientierung des Parasiten bewirkt. Unter Benutzung einer Fanguhr, die nach eigenen Entwürfen zum Lebendfang der Parasiten gebaut wurde, gelang der Nachweis, daß *Anthomyia* nur in den Vormittagsstunden von 9—12 Uhr, *Atrichopogon* dagegen morgens von 4—7 Uhr und nachmittags von 13—17 Uhr anfliegt. Hier sind es vermutlich Licht- und Klimafaktoren, welche die spezifische Reizwirkung des Cantharidins, die nicht durch andere Duftreize überdeckt werden kann, hemmen. Gerade die Untersuchungen über Attraktiv- und Repellentstoffe zeigen, daß ihre Wirkung sich mit den ökologischen Bedingungen ändert, unter denen sie zur Anwendung gelangen. So konnten wir in einem Jahr beobachten, daß durch Propionaldehyd die Birkenblattlaus *Euceraphis punctipennis* ZETT. angelockt wurde, während früher und später die Wirkung ausblieb. Auf ähnliche Verhaltensänderungen wird später noch eingegangen werden.

Aber nicht nur der Wirt, sondern auch seine Umgebung kann auf den Parasiten eine Lockwirkung ausüben, wie THORPE und CAUDLE (1938) an *Pimpla ruficollis* GER., einem Parasiten des Kieferntriebwicklers *Evetria buoliana* SCHIFF. zeigen konnten. Jedoch ist bei dieser Art der durch die Entwicklung der Ovarien bedingte physiologische Zustand von wesentlicher Bedeutung. Während auf frischgeschlüpften Tieren der Geruch von Kiefernöl noch abschreckend wirkt, tritt nach etwa einem Monat eine Umstimmung ein, die zur Attraktivwirkung des Pinens führt. Diese Änderung im Verhalten gewährleistet die Koinzidenz von Wirt und Parasit. Nach FLANDERS (1947) ist es daher zunächst der vom Wirt besiedelte Lebensraum, den der Parasit aufsucht.

Daß biozönotische Einflüsse die Parasitierung unmöglich machen können, wurde bereits von PICARD (1922) bei den Parasiten der Kohlweißlingsraupen *Pieris brassicae* L. beobachtet. Während Pierisraupen an Kohl von *Apanteles glomeratus* L. befallen werden, findet man sie an Wildpflanzen unparasitiert. Die Raupen an Cakile maritima und Capparis spinosa wurden nie von *Anilastes*, an Capparis rupestris von 211 Individuen nur ein Tier durch *Apanteles* parasitiert. PICARD vermutet daher, daß unter dem Einfluß der Nährpflanze der Parasit abgewehrt wurde.

Um festzustellen, ob auch für andere Hymenopteren diese Beobachtungen zutreffen, wurden Untersuchungen mit *Microbracon hebetor* SAY durchgeführt. Als Wirte dienten Wachsmottenraupen, die teils mit synthetischer Nahrung, teils mit ihrer natürlichen Nahrung, den Bienenwaben, ernährt wurden. Zwar wurde keine Ablehnung des Wirtes, aber eine deutliche Bevorzugung der mit Breinahrung gefütterten Larven festgestellt. Im Mittel von 20 Versuchen wurden an Brei-Gallerien 24, an Wachs-Gallerien nur 16,5 Eier abgelegt. Diese statistisch gesicherten Unterschiede traten aber nur bei einer relativen Luftfeuchtigkeit von 80% auf. Bei 40% rLF wurde Wachs-Galleria leicht bevorzugt. Eine Signifikanz der Ergebnisse bestand jedoch nicht.

Der Einfluß des Duftfeldes wurde von meinem Mitarbeiter QUEDNAU bei Eiparasiten der Gattung *Trichogramma* analysiert. In einem Wahlapparat wurden zwei Felder mit verschiedenen Pflanzen oder Tieren belegt. Nach einer Stunde wurden die Duftquellen beseitigt. An ihrer Stelle wurden Insekteneier einer Spezies ausgelegt und einem *Trichogramma*-Weibchen zur Wahl geboten. In 8 Wiederholungen wurden die *Ephestia*-Eier des Kiefernnadelfeldes von *Trichogramma embryophagum* HARTIG vorgezogen. Das Verhältnis der parasitierten Eier von Kohl- und Kiefernfeldern betrug 32 zu 64. Drei Felder waren in gleicher Weise durch Imagines von *Ephestia kuehniella* ZELL., *Cimex lectularius* L. und *Dysdercus fasciatus* SIGN. beduftet worden. In 11 Wiederholungen waren unter den *Ephestia*-Eiern des *Ephestia*-Feldes 98, bei *Cimex* 41 und bei *Dysdercus* nur 8 parasitiert worden.

Diese Beispiele beschränken sich nur auf die ökologische Bedeutung von,, Duftstoffen", die bestimmte Glieder der Biozönose zu Biosystemen zusammenfügen.

Mit der Eiablage setzt nun die Entwicklung des Parasiten unter dem Einfluß von Faktoren ein, die direkt oder indirekt durch den Wirt bedingt sind. In ernährungsphysiologischen Untersuchungen an den Raupen der Nonne *Lymantria monacha* L. konnte ARNOLD MAYER (1940) die komplexe Wirkung biotischer und abiotischer Faktoren aufdecken. Bei Fütterung mit Buchenblättern in tiefen Temperaturen erfolgt völliges Absterben. Weißbirke verursacht hohe Sterblichkeit und Entwicklungsverzögerungen bei jungen Raupen, Erle im Gegensatz hierzu gerade bei älteren Stadien. Weniger günstige Pflanzen erhöhten die Zahl der Häutungen, Gesamtentwicklungsdauer und Mortalität bei Temperaturschwankungen. Außerdem wurde in Wahlversuchen festgestellt, daß Raupen des Stadiums III das physiologisch beste Futter bevorzugen. Hierdurch kommt es zu Abwanderungen, die im Freiland an Buchen beobachtet wurden. Ähnliche Untersuchungen wurden von EHRENHARDT (1953) mit dem amerikanischen Bärenspinner (*Hyphantria cunea* DRURY) durchgeführt, der als polyphage Art bekannt ist. In Wahlversuchen werden nicht alle Pflanzen zur Eiablage aufgesucht oder unterschiedslos von den Larven gefressen. Während die Raupenentwicklung auf Morus alba bei 25° C 25 Tage beträgt, ist sie bei der als gute Futterpflanze angesehenen Juglans regia erst in 44 Tagen abgeschlossen. Bei tiefen Temperaturen sind die Zeitintervalle wesentlich größer. So ist die Entwicklung an Morus bei 18° C nach 1,5 Monaten beendet, während sie sich auf Apfel bis zu 3 Monaten verzögert.

Düngungsversuche an Kartoffeln zeigten, daß auch bei der gleichen Pflanze der Futterwert für Insekten außerordentlich wechselt. VÖLK (1951) beobachtete hohe Befallskurven der grünen Pfirsichblattlaus (*Myzodes persicae* SULZ.) an der Sorte Flava in den Parzellen, die ungedüngt blieben oder Kali-Phosphor-Stickstoff (Volldüngung) bzw. Kali und Stickstoff erhalten hatten. Am geringsten blieben die Werte in den Stickstoff- oder Kaliparzellen. In Laborversuchen erfolgte an Fiederblättchen der Kartoffeln, die in Chlorkalilösung standen, keine Zunahme des Läusebesatzes. Bei steigendem Stickstoffgehalt sinkt nach EVANS (1938) die Zahl der geflügelten Formen der mehligen Kohlblattlaus (*Brevicoryne brassicae* L.).

Aber auch andere Stoffe können zu einer Entwicklungsbeschleunigung führen wie sie DUNNAN und CLARK (1941) als Folge von Calcium-Arsenat-Bestäubungen zeigen konnten, die aber nicht durch Ausschaltung von Gegenspielern bedingt sind. In Bekämpfungsveruschen des mexikanischen Baumwollkapselkäfers (*Anthonomus grandis* BOH.) wurde eine starke Zunahme der Baumwollaus (*Aphis gossypii* GLOVER) beobachtet. Bei der Analyse stellte sich heraus, daß Arsen durch Blätter und Wurzeln aufgenommen wurde; dabei steigt das pH und erhöht den Futterwert des Zellsaftes für die Blattläuse. In Käfigversuchen war die Zahl der täglich frisch auftretenden Aphiden bei arsenbestäubten Pflanzen größer als bei den nicht behandelten. Nach Ansicht der Autoren ist das wasserlösliche Arsen als Ursache dieses Verhaltens anzusehen.

So wird es verständlich, daß auch Störungen im Nährstoffhaushalt der Pflanze sich auf die Entwicklung des Parasiten auswirken. Grapefruits, die Eisenmangelsymptome zeigten, wurden nach FENNAH (1953) durch Schildläuse wesentlich stärker befallen als gesunde Pflanzen. Spritzungen zur Bekämpfung hatten nur vorübergehenden Erfolg. Erst Injektionen von Eisen vertrieben mit dem Rückgang der Mangelerscheinungen den Parasiten. Infektionen der Pflanzen mit Viruskrankheiten können aus dem gleichen Grunde die Entwicklung parasitärer Insekten beeinflussen. Nach den Untersuchungen von ARENZ (1951) kann sich die Pfirsichblattlaus *Myzodes persicae* SULZ. auf gesunden Kartoffeln der Sorte Ackersegen nur kümmerlich bei hoher Mortalität ernähren, während auf blattrollkranken Pflanzen ein Rückgang der Sterblichkeit beobachtet wurde. Die Ursachen sind in dem durch das Virus gestörten Kohlehydrat-Eiweiß-Verhältnis und im Verfolg des Abbaues der erkrankten Pflanze zu suchen. Beim Kartoffelkäfer *Leptinotarsa desemlineata* SAY verschlechtert sich nach BUHR (1956) der Nahrungswert des Kartoffellaubes durch den Virusbefall im Vergleich zu gesunden Blättern der gleichen Sorte. Der Nahrungsbedarf der Parasiten ist größer; infolgedessen werden abbaukranke Pflanzen stärker als gesunde befressen.

Dieser Einfluß des Wirtes kann sich bis zur völligen Befallsfreiheit auswirken, wie FENNAH (1953) an Citrussämlingen verfolgen konnte. Langsamer wachsende Pflanzen wurden von der Schildlaus *Coccus viridis* schwer befallen, während schnellwüchsige Sämlinge nicht angegriffen wurden. Die Befallsunterschiede liegen in der individuell bedingten Konzentration des in die Speichergewebe weitergeleiteten Stromes der gelösten Nährstoffe, die dem Parasiten bei den schnellwüchsigen Pflanzen nicht zusagten.

Bei der Wahl dieser Beispiele wurde das Problem der Resistenzzüchtung nicht angeschnitten. Nur die Verhaltensänderungen unter biozönotischen Einflüssen am gleichen Wirt wurden — mit einigen Ausnahmen — in den engeren Kreis unserer Betrachtungen gezogen.

Ähnliche Beobachtungen liegen auch für entomophage Insekten vor, in denen verschiedene Wirte eine Änderung der Entwicklungsdauer zur Folge haben. Nach NARAYANA and SUBBA RAO (1956) ändert sich bereits die Inkubationszeit der

Eier von *Microbracon gelechiae* ASHM. Die Imagines schlüpfen aus *Pectinophora gossypiella* SAUNDERS bereits nach 9, aus *Dichochrosis punctiferalis* GUÉNNÉE dagegen erst nach 14 Tagen. Auch bei *Trichogramma minutum* RILEY konnte von QUEDNAU eine Verzögerung beobachtet werden, die durch den geringeren Nährwert der Eier bedingt ist. Während bei *Ephestia kühniella* ZELL. der Eiparasit bereits nach 8,5 Tagen schlüpft, ist in *Cimex lectularius* unter den gleichen Temperatur- und Feuchtigkeitsverhältnissen die Entwicklung erst nach 10,5 Tagen abgeschlossen.

Den Einfluß einer hohen Populationsdichte der Parasiten in einem Wirt hat KÀNUNGO (1955) bei der Hymenoptere *Microbracon hebetor* SAY eingehend untersucht. Dabei stellte sich heraus, daß Larven, aus denen später Männchen schlüpfen, wesentlich widerstandsfähiger sind als die Larven der späteren Weibchen. So wird durch Nahrungsmangel oder andere schädigende Umweltfaktoren das Geschlechterverhältnis zugunsten der Männchen verschoben. In unseren Versuchen mit dem gleichen Parasiten zeigt sich der signifikante Unterschied verschiedener Ernährung der Wirtslarve auf das parasitäre Verhalten deutlicher in der Larvenentwicklung als bei der bereits oben erwähnten Wahl des Wirtes. Während die Mortalität der Breilarven bei 80% *rLF* nur 36% ausmachte, erreichte sie in den Wachszuchten 47%. Bei 40% *rLF* ist das Verhältnis 41% zu 54%. Hier führt der Unterschied in der Feuchtigkeit nur zu einer geringeren Veränderung der Güte des Wirtes, als bei der Wirtswahl festgestellt wurde.

Den Einfluß der Nahrung des Wirtes auf die Entwicklung des Parasiten hat bereits FLANDERS (1943) in seiner Studie über die abortive Entwicklung parasitischer Hymenopteren eingehend hervorgehoben. Hiernach gelangt die Encyrtide *Habrolepis rouxi* COMP. und *Comperiella bifasciata* HOW. in der Schildlaus *Aonidiella auranti* MASK. nur dann zur Entwicklung, wenn der Wirt an Citrus lebt. Wird die Laus aber an der Sago-Palme Cycas revoluta gezüchtet, so verhindert die hohe Sterblichkeit der Jugendstadien eine Entwicklung des Parasiten. Bei der Braconide *Apanteles congregatus* SAY ist es bereits gelungen, auch die Ursache dieser abortiven Entwicklung zu ermitteln. Die Schlupfwespe parasitiert in der an Tomaten lebenden *Protoparcc quinquemaculata* HAW. und in der an Tabak lebenden *Protoparce sexta* JOHANN. Eine Immunität gegen *Apanteles* wird aber in Populationen beider Schädlinge beobachtet, wenn ihnen bestimmte Tabaksorten als Nährpflanze dienen. Während Tomaten und Burley-Tabak die Entwicklung des Parasiten gar nicht beeinträchtigen, tritt eine vollständige Mortalität der Parasiten in den Larven an darkfired Tabak ein. Eingehende Untersuchungen zeigten, daß der hohe Nikotingehalt dieser Sorte als Todesursache anzusehen ist.

Ein überraschendes Beispiel des Ernährungseinflusses zeigten Versuche mit *Trichogramma*-Arten, die von uns an *Cimex lectularius* L.-Eiern gezüchtet wurden. Als uns durch Herrn Prof. HASE ein bestimmter Wanzenstamm aus Jugoslawien zur Verfügung gestellt wurde, der sich in seinem Verhalten von einheimischen Formen wesentlich unterschied, übernahm QUEDNAU die Aufgabe, das Verhalten der Trichogrammen gegenüber diesen *Cimex*-Stämmen zu untersuchen. Bald stellte sich heraus, daß die Eiparasiten aus dem neuen Stamm nicht schlüpften, obwohl sie in gleicher Weise wie unsere *Cimex*-Stämme parasitiert wurden. Wir glaubten zunächst den Unterschied durch geographische Rassenbildung bei *Cimex* hinreichend erklären zu können. Bald wurde die Fütterung unseres *Cimex*-Stammes mit Meerschweinchenblut eingestellt und beide Stämme erhielten nur Menschenblut. Da wir nach einiger Zeit prüfen wollten, ob die gleiche Blutnahrung eine Änderung des Jugoslawien-Stammes bewirkt hätte, mußten wir feststellen, daß in beiden Zuchten die Trichogrammen nicht schlüpften. Eine Nachprüfung der Befunde ergab das überraschende Ergebnis, daß die Unterschiede nicht durch eine Rassenbildung der *Cimex*, sondern durch die Art der Ernährung bedingt waren: Meerschweinchenblut bewirkt die vollständige Entwicklung der Trichogrammen, Menschenblut dagegen verursacht absolute Sterblichkeit. Eine Erklärung für dieses unterschiedliche Verhalten kann noch nicht gegeben werden, da die chemischen Untersuchungen noch nicht abgeschlossen sind. Wie sehr aber biotische und abiotische Faktoren ineinandergreifen, zeigt der Schlüpfvorgang der Trichogrammen aus den *Cimex*-Eiern. Die Imagines entwickeln sich durchaus normal, sind aber mit sinkenden Feuchtigkeiten nicht mehr in der Lage, die Eihülle zu durchdringen und ihren Larvenbiotop zu verlassen. Gewiß wird auch in anderen Eiern bei sinkenden Feuchtigkeiten eine Zunahme der Mortalität beobachtet. Sie ist in *Galleria mellonella* L. bei Luftfeuchtigkeiten unter 40% kleiner als 50%, in *Cimex lectularius* L. dagegen stets total. Der Vergleich mit anderen Insekteneiern läßt unterschiedliche Quellungsvorgänge im Chorion vermuten, die zu einer Erhärtung der Eihaut führen und sie für die Imagines undurchdringlich machen.

Mit dem Schlüpfen des Parasiten beginnt der Lebensablauf einer neuen Generation, deren Verhalten weitgehend durch die Lebensweise der Jugendstadien bestimmt wird. Nach der Hopkinsschen Regel bevorzugt der polyphage Parasit im allgemeinen stets den Wirt, in dem er sich entwickelt hatte. Jedoch wird häufig auch ein Übergang auf einen neuen Wirt unter bestimmten physiologischen Bedingungen möglich. Nach Thorpe (1939), u. a. 1937) sind es stoffliche Beeinflussungen der Jugendstadien des Parasiten (preimaginal determination), die diese Wahl bestimmen. Vor der Häutung der Jugendstadien gelangen Stoffe eines bestimmten Reizwertes über den Darm in den sich zwischen der alten und neuen Kutikula bildenden Raum und werden dabei über die Oberfläche verteilt. In ihnen sieht Thorpe die stoffliche Ursache der Determination, die jedoch nur kurze Zeit anhält. Es gelang ihm, hierfür den Nachweis experimentell bei *Drosophila melanogaster* Meig. zu erbringen. Die Zucht in einem Medium mit Pfefferminzöl, das auf normale Imagines abschreckend wirkt, hatte zur Folge, daß die schlüpfenden Tiere durch den Geruch des ätherischen Öls angelockt wurden. Ähnliche Versuche mit Schmeißfliegen, die im Larvenstadium der Einwirkung von Menthol ausgesetzt waren, zeigten, daß dieser für normale Fliegen abschreckend wirkende Stoff für die schlüpfenden Imagines indifferent ist (Dethier 1947).

In eigenen Versuchen mit Geraniol konnten bei *Drosophila melanogaster* Meig. die Thorpeschen Ergebnisse bestätigt werden. Die Wahlbevorzugung des als

Repellent auf normal gezüchtete Imagines wirkenden Geraniolnährbodens verlor sich nach etwa 6 Tagen. Wenn auch *Drosophila* nicht als eigentlicher Pflanzenparasit angesehen werden kann, so wurde dieses Beispiel gebracht, da es eine Erklärung für die Häufung ernster Schäden durch Drosophiliden gibt, die sich in dem durch andere Insekten verletzten Pflanzengewebe ansiedeln. So konnten wir kürzlich über ein Gurkensterben durch *Drosophila buscki* Coqu. berichten, dem ein Befall durch die Fliege *Elachiptera cornuta* Fall. vorausgegangen war. Während die *Elachiptera*-Larven nur das Milieu vorbereiteten, waren es die in großer Menge sich entwickelnden Drosophilidenlarven, die den Gurkenbestand vernichteten (Mayer, 1955 b).

Wenn sich diese Umstimmung auch bald verliert, so kann sie unter bestimmten biozönotischen Verhältnissen bei schnell reifenden Imagines zu erneutem Befall der Pflanzen führen, in denen die Larvenentwicklung stattgefunden hatte. Wiederholte Passagen lassen dann eine stärkere Fixierung an den neuen Wirt erwarten. Nach den Untersuchungen Bremers (1950) bevorzugte die Rübenfliege *Pegomyia hyoscyami* Pz. bei der Eiablage stets die Pflanze, die der Larve als Nahrung gedient hatte. Nach seiner Auffassung bestehen in Deutschland bereits 2 physiologische Rassen, die entweder an Beta oder Hyoscyamus angepaßt sind. In der Türkei kann diese Aufspaltung noch nicht beobachtet werden, da die Imagines im Versuch sowohl an Hyoscyamus wie Beta und Atriplex ihre Eier ablegen und im Freiland bereits im Mai an ihnen auftreten. Nach unserer Auffassung ist der Unterschied im zeitlichen Auftreten allein kein ausreichender Beweis für diese Annahme, da, wie bereits oben mitgeteilt, der Wechsel der Nährpflanze u. U. mit Entwicklungsverzögerungen verbunden ist.

Eine Bildung ökologischer Rassen unter dem Einfluß bestimmter Nährpflanzen vermutet Kovačević (1956) beim Schwammspinner (*Lymantria dispar* L.) in Jugoslawien auf Grund populationsdynamischer und ernährungsphysiologischer Untersuchungen. Hier tritt trotz naher Verwandtschaft der Nährpflanzen allgemein eine physiologische Schwächung der einzelnen Herkünfte und verschiedene Disposition gegen Viruskrankheiten auf, die für den Krankheitsausbruch wesentlicher sind als eine Infektion per os. So können in slovenischen Niederungswäldern nur die Spinner von der Stieleiche Quercus pedunculata, in der Küstenlandzone nur die von der Steineiche Qu. ilex und in Mazedonien nur die von der Kermeseiche Qu. coccifera Kalamitäten verursachen.

Die Entstehung physiologischer Varianten, die bereits so stark an einen Wirt oder eine Wirtegruppe gebunden sind, daß sie nur noch sehr schwer auf den alten Wirt zurückgehen, können wir bei *Athalia rosae* L. verfolgen. Gradationen der Blattwespe wurden in früheren Jahren bald an Turnips, dann an Rose, aber auch an Zuckerrüben beobachtet, während *Athalia* heute nur noch an Senf, Rübsen, Meerrettich, Kohl u. dgl. Kahlfraß verursacht (Mayer 1955 c). In einer Studie über die ursprünglichen Lebensräume der Schädlinge unserer Kulturpflanzen rechnet Tischler (1955a) *Athalia* auch zu den Faunenelementen der feuchten Litoraea-Biotope, die durch die Kulturlandschaft besonders begünstigt wurden. Eine Bestätigung findet diese Annahme durch eine Arbeit von Menzel aus dem Jahre

1855, in der die Weißrübenblattwespe als typischer Bewohner der Ufercruciferen bezeichnet wird. Brassica wird von ihm ausdrücklich als „Gelegentliche oder außergewöhnliche Nahrung" hervorgehoben. Hoher Wasserstand überschwemmt die Uferpflanzen, daher wandert *Athalia* ins Landesinnere ab und befällt dann Weißrüben und Raps. Einen Anklang an diesen feuchten Biotop läßt die Dauer der Diapause erkennen, die durch hohe Bodenfeuchtigkeit abgekürzt wird. Sehr schnell bilden sich physiologische Varianten, die nur sehr schwer zur Eiablage auf anderen Fraßpflanzen veranlaßt werden können. Mehrere Male gelang es uns, an Betarüben Eiablagen zu erzielen. Ein Wechsel der Larven von Brassica auf Beta ist jedoch nicht möglich, wie die Untersuchungen von FREY (1949) gezeigt haben.

Ähnliche Anpassungen an bestimmte Wirte sind auch bei entomophagen Insekten bekannt. So bevorzugten *Microbracon gelechiae* ASH., die während 7 Jahren an den Larven von *Corcyra cephalonica* STAINTON gezüchtet wurde, diesen Wirt vor *Gnorimoschema operculella* ZELLER (NARAYANAR and SUBBA RAO 1955). THORPE (1939 b) hatte bereits in Versuchen mit *Nemeritis canescens* GRAV. zeigen können, daß nicht nur die Passage der Larven durch den Wirt, sondern auch frisch geschlüpfte Weibchen bereits durch längeres Verweilen in einem mit *Achroea*-Duft angefülltem Milieu dazu veranlaßt werden, die kleine Wachsmotte der Mehlmotte vorzuziehen, aus der sie gezüchtet worden war. Die Ergebnisse dieser Untersuchungen haben dazu geführt, daß durch entsprechende Versuchsanordnungen Parasiten, die in der biologischen Schädlingsbekämpfung Verwendung finden, an leicht züchtbaren „unnatürlichen" Wirten vermehrt oder aber auch an neue Wirte gewöhnt werden können (SIMMONDS 1944). Selbstverständlich wird die Umstimmung des Parasiten nicht immer schnell erfolgen. KRISHNAMURTI (1940) züchtete *Trichogramma minutum* RILEY an *Sitotroga cerealella* OL., die aber zunächst nur unter Zwang angenommen wurde. Erst in der 24. Generation verlor sich diese Abneigung. Auch hier sind chemische Reize die Ursache, die dieses Verhalten bedingen, wie unsere Arbeiten zeigen konnten. Beim Aufbau der *Trichogramma*-Zucht war es zunächst nicht möglich, in kleineren Zuchten *Galleria*-Eier als Wirt zu verwenden, da der Bestand bald ausstarb. Wurde aber die Zucht mit größeren Eimengen betrieben, so ließ sich der Stamm leichter halten. Die Ursache dieses Verhaltens konnte bislang noch nicht geklärt werden. Es ist wahrscheinlich, daß bei der großen Anzahl der Eier bestimmte Duftstoffe angereichert wurden, welche die frischgeschlüpften Trichogrammen umstimmten und zur Eiablage veranlaßten. Durch quantitative Bestimmung der Parasitierung im Wirtstest wurde in der 17. Generation an *Galleria* bereits ein Index von 13,8 erreicht. Dabei wurden für 20 Fälle 9 Ablehnungen registriert, die deutlich erkennen lassen, daß ein physiologisch unvollständiger Parasitismus (QUEDNAU 1955) vorliegt. In der 53. Generation stieg der Index auf 37,7 bei einem Ausbleiben jeder Ablehnung. Der Parasit hat sich demnach *Galleria* physiologisch angepaßt; der unvollständige ging in einen vollständigen Parasitismus über.

Erst die quantitative Erfassung bestimmter Wirt-Parasit-Beziehungen machte es möglich, die Art *Trichogramma evanescens* WESTW. in 4 echte Arten zu trennen, die sich auch in physiologischen und morphologischen Merkmalen unterscheiden (QUEDNAU 1956 a). Während Eier von *Barathra brassicae* L. und *Acronicta aceris* L. stets mit Vorzug bestiftet werden, erfolgt die Parasitierung weniger geeigneter Wirte in geringerem Maße. Bei Wahlmöglichkeiten zwischen bestimmten Wirten werden nahezu konstante Werte in der Parasitierung beobachtet. Dabei ließ sich nachweisen, daß der letzte Wirt einen entscheidenden Einfluß auf den Parasitierungserfolg ausübt. Bei Wahlmöglichkeiten zwischen *Cimex*- und *Galleria*-Eiern werden diese fast in gleicher Zahl von *Trichogramma cacoeciae* MARCHAL parasitiert, die aus *Cimex* geschlüpft sind; die Zahlen verhalten sich wie 2,8 zu 2,2. Das Verhältnis verändert sich zugunsten von *Cimex*, wenn der Parasit aus *Ephestia* oder *Galleria* schlüpft. Beide Wirte unterscheiden sich nur wenig für *cacoeciae*, daher sind die Verhältniszahlen nahezu gleich und betragen für *Cimex* und *Galleria* 13,5 bzw. 0,1 für *Ephestia*-Tiere und 17,1 bzw. 0,9 für *Galleria*-Tiere. Noch stärker sind diese Änderungen im Verhalten bei *Trichogramma semblidis* zu beobachten. Bei Wahl zwischen *Ephestia*-, *Galleria*- und *Cimex*-Eiern lehnen Tiere aus *Barathra*, *Ephestia* und *Galleria* die Wachsmotteneier ab, stammen die Parasiten aber aus *Cimex*, so werden *Galleria*-Eier angenommen. Beobachtungen am *Galleria*-Stamm zeigten, daß die Tiere bei Passagen durch andere Wirte die physiologische Anpassung zum Teil einbüßen, die sie in der langen Generationenfolge in Wachsmotten erworben hatten. So kann man auf einfache Weise Änderungen im Verhalten der Tiere beobachten. Wir versprechen uns mit dieser Methodik, auch Aufschluß über die stofflichen Grundlagen der Umstimmungen zu erhalten, über die wir z. Z. noch gar nichts aussagen können.

Dieser Überblick sollte zeigen, daß gerade die physiologische Forschung Möglichkeiten bietet, jene Beziehungen zu analysieren, die den Organismus mit Lebensgemeinschaft und Lebensraum verknüpfen. Sinnesreize sind die Knotenpunkte eines feinmaschigen Netzes, das die Biocönose durchzieht. Bald sind es Duft-, bald Lichtwellen, die das Tier mit seinem Feind, mit seiner Fraßpflanze aber auch seinem Geschlechtspartner verbinden. Das Cantharidin, als Beispiel genommen, lenkt den Parasiten zum Wirt. Diese Bindungen bestehen nicht fortwährend, sondern werden durch andere Reize [Licht, Temperatur- oder Feuchtigkeitsänderungen] unterbrochen. Es steigert sich die Vielfalt der Beziehungen mit der psychischen Organisation des Tieres, das nicht in einfachen Reflexen reagiert; seine Handlungen stellen das Endglied einer langen Reflexkette dar. So konnte QUEDNAU (1956 b) für den positiven Ausfall der Bestiftung eines Eies etwa 10 Reflexe nachweisen, die nicht in starrer Aufeinanderfolge, sondern als bewegliches und gepuffertes System zur Eiablage führen. Dabei wird es dann schwer, den Ausgang des Versuches vorher zu bestimmen, wenn nicht die Versuchsbedingungen genau festgelegt sind. Wir sehen aber auch, wie ungeheuer wichtig eine genaue Beschreibung der Versuchsanstellung ist, die es ermöglicht, den Versuch unter den „gleichen“ Bedingungen zu reproduzieren. Neben den erfaßbaren abiotischen Faktoren ist nun auch die genaue Angabe der Wirtspassage bei Parasiten zu fordern, da sie einen wesentlichen Einfluß auf sein Verhalten in der Biocönose ausübt.

Jedem Sammler sind die steten Veränderungen der Faunen unter dem Einfluß des Menschen bekannt. Wir verfolgen eine Zunahme der Artenzahlen unter den Schädlingen, die naturgemäß bei den schwindenden natürlichen Lebensstätten neue Biotope besiedeln müssen. Ehe aber diese Umstellung vollzogen ist, haben sich in ihrem Verhalten Wandlungen ergeben, deren Ursachen wir teilweise aufdecken konnten. Doch herrscht auch in der Natur ein Wandel des Raumes und der Gemeinschaften, deren Gesetzmäßigkeiten Tischler (1955 b) in seiner Synökologie entwickelt hat. Sie sind es, die das phytophage und entomophage Insekt zwingen, sich fortlaufend umzustellen. Dies gilt gerade für diejenigen Parasiten, deren Koinzidenz zu einem bestimmten Wirt nicht gesichert ist. Damit gewinnt die Umstimmung, die wir bei *Trichogramma* verfolgen konnten, erhöhte ökologische Bedeutung. Bestimmte Stoffe, die wir noch nicht kennen, fördern die Bevorzugung eines anderen Wirtes, wie wir im Freiland beobachten konnten. Von den *Barathra*gelegen aus wird *Pieris* befallen, obwohl diese Art nicht zu den Vorzugswirten zu rechnen ist. Wie weit hier die Nähe des neuen Wirtes oder auch Inhaltsstoffe der Wirtspflanze von Bedeutung sind, läßt sich noch nicht sagen. Die von Thorpe (1939 b) beobachtete Umstimmung frischgeschlüpfter Imagines dürfte in der von Uhlmann für Trichopteren bewiesenen größeren Instinktweite jüngerer Tiere ihre Erklärung finden. Damit bestätigen diese Ergebnisse die Hypothese von Seifert (1948), nach der diese Relation zwischen physiologischem Alter und Plastizität der Instinkthandlungen von allgemeiner Gültigkeit sind.

Die vorliegenden Ergebnisse haben uns gezeigt, daß sich die Nahrungs- und Wirtepräferenzen parasitärer Insekten mit dem Wandel der Umweltbedingungen — wenn auch häufig unmerklich — verändern können. Fraßgewohnheiten polyphager Insekten können allein schon zur Immunität oder, besser gesagt, Unempfänglichkeit gegen ihre Parasiten führen, da die Nahrung den Chemismus des Wirtes verändert. Damit verliert in vielen Fällen der Wirt seine Attraktivwirkung auf die Imago des Parasiten oder bietet seinen Jugendstadien keine ausreichenden Entwicklungsmöglichkeiten mehr. Da wir über diese ernährungsphysiologisch bedingten Unterschiede der Wirtseignung bisher nur wenig wissen, sei die Bitte an unsere Sammler gerichtet, bei Parasitenzuchten von Entomophagen stets auch auf die Futterpflanze des Wirtes zu achten. Sowohl die Widerstandsfähigkeit des Insekts gegen ungünstige Umweltsfaktoren als auch das zeitliche Auftreten in der Biocönose kann sich mit der Nährpflanze ändern. Die mit dem Wirtswechsel verbundenen Verhaltensänderungen können zu physiologischen Varianten führen, die allgemein als „ökologische Rassen“ angesehen wurden. Es muß daher angestrebt werden, diese Formen nur dann als Rassen zu bezeichnen, wenn der genetische Nachweis erbracht wurde. Nur zu leicht wird mit dem Deus ex machina der Mutation gerechnet, da die Plastizität der Verhaltensänderungen der Insekten unterschätzt wurde.

Neuere Ergebnisse entwicklungsphysiologischer Forschung haben die Veränderlichkeit von Vorgängen innerhalb der Zelle unter dem Einfluß ökologischer Faktoren zeigen können, die letzten Endes Verschiebungen oder Veränderungen im Gengefüge zur Folge haben. Uns mag es zunächst genügen, daß Umweltsbedingungen bei konstanter Einwirkung über das Verhalten der Insekten zur Einleitung dieser Prozesse führen können. Mehr noch als morphologische Merkmale sind physiologische Vorgänge und das Verhalten der Organismen Wandlungen unterworfen, die durch Umweltsbedingungen ausgelöst werden. Die Biocönose ist daher eine Realität, die kausalanalytisch untersucht werden kann, wie in diesem Überblick über das spezifisch parasitäre Verhalten der Insekten gezeigt werden konnte.

Literatur:

ARENZ, B., (1951): Weitere Ergebnisse über die Resistenz der Kartoffel gegen die Pfirsichblattlaus. Z. Pflanzenbau u. Pflz.-schutz *2*, 63—67.

BREMER, H., (1950): Zur Rassenfrage bei *Pegomyia hyoscyami* Pz. Z. Pflz.krankh. u. Pflz.-schutz *57*, 415-416.

BUHR, H., (1956): Probleme der Kartoffelkäferresistenzzüchtung. Pflz.schutz-Kongreß Berlin 11.—16. 7. 1955, 105—130.

BURLA, H., (1955): The order of attraction of *Drosophila* species to cut palm trees. Ecology *36*, 153—155.

DETHIER, v. G., (1947): Chemical Insect Attractants and Repellents. The Blakiston Company Philadelphia-Toronto, 289 S.

DUNNAN, E. W. and CLARK, J. C. (1941): Cotton aphid multiplication following treatment with calcium Arsenate. Journ. econ. Ent. *34*, 587—588.

EHRENHARDT, H., (1953): Über den Einfluß von Temperatur und Futterpflanze auf die Entwicklung von *Hyphantria cunea* DRURY. Nachrichtenbl. Deutsch. Pflanzenschutzdienst Braunschw. *5*, 145—150.

EVANS, A. C., (1938): Physiological relationships between insects and their host plant I. The effect of the chemical composition of the plant on reproduction and production of winged forms in *Brevicoryne brassicae* L. (Aphididae). Ann. appl. Biol. *25*, 558—572.

FENNAH, R. G., (1953): Some aspects of the food-problem of Homoptera in the humid areas of the Neotropical Region. Proc. 9th Intern. Congr. Entomol. *2*, 260—265.

FEY, F., (1954): Beiträge zur Biologie der canthariphilen Insekten. Beitr. Ent. *4*, N. 2, 180—187.

FLANDERS, S. E., (1943): Abortive development on parasites Hymenoptera reduced by the food of the insect host. J. econ. Ent. *35*, 834—835.

—, (1947): Elements of host discovery exemplified by parasitic Hymenoptera. Ecology *28*, 299—309.

FREY, W., (1949): Frißt *Athalia colibri* CHRIST an Zucker- u. Runkelrüben? Nachrichtenbl. Deutsch. Pflanzenschutzd. (Braunschweig) *1*, 84—85.

GÖRNITZ, K., (1956): Weitere Untersuchungen über Insekten-Attraktivstoffe aus Cruciferen. Nachrichtenbl. Deutsch. Pflanzenschutzd. (Berlin) N. F. Jg. 10, H. 7, 137—147.

JERMY, T., (1956): Zönologie und angewandte Entomologie. Pflanzenschutz-Kongreß Berlin 11.—16. 7. 1955, 39—46.

KANUNGO, K., (1955): Effect of superparasitism on sex-ratio and mortality. Current Sci. *24*, 59—60.

KOVAČEVIĆ, Ž., (1956): Die Nahrungswahl und das Auftreten der Pflanzenschädlinge. Anz. Schädlingskunde *29*, 97—101.

KRISHNAMURTI, B., (1940): *Trichogramma minutum* RILEY, in Relation to *Sitotroga cerealella* OL. in Mysore. Current Sci. Vol. IX, 544.

Mayer, Arnold, (1940): Ernährungsphysiologische Untersuchungen an Nonnenraupen (*Lymantria monacha* L.) Z. angew. Ent. *27*, 158—449.

Mayer, K., (1955 a): Der Parasitismus der Heleiden. Z. angew. Zool. 95—107.

—, (1955 b): Gurkenschäden durch Dipterenlarven. Nachrichtenbl. Deutsch. Pflanzenschutzd. (Braunschweig) *7*, 149—150.

—, (1955 c): Der Massenwechsel der Rübsenblattwespe *Athalia rosae* L. (*colibri* Christ.). Verhdlg. Deutsch. Ges. angew. Ent. a. d. 13. Mitgl.-Versammlg., 103—109.

Menzel, A., (1855): Über den Afterraupenfraß der Kohl- oder Weißrübenblattwespe (*Athalia centifoliae*) und über Blattwespen überhaupt, mit besonderer Rücksicht auf Gartenkultur und Landbau. Verlag Hanke, Zürich, 19 S.

Narayanan, E. S. and Subba Rao, B. R., (1955): Studies in Insekt parasitism. I—III. The effect of different hosts on the physiology, on the development and behaviour and on the sex-ratio of *Microbracon gelechiae* Ashmead (Hymenoptera: Braconidae). Beitr. Entomol. *5*, 36—60.

Picard, F., (000): Contribution à l'étude des Parasites de *Pieris brassicae* L. Bull. Biol. France et Belg. *66*, 54—130.

Quednau, W., (1955): Über einige neue *Trichogramma*-Wirte und ihre Stellung im Wirt-Parasit-Verhältnis. Ein Beitrag zur Analyse des Parasitismus bei Schlupfwespen. Nachrichtenbl. Deutsch. Pflanzenschutzd. (Braunschweig) *7*, 145—148.

—, (1956 a): Die biologischen Kriterien zur Unterscheidung von *Trichogramma*-Arten. Z. Pflanzenkrankheiten u. Pflanzenschutz *63*, 333—344.

—, (1956 b): Der vollständige Parasitismus bei *Trichogramma* als biologisches Phänomen. Z. Parasitenkunde *17*, 360—364.

Seiffert, R., (1948): Zur Analyse des Instinktbegriffes. Forschg. u. Fortschritte *24*, 264 bis 267.

Simmonds, F. J., (1944): The propagation of insect parasites on unnatural hosts. Bull. ent. Res. *35*, 219—226.

Thorpe, W. H., (1939 a): Further studies on preimaginal olfactory conditioning in insects. Proc. Roy. Soc. London, B. *127*, 427—433.

—, (1939 b): On the occurence of the male of *Nemeritis canescens* Grav. (Ichneumonidae, Ophioninae) in Britain. Proc. Roy. Soc. London, A, *14*, 47.

Thorpe, W. H. and Caudle, H. B., (1938): A study of the olfactory responses of insect parasites to the food plant of their host. Parasitology Vol. XXX, 523—528.

Thorpe, W. H. and Jones, F. G. W., (1937): Olfactory Conditioning in an Parasitic Insect and its Relation to the Problem of Host Selection. Proc. Roy. Soc, B, *12*, 56—81.

Tischler, W., (1955): Ist der Begriff „Kultursteppe" in Mitteleuropa berechtigt? Forschg. u. Fortschritte *29*, 353—356.

—, (1955 b): Synökologie der Landtiere. Fischer, Stuttgart 414 S.

Völk, J., (1951): Beobachtungen über das Auftreten virusübertragender Blattläuse an Kartoffelpflanzen in Abhängigkeit von der Düngung. Mitt. Biol. Zentral-Anstalt Berlin-Dahlem, *70*, 69—72.

Weber, H., (1942): Der gegenwärtige Stand der deutschen ökologischen Forschung an Beispielen aus der Ökologie der Tiere aufgezeigt. Forschg. u. Fortschritte *18*, 124—128.

Wirth, W. W., (1956): The biting midges ectoparasitic on blister beetles. Ent. Soc. Washington, *58*, 15—23.

Flug und Eiablage von Ceuthorrhynchus quadridens PANZ. in Abhängigkeit von der Witterung (Col. Curculionidae)

Von H.-W. NOLTE

Mit 4 Abbildungen im Text

Ceuthorrhynchus quadridens PANZ. lebt auf Cruciferen, insbesondere Kulturcruciferen, und entwickelt sich in diesen. Im Frühjahr und Frühsommer erfolgt die Eiablage durch die aus den Winterlagern kommenden und auf die Brutpflanzen überfliegenden Käfer. Über die Verlassen der Winterlager, Überflug auf die Brutpflanzen und Gonadenreife der Weibchen regulierenden Witterungsfaktoren sei hier auf Grund fünfjähriger Beobachtungen berichtet.

Die Käfer überwintern in der Nadelstreu und der Laubschicht von Waldrändern, Gebüschen und Hecken in 1—4 cm Tiefe (SPEYER, 1921; GÜNTHART, 1949). Im März oder April verlassen sie den Boden und fliegen bei geeigneter Witterung auf Brutpflanzenflächen über. Die Käfervitalität im Bereich des Winterlagers und der Überflug auf Rapsflächen läßt sich mit Hilfe von Gelbschalenfängen feststellen.

Daß sich Gelbschalen nach MÖRICKE für Vitalitätsbeobachtungen bei vielen Rapsinsekten eignen, habe ich bereits anläßlich der 7. Wanderversammlung Deutscher Entomologen berichtet (NOLTE, 1955). Diese Methode ist den Ermittlungen durch Kescherfänge, Abklopfen der Pflanzen und Sammeln am Boden, die früher derartigen Untersuchungen zugrunde gelegt wurden, sogar überlegen, weil sie die wirkliche Vitalität widerspiegelt, während bei den anderen Verfahren auch diejenigen Käfer erfaßt werden, die bei ungünstiger Witterung Verstecke an der Pflanze oder am Boden aufgesucht haben, also gar nicht aktiv sind.

Die von mir in den einzelnen Jahren erzielten Ergebnisse waren gleichsinnig. Ich greife als Beispiel das Jahr 1956 heraus.

Wie die Abbildungen 1 u. 2 zeigen, wurden im Jahr 1956 im Bereich des Winterlagers die ersten Käfer am 3. April erbeutet. Ein erster Überflug auf die 2 km entfernte Rapsfläche fand am 12. April statt. Erneute Käferaktivität wurde vom 26. bis 28. April festgestellt. Besonders günstige Verhältnisse lagen ab 3. Mai vor, Höhepunkte der Vitalität wurden vom 5. bis 7. Mai beobachtet.

Vergleichen wir dazu die Beziehungen zur Temperatur. Die Flugaktivität ist von den Lufttemperaturen abhängig, Beziehungen lassen sich, wie schon für andere Rapsinsekten nachgewiesen werden konnte, zu den Tagesmaxima der Lufttemperatur aufstellen (FRITZSCHE 1956; NOLTE 1956). Das Verlassen der Winterquartiere ist jedoch von den Bodentemperaturen abhängig, von denen die

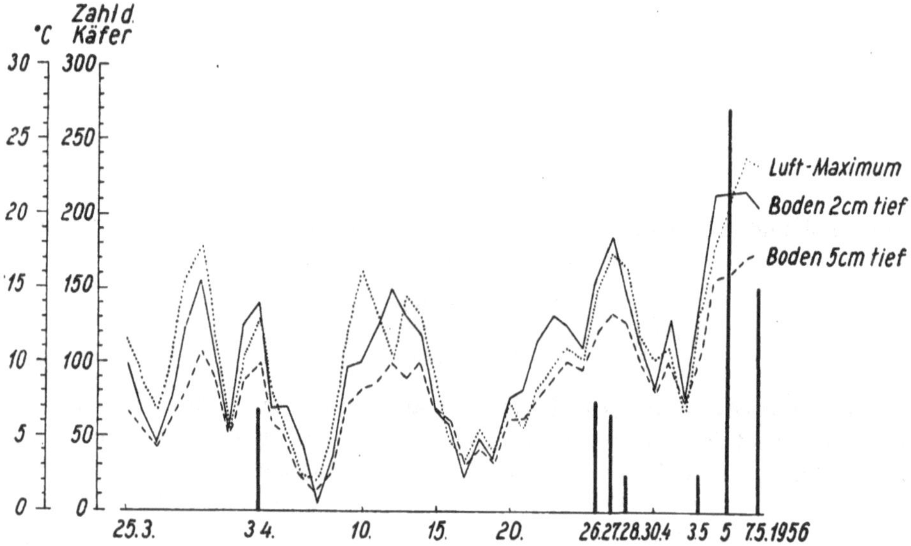

Abb. 1. Gelbschalenfänge am Winterlager in Abhängigkeit von der Bodentemperatur um 14 Uhr und dem Maximum der Lufttemperatur.

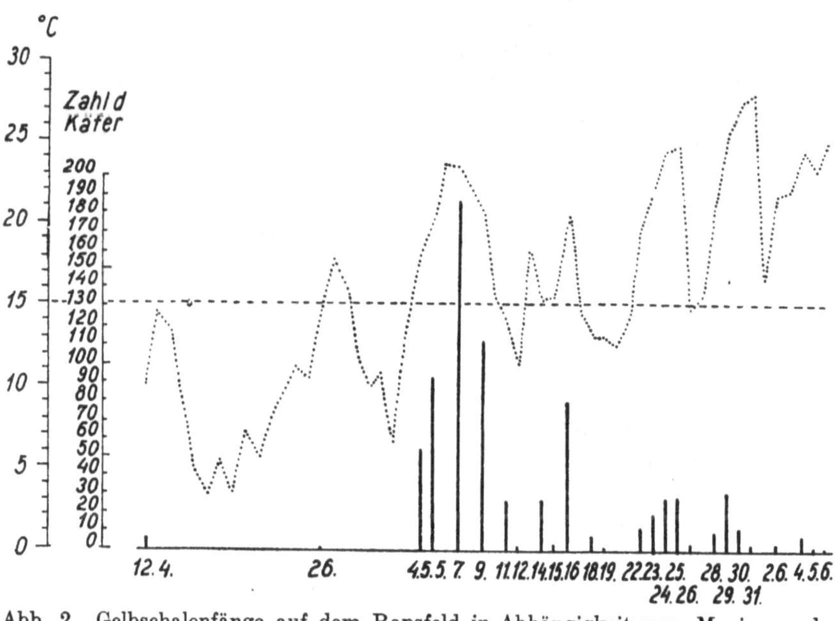

Abb. 2. Gelbschalenfänge auf dem Rapsfeld in Abhängigkeit vom Maximum der Lufttemperatur.

um 14 Uhr gemessenen Maximalwerte ausschlaggebend sind (Fritzsche 1956). Wenn nun Gelbschalenfänge zu Feststellungen am Winterquartier herangezogen werden, so lassen sich direkte Beziehungen nur für die Abhängigkeit der

Käferaktivität von den Lufttemperaturen aufstellen; es ergeben sich aber auch Folgerungen für das Verlassen des Bodens, wenn man die Werte der Vortage berücksichtigt. Betrachten wir unter diesen Gesichtspunkten die Abbildung 1, so können wir folgendes aussagen:

Die ersten aktiven Käfer wurden am 3. April festgestellt. An den vorangegangenen Tagen waren die Temperaturen im Boden in 2 cm Tiefe auf 10,0 bis 15,4° C, in 5 cm Tiefe auf 8,1 bis 10,8° C angestiegen, als Tagesmaxima der Lufttemperatur wurden 12,5 bis 17,9° C gemessen. Am 3. 4., d. h. am Vortag des Gelbschalenfanges und am Fangtag selbst betrugen die Tagesmaxima der Lufttemperatur 10,3° C bzw. 12,8° C. Ein erneuter Anstieg der Boden- und Lufttemperaturen auf die gleichen Werte wurde in der Zeit vom 10. bis 14. April beobachtet, in der Zwischenzeit lagen aber die Minima der Luft unter 0° C und wurden Bodenfröste festgestellt, die wahrscheinlich neben noch zu erwähnenden Ursachen das weitere Verlassen der Winterquartiere verhindert haben. Erst der erneute Anstieg der Bodentemperaturen in 2 cm Tiefe ab 22. April auf über 11° C sowie in 5 cm Tiefe am 23. April auf über 9° C und am 24. April auf 10,2° C hat zum erneuten Verlassen des Winterlagers angeregt, das sich am 26. April durch Gelbschalenfänge gekennzeichnet hat, nachdem die Lufttemperatur-Maxima ab 26. April auf über 14° C gestiegen waren. Die am 3. Mai endgültig einsetzende Erwärmung hat schließlich Veranlassung gegeben, daß die Hauptmasse der Population das Winterlager und den Bereich des Winterlagers verlassen hat. Ab 3. Mai wurde nicht nur starke Flugaktivität am Winterlager sondern auch in der Feldflur beobachtet.

Was läßt sich folgern?

Die Bodenerwärmung gegen Ende März hat die Käfer zum Verlassen der Winterlager angeregt. Zunächst wurden nur die in der obersten Bodenschicht liegenden Tiere aktiviert, nach erneuter Bodenerwärmung wurden auch die tiefer ruhenden Tiere angeregt und der Vergleich der Temperaturmaxima in den Bodentiefen 2 cm und 5 cm zeigt, daß 10° C für die Aktivierung im Boden notwendig sind.

Die ersten Gelbschalenfänge in der Feldflur wurden am 12. April festgestellt (Abb. 2), nachdem am 11. April ein Lufttemperaturmaximum von 16,2° C gemessen wurde. Geringe Käferaktivität wurde ferner am 26. April festgestellt. Es handelte sich dabei zweifellos noch um schon am 12. April festgestellte Käfer. Die geringen Zahlen deuten nämlich daraufhin, daß die vom 26. bis 28. April im Bereich des Winterlagers aktiv beobachteten Tiere nicht von dort abgeflogen sind, weil es sich nur um eine kurzfristige Erwärmung gehandelt hat. Erst das Ansteigen der Temperatur ab 3. Mai mit Maxima über 20° C hat zu Fernflügen veranlaßt.

Es ist zu folgern:

Kurzflüge im Bereich des Winterquartiers finden statt, wenn das Tagesmaximum der Luft mindestens 12° C beträgt; zu Fernflügen gehen die Käfer über, wenn die Tagesmaxima auf 14—16° C steigen, der Hauptflug findet aber erst statt, wenn die Temperaturmaxima die 20° C-Grenze überschreiten.

Niederschläge und Wind beeinträchtigen die Käferaktivität. Bei Regen findet kein Flug statt, für die Windbeeinflussung konnte ich feststellen, daß bis zu einer

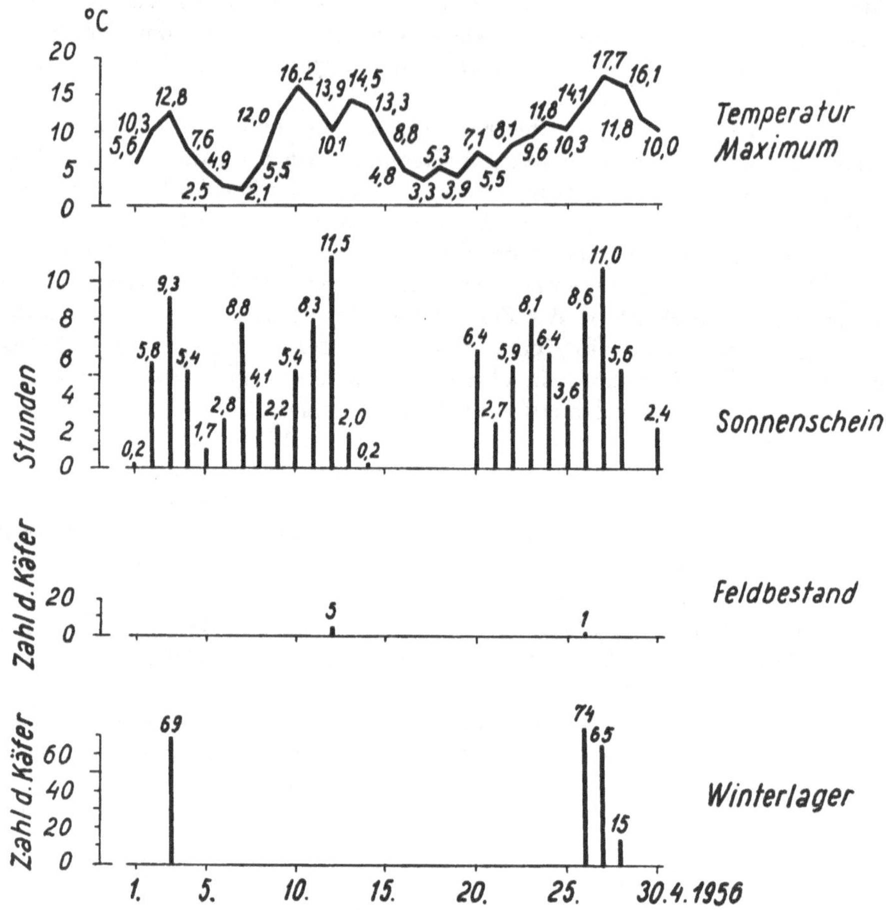

Abb. 3. Käferflug in Abhängigkeit von der Sonnenscheindauer.

Windstärke von 19—26 km/Std = Windstärke 4 noch Käferflug möglich ist.

Von nicht unerheblicher Bedeutung ist die Sonnenscheindauer. Dies zeigt Abbildung 3. Ein Käferflug wurde nur an Tagen mit wenigstens 8,6 Stunden Sonnenscheindauer beobachtet. Die schon diskutierte Käferinaktivität am Winterlager vom 4. bis 25. April 1956 dürfte mit durch die Sonnenscheinarmut dieses Zeitraumes zu erklären sein.

Die die Vitalität steuernden Einflüsse der Witterung wirken sich verständlicherweise auch auf die Eiablage bzw. die Eireifung in den Weibchen aus. Während die Männchen bei Verlassen des Winterlagers bereits geschlechtsreif sind, müssen die Weibchen erst einen Reifefraß durchführen. Die Fraßtätigkeit wird durch Regen, Wind oder fehlenden Sonnenschein nicht beeinträchtigt, ist aber von der Temperatur abhängig, u. z. konnte festgestellt werden, daß die gleichen Vitalitätsgrenzen gelten, die die Flugaktivität bestimmen. Fraßtätigkeit wurde nur bei Temperaturen über 12° C beobachtet.

Die Auswertung der eigenen Beobachtungen und der Veröffentlichung von Günthart (1949) zeigte aber, daß von der Vitalitätsbegrenzung abgesehen keine Beziehung zwischen Gonadenentwicklung und Temperatur besteht. Es war weder möglich, eine unbedingt erforderliche Wärmesumme zu errechnen, noch aus der Höhe der Temperaturen nach Beginn des Reifefraßes und der Dauer der Schönwetterperioden Folgerungen zu ziehen. Dies sei an einem Vergleich der Jahre 1955 und 1956 demonstriert.

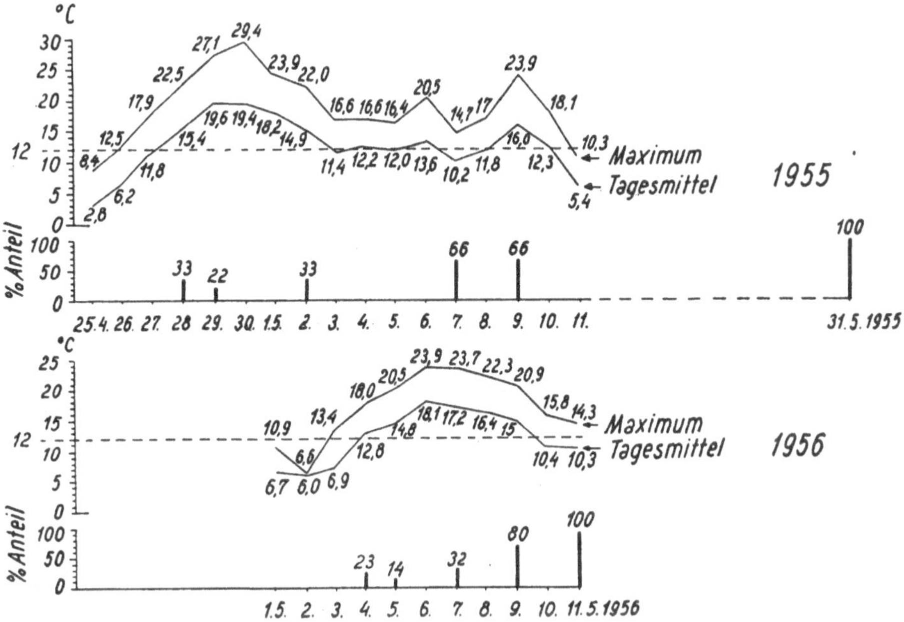

Abb. 4. Anteil legereifer Weibchen im Feldbestand.

Wie Abbildung 4 zeigt, waren im Jahr 1956 innerhalb einer Woche nach Feststellung der ersten legereifen Weibchen auf der Rapsfläche sämtliche Tiere voll entwickelt. Im Jahr 1955 dagegen wurden die ersten legereifen Weibchen am 28. April gefangen, Legereife aller weiblichen Käfer aber erst am 31. Mai festgestellt. Die Temperaturen an den ersten Tagen nach Feststellung der ersten legereifen Weibchen lagen aber in beiden Jahren über der Vitalitätsgrenze, die Maxima des Jahres 1955 übertrafen sogar die des Jahres 1956. Im Jahr 1956 fiel die Entwicklung der Weibchen in eine Schönwetterperiode mit Tagesmitteltemperaturen, die an 5 Tagen über 14,8° C lagen und bis zu 18,1° C betrugen, und mit Tagesmaxima, die an 6 Tagen über 18° C lagen und bis auf 23,9° C stiegen. Im Jahr 1955 wurden die ersten legereifen bei Beginn einer Schönwetterperiode von gleicher Dauer gefangen, für die folgende Temperaturen ermittelt wurden:

Tagesmittel an 5 Tagen über 14,9° C, ansteigend bis auf 19,6° C, Tagesmaximum an 6 Tagen über 17,9° C ansteigend sogar bis auf 29,4° C. An den folgenden 8 Tagen lagen die Tagesmittel noch über der Vitalitätsgrenze von 12° C und die Tagesmaxima zwischen 14,7 und 23,9° C, trotzdem wurden während dieses Zeitraumes aber nur $^2/_3$ der Weibchen legereif, die weitere Verzögerung ist vielleicht durch die dann einsetzende, auf der Abbildung nicht mehr dargestellte erhebliche Abkühlung zu erklären.

Zusammenfassend läßt sich aussagen:

1. Gelbschalen nach Möricke sind für Feststellungen über die Vitalität von *Ceuthorrhynchus quadridens* geeignet.
2. Das Verlassen der Winterlager erfolgt, wenn sich die Bodenschichten, in denen die Käfer den Winter verbringen, auf 10° C erwärmen. Ausschlaggebend sind dabei die um 14 Uhr gemessenen Werte.
3. Der Käferflug beginnt, wenn die Lufttemperatur auf 12° C steigt. Die Aktivität nimmt zu, wenn 14—16° C erreicht werden, das Optimum liegt bei Lufttemperaturen über 20° C.
4. Stärkere Niederschläge und Windstärken über 4 behindern den Käferflug.
5. Der Käferflug ist an Sonnenschein gebunden.
6. Zur Entwicklung der weiblichen Geschlechtsorgane ist ein Reifefraß notwendig. Dieser ist zwar von den ermittelten Vitalitätsgrenzen abhängig, direkte Beziehungen zu den klimatischen Faktoren, insbesondere zur Temperatur bestehen aber nicht. Eiablagetermine können daher nicht vorausgesagt werden.

Literatur:

Fritzsche, R., (1956): Untersuchungen zur Bekämpfung der Rapsschädlinge. IV Beiträge zur Ökologie und Bekämpfung des Großen Rapsstengelrüßlers (*Ceuthorrhynchus napi* Gyll.) Nachrichtenbl. Dtsch. Pflanzenschutzd. (Berlin) n. F. *10*, 97—105.

Günthart, E., (1949): Beiträge zur Lebensweise und Bekämfung von *Ceuthorrhynchus quadridens* Panz. und *Ceuthorrhynchus napi* Gyll. mit Beobachtungen an weiteren Kohl- und Rapsschädlingen. Mitt. Schweiz. Entom. Ges. 22, 441—591.

Körting, A., (1942): Über die Lebensweise des gefleckten Kohltriebrüßlers (*Ceuthorrhynchus quadridens* Panz.) und seine Bedeutung als Ölfruchtschädling. Arb. phys. angew. Ent. *9*, 207—237.

Nolte, H.-W., (1955): Die Verwendungsmöglichkeit von Gelbschalen nach Möricke für Sammler und angewandte Entomologen. Ber. 7. Wanderversammlung Dtsch. Entom Berlin, 201—212.

—, Prognose und Warndienst zur Schädlingsbekämpfung im Rapsanbau. Sitzungsber. Dtsch. Akad. Landwirtschaftswiss.

Speyer, W., (1921): Beitrag zur Biologie des gefleckten Kohltriebrüßlers (*Ceuthorrhynchus quadridens* Panz.) Ent. Bl. *17*, 118—124.

Vasina, A. N., (1927): *Ceuthorrhynchus quadridens*, the cabbage stem weevil, a pest of cruciferous plants (russisch). Trudo Opuitno-Issled. Uchastka Stantz. Zashch. Rast. Vred. Moskowsk. Zemel. Otd. *1*, 91—109. Ref. RAE *16*, 1928, 414—445.

Beeinflussung der Populationsdichte verschiedener Meligethes-Arten von gleichen Wirtspflanzen durch Parasiten

Von R. Fritzsche

Mit 2 Abbildungen im Text

Vor einigen Jahren konnte festgestellt werden, daß es sich bei den an Raps auftretenden Glanzkäfern nicht nur, wie bisher allgemein angenommen wurde, um die Art *Meligethes aeneus* handelt, sondern daß auch die Arten *Meligethes viridescens*, *coracinus* und *picipes* während der Vegetationsperiode in verhältnismäßig großer Zahl auf den Rapsfeldern zu finden sind. Die letzteren Arten treten vor allem während der Vollblüte und gegen Ende der Blüte des Rapses auf. Zu dieser Zeit nimmt die Population von *Meligethes aeneus* bereits infolge des natürlichen Absterbens stark ab. Auf Grund dieser Tatsachen erschienen eingehende Untersuchungen über die Abhängigkeit des Parasitenauftretens von dem zeitlichen Auftreten der einzelnen Glanzkäferarten erforderlich. Sie wurden in den Jahren 1952—1956 im mitteldeutschen Raum, vor allem in der Umgebung von Aschersleben, durchgeführt.

In diesem Gebiet treten während der Vegetationsperiode des Rapses zwei Ichneumoniden-Arten der Gattung *Isurgus* in großer Zahl auf. Hierbei handelt es sich um die Arten *Isurgus heterocerus* und *interstitialis*. Die Nachbestimmung dieser Schlupfwespen wurde freundlicherweise von den Herren Petersen, Berlin und Hedwig, Gifhorn, übernommen. Als Wirtstiere für *Isurgus heterocerus* konnten in Laborversuchen die Larven des 2. und 3. Stadiums der vier genannten *Meligethes*-Arten festgestellt werden. Freilandbeobachtungen erwiesen sich zu dieser Frage als undurchführbar, da sich die Larven dieser *Meligethes*-Arten äußerlich nicht unterscheiden. Eiablage in Imagines konnte in keinem Falle beobachtet werden. Die Eier sind charakteristisch dunkelbraun gefärbt und scheinen durch die Larvenhaut hindurch, so daß die Parasitierung durch *heterocerus* äußerlich leicht zu erkennen ist. Ein Weibchen legt durchschnittlich 40 Eier ab. *Isurgus interstitialis* ist ebenfalls in der Lage, die Larven der vier genannten *Meligethes*-Arten zu parasitieren. In den Laborversuchen war jedoch der Parasitierungsgrad durch diese Schlupfwespenart wesentlich geringer als durch *Isurgus heterocerus*. Die Eier dieser Art sind gelb gefärbt und etwa um ein Drittel größer als diejenigen von *heterocerus*. Bei den Präparationen von im Freiland während der gesamten Vegetationsperiode gesammelten *Meligethes*-Larven war der Parasitierungsgrad durch *interstitialis* ebenfalls sehr gering. Dagegen ist die Wespe in der Lage, Imagines von *Meligethes viridescens* und *picipes* mit ihren Eiern zu belegen. *Meligethes aeneus* und *coracinus* wurden von ihr nicht befallen. Dies konnte sowohl bei den Freilandbeobachtungen als auch im Laborversuch nachgewiesen werden. Die Eiproduktion dieser Wespe ist wesentlich geringer als die von *Isurgus heterocerus*. Durchschnittlich konnte eine Eiablage von 24 Eiern pro Weibchen beobachtet werden.

Über die Bedeutung der *Isurgus*-Arten für die Populationsgröße des Rapsglanzkäfers liegt aus dem Jahre 1920 eine Arbeit von BÖRNER und BLUNCK vor. Beide Autoren fanden bei Naumburg neben *Isurgus heterocerus* noch die Art *Isurgus morionellus* als *Meligethes*-Parasiten. Auf Grund des Auftretens der Wespen und des Populationsverlaufes der Glanzkäfer schreiben sie diesen Parasiten keine wesentliche Bedeutung für die Vermehrungsrate der Käfer zu, da sich nach ihren Befunden trotz der Parasitierung eine verhältnismäßig große Zahl von Larven bis zur Puppe und zum Jungkäfer entwickeln kann. Während diese Ergebnisse unter der Annahme des Auftretens von nur einer *Meligethes*-Art, nämlich *Meligethes aeneus* erzielt wurden, erscheint die Bedeutung der *Isurgus*-Arten bei Berücksichtigung des Auftretens weiterer Vertreter der Gattung *Meligethes* in einem anderen Lichte. Im Rahmen unserer 5jährigen Untersuchungen über das Auftreten der verschiedenen *Meligethes*-Arten auf Raps und den Populationsverlauf ihrer Parasiten wurden während der gesamten Vegetationsperiode des Rapses täglich Gelbschalenfänge und im Abstand von zwei bis drei Tagen Kescherfänge und Klopffänge an 90 gleichmäßig über den Bestand verteilten Rapspflanzen durchgeführt. Daneben wurden zur Kontrolle des Belegungsgrades der

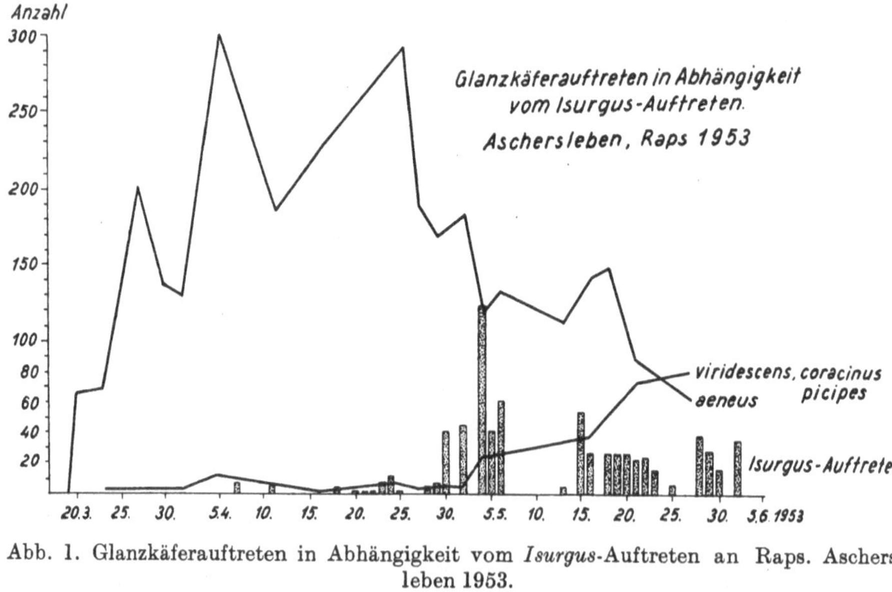

Abb. 1. Glanzkäferauftreten in Abhängigkeit vom *Isurgus*-Auftreten an Raps. Aschersleben 1953.

Rapsknospen und des Larvenbesatzes im Abstand von 5—8 Tagen je 10 Pflanzen auf Ei- und Larvenbesatz untersucht. Da sowohl das Käfer- als auch das Parasitenauftreten in den Beobachtungsjahren in ähnlicher Weise verlief, sollen hier die Wirts-Parasit-Beziehungen am Beispiel des Jahres 1953 erläutert werden. Während *Meligethes aeneus* bereits im zeitigen Frühjahr den Raps besiedelt, treten die übrigen Arten erst in der Vollblüte des Rapses, in der Regel ab Mitte Mai in größerer Zahl auf. Zu dieser Zeit ist die *aeneus*-Population bereits im Rückgange begriffen. Das Hauptauftreten der beiden *Isurgus*-Arten beginnt Anfang Mai

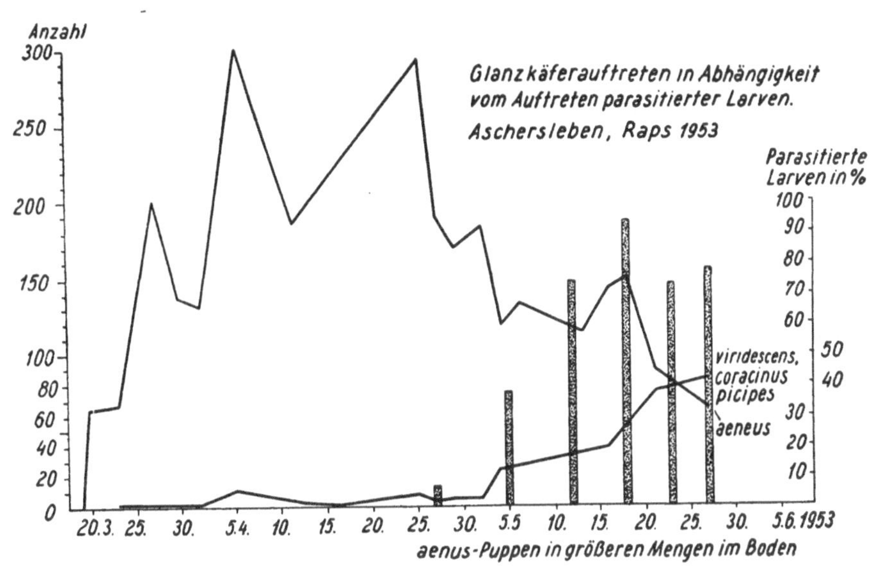

Abb. 2. Glanzkäferauftreten in Abhängigkeit vom Auftreten parasitierter Larven an Raps. Aschersleben 1953.

(Abb. 1). Sie können von Blühbeginn an bis zum Ende der Blüte in großen Mengen auf den Rapsfeldern festgestellt werden, wobei gegen Ende der Blüte der Anteil an *Isurgus interstitialis* überwiegt, während beide Arten in der vorhergehenden Zeit zu gleichen Teilen vorkommen. Sie reagieren auf Gelbschalen, so daß der Verlauf ihres Auftretens hiermit ermittelt werden kann. Zum Zeitpunkt des ersten Auftretens der *Isurgus*-Arten in größeren Mengen konnten bereits *Meligethes*-Puppen im Boden gefunden werden (Abb. 2). Hierbei handelte es sich ausschließlich um *Meligethes aeneus*, wie die Zuchtversuche ergaben. Der Parasitierungsgrad der Larven lag zu dieser Zeit bei etwa 30—40%, die Art *Meligethes viridescens* hatte noch keine Eier und die beiden anderen Arten nur in geringem Umfange Eier abgelegt, wie auf Grund der Gonadenpräparationen ermittelt werden konnte. Da die Art *Meligethes viridescens*, die von den drei später im Frühjahr auftretenden Glanzkäferarten zahlenmäßig am stärksten vertreten ist, ihre

Eier in charakteristischer Weise an der Knospenspitze im Gegensatz zu *Meligethes aeneus*, welche ihre Eier von der Knospenbasis aus einschiebt, ablegt, kann der Belegungsgrad durch *viridescens* auch durch Knospenuntersuchungen festgestellt werden. Die Larvenparasitierung stieg bis Mitte Mai auf etwa 70%, wobei es sich im wesentlichen um Parasitierung durch *Isurgus heterocerus* handelte. In der zweiten Maihälfte hatte der Parasitierungsgrad der Larven seinen Höhepunkt erreicht. In dieser Zeit konnte eine bis zu 94%ige Parasitierung festgestellt werden. Ein Vergleich mit dem Auftreten der *Meligethes*-Arten ergibt, daß von Mitte Mai an auch das Hauptauftreten der Arten *Meligethes viridescens, coracinus* und *picipes* beobachtet wurde. Dadurch fallen neben den noch auf den Pflanzen befindlichen *aeneus*-Larven vor allem die Larven der letztgenannten *Meligethes*-Arten den Parasiten zum Opfer, während ein großer Teil der *aeneus*-Larven bereits vor dem Hauptauftreten der *Isurgus*-Arten zur Verpuppung in den Boden abgewandert ist. Die Larvenparasitierung wirkt sich bei den Arten *Meligethes viridescens, coracinus* und *picipes* auf die Populationsgröße des folgenden Jahres besonders empfindlich aus, da diese Arten gegenüber *Meligethes aeneus* eine wesentlich geringere Vermehrungsrate besitzen. Während *Meligethes aeneus* bei 20—22° C und 90% relativer Luftfeuchtigkeit durchschnittlich 210 Eier ablegt, konnten bei *viridescens* nur 71, bei *coracinus* 32 und bei *picipes* 33 Eier unter den gleichen Bedingungen festgestellt werden. Diese Untersuchungen zeigen, daß die *Isurgus*-Arten entsprechend den Angaben von Börner und Blunck nur eine geringe Bedeutung für die Verminderung des Käferauftretens im folgenden Jahre besitzen, daß sie jedoch die Populationsdichte der während der Blütezeit des Rapses auftretenden Arten *Meligethes viridescens, coracinus* und *picipes* erheblich einschränken können. Praktische Bedeutung für die Verhinderung von *Meligethes*-Schäden an Raps kann aber den Parasiten der Gattung *Isurgus* nicht zugesprochen werden, da die Hauptschäden am Raps durch *Meligethes* während der Knospenzeit entstehen. Diese werden im wesentlichen durch die im zeitigen Frühjahr auftretenden *aeneus*-Imagines verursacht, während die übrigen Arten am Winterraps nur als harmlose Pollenfresser anzusehen sind. Von Bedeutung kann die Reduzierung der übrigen *Meligethes*-Arten jedoch in Gebieten mit starkem Sommerrapsbau werden, da sich der Sommerraps im allgemeinen zur Zeit der Winterrapsvollblüte erst im Knospenstadium befindet und hier durch die Käfer erhebliche Schäden verursacht werden können.

Die Imaginalparasitierung von *Meligethes viridescens* und *picipes* durch *Isurgus interstitialis* spielt für die Populationsdichte des folgenden Jahres nur eine geringe Rolle. Belegte Weibchen konnten erst Ende Mai beobachtet werden. Zu dieser Zeit hatten sie bereits Eier abgelegt. Im Laborversuch konnte bei parasitierten *viridescens*-Weibchen noch eine Eiablage bis zu 22 Stück beobachtet werden. Der Parasitierungsgrad der Altkäfer-Weibchen von *viridescens* betrug 5—8%, derjenige der *picipes*-Weibchen 25—30%. Die parasitierten Altkäfer gehen auf dem Rapsbestand zugrunde, die Wespenlarven verpuppen sich im Boden und überwintern in dieser Form hier. Bis Anfang August nimmt die *interstitialis*-Population laufend ab. Bis zu dieser Zeit können sie jedoch noch einen Teil der *viridescens*-

und *picipes*-Jungkäfer mit Eiern belegen. Diese wandern dann mit den Parasiteneiern in die Winterlager. Im Frühjahr können die Käfer zum Teil noch den Boden verlassen, gehen aber bald zugrunde, zum Teil sterben sie auch schon im Winterlager ab, wie durch Winterquartieruntersuchungen festgestellt werden konnte. Bis zu den Rapsflächen können die parasitierten Käfer nicht mehr fliegen. Der Parasitierungsgrad der im Winterlager befindlichen Käfer betrug 0,8—1%.

Auf Grund der vorliegenden Untersuchungen kann also festgestellt werden, daß die wesentlichste Bedeutung für die Reduzierung der Populationsdichte dieser beiden *Meligethes*-Arten der Larvenparasitierung zukommt.

Literatur:

Börner, C. und Blunck, H. (1921): Beiträge zur Kenntnis vom Massenwechsel (Gradation) schädlicher Insekten. Arb. BRA *10*, 405—466.

Das Hormonsystem der Insekten auf Grund neuer Forschungsergebnisse

Von Manfred Gersch

Mit 11 Abbildungen im Text

Physiologische Probleme der verschiedensten Art sind bei den Insekten wie bisher bei keiner anderen Tiergruppe unter den Wirbellosen untersucht worden. Wie groß Wissen und Interesse auf diesem Gebiet sind, zeigt die Tatsache, daß es allein vier zusammenfassende Darstellungen über die Insektenphysiologie gibt (Wigglesworth 1956; Chauvin 1948; Roeder 1953; Kusnezow 1953). Für keine andere Tierklasse der Wirbellosen liegt dagegen eine ähnliche spezielle lehrbuchmäßige physiologische Darstellung vor.

Was für die Physiologie der Insekten allgemein im Vergleich zur Physiologie anderer Klassen der Wirbellosen zutrifft, läßt sich im speziellen auf die Verhältnisse der Hormonphysiologie übertragen. Es dürfte heute sicher sein, daß auch bei allen Wirbellosen mit dem Vorkommen von Hormonen zu rechnen ist, trotz der Tatsache, daß manche Tiergruppen in dieser Hinsicht noch ganz unerforscht sind, wie z. B. die Echinodermen, oder daß bei anderen bisher nur wenige Hinweise vorliegen, wie bei Mollusken und Anneliden. Von den hormonalen Verhältnissen wirbelloser Tiere sind am besten die der Metamorphosehormone der Insekten bekannt. Hier liegen bekanntlich über den Nachweis hormonaler Regelung der Häutungsschritte hinaus auch genauere Hinweise über das Zusammenwirken verschiedener Hormone vor.

Außerdem ist ein hormonaler Einfluß auf den physiologischen Farbwechsel erwiesen, wenn auch bisher nur an ganz wenigen Objekten experimentell näher untersucht. Schließlich beziehen sich die jüngsten Erkenntnisse hormonaler Wirkungen bei Insekten auf Faktoren, die die Bewegungen verschiedener innerer Organe wie Darm, Malpighische Gefäße, Herz usw. steuern. Dagegen soll hier nicht auf die völlig zweifelhafte Frage der Geschlechtshormone und ebensowenig auf die vereinzelt stehenden Befunde über gonadotrope Hormone bei Insekten eingegangen werden, zumal die letzteren sicherlich durch die neueren Ergebnisse eine ganz andere Deutung verdienen.

Es ist selbstverständlich unmöglich, in diesem Rahmen die zahlreichen älteren und neueren Ergebnisse über Metamorphosehormone der Insekten darzustellen. Dafür gibt es mehrere neue Übersichten und Zusammenfassungen (Piepho 1951; Wigglesworth 1954). Vielmehr sollen hier nur die wesentlichsten Tatsachen über die Metamorphosehormone insoweit in aller Kürze gestreift werden, als sie in unmittelbarer Beziehung zu einem umfassenderen Verständnis über das Hormonsystem der Insekten erforderlich sind.

Schon mit der ersten Arbeit über die wirksamen Faktoren der Metamorphosevorgänge bei Insekten wurden durch KOPEC (1922) zwei entscheidende Feststellungen getroffen, die für weitere Untersuchungen wegweisend gewesen und auch für unsere heutige Auffassung noch bestimmend sind. Außer dem Nachweis hormonaler Beeinflussung der Metamorphosevorgänge mit Hilfe von Schnürungen am Schwammspinner (*Lymantria dispar*) war es die Feststellung, daß das Gehirn ein solches Hormon erzeugen muß. Die von da an bis zum heutigen Tage von verschiedener Seite in oft sinnvoll erdachten und experimentell geschickt ausgeführten Versuche mit Hilfe von Schnürungen, Implantationen, Transplantationen und Blutübertragungen haben diese ersten Befunde bestätigt und weiter ausgebaut. Als eines der letzten wichtigen Ergebnisse unter der Vielzahl anderer soll die Isolierung des Metamorphosehormons in kristallisierter Form aus den Prothoracaldrüsen des Seidenspinners erwähnt werden (BUTENANDT und KARLSON 1954).

Für das Metamorphosegeschehen der Insekten sind nach der heute allgemein angenommenen Auffassung drei inkretorische Organe von Bedeutung: Neurosekretorische Zellen im Gehirn, die Prothoracaldrüsen und die Corpora allata. Die larvale Häutung wird durch das Hormon der Corpora allata gesteuert. Das in den neurosekretorischen Zellen des Gehirns gebildete Hormon, das uns bisher nur durch seine Wirkungsweise, nicht aber als chemischer Körper bekannt ist, veranlaßt die Prothoracaldrüsen zur Ausschüttung des eigentlichen Verpuppungshormons. Die Metamorphose vollzieht sich dementsprechend durch Zusammenwirken von drei Hormonen. Inwieweit dieses Schema geeignet ist, alle Vorgänge der Metamorphose bei Insekten zu erklären, muß sich in Zukunft erweisen. So haben Versuche bei der Küchenschabe in neuester Zeit ergeben (CHADWICK 1955; NUTTING 1955), daß eine Verpuppung auch nach Entfernung der Prothoracaldrüsen eintreten kann. Ebenso wurde bei *Rhodnius* gezeigt (WIGGLESWORTH 1955), daß die Häutung unterbleibt, wenn die Hämocyten blockiert sind, während die Prothoracaldrüsen unbeeinflußt bleiben. Diese Befunde lassen mit einem noch komplizierteren Wirkungsmechanismus rechnen.

Alle Untersuchungen zur Metamorphose der Insekten haben, ungeachtet der noch offenen Fragen, im einzelnen übereinstimmend, ergeben, daß bei Häutung und Verpuppung hormonale Faktoren beteiligt sind, die dem Gehirn und zumindest einem der Anhangsgebilde des Gehirns (Corpora allata) entstammen. Diese Tatsache erscheint für die weitere Betrachtung des Hormonsystems der Insekten über die Perspektive der Metamorphose hinaus von Bedeutung.

Das Vorkommen von Hormonen im Nervensystem der Insekten ist aber nicht nur auf das Gehirn beschränkt (GERSCH 1955; UNGER 1956). Auch aus anderen Teilen des zentralen Nervensystems ließen sich hormonale Wirkungsfaktoren extrahieren. Offenbar steuern derartige Neurohormone aus Gehirn und anderen Teilen des Nervensystems verschiedenartige Prozesse im Insektenkörper. Die neuesten Kenntnisse beziehen sich auf die Steuerung der rhythmischen Bewegung von Eingeweiden. Die erste Feststellung dieser Art machte KOLLER (1948) an Malpighischen Gefäßen. Durch Extrakte von Gehirn und Corpora cardiaca werden diese zu stärkerer rhythmischer Bewegung veranlaßt. Darmbewegungen wurden dagegen durch die genannten Extrakte gehemmt, hingegen durch Darmextrakte und Extrakte der Corpora allata gefördert (KOLLER 1955). Ebenso wird die Kontraktilität der Ovidukte von *Dixippus morosus* durch Gehirnextrakte gesteigert, durch Extrakte der Corpora cardiaca und Corpora allata hingegen gehemmt (ENDERS 1956).

Die Untersuchungen an der Mückenlarve *Corethra* haben gleichfalls den Nachweis hormonaler Steuerung der Darmbewegungen erbringen können und darüber hinaus gezeigt, daß es sich hierbei um Neurohormone handelt, die durch experimentellen Eingriff freigesetzt werden können (GERSCH 1952, 1955). Dieses Objekt ist trotz seiner geringen Größe für derartige Experimente deshalb besonders geeignet, weil es infolge seiner Durchsichtigkeit gestattet, das Ergebnis experimenteller Eingriffe am lebenden Objekt genau zu verfolgen. Auf Grund der Durchsichtigkeit ist es beispielsweise mühelos möglich zu beobachten, wie nach Fütterung einer Larve im Mitteldarm antiperistaltische Wellenbewegungen einsetzen, welche die Verdauungsfermente zu dem in diesem Fall als Ort der Verdauung dienenden Pharynx transportieren. Diese antiperistaltischen Wellenbewegungen werden hormonal gesteuert. Den Ausgangspunkt für alle weiteren Befunde über hormonale Beeinflussung der Darmbewegungen bildet die Feststellung, daß Darmbewegungen in gleicher Weise wie nach Fütterung auch nach Reizung irgendeines Ganglions ausgelöst werden können (Abb. 1).

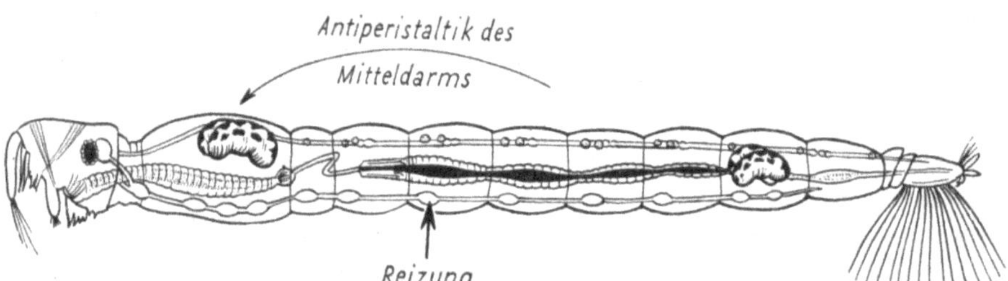

Abb. 1. Einsetzen antiperistaltischer Wellenbewegungen nach Reizung eines Ganglions der Bauchkette (nach GERSCH 1955).

Reizversuche dieser Art, systematisch auf alle Ganglien der *Corethra*-Larve ausgedehnt (Cerebral-, Unterschlund-, Thoracal- und Abdominalganglien), erbrachten den Nachweis, daß in jedem Fall eine antiperistaltische Bewegung des Darmes angeregt werden kann. Lediglich nach Reizung des Cerebralganglions zeigte sich insofern eine Besonderheit, als sofort im Augenblick des Brennreizes eine deutliche Reaktion im Mitteldarm auftrat und einen Transport seines Inhaltes in den Pharynx verursachte. Einige Minuten nach dieser ersten Antiperistaltik desMitteldarmes setzten erneute, meistens schwächere Pumpbewegungen ein, die nun länger andauert. Diese beiden Reaktionen sind sicher in der Weise zu erklären, daß der Brennreiz zunächst unmittelbar einen Nervenreiz verursacht, der sich über das stomatogastrische System auf den Darm auswirkt, während die später einsetzenden Bewegungen des Mitteldarmes ihre Ursache in hormonalen Faktoren haben, wie sie nach Reizung der einzelnen Ganglien der Bauchkette in ganz entsprechender Weise zu beobachten sind.

Daß hormonale Faktoren, die durch Nervenreizung der *Corethra*-Larve zur Ausschüttung gelangen, die Bewegungen des Darmes steuern, ließ sich durch andere Versuchsanordnungen noch eindeutiger erweisen. Dem betreffenden Tier wurden vor der Ausführung des eigentlichen Versuches zwei Ganglien in zwei alternierenden Abdominalsegmenten ausgeschaltet, dadurch also die Nervenverbindung nach vorn und hinten über diese Ganglien hinaus unterbrochen. Auch in diesem Fall verursacht die Reizung des dazwischen liegenden noch unbeschädigten Ganglions antiperistaltische Bewegungen des Darmes, die sich über seine ganze Länge ausdehnen. Diese Tatsache läßt sich nur mit der Wirkungsweise neurohormonaler Faktoren aus der Bauchkette erklären.

Auch die Versuche mit dem isolierten Darm der *Corethra*-Larve sprechen eindeutig für eine hormonale Steuerung der Darmbewegungen. Bei einem in Ringerlösung befindlichen isolierten Darm halten die Pumpbewegungen für längere Zeit an. Sie können dadurch zum Stillstand gebracht werden, daß die Ringerlösung laufend erneuert wird. Offenbar wird mit dem Durchsaugen der Ringerlösung ein anfangs vorhandenes Neurohormon weggespült (Abb. 2). Auf diese Weise ließ sich zugleich eine Versuchsanordnung entwickeln, mit deren Hilfe in einwandfreier

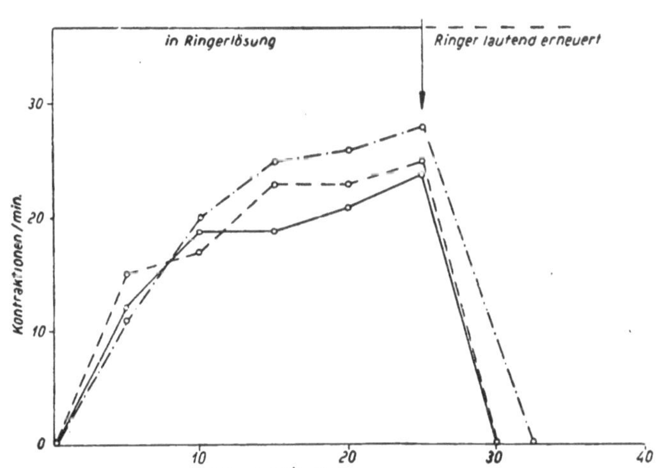

Abb. 2. Reaktion des isolierten Darmes in Ringerlösung. Antiperistaltische Bewegungen durch Anwesenheit von Neurohormonen, durch Auswaschen Bewegungsstillstand (nach GERSCH 1955).

Weise die Wirkung anderer Stoffe getestet werden konnte. Der isolierte Darm bleibt bis zum Auftreten stärkerer Pumpbewegungen als Beweis seiner Aktionsfähigkeit und Vitalität in der gleichen Ringerlösung. Danach wird die Ringerlösung bis zum Eintreten des Bewegungsstillstandes des Darmes erneuert, was in 5 bis 10 Minuten erreicht wird. An dem in dieser Weise stillgelegten Darm konnte die Wirkung verschiedener Substanzen geprüft werden.

Nervenextrakt von *Corethra, Blatta orientalis* sowie *Dixippus morosus* vermag den zur Ruhe gebrachten Darm von *Corethra* zu neuer Kontraktionstätigkeit anzuregen (Abb. 3). Aus dieser Tatsache ist ersichtlich, daß der hormonale Faktor weder art-, gattungs- noch ordnungsspezifisch ist. Weiterhin läßt sich der Befund, daß Extrakt sowohl des Gehirns als auch des Bauchmarks in gleicher Weise wirksam sind, nur so deuten, daß derartige Hormone in allen Teilen des Nervensystems, nicht aber nur im Gehirn auftreten.

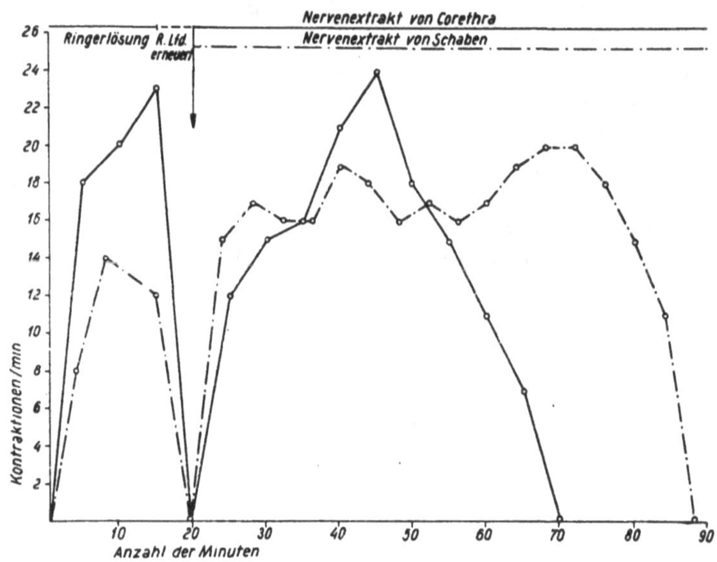

Abb. 3. Wiederingangsetzung antiperistaltischer Bewegungen am isolierten Darm durch Nervenextrakt nach vorausgegangener Stillegung des Darmes (nach GERSCH 1955).

Auf Grund der bisherigen Ergebnisse lag es nahe, auch die Frage der Steuerung der Herztätigkeit zu prüfen, für die bisher gewöhnlich eine nervöse Beeinflussung angenommen wurde (KRIJGSMAN 1950, 1951, 1952; FLOREY 1952). Die Untersuchungen, die mein Schüler und Mitarbeiter H. UNGER (1956) am Herzen der Küchenschabe (*Blatta orientalis* und *Periplaneta americana*) durchführte, erbrachten über die Befunde zur Frage der Steuerung der Herztätigkeit hinaus noch weitere Einblicke zum Problem des Hormonsystems der Insekten ganz allgemein. Auch hier ließen sich aus den verschiedenen Anteilen des Nervensystems (Gehirn, Corpora cardiaca, Corpora allata und den Ganglien des Bauchmarks) hormonale Substanzen durch ihre beschleunigende Wirkung auf die Herztätigkeit nachweisen. Dabei zeigte sich auffälligerweise ein Antagonismus zwischen den Extrakten verschiedener Nervenanteile. Extrakte der Corpora cardiaca und des Gehirns ohne Drüsen führten zu einer Erhöhung der Herzpulsationen, während Corpora allata-Extrakt die Herztätigkeit zum Stillstand brachte (Abb. 4). Versuche mit Bauchmarkextrakt von *Blatta orientalis* und *Aeschna*-Larven auf die Herztätigkeit der *Aeschna*-Larven erbrachten auch hier den Nachweis, daß die herzaktiven Substanzen nicht art-, gattungs- oder ordnungsspezifisch sind.

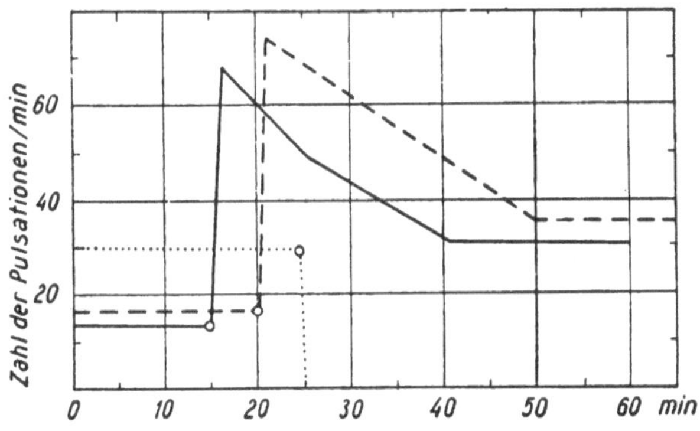

Abb. 4. Einfluß der Extrakte von Gehirn, Corpora cardiaca und Corpora allata von *Periplaneta* auf die Herztätigkeit von *Periplaneta orientalis* (nach UNGER 1956).

Die Trennung der Extrakte von Gehirn, Corpora cardiaca, Corpora allata, Unterschlundganglion und der Bauchganglienkette mit Hilfe der Papierchromatographie führte zu dem bemerkenswerten Ergebnis, daß im Zentralnervensystem von *Periplaneta* mehrere Neurohormone vorkommen. In den Ganglien des Bauchmarks wurden drei verschiedenartige papierchromatographisch trennbare und physiologisch austestbare Hormone festgestellt, von denen zwei außerdem auch im Gehirn und in den Corpora cardiaca und eines schließlich noch in den Corpora allata vorkommen. Alle drei Hormone beeinflussen die Herztätigkeit. Bei dem einen handelt es sich um Acetylcholin, die beiden anderen sind in chemischer Hinsicht noch unbekannt. Sie lassen sich aber sowohl durch einige chemische als auch durch ihre physiologischen Eigenschaften charakterisieren. Beachtlich ist dabei, daß sie antagonistisch das Herz beeinflussen.

Die eine Substanz, von UNGER als Neurohormon *D* bezeichnet, bewirkt neben Frequenzsteigerung auch Vergrößerung der Amplitude des Herzens. Im Papierchromatogramm ist diese Substanz nach Anwendung verschiedener Lösungsmittel durch spezifische Fluoreszenz und Farbreaktionen bei geeigneter Entwicklung zu fassen. Sie wurde im Cerebralganglion, in den Corpora cardiaca, im Unterschlundganglion, in den übrigen Ganglien des Bauchmarks und in der Hämolymphe festgestellt*).

Die andere Substanz, von UNGER als Neurohormon *C* bezeichnet, kommt neben Neurohormon *D* in den gleichen Nervenbezirken, darüber hinaus noch in den Corpora allata vor. Besondere chemische Eigenschaften lassen sich hier durch papierchromatographische Trennung nicht anführen. In physiologischer Hinsicht bewirkt dagegen das herausgelöste Eluat beim Herzen eine Frequenzsteigerung bei gleichzeitiger Verkleinerung der Amplitude, so daß starke Dosen Herzstillstand in der Systole verursachen.

Den dritten hormonalen Wirkungsfaktor stellt, wie erwähnt, auf Grund der physiologischen Hinweise am Herzen von *Periplaneta* ebenso wie am Darm von *Corethra* in Verbindung mit der papierchromatographischen Trennung Acetylcholin dar, das im Bauchmark, nicht aber im Gehirn mit den Anhangsdrüsen angetroffen wird.

Aus den verschiedenen Versuchen zur hormonalen Steuerung der Bewegungstätigkeit innerer Organe, insbesondere aber aus den Ergebnissen über die Steuerungsfaktoren der Darmbewegungen von *Corethra* und der Herztätigkeit von *Periplaneta* lassen sich zur Frage des Hormonsystems der Insekten folgende Feststellungen von allgemeiner Bedeutung treffen. Die Hormone entstammen nicht nur dem Gehirn und seinen Anhangsdrüsen, sondern in gleicher Weise auch den Bauchganglien. Nach den Ergebnissen an *Periplaneta* ist mit mehreren Hormonen zu rechnen, die in diesem Fall eine antagonistische Wirkung besitzen.

Ein dritter Komplex von Vorgängen wird gleichfalls durch hormonale Prozesse gesteuert: der physiologische Farbwechsel. Unter den Insekten sind hier zwei Fälle bisher näher untersucht. Bei der Stabheuschrecke (*Dixippus morosus*) erfolgt der Farbwechsel auf äußere Reize wie Licht, Temperatur und Feuchtigkeit in der Weise, daß diese einen Nervenreiz auslösen, der über das Gehirn die Ausschüttung eines Hormons verursacht (GIERSBERG 1928; ATZLER 1930; JANDA 1934; DUPONT-RAABE 1951). In einem verhältnismäßig einfachen Schnürungsversuch läßt sich hier die hormonale Steuerung demonstrieren (Abb. 5). Das Vorderende eines so geschnürten Tieres ist dunkel, das Hinterende dagegen hell. Diese Verschiedenheit erklärt sich durch die Wirkung eines vom Kopf bzw. Gehirn ausgehenden „Verdunklungshormons", dessen Ausbreitung infolge der Schnürung auf das Vorderende beschränkt bleibt. In neueren Versuchen gelang es, die Wirksamkeit eines „Aufhellungsfaktors" nachzuweisen (GERSCH und MOTHES 1956). Ebenso wie bei *Periplaneta* treten hier die beiden Neurohormone C und D im Gehirn, den Corpora cardiaca und dem Bauchmark auf (GERSCH und UNGER 1957). Neurohormon C verursacht selbst in vitro eine Verdunkelung der Hypodermis, Neurohormon D dagegen eine Aufhellung (Abb. 6, 7).

Das zweite unter den Insekten hinsichtlich des physiologischen Farbwechsels näher untersuchte Objekt ist wiederum die Larve von *Corethra*. Die Pigment-

*) Anmerkung während der Korrektur: Aus dem Nervensystem von *Periplaneta* konnte dieses Hormon inzwischen isoliert, rein dargestellt und an verschiedenen biologischen Testen geprüft werden (GERSCH, UNGER, FISCHER, 1957).

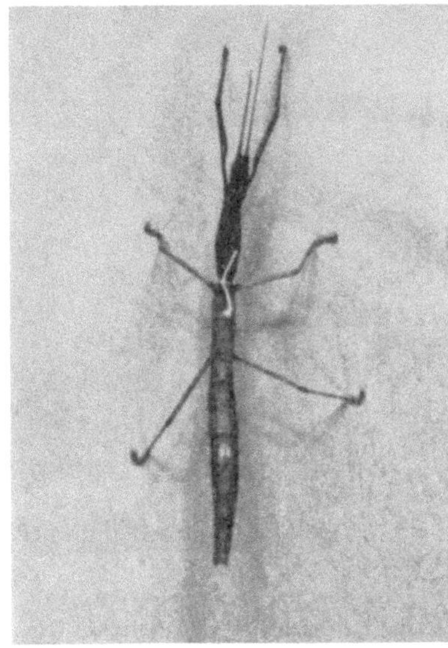

Abb. 5. Schnürung von *Dixippus morosus*. Vorderteil durch Einwirkung eines „Verdunklungshormons" dunkel, hinterer Teil dagegen heller.

zellen auf den Tracheenblasen, von denen sich ein Paar im Thorax, das zweite Paar im 7. Abdominalsegment befinden, passen sich durch verschiedenen Grad der Expansion dem Untergrund an. Dies beruht auf Ausbreitung oder Abkugelung der Farbzellen, wobei sie sich gleichzeitig auf den Tracheenblasen entlang bewegen. Bei ausgesprochener Helladaption finden sich die Melanophoren stark zusammengezogen an den beiden Enden der Tracheenblasen, wohingegen sie bei Dunkelanpassung über die ganze Oberfläche ausgebreitet sind. Diese Veränderungen beruhen nach verschiedenen neueren Untersuchungen mit Hilfe von Schnürungen, Injektionen, Gewebeimplantationen und Nervenreizung ebenfalls auf hormonalen Faktoren, die vom Nervensystem ausgehen (Kopenec 1949; Dupont-Raabe 1949; Hadorn und Frizzi 1949; Gersch 1956). Die früheren Versuchsergebnisse hatten auch hier den Nachweis von einem wirksamen Hormonfaktor im Gehirn erbracht. Jetzt zeigt sich aber, daß außer denjenigen im Gehirn auch die in den übrigen Teilen des Nervensystems auftretenden Hormone den Farbwechsel bei *Corethra* beeinflussen (Gersch 1956).

Thermische Reizung des Nervensystems verursachte in jedem Falle eine Expansion der Melanophoren. Es ist dabei gleichgültig, ob das Cerebralganglion oder eines der Ganglien der Bauchkette gereizt wird (Abb. 8). Hierfür ist aber nicht der direkte Nervenreiz, sondern das durch Nervenreizung zur Ausschüttung gebrachte Hormon bestimmend. Die hormonale Beeinflussung der Reaktion der Melanophoren ließ sich durch geeignete Schnürung bei vorheriger Unterbrechung des Nervensystems und späterer Reizung in verschiedener Weise erbringen. In dem einen Falle wurde zunächst das 2. Abdominalganglion ausgeschaltet und dadurch an dieser Stelle die nervöse Verbindung zwischen dem vorderen und hinteren Körper unterbrochen. Nach Abklingen des dadurch verursachten Schocks, d. h. einige Tage später, erfolgten Schnürungen an drei Körperstellen: 1. zwischen Kopf und Thorax zur Ausschaltung des „Kopffaktors", 2. zwischen Thorax und Abdomen, um den hormonalen Einfluß vom Abdomen aus auf die Melanophoren der Tracheenblasen des Thorax auszuschalten und 3. zwischen 5. und 6. Abdominalsegment zur Isolierung auch der hinteren Tracheenblasen. Reizt man nach dieser Vorbereitung das 4. Abdominalganglion, so ist eine Ausbreitung des Nervenreizes über das 2. Abdominalganglion hinaus in diesem Falle nicht möglich. Die Melanophoren der vorderen Tracheenblasen verändern sich dementsprechend

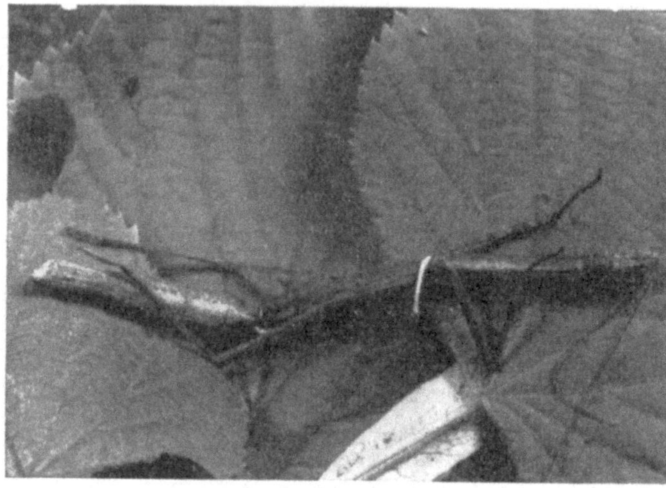

Abb. 6. *Dixippus morosus* mit 2 Ligaturen. Aufhellung des hinteren Endes nach Injektion von Neurohormon D, Mittelstück als Kontrolle (nach GERSCH und MOTHES 1956).

a

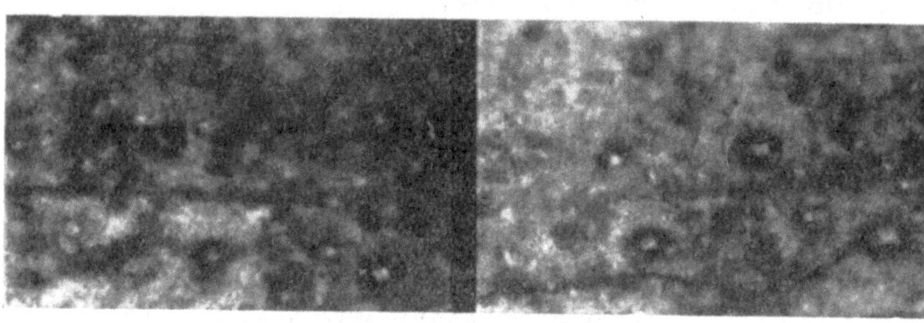

c

Abb. 7. Nachweis der antagonistischen Wirkung von Neurohormon C und D aus dem Nervensystem von *Dixippus* auf die Hypodermis von *Dixippus* in vitro: a) Durch Einwirkung von Neurohormon C Verdunklung; b) Kontrollstück in Ringerlösung; c) durch Einwirkung von Neurohormon D Aufhellung (nach GERSCH und MOTHES 1956).

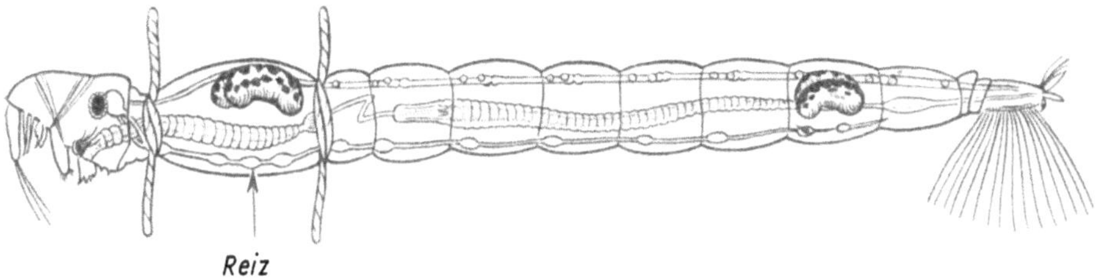

a

vordere Tracheenblasen hintere Tracheenblasen

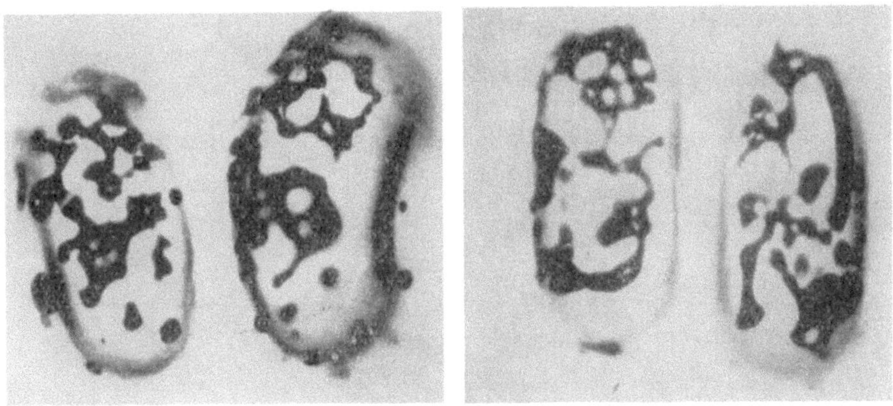

vor der Reizung

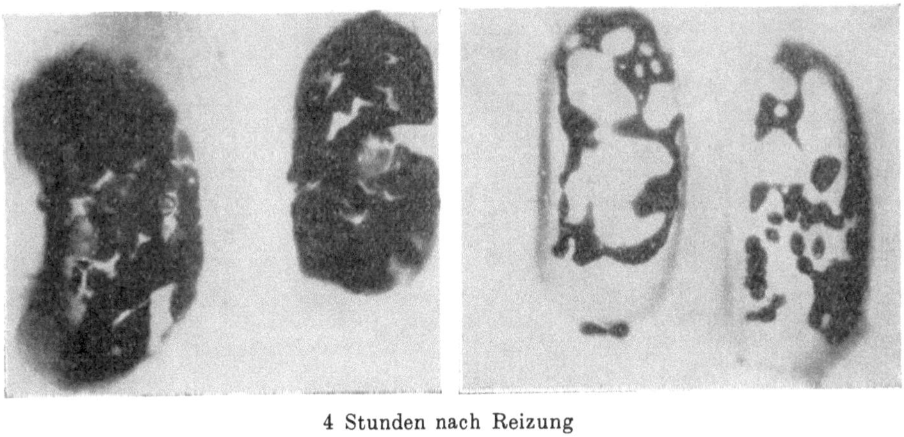

4 Stunden nach Reizung

b

Abb. 8. Reizung des Nervensystems bewirkt Expansion der Melanophoren

a) Versuchsanordnung schematisch. b) Verhalten der Melanophoren der vorderen Tracheenblasen und zum Vergleich der hinteren Tracheenblasen (Mikrofotos nach GERSCH 1956).

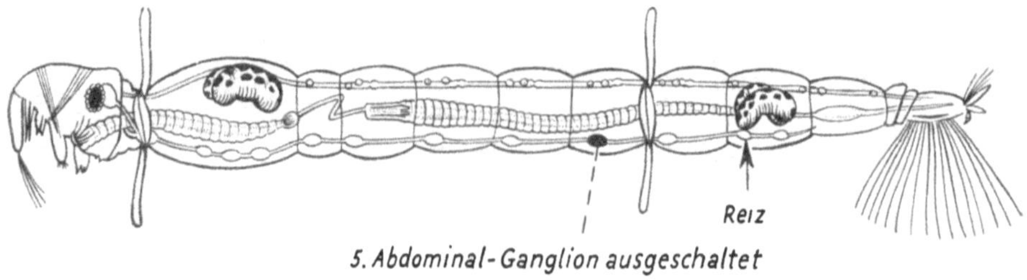

a

vordere Tracheenblasen | hintere Tracheenblasen

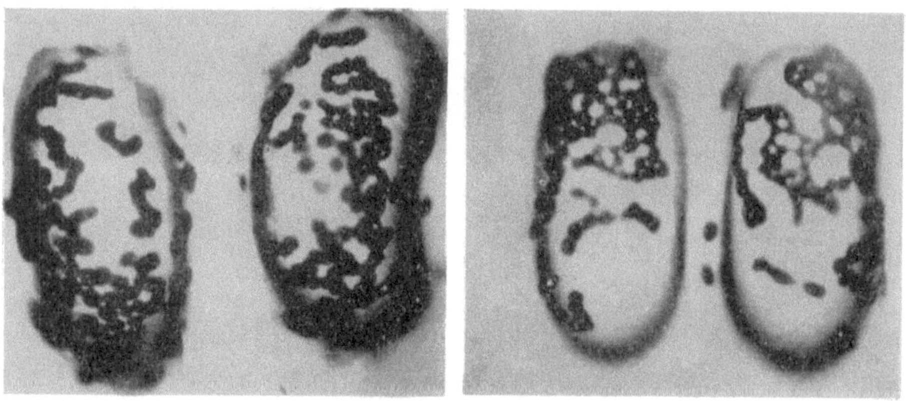

vor der Reizung

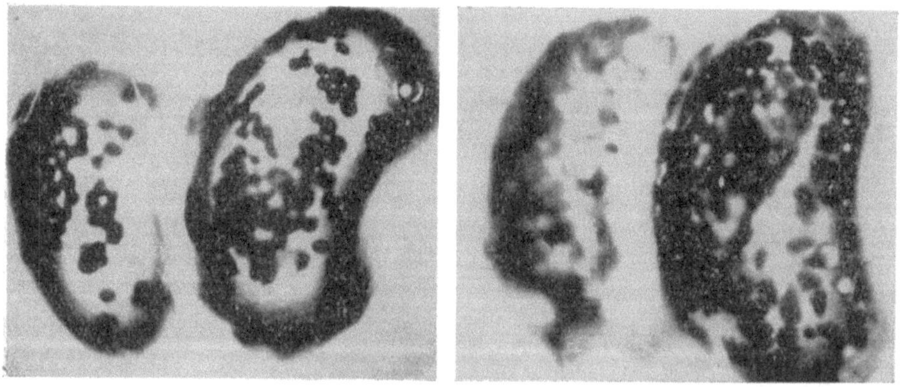

2 Stunden nach Reizung

b

Abb. 9. Versuchsanordnung zum Nachweis des hormonalen Regulationsmechanismus. Reizung des 7. Abdominalganglions bewirkt Expansion der Melanophoren auf den hinteren Tracheenblasen. Die Melanophoren der vorderen Tracheenblasen bleiben unverändert, da der nervöse Reiz (Ausschaltung des 5. Abdominalganglions) und der hormonale Reiz (Ligatur 5. u. 6. Abdominalsegment) nicht wirksam sind.

in keiner Weise. Wird dagegen bei der sonst gleichen Versuchsausführung nur als kleine Änderung die Schnürung zwischen Kopf und Abdomen unterlassen, so zeigt sich nun nach Reizung des 4. Abdominalganglions eine schwache Expansion an den Melanophoren der vorderen Tracheenblasen. Zu erklären ist dieses Ergebnis vor allem auch im Vergleich zu dem anderen Versuch damit, daß jetzt geringe Mengen von Neurohormonen, die durch Nervenreizung freigesetzt werden,

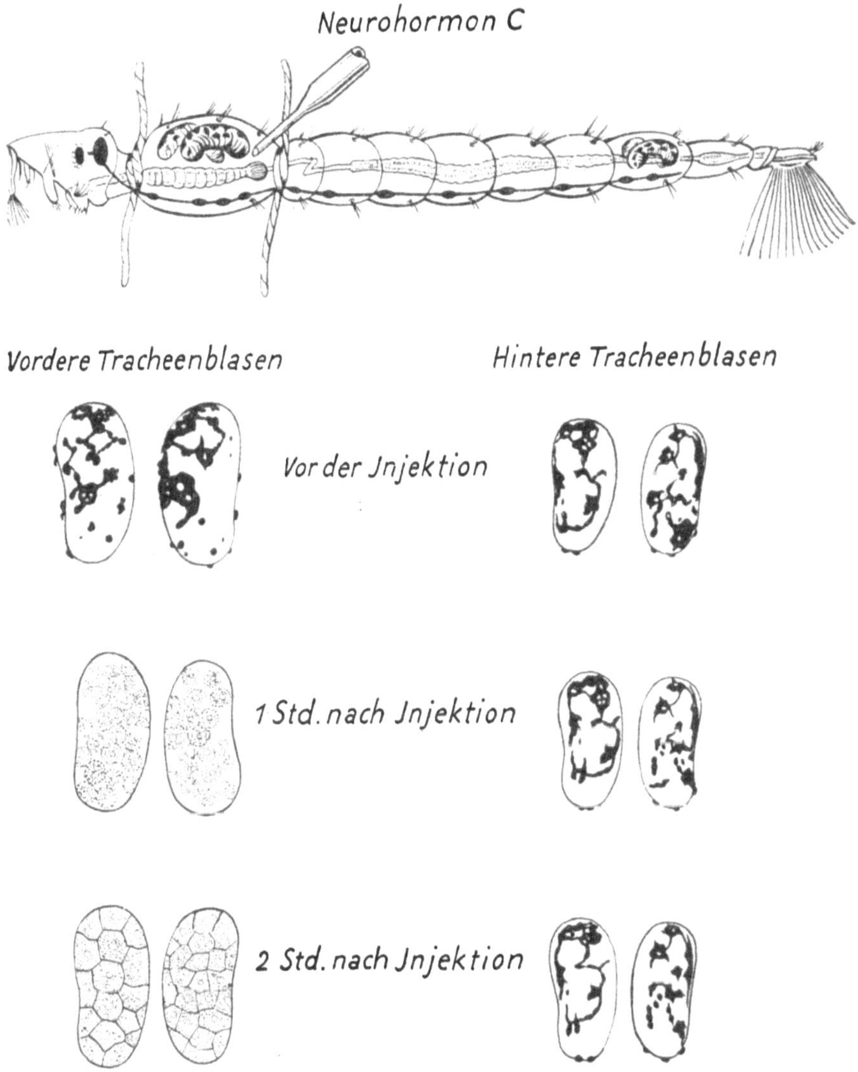

Abb. 10. Expansion der Melanophoren der vorderen Tarcheenblasen durch Einwirkung von Neurohormon C. Die Melanophoren der hinteren Tracheenblasen bleiben dagegen unverändert (Zeichnung nach Mikrophotographien angefertigt).

auf dem Wege über die Hämolymphe in den Thorax gelangen. Auch in anderer Weise konnte so der Nachweis hormonaler Beeinflussung der Melanophoren-Reaktionen geführt werden (vgl. GERSCH 1956), (Abb. 9).

Ebensowenig wie bei der Steuerung von Bewegungserscheinungen verschiedener innerer Organe beschränkt sich die Wirkung auf den physiologischen Farbwechsel ausschließlich auf arteigene Hormone, wie aus älteren und neueren Angaben ersichtlich ist (HANSTRÖM 1938, 1940; DUPONT-RAABE 1951; HADORN und FRIZZI 1949). Dementsprechend ergab die Prüfung der papierchromatographisch aus dem Nervensystem von *Periplaneta* extrahierten Neurohormone auf die Melanophoren der Tracheenblasen von *Corethra* deutliche Effekte. Acetylcholin und Neurohormon C verursachten eine Expansion (Abb. 10), Neurohormon D dagegen eine Kontraktion der Melanophoren. Es ist wahrscheinlich, daß auch bei *Corethra* mehrere Hormone im Gehirn und im Bauchmark vorhanden sind, was sich bisher jedoch auf Grund der technisch-methodischen Schwierigkeiten papierchromatographisch nicht wie bei *Periplaneta* erweisen, sondern nur durch die physiologische Wirkung feststellen ließ. In diesem Zusammenhang ist erwähnenswert, daß KNOWLES, CARLISLE und DUPONT-RAABE (1955) Chromatophoren-aktive Substanzen aus der Sinusdrüse von Krebsen und dem Gehirn sowie den Corpora cardiaca der Stabheuschrecke mit Hilfe der Papierelektrophorese und der Papierchromatographie trennen konnten. Weitere Extrakte, die eine Wirkung auf die Melanophoren von Garneelen ausübten und sich durch Fluoreszenz auszeichneten, wurden auch aus den Corpora cardiaca des Wasserkäfers *Hydrous piceus* und anderer Insekten isoliert (DE LERMA, DUPONT-RAABE, KNOWLES 1955).

Die bisherigen Befunde sprechen also auch hier für eine Beteiligung mehrerer Neurohormone beim physiologischen Farbwechsel, wobei antagonistische Einwirkung wahrscheinlich ist.

Die verschiedenartigen Feststellungen über Wirkungsweisen von Neurohormonen führen zwangsläufig zu der Frage nach ihrer Herkunft. Hierbei liegt es nahe, die physiologischen Erscheinungen mit morphologischen Beobachtungen über Vorkommen von neurosekretorischen Zellen im Nervensystem der Insekten in Beziehung zu setzen. Neurosekretorische Zellen sind bei Vertretern aus verschiedenen Insektenordnungen in den dorsalen und lateralen Hirnhälften (Pars intercerebralis) festgestellt worden (WEYER 1937; SCHARRER 1937 bis 1956; REHM 1954 u. a.). Diese Zellen unterscheiden sich schon auf frühen Stadien durch ihre Größe von gewöhnlichen Ganglienzellen, obgleich auch sie Nervenfortsätze aufweisen. Charakteristisch für sie ist besonders die Anhäufung von Sekreten in Form zahlreicher Granula. Fast ausschließlich werden neurosekretorische Zellen nur für das Cerebralganglion beschrieben. Nur ganz vereinzelte Hinweise deuten die Möglichkeit an, daß auch in den Ganglien der Bauchkette neurosekretorische Zellen vorkommen, so z. B. nach SCHARRER (1955) im Unterschlundganglion bei der Schabe *Leucophaea* und nach DAY (1940) im Unterschlundganglion und einigen Abdominalganglien der Motte *Ceretonia catalpae*.

Für die Erklärung der Wirkung mehrerer Neurohormone könnte gegebenenfalls der Befund von SCHARRER (1955) im Zentralnervensystem der Schabe *Leucophaea maderae* Bedeutung gewinnen. Hier wie bei der Wanze *Iphita limbata* (NAYER 1955) wurden zwei verschiedenartige, durch ihre Färbung unterschiedene Typen neurosekretorischer Zellen festgestellt. Obgleich es naheliegen könnte, die physiologischen Befunde über das Auf-

Tab. I.

Übersicht über Vorkommen neurosekretorischer Zellen und Hormone bei Metazoen

Tierstamm	Hinweise zum Vorkommen neurosekr. Zellen	Neuro-sekretion	Hormon-vorkommen
Spongien		?	?
Coelenteraten		?	?
Plathelminthen	Turbellarien (*Leptoplana*, TURNER 1946)	+	?
Nemathelminthen	(GERSCH 1957)	+	+
Anneliden	Polychaeten (B. SCHARRER 1937; SCHAEFER 1939; DEFRETIN 1952, 1955; BOBIN u. DURCHON 1952; DURCHON u. FRÉZAL 1955; CLARK 1955)	+	+
	Oligochaeten (B. SCHARRER 1937; HARMS 1947; HUBL 1953, 1956; BRANDENBURG 1957)	+	+
Sipunculiden	(HARMS 1921; STEHLE 1953)	+	+
Mollusken	Gastropoden (B. SCHARRER 1937; GABE 1943, 1949, 1953; LEMCHE 1955; HUBL 1956)	+	+
	Lamellibranchier (GABE 1955; LUBET 1955)	+	?
	Cephalopoden (YOUNG 1936; THORE 1936; BOGORAZE u. CACAL 1944)	+	+
Arthropoden	Crustaceen	+	+
	Entomostracen (SAMASSA 1891; CARLTON 1897; PJATAKOV 1955)		
	Malacostracen (HANSTRÖM 1931, 1934, 1937; SAWAYA 1942; MENDES 1942; BLISS 1951; ENAMI 1949, 1951; AMAR 1950, 1953; BLISS u. WELSH 1952; PASSANO 1951, 1952, 1953, 1954; GABE 1952; KNOWLES 1953, 1954; CARLISLE 1953; MIYAWAKI 1955; MATSUMOTO 1954; DURAND 1956)		
	Xiphosuren (B. SCHARRER 1941)	+	+
	Arachnoideen (LEGENDRE 1954; GABE 1954, 1955)	+	?
	Myriapoden (GABE 1952, 1954)	+	?

Tierstamm	Hinweise zum Vorkommen neurosekr. Zellen	Neuro-sekretion	Hormon-vorkommen
Arthropoden	Insekten	+	+
	Apterygoten (DENIS 1928; HANSTRÖM 1940, 1953)		
	Ephemeroidea (ARVY u. GABE 1950, 1952, 1953, 1954)		
	Libelluloidea (CAZAL 1948; ARVY u. GABE 1952, 1953)		
	Orthopteroidea (POISSON u. SELLIER 1947; DUPONT-RAABE 1951, 1952, 1954; LHOSTE 1953)		
	Blattoidea (SCHARRER 1941, 1951, 1952)		
	Hemipteroidea (WIGGLESWORTH 1940; HANSTRÖM 1938; NAYAR 1955)		
	Hymenopteroidea (WEYER 1935; PALM 1948; L' HÉLIAS 1950, 1952; THOMSEN 1954; NAYAR 1954)		
	Coleopoteroidea		
	Neuropteroidea		
	(DAY 1940; PEREZ 1940; VOGT 1942; PESSON 1942; POSSOMPÈS 1947, 1948; WILLIAMS 1947; E. THOMSON 1948; DE BUEN 1950; REHM 1950, 1951, 1955; M. THOMSEN 1951, 1952, 1954; ARVY, BOUNHIOL u. GABE 1953; SCHMIDT u. WILLIAMS 1953; NAYAR 1954, LUKOSCHUS 1955; GRANDORI u. CARE 1954; GRANDORI u. GRANDORI 1954		
Echinodermaten		?	?
Chordaten	Tunicaten	(+)	(+)
	Acranier	?	?
	Vertebraten	+	+
	In allen Klassen von den Cyclostomen bis zu den Säugetieren		

Erklärung: + Vorkommen erwiesen
(+) = Vorkommen unsicher
? = bisher unbekannt, nicht untersucht

treten verschiedener hormonaler Substanzen aus dem Nervensystem der Insekten mit den morphologischen Beobachtungen über das Vorkommen strukturell oder färberisch verschiedenartiger neurosekretorischer Zellen in Beziehung zu setzen, sind die bisherigen Befunde für einen solchen Vergleich noch viel zu ungenügend. Eine solche Möglichkeit erscheint aber denkbar, zumal bei Krebsen erwiesen ist, daß die im Augenstiel der Krabbe *Sesarma* auftretenden β-Zellen das Häutungsgeschehen und die sog. γ-Zellen den Farbwechsel beeinflussen (Enami 1949, 1951).

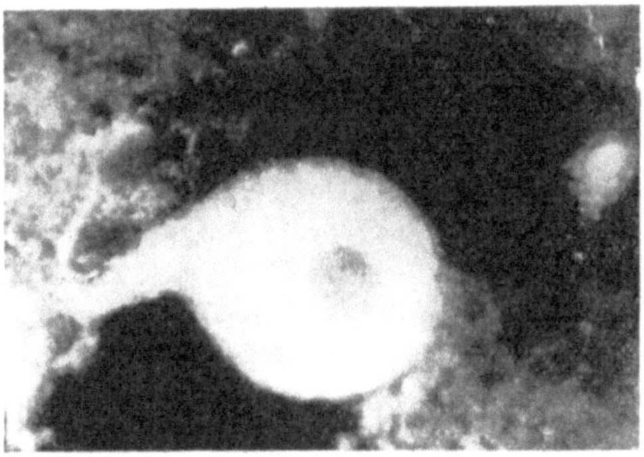
a

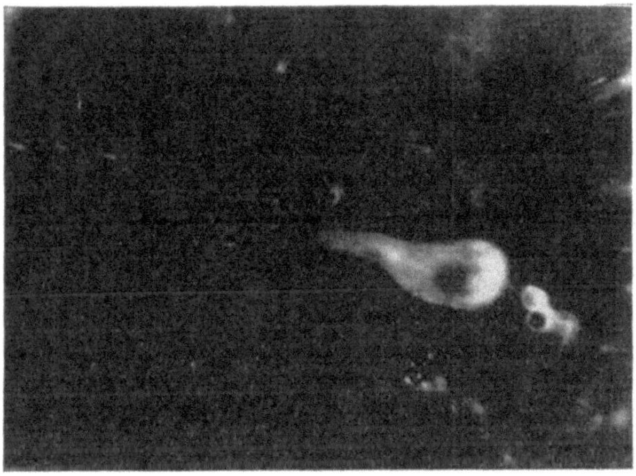
b

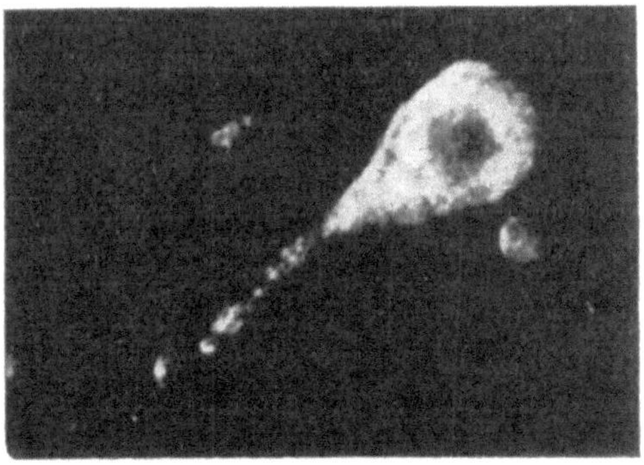
c

Abb. 11. Neurosekretorische Zellen a) aus dem Unterschlundganglion von *Blatta orientalis* (Dunkelfeld-Aufnahme; Füller) b) aus dem 6. Abdominalganglion von *Periplaneta americana* mit deutlich erkennbarer Sekretbahn (Dunkelfeld-Aufnahme: Füller). c) aus dem 2. Abdominalganglion von *Corethra* (Dunkelfeld-Aufnahme: Füller)

Auf Grund der physiologischen Feststellungen bei *Corethra* und *Periplaneta* tauchte sehr dringend die Frage auf, inwieweit sich hier außer im Cerebralganglion auch in den übrigen Bezirken des Bauchmarks neurosekretorische Elemente nachweisen lassen. Die Untersuchungen hierzu sind zwar noch nicht abgeschlossen. Es ist jedoch nach den bisherigen Befunden damit zu rechnen, daß solche Zellgruppen außer im Cerebralganglion auch im Bauchmark sowohl bei *Corethra* als auch bei *Periplaneta* vorkommen (FÜLLER, noch unveröffentlicht, Abb. 11). Genauere Untersuchungen werden hier zeigen müssen, ob sich eine Beziehung zwischen der Zahl der Zellen in den einzelnen Ganglien und dem nach Nervenreizung sowohl am Darm als auch an den Melanophoren feststellbaren Wirkungsgrad ergibt.

Die hier etwas ausführlicher dargestellten neueren Befunde über die Steuerungsfaktoren von Bewegungsvorgängen der verschiedenen inneren Organe ebenso wie auch über den Farbwechsel der Insekten zeigen zusammen mit den schon länger bekannten Metamorphosehormonen, daß sich ein umfassenderes Verständnis über das Hormonsystem der Insekten anzubahnen beginnt. Hierfür erscheint die Tatsache von allgemeinerer Bedeutung, daß recht verschiedenartige Phänomene durch Neurohormone beeinflußt werden können, von denen, nach den Befunden an *Periplaneta* zu schließen, mehrere Neurohormone im Nervensystem, d. h. nicht nur im Cerebralganglion, vorkommen können.

Auf Grund der jetzigen Befunde sind folgende Teile des Nervensystems als Hormonbildungs- bzw. Hormonspeicherorte anzusehen: Gehirn, Corpora cardiaca, Corpora allata, Unterschlundganglion, Thoracalganglien, Abdominalganglien. Dazu kommen als weitere Hormondrüsen die Prothoracaldrüsen, von denen bisher vor allem die Beteiligung bei der Metamorphose ersichtlich ist. Inwieweit Pericardialdrüsen und Oenocyten auch als Hormonspender zu betrachten sind, läßt sich noch nicht übersehen.

Mit diesen Ergebnissen werden zugleich zahlreiche Fragen aufgeworfen. Sie betreffen vor allem die Beziehungen der Neurohormone zueinander und ihre Bedeutung für spezifische Funktionen im Insektenorganismus. Hormone aus dem Gehirn beeinflussen das Metamorphosegeschehen, den physiologischen Farbwechsel und die Bewegungsmechanismen innerer Organe. Es taucht daher die Frage auf, ob die verschiedenartigen Prozesse durch jeweilig das gleiche Hormon gesteuert werden. Für den Farbwechsel und die Bewegungsvorgänge scheint dies nach den Versuchen an *Corethra*, *Periplaneta* und *Dixippus* zuzutreffen. Ob dieselben Hormone zugleich auch auf die Metamorphose Einfluß nehmen, bedarf weiterer Untersuchungen, die z. Z. bei uns im Gange sind. Hierbei erscheint die Tatsache bedeutungsvoll, daß die bisher genauer gekennzeichneten Neurohormone nicht nur dem Gehirn, sondern auch dem Bauchmark entstammen (GERSCH 1955, 1956; UNGER 1956; GERSCH und UNGER 1957). Eine verschiedenartige hormonale Wirkungsweise haben auch die Versuche von KARLSON und BÜCKMANN (1956) ergeben. Es konnte hier die Umfärbung der vor der Verpuppung stehenden Raupen des großen Gabelschwanzes (*Cerura vinula*) durch Prothoracaldrüsenhormon als erstes Zeichen der Metamorphose ausgelöst werden.

Eine tiefgreifende, vielseitige, Einwirkung der hormonalen Faktoren bei Insekten hat PFLUGFELDER (1937) bei *Dixippus* nachgewiesen, denn Entfernung der Corpora allata brachte hier eine allgemeine Wachstumsverhinderung mit sich, was auf Regulation des ganzen Stoffwechsels durch Hormone schließen läßt. Die Steuerung von Bewegungsmechanismen, Farbwechsel, Stoffwechsel (und vielleicht auch Metamorphose?) durch ein und dasselbe Hormon führt zu der Vorstellung, daß dadurch verschiedenartige Reaktionssysteme je nach deren Bau und Leistungsfähigkeit in der für sie typischen Funktionsweise angeregt werden können. Es drängt sich hier der ursprünglich für die Fermentwirkung ausgesprochene Vergleich in ähnlicher Form auf: So wie ein Hauptschlüssel Zugang zu den verschiedenartigsten Räumen verschafft, die ganz verschiedenen Zwecken dienen können, so läßt sich die verschiedenartige Wirkungsweise ein und desselben Hormons betrachten, wenn damit auch nicht erklären.

Die hormonalen Verhältnisse der Insekten führen noch zu einigen Erwägungen allgemeinerer Art. Als erster hat HANSTRÖM (1941) auf die auffällige Beziehung hingewiesen, die mit dem Komplex Gehirn-Corpora cardiaca-Corpora allata bei den Insekten, in dem System Gehirn-Augenstiel bei den Krebsen einerseits und in dem System Zwischenhirn-Hypophyse der Wirbeltiere andererseits entsteht.

Die morphologischen Untersuchungen über die Innervierung der beiden Anhangsdrüsen des Gehirns bei Insekten zeigen, daß Nervenstränge, die sog. Nervi corporis cardiaci, aus den neurosekretorischen Bezirken des Protocerebrums (Pars intercerebralis) in die Corpora cardiaca eintreten, von denen sich die Stränge der Nervi corporis allata abzweigen und zu den Corpora allata hinführen (HANSTRÖM 1940). Diese vom Gehirn stammenden Faserzüge enthalten Neurosekret, wie sich bei verschiedenen Insektenarten ergeben hat (HANSTRÖM 1940, 1941; E. SCHARRER und B. SCHARRER 1944; CAZAL 1948 u. a.). Die morphologische Beziehung in der Innervierung und die färberische Gleichheit der Neurosekrete der Zellgruppen im Gehirn mit denen der Corpora cardiaca, wie es besonders bei der Schabe *Leucophaea* auftritt (B. SCHARRER 1955), haben zu der Auffassung geführt, daß die Neurosekrete in den Zellen des Gehirns gebildet und auf Nervenbahnen zu den Corpora cardiaca als Speicherorte transportiert werden (vgl. E. SCHARRER und B. SCHARRER 1954). In völliger Übereinstimmung mit den morphologischen Befunden stehen die physiologischen Ergebnisse über das Vorkommen gleichartiger Neurohormone im Gehirn und in den Corpora cardiaca bei *Periplaneta* und *Dixippus* (UNGER 1956; GERSCH und MOTHES 1956; GERSCH und UNGER 1957). Danach handelt es sich bei den Corpora cardiaca um den Speicherort von nicht nur einem, sondern zumindest zwei Neurohormonen. Eines der beiden Neurohormone wurde darüber hinaus noch in den Corpora allata nachgewiesen und somit ihre Aufgabe als Speicherorgan ebenfalls wahrscheinlich gemacht. Neben diesen sprechen auch andere Versuchsergebnisse für eine Beziehung zwischen dem Gehirn und den Corpora allata (DAY 1943; B. SCHARRER 1952). Danach verursacht die Durchtrennung der Nervi corpora cardiaci beachtliche Veränderungen der Zellen der Corpora allata.

Parallel zu diesen Verhältnissen bei Insekten stehen die der Krebse mit dem System Gehirn-Augenstiel. Neurosekretorische Zellen mit histologisch feststellbaren Sekretionszyklen finden sich in bestimmten Bezirken des Cerebralganglions und in dem Organ X des Augenstiels. Hier dient nach Auffassung verschiedener Autoren (PYLE 1943; SMITH 1948; BOWMANN 1949 und E. u. B. SCHARRER 1954) die Sinusdrüse als Speicherorgan für die anderenorts gebildeten Sekrete.

Für die Wirbeltiere haben zahlreiche Untersuchungen den Nachweis führen können, daß neurosekretorische Zellen des Hypothalamus (Nucleus paraventricularis und Nucleus supraopticus) ein durch spezifische Farbreaktionen markierbares Sekret produzieren, das auf Nervenbahnen (Tractus supraopticus-hypophyseus, von PALAY, 1943 und SCHARRER, 1944 als „neurosecretory — pathway", als „neurosekretorische Bahn" von BARGMANN, 1949 und als „via neurosecretoria" von MAZZI, 1953 bezeichnet) zum Hypophysehinterlappen geleitet wird. Auf Einzelheiten kann an dieser Stelle nicht eingegangen werden. Es sei daher auf zwei neuartige Zusammenfassungen dieses Gebietes verwiesen (E. u. B. SCHARRER 1954; W. BARGMANN 1954). Vergleichbar mit den erwähnten Systemen bei Insekten und Krebsen läßt sich hier von einem neurosekretorischen Zwischenhirn-Hypophyse-System sprechen, wobei die Neurohypophyse als Speicherorgan für die von den neurosekretorischen Zellen des Hypothalamus erzeugten Sekrete zu betrachten ist.

Überblickt man die bisherigen Angaben über das Vorkommen neurosekretorischer Zellen im Zentralnervensystem der wirbellosen Tiere, so treten, abgesehen von den in dieser Hinsicht am besten bekannten Gruppen unter den Arthropoden, neurosekretorische Elemente bei Vertretern von Plathelminthen, Anneliden und Mollusken (Tab. I) auf. Meistenteils handelt es sich noch um recht vereinzelt stehende Befunde. So ist ein Fall bei Plathelminthen bekannt (*Leptoplana*, TURNER 1946). Zahlreiche Beispiele liefern die Anneliden, wo neurosekretorische Zellgruppen in den Cerebralganglien von Polychaeten, beim Regenwurm und Blutegel beschrieben worden sind. Beim Regenwurm treten sie außerdem nach bisher vorliegenden Angaben in den vorderen Ganglien auf. Unter den Mollusken wurden vor allem bei zahlreichen Arten der Opisthobranchier neurosekretorische Elemente im Cerebralganglion nachgewiesen. Aber auch hier liegen Befunde über Vorkommen von neurosekretorischen Zellen in anderen Ganglien vor (GABE 1951, 1953).

Das Vorkommen neurosekretorischer Zellen im Tierreich (s. Zusammenfassung bei E. SCHARRER und B. SCHARRER), vor allem bezogen auf die niederen Tierformen, lehrt, daß solche Elemente im Nervensystem auftreten, ehe Ansätze zu einem sonstigen hormonalen Regulationsmechanismus bemerkbar sind. Die erste Form hormonaler Funktionen scheint sich also, wie die vergleichende Übersicht aufzeigt, mit den neurosekretorischen Zellen des Nervensystems zu repräsentieren. Neurosekretorische Zellen im Cerebralganglion und auch in anderen Bezirken des Zentralnervensystems (vordere Bauchganglien beim Regenwurm, Thoracal- und Abdominalganglien bei Insekten, Bauchganglien bei *Limulus*, Pedal- und andere Ganglien bei Prosobranchiern) stellen hierfür den Hinweis dar.

Diese Tatsache erlaubt es, die Hypothese aufzustellen, daß das Hormonsystem, das bei den höheren Tieren, insbesondere bei Wirbeltieren, wohl infolge der hier vorliegenden hohen Spezialisierung der Organsysteme neben dem primären Koordinationssystem des tierischen Organismus, dem Nervensystem, eine besondere Bedeutung und Ausbildung erfahren hat, in der ursprünglichsten Anlage aus dem Nervensystem entstanden ist. Die neurosekretorischen Elemente bei niederen Tiergruppen ließen sich dieser Auffassung gemäß als die primären Orte erster Hormonproduktion und damit als Ansätze für die Entstehung eines differenzierteren Hormonsystems überhaupt verstehen.

Für diese Auffassung lassen sich eine ganze Anzahl von Beobachtungen und Tatsachen morphologischer und funktioneller Art anführen, die teilweise in den früheren Abschnitten, allerdings ohne Beziehung zu dieser Vorstellung, einer möglichen Entstehung des Hormonsystems im Tierreich bereits gestreift worden sind. In erster Linie spricht das Auftreten neurosekretorischer Zellen im Gehirn und in anderen Bezirken des Nervensystems bei solchen Tieren, die sonst keine weiteren Hinweise hormonaler Tätigkeit bieten, dafür. Mollusken, Anneliden und Plathelminthen sind hierfür Beispiele. Für andere Gruppen, wie z. B. die Nemathelminthen, steht die Frage, ob überhaupt Ansätze neurosekretorischer Tätigkeit vorhanden sind, eben erst zur Diskussion.

Ebenso lassen sich auch physiologische Feststellungen als Stütze für die genannte Vorstellung nennen. Über die Wirkung von Neurohormonen können bisher nur einige Aussagen bei Insekten und Krebsen gemacht werden. Bei den Insekten erscheint in diesem Zusammenhang der Nachweis von Neurohormonen aus Gehirn und Bauchmark mit ihrer Beeinflussung der Bewegung innerer Organe, des Farbwechsels und gegebenenfalls auch anderer tiefgreifender Vorgänge des Stoffwechsels bedeutungsvoll.

Für eine erste Art neurohormonaler Differenzierung, die sich sowohl morphologisch als auch funktionell ausprägt, sprechen die bei Krebsen bestehenden Verhältnisse (Enami 1949, 1951), daß verschiedene neurosekretorische Zellen für jeweils unterschiedliche Funktionen verantwortlich sind. Für die Insekten ist dies in solcher Form noch nicht erwiesen. Immerhin liegt auch hier bei einzelnen Arten der Nachweis über das Vorkommen mehrerer hormonaler Faktoren vor (Knowles, Carlisle, Dupont-Raabe 1955; de Lerma, Dupont-Raabe Knowles 1955; L'Hélias 1955; Unger 1956; Gersch und Mothes 1956). Bei anderen Arten sind morphologisch und färberisch unterschiedene neurosekretorische Elemente beobachtet worden. Insgesamt weisen diese im einzelnen noch sehr lückenhaften Befunde auf eine Differenziertheit neurohormonaler Funktion auf diesem Stadium hin.

Die Vorstellung über die grundsätzliche Ableitung des Hormonsystems aus dem Nervensystem, die hier erstmalig zur Diskussion gestellt wird, ermöglicht schließlich, verschiedenartige Erscheinungsweisen wie, z. B. die so bemerkenswerte Parallele beim Zentralnervensystem zwischen Insekten—Krebsen einerseits und Wirbeltieren andererseits, zu erklären. Ebenso lassen sich die hormonalen Verhältnisse der Insekten im Vergleich zu denen anderer Wirbelloser verstehen. Die Tatsache, daß hier außer den neurosekretorischen Bezirken im Zentralnervensystem weitere Hormondrüsen auftreten, wie es für die Prothoracaldrüsen erwiesen, für die Pericardialdrüsen wahrscheinlich und für die Oenocyten möglich ist, dürfte mit der sonstigen Leistungsfähigkeit und funktionellen Beanspruchung dieser Tiergruppe im Zusammenhang stehen. Die Art der hormonal gesteuerten Prozesse ist daher hier vielfältiger. Damit könnte zunächst das Auftreten von speziellen Speicherorganen Erklärung finden, wie sie offenbar mit den Corpora cardiaca und den Corpora allata vorliegen. Es ist beachtenswert, daß derartige Speicherorgane in unmittelbarer Verbindung mit dem Cerebralganglion angelegt sind. Damit ist die Aufgabe neurosekretorischer Zellen als ursprünglichste Form hormonaler Funktionen ebenfalls betont. Über die neurosekretorische Tätigkeit des Nervensystems hinaus erscheinen erstmalig weitere Ansätze hormonaler Tätigkeit, wie sie mit den Prothoracaldrüsen gegeben sind. Vielleicht läßt sich in diesem Zusammenhang auch die Unsicherheit in der Beurteilung der Aufgaben von Pericardialdrüsen und Oenocyten besser würdigen.

Im Vergleich mit Insekten beschränkt sich das Hormonsystem der Krebse nach allen bisherigen Hinweisen auf die ursprüngliche Anlage in Verbindung mit dem Nervensystem. Eine differenziertere Form liegt wohl auch hier insofern vor, als außer den eigentlichen Produktionsorten innerhalb des Nervensystem noch ein Speicherorgan für die Neurohormone zur Verfügung steht, wie es nach allem die Sinusdrüse darstellt. In diesem Zusammenhang sei nochmals auf das Vorkommen zweier morphologisch-färberisch verschiedenartiger neurosekretorischer Zellen mit jeweils spezifischer hormonaler Funktion bei der Krabbe *Sesarma* hingewiesen (s. S. 161). Bei den morphologisch primitiveren und funktionell einfacheren Wirbellosen, bei denen sich vermutlich eine differenziertere Gliederung des Hormonsystems noch nicht nötig gemacht haben dürfte und daher nicht angelegt ist, deutet sich nach allem die erste Ausbildung des Hormonsystems ausschließlich in Form neurosekretorischer Zellen in verschiedenen Bezirken des Nervensystems an.

Im Rahmen dieser Vorstellung lassen sich die bei den Wirbeltieren in dem Zwischenhirn-Hypophyse-System bestehenden Verhältnisse als ein erhalten gebliebener ursprünglicher Organisationstyp innerhalb einer Differenzierungsstufe des Hormonsystems im Tierreich verstehen. Bei den Wirbeltieren hat sich dieses, bedingt durch die Spezialisierung und allgemeine Entwicklungsstufe dieser Tiergruppe, über die bei den Wirbellosen gültigen Verhältnisse hinaus zu einem sehr viel komplizierteren, in zahlreiche Organe gegliederten, dadurch vielseitig und tiefgreifend regulatorisch einwirkenden System entwickelt. Trotzdem scheint die Ursprünglichkeit und die auf die primäre Entstehungsart hinweisende Beziehung mit dem Nervensystem vor allem in Form des Zwischenhirn-Neurohypophyse-Systems erhalten geblieben zu sein. Hierbei sind die graduellen Unterschiede beachtenswert, wenngleich es bei allen Klassen der Wirbeltiere in grundsätzlich übereinstimmender Form angetroffen wird. Die Übereinstimmung bezieht sich vor allem auf den Komplex Nucleus supraopticus — Nucleus paraventricularis der Amnioten, der dem Nucleus praeopticus der Anamnier homolog ist. Dagegen bestehen insofern Unterschiede zwischen Amnioten und Anamniern, als bei den letzteren außerdem noch neurosekretorische Zellen im Mittelhirn nachgewiesen worden sind. Aufschlußreich ist außerdem, daß bei Selachiern neben diesen neurosekretorischen Bezirken noch im Rückenmark Zellen mit Neurosekreten auftreten. Das neurosekretorische System der Wirbeltiere ist demnach bei den niederen Klassen ausgedehnter und erstreckt sich über den Gehirnkomplex hinaus auf das Rückenmark, so daß sich mit der phylogenetisch-systematischen Stufenfolge eine Reduktion der neurohormonalen Verhältnisse aufzeigt. Diese Tatsachen lassen sich sehr gut mit der erörterten Vorstellung in Einklang bringen.

Das Hormonsystem der Insekten nimmt innerhalb der Entwicklungsstufe des Hormonsystems im Tierreich — soweit ein Vergleich überhaupt möglich erscheint — nach allem eine funktionelle Mittelstellung zwischen den primären Formen hormonaler Wirkung, wie sie zunächst durch das Auftreten einzelner neurosekretorischer Zellen im Nervensystem bei niederen Wirbellosen gekennzeichnet ist, und dem hochgradig differenzierten Hormonsystem der Wirbeltiere ein. Die weiteren Ergebnisse über Hormone bei Insekten werden in der Zukunft zeigen müssen, ob und gegebenenfalls wie sie sich in diesen Versuch, Entstehung und Differenzierung des Hormonsystems im Tierreich in umfassender Weise zu deuten, einordnen lassen. Ungeachtet der hierbei vorhandenen zahlreichen Lücken, erscheint es dennoch schon heute berechtigt und nötig, Neurosekretion und hormonale Wirkung in diesem umfassenden Sinne zu bewerten.

Literatur:

ATZLER, M. (1930): Untersuchungen über den morphologischen und physiologischen Farbwechsel von *Dixippus* (*Carausius*) *morosus*. Z. vergl. Physiol. *13*, 505—533.

BARGMANN, W. (1954): Das Zwischenhirn-Hypophysesystem, Berlin-Göttingen-Heidelberg.

BOWMANN, T. E. (1949): Chromatophorotropins in the central nervous organs of the crab *Hemigrapsus oregonensis*. Biol. Bull. *96*, 238—245.

BUTENANDT, A. und KARLSON, P. (1954): Über die Isolierung eines Metamorphosehormons der Insekten in kristallisierter Form. Z. Naturforschg. *9b*, 389—391.

CAZAL, P. (1948): Les glandes endocrines rétrocérébrales des insectes. Bull. biol. France et Belg. Suppl. 9—18.

CHADWICK, L. E. (1955): Molting of roaches without prothoracic glands. Science *121*, 435.

CHAUVIN, R. (1949): Physiologie de l'insecte, Paris.

DAY, M. F. (1940): Neurosecretory cells in the ganglia of *Lepidoptera*. Naturs. *145*, 264.

—, (1943): The function of the corpus allatum in musioid *Diptera*. Biol. Bull. *84*, 127—140.

DUPONT-RAABE, M. (1949): Réactions humorales des chromatophores de la larve de Corethre Compt. rendus des séances de l'Ac. d. Sc. *228*, 130—132.

—, (1951): Étude expérimentale de l'adaptation chromatique chez le phasme, *Carausius morosus*. Compt. rendus des séances de l'Ac. d. Sc. *232*, 886—888.

ENAMI, M. (1951): The sources and activities of two chromatophorotropic hormones in crabs of the genus *Sesarma*. I. Experimental analysis. II. Histology of incretory elements. Biol. Bull. *100*, 28—43 und *101*, 241—258.

—, (1951): Mechanism of control of the chromatophore responses in teleosts and crustaceans. J. of Exper. Morph. *7*, 1—22.

ENDERS, geb. SCHIKORA, E. (1956): Die hormonale Steuerung rhythmischer Bewegungen von Insekten-Ovidukten. Verh. Dtsch. Zool. Ges. *19*, 113—116.

GABE, M. (1951): Dinnées histologiques sur la neuro-sécretion chez les *Pterotracheidae* (Hétéropodes). Rev. canad. de Biol. *10*, 391—410.

—, (1955): Particularites histologiques des cellules neuro-secretrices chez quelques lamellibranches. C. r. Acad. Sci. *240*, 1810—1912.

GERSCH, M. (1952): Experimentelle Untersuchungen über den Verdauungstraktus der Larve von *Chaoborus* (*Corethra*). Z. vergl. Physiol. *34*, 346—369.

—, (1955): Untersuchungen über Auslösung und Steuerung der Darmbewegungen bei der Larve von *Chaoborus* (*Corethra*). Biol. Zentralbl. *74*, 603—628.

—, (1955): Ergebnisse und Probleme der Verdauungsphysiologie der wirbellosen Tiere. Experientia *11*, 413—416.

—, (1956): Steuerung der Darmperistaltik bei der *Corethra*-Larve. Hochschulfilm des ZfL, Berlin, T-HF 182.

—, (1956): Untersuchungen zur Frage der hormonalen Beeinflussung der Melanophoren bei der *Corethra*-Larve. Z. vergl. Physiol. *39*, 190—208.

GERSCH, M. und MOTHES, G. (1956): Neurohormonaler Wirkungsantagonismus beim Farbwechsel von *Dixippus morosus*. Naturw. *43*, 542.

GERSCH, M. und UNGER, H. (1957): Nachweis von Neurohormon aus dem Nervensystem von *Dixippus morosus* mit Hilfe papierchromatographischer Trennung. Naturw. *44* 117.

GERSCH, M., UNGER, H. und FISCHER, F. (1957): Die Isolierung eines Neurohormons aus dem Nervensystem von *Periplaneta americana* und einige biologische Testverfahren. Wiss. Z. Fr.-Schiller—Universität Jena, Math.-Nat.-Reihe *6*, 1957 (im Druck).

GIERSBERG, H. (1928): Über den morphologischen und physiologischen Farbwechsel der Stabheuschrecke *Dixippus* (*Carausius*) *morosus*. Z. vergl. Physiol. *7*, 657—695.

HADORN, E. und FRIZZI, G. (1949): Experimentelle Untersuchungen zur Melanophoren-Reaktion von *Corethra*. Rev. Suisse de Zool. *56*, 306—316.

HANSTRÖM, B. (1938): Zwei Probleme betreffs der hormonalen Lokalisation im Insektenkopf. Lunds Univ. Arsskrift N. F. Avd. 2. *34*, Nr. 16.

—, (1940): Die Cromatophorenaktivierende Substanz des Insektenkopfes. Lunds Univ. Arsskrift N. F. Avd. 2, *36*, Nr. 12.

—, (1941): Einige Parallelen im Bau und in der Herkunft der inkretorischen Organe der Arthropoden und der Vertebraten. Lunds. Univ. Arsskrift N. F. Avd. 2, *37*, Nr. 4.

HÉLIAS, L. C. (1955): Recherches sur les hormones du complexe postcérébral chez *Carausius morosus*. C. r. Acad. Sci. *241*, 770—772,

JANDA, V. (1934): Contribution à l étude des changements périodiques de la coloration chez *Dixippus morosus* BR. et REDT. Memoires d. l. Soc. royale d. sc. d. Boh. *1934*, 1—30.

KARLSON, P. und BÜCKMANN, D. (1956): Experimentelle Auslösung der Umfärbung bei *Cerura*-Raupen durch Prothorakaldrüsenhormone. Naturw. *43*, 44—45.

KNOWLES, F. G. W., CARLISLE, D. B., DUPONT-RAABE, M. (1955): Studies on pigment-activating substances in animals. I. The separation by paper electrophoresis of chromactivating substances in arthropods. J. Mar. Biol. Assoc. U. Kingd. *34*, 611—635.

KOLLER, G. (1948): Rhythmische Bewegungen und hormonale Steuerung bei den Mal pighischen Gefäßen der Insekten. Biol. Zentralbl. *67*, 201—211.

—, (1955): Zur Frage der hormonalen Steuerung bei rhythmischen Eingeweidebewegungen von Insekten. Zool. Anz. Suppl. *18*, 417—422.

KOPEC, St. (1922): Studies of the necessity of the brain for the inception of insect metamorphosis. Biol. Bill. *42*, 323—342.

KOPENEC, A. (1949): Farbwechsel der Larve von *Corethra plumicornis*. Z. f. vergl. Physiologie *31*, 490—505.

Кузнецов, Н. Я. (1953): Основы физиологии насекомых. Москва, Ленинград.

LERMA, DE B., DUPONT-RAABE, M. und KNOWLES, FR. (1957): Sur la question de la fluorescence des substances chromactives des crustacés et des insects. C. r. Acad. Sci. *241*, 995 bis 998.

NAYAR, K. K. (1955): Studies on the neurosecretory system of *Iphita limbata* STAL. I. Distribution and structure of the neurosecretory cells of the nerve ring. Biol. Bull. *108*, 296 bis 307.

NUTTING, W. L. (1955): Extirpation of roach prothoracic glands. Sc. *122*, 30—31.

PFLUGFELDER, O. (1937): Weitere experimentelle Untersuchungen über die Funktion der Corpora allata von *Dixippus morosus*. Z. wiss. Zool. *151*.

PIEPHO, H. (1951): Über die Lenkung der Insektenmetamorphose durch Hormone. Verh. Dt. Zool. Ges., *16*, 62—76.

PYLE, R. W. (1943): The histogenesis and cyclic phenomena of the sinus gland and x-organ in crustacea. Biol. Bull. *85*, 87—102.

REHM, M. (1951): Die zeitliche Folge der Tätigkeitsrhythmen inkretorischer Organe von *Ephestia kühniella* während der Metamorphose und des Imaginallebens. Arch. Entw. mech. *145*, 205—248.

ROEDER, K. D. (1953): Insect Physiology. New York, London.

SCHARRER, B. (1937): Über sekretorisch tätige Nervenzellen bei wirbellosen Tieren. Naturw. *25*, 131—138.

—, (1952): Hormones in insects. In The Action of Hormones in Plants and Invertebrates, ed. by K. V. Thimann, Acad. Press 125—169, New York.

—, (1952): Über neuroendokrine Vorgänge bei Insekten. Pflügers Archiv *255*, 154—163.

—, (1955): „Castration cells" in the central nervous system of an insect (*Leucophaea maderae Blattaria*). Trans. New York Acad. Ser. II, *17*, 520—525.

SCHARRER, B. und SCHARRER, E. (1944): Neurosecretion. VI. A comparison between the intercerebralis-cardium-allatum system of the insects and the hypothalamo-hypophyseal system of the vertebrates. Biol. Bull. *87*, 242—251.

SCHARRER, E. und SCHARRER, B. (1945): Neurosecretion. Physiol. Rev. *25*, 171—181.

—, (1954): Neurosekretion. In Handb. d. mikr. Anat. d. Menschen *VI*, 5, 953—1066.

SMITH, R. (1948): The role of the sinus glands in retinal pigments migration in grapsoid crabs. Biol. Bull. *95*, 169—185.

TURNER, R. S. (1946): Observations with central nervous system of *Leptoplana articola*. J. Comp. Neur. *85*, 52—65.

UNGER, H. (1956): Neurohormonale Steuerung der Herztätigkeit bei Insekten. Naturw. *43*, 66—67.

—, (1957): Untersuchungen zur neurohormonalen Steuerung der Herztätigkeit bei Insekten. Biol. Zentralbl. 76, 204—225.

WEYER, F. (1935): Über drüsenartige Nervenzellen im Gehirn der Honigbiene, *Apis mellifica* L. Zool. Anz. *112*, 137—141.

WIGGLESWORTH, V. B. (1953): The principles of insect physiology. London.

—, (1954): The physiology of insect metamorphosis. Cambr. Monogr. Exp. Biol. 1, Cambridge.

—, (1955): The role of the haemocytes in the growth and moulting of an insect, *Rhodnius prolixus* (Hemiptera). J. of Exper. Biol. *32*, 649—663.

Probleme der Flugphysiologie

Von Hans Georg Herbst

Mit 10 Abbildungen im Text

Flugphysiologie und Flugtechnik

Verfolgt man die Entwicklung der Luftfahrttechnik, so scheint nicht allzuviel an biologischer Erfahrung in der atemberaubenden Entwicklung enthalten, die von den flachbogigen Luftsprüngen Lilienthals, im Süden unserer Stadt, bis zur modernen düsengetriebenen Verkehrsmaschine reicht, die mit weit über tausend Stundenkilometern Kontinente verbindet. Eine Entwicklung von 65 Jahren! Und obgleich über drei Viertel aller Tierarten fliegen können, obgleich der Vogelflug seit Jahrhunderten den beobachtenden und träumenden Menschen zu phantastischen Entwürfen anregte, sind exakte, auf Faktorenanalyse ausgehende Untersuchungen des Tierfluges dünn gesät, so dünn, daß bisher außer Lilienthals Flügelprofil kaum ein biologisches Vorbild auf den Zeichentischen der Flugzeugbauer in technische Konstruktion metamorphosiert worden ist.

Freilich finden wir, befassen wir uns mit Vergleichen, bald manche Parallelität.

Wer es soweit gebracht hat wie die Flugmaschinenbauer, scheint auf Hinweise aus der Kenntnis biologischer Daten heraus nicht angewiesen. Trotzdem ist das Interesse der Technik am Flug der Tiere nicht erloschen. Es ist vor allem die Verknüpfung von hoher Manövrierfähigkeit mit großer Stabilität des Fluges, die uns die Natur mit der ihr eigenen Eleganz vorführt und die den Neid des nach größerer Verkehrssicherheit suchenden Konstrukteurs hervorrufen kann.

Hier gewinnt also die Flugphysiologie eine angewandte Seite, welche die enge Zusammenarbeit des Zoologen mit dem Aerodynamiker erfordert.[1])

1942 publizierte E. v. Holst zusammen mit D. Küchemann und K. Solf den Entwurf einer Flugmaschine, die er als Triebflügler bezeichnete und deren Konstruktion aus dem Flug der Odonaten abgeleitet war. Das Prinzip der gegeneinander schwingenden beiden, ziemlich gleichförmigen Flügelpaare ist hierbei in die der Technik mehr entsprechende Konstruktion zweier gegenläufig rotierender

[1]) Ich darf an dieser Stelle dem Herrn Direktor des Aerodynamischen Institutes der Technischen Hochschule Dresden, Prof. Dr. W. Richter, Herrn Dipl. Ing. K. Freund, Oberassistent am gleichen Institut, dem VEB Zeiss Ikon Dresden, besonders dem Leiter seines Forschungslabors, Herrn Dr. F. Trommer, sowie dem Zentralinstitut für Film und Bild der DDR für vielfältige Unterstützung meinen verbindlichsten Dank aussprechen.

Tragflächensysteme umgemünzt. Das so entwickelte Flugmodell vereinigt eine insektenähnliche Manövrierfähigkeit mit recht stabiler Fluglage. Mit aufgerichtetem Vorderteil startend, geht es bei größerer Geschwindigkeit von einer Hubschrauber-artigen Bewegungsweise zu horizontaler Fluglage über und bewegt sich nun mit Geschwindigkeiten wie eine gewöhnliche Maschine mit starren Tragflächen und Propellerantrieb.

Zweifellos liegt hier eine bedeutende Konzeption. Die anscheinend gelungene Übertragung von Insektenverhältnissen auf die Dimensionen des Flugmodells ist aber nicht so selbstverständlich möglich, wie es erscheinen möchte. Sie wird um so schwieriger, je erheblicher die Größenunterschiede sind. Dies hängt mit den aerodynamischen Verhältnissen zusammen und läßt sich durch die unterschiedlichen REYNOLDS-Zahlen bezeichnen. Diese Zahlen errechnen sich für jede bewegte Tragfläche nach

$$\mathrm{Re} = \frac{v \cdot t}{\nu},$$

wobei v die Geschwindigkeit, t die Flügeltiefe und ν die kinematische Zähigkeit des strömenden Mediums ist. Letztere ist gleich dem Quotienten aus dem Zähigkeitskoeffizienten des Mediums und seiner Dichte und beträgt für Luft bei mittlerer Temperatur (17°) und Atmosphären-Normaldruck $14.6 \cdot 10^{-6}$ m^2/sec. Bei schnellfliegenden großen Flugzeugen liegen die REYNOLDS-Werte bei 4 bis $10 \cdot 10^6$, bei Vögeln um $6 \cdot 10^5$, bei Insekten nur um $6 \cdot 10^3$. Der Nenner des REYNOLDSschen Quotienten, die Zähigkeit der Luft, spielt also bei Insekten eine ungleich höhere Rolle als bei den Flugzeugen mit ihren hohen v- und t-Werten, wo die Bewegung der Luftmassen um die Maschine herum stärker von den Trägheitskräften bestimmt wird.

Nun sind Strömungen unter Vorherrschaft der Zähigkeit weitgehend laminar, entsprechen also parallelen Luftschüben, während Strömungen unter Vorherrschaft der Trägheit turbulent werden, d. h. aus vielen kleinen Wirbeln aufgebaut sind. Laminare Strömungen schließen sich glatt um fliegende Körper. Sie lösen sich aber längs ihres Weges leicht vom Körper ab und berauben ihn damit ihrer stützenden Gewalt. Demgegenüber haften turbulente Strömungen besser am Flieger.

Hieraus ergibt sich, daß die mit kleinen REYNOLDSschen Zahlen fliegenden Insekten im Gegensatz zu den Flugmaschinen keine glatten widerstandsarmen Oberflächen zu haben brauchen, ja sogar nicht haben dürfen. Durch mannigfaltige Vorrichtungen wie gefaltete Flügelfläche, Skulpturen des Flügelvorderrandes, Behaarung und Beborstung, Antecostalfelder usw. erhöhen sie vielmehr die Turbulenz der Anströmung, um der die Tragfläche umschließenden Luft-Grenzschicht aus der weiter entfernten ungestörten Strömung Energie zuzuführen. Dadurch wird das Ablösen der Strömung verhindert und der Kontakt mit der relativ zähen Luft gewahrt.

Man möge daher von dem Studium des Tierfluges, und besonders des Insektenfluges, nichts für die Technik erwarten, was auf Grund der anderen Dimensionen von vorn herein nicht übertragbar ist.

Probleme der Flugphysiologie

Aber auch bei der nötigen Bescheidenheit der Erwartungen auf angewandter Seite bietet der Insektenflug der exakten Analyse eine Fülle reizvoller Probleme, von denen hier einige angeschnitten seien.

1 Morphologie

Da ist zunächst die Morphologie der Flugapparate in ihrer Beziehung zu deren physiologischer und physikalischer Leistungsfähigkeit. Einige Generationen von Systematikern haben die Formen des Geäders zum Gegenstand taxonomischer Versuche gemacht. Die physikalischen Eigenschaften, die das Adersystem dem ruhenden und dem schwingenden Flügel verleiht, sind bisher wenig berücksichtigt worden. Ebenso sind der Ursprung der Längsadern in der Flügelwurzel und der Bau der Gelenkapparate noch keineswegs zureichend erforscht. Das erschwert nicht nur die morphologische Homologisierung, sondern auch das Verständnis der Bewegung und Steuerung des schwingenden Systems.

Die Flächenbelastung der Insektentragfläche ist verhältnismäßig niedrig: *Lepidoptera* 0,1 bis 0,17 kg/m², *Cetonia aurata* L. 1,25 kg/m² [1]) (demgegenüber: Schwalbe 1.7, Silbermöwe 6, Flugmodelle 1 bis 2, Segelflugzeug 16 kg/m²).

Der Flügelumriß zeigt sehr unterschiedlichen Streckungsgrad. Bei Käfern ist er gegenüber den uns von Flugzeugen bekannten Verhältnissen relativ gering. (Bei *Cetonia aurata* L. z. B. beträgt er

$$\frac{b}{t} = 7{,}7^{1)} \qquad \begin{array}{l} b = \text{Spannweite} \\ t = \text{mittlere Flügeltiefe} \end{array}$$

bei Segelflugzeugen 16 bis 18). Die abgerundete Spitze vermindert den Spitzenwiderstand, der durch das Aufeinandertreffen der zentrifugalen Strömungen von beiden Seiten der Tragfläche entsteht, und erscheint damit manchen technischen Entwürfen ähnlich.

Das Profil des Insektenflügels hingegen hat nur wenig mit dem Vogelflügel-Profil gemeinsam, dás LILIENTHAL so erfolgreich auf seine Flugapparate übertrug. Es ist stets wesentlich dünner und während der Bewegung mehr Verbiegungen ausgesetzt. Der Lastverteilung unserer Flugzeug-Tragflächen entsprechend, zeigen auch die Insektenflügel ein Vorwiegen der Absteifungen im vorderen Flügeldrittel, jedoch erfährt der aus Costa und Subcosta gebildete „Nasenholm" im Vergleich zu den Flugmaschinen oft eine weitere Verstärkung gegenüber dem „Mittelholm" in Gestalt des Radius. Der Insektenflügel gewinnt das Aussehen einer schmalen starren Tragfläche mit breiter, weicher, scharnierartig beweglich angehängter Klappe; und Gruppen mit zwei gleichsinnig schlagenden Flügelpaaren wie die Orthopteren oder die Hymenopteren differenzieren ihre Flügelpaare so, daß der ganze vordere Flügel zur Starrfläche, der ganze hintere zur Klappe wird. Die Neigung, die Vorderkante zu versteifen, die ja bei der Bewegung vorangeht und damit Beschädigungen ausgesetzt ist, ist verständlich. Merkwürdig erscheinen demgegenüber verdünnte Stellen, die den vorderen Aderkomplex lo-

[1]) Mittelwert aus 25 Tieren eigener Versuche.

kal praktisch unterbrechen, etwa bei manchen acalyptraten Fliegen, bei Hymenopteren und bei Käfern, die den Spitzenteil ihrer Flügel in der Ruhelage nach hinten (zum Analrand hin) einschlagen können. Es ist meines Wissens noch nicht geklärt, ob die mechanische Schwächung des Vorderrandes beim schwingenden Flügel stets irgendwie kompensiert wird oder ob sie gar eine praktische Bedeutung hat. Denkbar wäre, daß der Insektenflügel auch in seinem vorderen Teil nicht als starre Platte schlägt, sondern gemäß seiner Eigenfrequenz in sich schwingt[1]). Beim schlagenden Flügel könnten an den eben erwähnten verdünnten Stellen Knoten der Eigenschwingung liegen. Aufnahmen mit einer Ultrazeitlupe des Typs ZL 1 (ZEISS IKON) an den Cetoniinen *Cetonia aurata* L. und *Potosia cuprea* F., über die später mehr gesagt werden soll, haben aber bei diesen mit „Flächengelenken" zum Einklappen der Alarspitze versehenen Käfern bisher keine merkbare Eigenschwingung gezeigt. Die Versteifung der „dünnen Stelle" während des Fluges steht hier offensichtlich in Zusammenhang mit einer Verspannung im mittleren Teil der Ala, die vornehmlich vom Radius gehalten wird. Verliert die Flügelfläche, etwa nach dem Anstoßen der Ala an ein festes Hindernis, an straffer Spannung, so knickt der Spitzenteil im Gelenk etwas nach hinten ab. Dies spricht dagegen, daß die distalwärts gerichteten Fliehkräfte des schwingenden Systems den Costo-Radial-Komplex dehnen und wesentlich straffen, wie man annehmen könnte. — Die Straffung der Gelenkstelle ist nur auf die normale Belastung durch die Luftkräfte eingestellt und hält ihr stand. Dem Anprall des schlagenden Flügels gegen ein festes Hindernis kann sie, wie die Filmanalyse ergab, nicht Widerstand leisten.

Die Spannung des Flächengelenkes muß, da der Flügel selbst keine Muskelelemente enthält, wie alle seine Bewegungen vom basalen Gelenk her induziert werden. Versuche zeigten, daß sie gleichwohl unabhängig davon ist, ob der Flügel in die Fluglage gebracht oder zur Ruhe nach hinten genommen wird. Das ist um so erstaunlicher, als der Costa-Subcosta-Komplex, gegen den eine spannende Radius-Verschiebung wirksam werden müßte, nach F. RÜSCHKAMP beim Übergang in die Ruhelage aus seinem Schnappgelenk am Axillare 1 gelöst wird. Dies bietet einen Hinweis, daß die erneute Fixierung von Costa und Subcosta in der Ruhelage (RÜSCHKAMP) fest sein muß. Jedenfalls ist eine gelandete *Cetonia* in der Lage, den die Elytronspitze überragenden distalen Teil der Ala zu strecken und einzuschlagen, und ein mit einiger Wucht in Rückenlage auf eine Tischfläche geschleudertes Tier vermag umgekehrt mit ausgebreiteten Alae zu schwirren, deren Flächengelenke weich entspannt sind. Dies wurde in Wiederholungen gesichert. Die Versuche werden fortgesetzt (Abb. 1).

Auch die Gestaltung des Flügelhinterrandes bedarf der funktionellen Beleuchtung. Das merkwürdige Abbiegen der Media, die den Hinterrand geradezu

[1]) Nach den Vorschlägen von Herrn Prof. G. FALCKENBERG (Rostock) habe ich vor Jahren erfolgreiche Versuche angestellt, die Eigenfrequenz von Hummelflügeln durch elektrostatischen Anstoß mit Wechselspannungen kontinuierlich veränderter Frequenz zu bestimmen. Diese Arbeiten wurden seinerzeit durch das Kriegsende unterbrochen und sollen fortgesetzt werden.

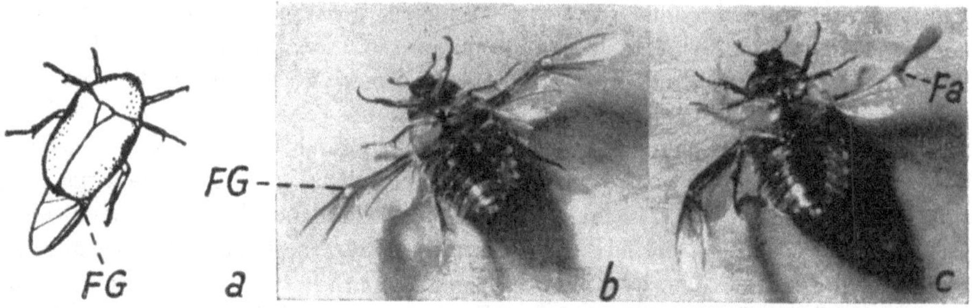

Abb. 1. Unabhängigkeit des Flächengelenks *FG* von Schlagruhe und Schlagbewegung der Ala.

a Gelandete *Cetonia*; beide Alae in Ruhelage, linke mit ganz eingeschlagener Spitze (unter dem Elytron verborgen), rechte mit gespanntem Spitzenteil. b, c Auf den Rücken gestürzte *Cetonia*, schwirrend. Spitzenteil in b wenig, in c stark entspannt. Die (im Bilde) rechte Ala des Tieres in c zeigt bei *Fa* die durch Entspannung des Flächengelenks und Verwindung des Costoradial-Komplexes entstehende Falte, die sich bei vollständigem Einschlag des Spitzenteils vertieft. (Aufn. HERBST u. LÜPNITZ).

zu meiden scheint, bei calyptraten Fliegen, fordert zur Analyse ihrer Funktion heraus. Sicher und allgemein bekannt ist, daß die Elastizität des Flügelhinterrandes bei der Drehbewegung des Flügels eine wichtige Rolle spielt (s. S. 183). Es wird lohnend sein, die Drehbewegung bei Nematoceren, bei denen viele Adern den Hinterrand erreichen, mit denen der genannten höheren Fliegen zu vergleichen.

2 Bewegungsphysiologie

Ich muß es mir versagen, auf die Probleme der Stoffwechsel-, Sinnes- und Nervenphysiologie einzugehen, die der Insektenflug aufwirft. So werden die Fragen des Wirkungsgrades der Insekten-„Flugmaschine" und der Flugaktivität, die Lieferung der Nervenerregung für die Flugmuskulatur und die Rezeption der Sinnesreize für die Flugsteuerung allgemeines Interesse beanspruchen. Wir wollen uns heute aber auf die eigentliche Bewegungsphysiologie und ihre morphologischen Grundlagen beschränken.

2.1 Methodische Probleme

Analysieren wir die Flügelbewegung selbst und ihre Luftkraft erzeugende Wirkung. Die methodischen Schwierigkeiten, die dieser Untersuchung entgegenstehen, sind bekannt. Zur bloßen Bestimmung der Schlagfrequenz kann man ein festgehaltenes Insekt seinen Flügelschlag auf die rußgeschwärzte Trommel eines Kymographen selbst schreiben lassen, oder man kann die mechanischen Schwingungen fixierter oder frei fliegender Tiere in akustische oder optische transformieren und zählbar machen. Die überschlägige Frequenzbestimmung mittels des Flugtones ist, entsprechende Musikalität vorausgesetzt, wegen des minimalen technischen Aufwandes bestechend. Da aber nicht als sicher angenommen werden kann, daß der Flugton eine einheitliche auf dem Flügelschlag basierende Schwingung darstellt, läuft man Gefahr, aus der Frequenz von Obertönen auf die Schlagschwingung zu schließen und sich dabei um ein Zwei- oder Mehrfaches zu verschätzen. Ein von Prof. G. FALCKENBERG (mündlich) vorgeschlagenes und von mir mit Hummeln erprobtes Verfahren transponiert die Schlagschwingungen in optische und diese in elektrische. Die Versuchstiere werden im verdunkelten Raum in einen Behälter gebracht, dessen eine Seitenwand aus einer siebartig gelochten Platte besteht. Von der gegenüberliegenden Seite her wird der Behälter mittels einer geeigneten Lichtquelle durchstrahlt, so daß einzelne feine Lichtbündel die Siebplatte verlassen. Diese Lichtbündel fallen auf eine Photozelle. Fliegende Tiere unterbrechen kurzzeitig, während ihr schwingender Flügel an einer Bohrung der Siebplatte vorüberzieht, das Strahlenbündel dieser Bohrung im Rhythmus der Schlagfrequenz und prägen damit dem Aktionspotential der Photozelle ihre Frequenz auf. Die frequenten Änderungen der Zellenspannung können dann mit geeigneten Anzeigegeräten bestimmt werden.

Nicht nur der Frequenzermittlung, sondern auch der unmittelbaren Beobachtung der Flügelstellung während einzelner Schlagphasen dienen Stroboskop-Methoden. Nach der klassischen Methode beobachtet man das bewegte Tier durch eine Auskerbung in einer mit regulierbarer Geschwindigkeit umlaufenden Scheibe, ändert deren Umdrehungszahl, bis der Flügel stillzustehen scheint, und bestimmt diese Zahl mit einem Zählwerk oder akustisch, indem man die gekerbte Scheibe als Sirene benutzt. Zusammen mit K. FREUND habe ich mit Erfolg direkte Beobachtungen an fliegenden Cetoniinen mit einem Lichtblitzstroboskop der Firma ZEISS IKON in Dresden unternommen. Im Gegensatz zu den mit Unterbrecherscheibe arbeitenden geschilderten Apparaten wird hier nicht nur das Auge, sondern auch das Objekt selbst intermittierend beleuchtet.

Die besten Ergebnisse bringen kinematographische Aufnahmen mit hoher Bildfrequenz, doch sind hier noch erhebliche methodische Hemmnisse zu überwinden. Sie liegen darin, daß es schwierig ist, ein frei fliegendes Insekt gerade während der 3/4 Sekunde in den Schärfenbereich des Objektivs zu bringen, in der die 25 Meter Film einer Kassettenfüllung mit einem an eine Kreissäge erinnernden Lärm hinter dem Objektiv durchrasen.

Der Schärfenbereich ist bei den zu verwendenden Abbildungsmaßstäben gering, und Zeitpunkt des Startes und Flugrichtung des Insektes sind nicht ohne weiteres genau abzuschätzen. In eigenen Aufnahmeserien mit der ZL 1 (ZEISS IKON) an Rosenkäfern konnte ich eine gewisse Ausrichtung des Startfluges erreichen, indem ich das Tier zum Start mit dem Kopf auf ein von einer Bogenlampe scharf angeleuchtetes weißes Hintergrund-Blech richtete. Selbst eine im Winkel von 90° zu dieser Richtung aufgebaute Nitraphotlampe störte dann den Flug in Richtung des Bleches nicht. Der Schärfenbereich wurde durch einen Drahtrahmen von 10 × 9 cm bezeichnet. Er hatte bei Verwendung des Objektives 45 mm mit vorgekitteter Zusatzlinse von etwa 3 Dioptrien (Bildgröße : Gegenstandsgröße = 1 : 2) nur eine Tiefe von 8—10 mm. Bei einer Bildfrequenz von 1700/sec, Verwendung eines 23/10° DIN Sicherheitsfilmes und Beleuchtung mittels einer Bogenlampe und einer Nitraphotlampe mußte bereits mit ganz geöffneter Blende gearbeitet werden, so daß an eine Erhöhung der Schärfentiefe durch Abblenden nicht zu denken war. Übrigens ist die Wiedergabe auf der 23/10 Schicht nicht befriedigend. Sie gelang noch bei einer Verdoppelung der

Bildfrequenz auf 3400/sec, wie sie bei rasch schwingenden Flügeln nötig wird, und entsprechender Halbierung der Belichtungszeit für das einzelne Bild.

Aus diesen Gründen ist verständlich, daß Filmaufnahmen frei fliegender Insekten bisher selten sind. v. HOLST hat die Schwierigkeit dadurch zu überbrücken gesucht, daß er thorakal gefesselte Tiere, die er ohne weiteres in die richtige Lage vor der Kamera bringen konnte, mit einem künstlichen „Fahrtwind" anblies, um hierdurch die Strömungsverhältnisse beim freien Flug ungefähr nachzuahmen. Im Gegensatz zu v. HOLST und anderen Autoren habe ich bei den Aufnahmen, die ich heute vorführe, eine Fesselung gewählt, die den Thorax selbst nicht unmittelbar berührt.

Die Cetoniinen wurden mit zwei Seidenfäden an den Hinterbeinen in Höhe der Trochanteren angebunden (Abb. 2). Bei geeigneter Behandlung (vgl. HERBST 1955) gelang es, die

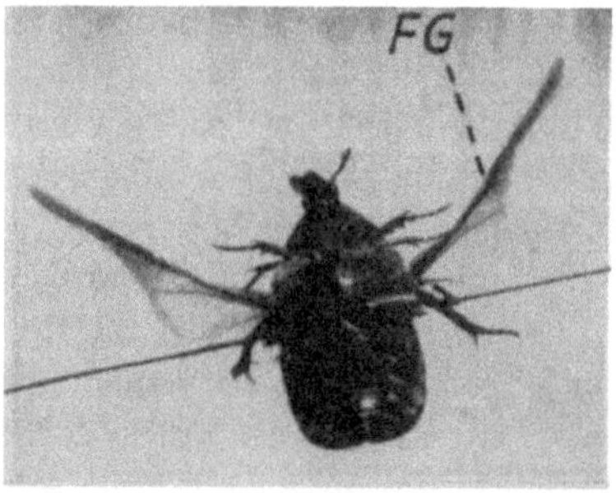

Abb. 2. *Cetonia aurata* L. am Doppelfaden in Rückenlage fliegend. Aufnahme von oben. Am (im Bilde) rechten Bein ist die Fesselung bis zur Basis der Tibia verrutscht. Die Alae befinden sich im unteren Wendepunkt: Der Costalrand steht und dreht sich aktiv um seine Längsachse, wobei der Spitzenteil der Ala mitfolgt. Das Analfeld hat etwa noch die gleiche Anstellung wie im Abschlag. (Aufn. HERBST u. LÜPNITZ).

Tiere zu minutenlangem Schwirren am straff gespannten oder locker gelassenen Fadenpaar zu bringen. Sie überschlugen sich aber sogleich nach Beginn des Schwirrens und flogen nun, mit dem Rücken nach unten, anscheinend ungestört durch die ungewöhnliche Lage, weiter am Ort. Es muß daraus geschlossen werden, daß der an den Beinbasen gehemmte Käfer

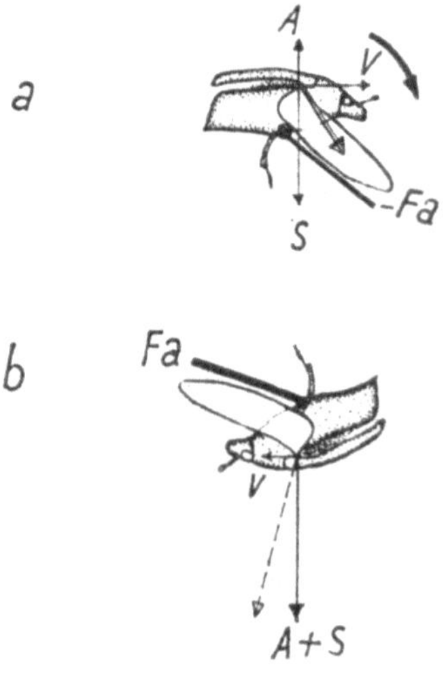

Abb. 3. Kraftdiagramm der zweiseitig gefesselten *Cetonia*. (Der Schwerpunkt ist im Schnittpunkt von x- und y-Achse angenommen, vgl. Abb. 5b.) Die Elytren sind lateral erhoben, die Alae in der extremen Tiefstellung. *Fa* Faden der Fesselung.

a Kräfteangriff am aufrechten Tier. An dem abwärts strebenden Käfer hebt der Auftrieb *A* die Schwere *S* nicht ganz auf. Die Differenz bildet mit dem Vortrieb *V* eine nach vorn unten gerichtete Resultante. Das Tier überschlägt sich.

b Kräfteangriff nach dem Überschlag. „Auf"trieb und Schwere addieren sich. Bei geringem Vortrieb liegt der Käfer fast horizontal; bei größerem Vortrieb würde er sich zunehmend aufrichten.

sich nicht nach oben zu erheben trachtet, sondern nach vorn und unten der Landung zustrebt. Einseitig gefesselte Tiere bestätigen das. Bei zweiseitiger Fesselung kippt das hinter dem Flügelgelenkpunkt gefesselte Tier daher nach vorn ventral. In der Rückenlage angekommen, hängt es nun vermöge seines Gewichtes in einer stabilen Gleichgewichtslage, aus welcher je nach Vortrieb sich das Vorderende des Tieres mehr oder minder aufrichten kann (Abb. 3). K. Freund und ich konnten feststellen, daß auch in dieser unnatürlichen Lage der vom schwirrenden Käfer erzielte Luftstrom in caudaler und ventraler Richtung geht, ganz so, wie man es bei einem in gewöhnlicher Fluglage befindlichen Tier erwarten muß. Das Tier gewinnt Vortrieb und eine Kraft, die dorsad gerichtet ist und in natürlicher Lage als Auftrieb wirkt, hier aber sein Gewicht erhöht.

Die an den Beinen gefesselte *Cetonia aurata* L. oder *Potosia cuprea* F. versucht also die Landung nach dem für sie normalerweise „richtigen" Schema. Der nach dem Überkippen veränderten Lage im Raum kann sie anscheinend keine Normalisierung durch Steuern entgegensetzen.

Bei den fertigen Aufnahmen ergibt sich die Bildfolge pro Sekunde aus einer optischen Zeitmarke, die mittels einer mit $f = 1000/\text{sec}$ intermittierend aufleuchtenden Glimmlampe während der Aufnahme auf dem Rand des Filmes abgebildet wird. Die Frequenz des Flügelschlages läßt sich hiernach leicht bestimmen. Bei den geprüften Cetoniinen liegt sie zwischen 83 und 104. Während einer Aufnahme[1]) ergaben sich Schwankungen bis zu 5%. Um darüber hinaus die Bewegung des Flügels geometrisch zu bestimmen, ist es in jedem Falle notwendig, die Lage der Projektionsebene zu dem Kreuz der körperfesten Koordinaten zu ermitteln, deren x-Achse die Längsachse des Rumpfes ist, während die y-Achse die beiden Flügelgelenkpunkte transversal zur x-Achse verbindet und die z-Achse beide Achsen in deren Schnittpunkt senkrecht durchsetzt (vgl. Abb. 5). Es können sodann die in den Photographien gemessenen Größen auf ihre ursprünglichen Werte im x, y, z-System umgerechnet werden. Vergleiche der aufeinanderfolgenden Schwingungen einer Bildfolge und zwischen Bildfolgen unter gleichen Bedingungen geben sodann Aufschluß über die Variation der Werte beim gleichen Tier und bei verschiedenen Individuen, wobei die physiologischen Zustände der Tiere eine Rolle spielen könnten. Vergleich von Aufnahmen unter wechselnden äußeren Bedingungen erläutern den Einfluß der Umwelt auf den Flug.

Schließlich liegt eine methodische Aufgabe in der unmittelbaren Messung der von fliegenden Tieren erzeugten Luftkräfte mittels Strömungssonden und der optischen Darstellung des Strömungsbildes.

2.2 Aerodynamische und Physiologische Probleme.

Nun zu den Problemen des Fluges selbst. Strömt eine Luftmasse gegen eine ihr rechtwinklig entgegenstehende Fläche (Abb. 4 a), so bildet sich eine Stauung vor der Fläche, eine Druckerhöhung, welche die Fläche in der Richtung der Anströmung wegdrückt. Entsprechend erhält ein Flügel, der, quer zu seiner Bewegungsrichtung angestellt, durch ruhende Luft geschlagen wird, eine Luftkraft, die

[1]) eine Aufnahme = 25 m Film mit etwa 1300 Einzelbildern, auf denen rund 65 ganze Flügelschläge abgebildet sind.

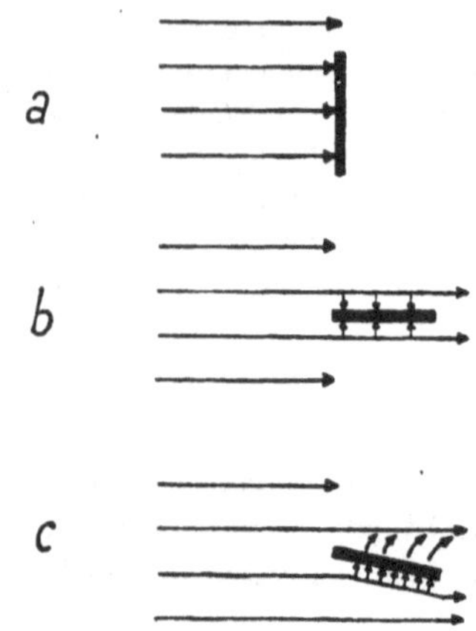

der Bewegungsrichtung entgegensteht (Normalkraft). Die Luftkraft äußert sich wie ein Widerstand. Fliegen mit Hilfe einer solchen Schwingenbewegung nennt v. HOLST daher „Fliegen mit dem Widerstand".

Abb. 4. Krafteinwirkung auf eine Tragfläche bei verschiedenen Anstellwinkeln α.
a $\alpha = 90°$ („Flug mit dem Widerstand"); b $\alpha = 0°$; c $\alpha > 0°$ („Flug mit dem Schube").

Senken wir hingegenden Anstellwinkel der Tragfläche gegen die Anströmung auf Null (Abb. 4 b), so geht die Luftströmung bei einer gedachten unendlich dünnen Fläche parallel an ihr vorbei, wobei lediglich der statische Luftdruck von beiden Seiten her gleichmäßig auf die Tragfläche drückt, senkrecht zu der Strömungsrichtung. Die Strömung übt aber infolge der Reibung eine Schubwirkung (Tangentialkraft) auf die Tragfläche aus. Auch hier kann man sich die Luft ruhend und die Tragfläche bewegt denken, um dem Schwingenflug näher zu kommen.

Sobald man nun den Anstellwinkel etwas erhöht (Abb. 4 c), so sind die Druckverhältnisse auf beiden Seiten der Tragfläche nicht mehr gleich. Die Strömung wird auf der abgewandten Seite der Fläche beschleunigt, ihr Druck sinkt, während auf der zugewandten Seite eine Verlangsamung und Drucksteigerung eintritt. Damit entsteht auf der Anströmungsseite eine quer zur Strömung gerichtete Druckkomponente (Normalkraft-Komponente), auf der Leeseite eine ebenso gerichtete Sogkomponente. Die entstehende Luftkraft quer zur Anströmung (KUTTA-JOUKOWSKY-Kraft) ermöglicht ein „Fliegen mit dem Schube".[1])

In allen Fällen muß die resultierende Luftkraft dem Tier den Auftrieb bieten, der seinem Gewicht die Waage hält (wenn es nicht steigen oder sinken soll), und den Vor- oder Rücktrieb, der es in horizontaler Richtung transportiert.

2.21 Schlagschwingung und Flügelbahn

In die Lehrbücher der Entomologie hat eine Figur Eingang gefunden, die vom Flug mit dem Widerstand ausgeht (Abb. 5 a). An Hand eines festgehaltenen In-

[1]) v. HOLST (1943, p. 304) verwendet hier den Ausdruck „Schub" nicht im Sinne einer Tangentialkraft, sondern vergleicht die schwingende Tragfläche des Insekts mit dem Propeller eines Flugzeugs. Die senkrecht zur Schwingebene bzw. zur Rotationsebene gerichtete Kraft liegt beim Propellerflugzeug ja durchschnittlich horizontal und wird von den Flugzeugbauern im Gegensatz zum vertikalen „Hub" der starren Tragflächen „Schub" genannt. Bei genauer Betrachtung der Druckverhältnisse zeigt sich übrigens, daß im hinteren Bereiche der abgewandten Tragflügelseite ein Druckanstieg zu verzeichnen ist, während nahe der Vorderkante auch auf der Zustromseite ein Sog entsteht.

sektes wird gezeigt, wie der Flügel in einer großen Achterkurve Vor- und Auftrieb erzeugt, ohne zugleich Ab- und Rücktrieb in wesentlicher Größe in Kauf nehmen zu müssen. Dieses Schema ist, wie gesagt, an festgehaltenen Insekten ermittelt worden. Es könnte vielleicht auch für startende Tiere gelten, die im Augenblick des Anfluges ja noch über keinen Fahrtwind verfügen. Neben einer Flügelbahn, die nahezu zwei sich linienförmig berührende Kegelmäntel mit gewölbter Grundfläche ausführt, sind auch einfachere Bahnen in Gestalt flachgedrückter einfacher Kegelmäntel mit etwa sphärisch-elliptischer Grundfläche beschrieben worden. Meine Aufnahmen von gefesselten Cetoniinen zeigen stark eingeebnete Flügelbahnen, so daß der Flügel ungefähr in der gleichen Ebene zurückschwingt, in der er abwärts geschlagen hat. Hierbei beschreibt die Flügelspitze schwach gewellte Kreissektoren, die, in die xz-Ebene projiziert (Abb. 5 b), als flachgedrückte Achterbahn erscheinen, die sogar umgekehrt befahren wird wie in der Lehrbuchabbildung 5 a. Die Bahn des Vorderrandes (seines basalen Abschnittes bis zum Flächengelenk) ist wahrscheinlich stärker eingeebnet.

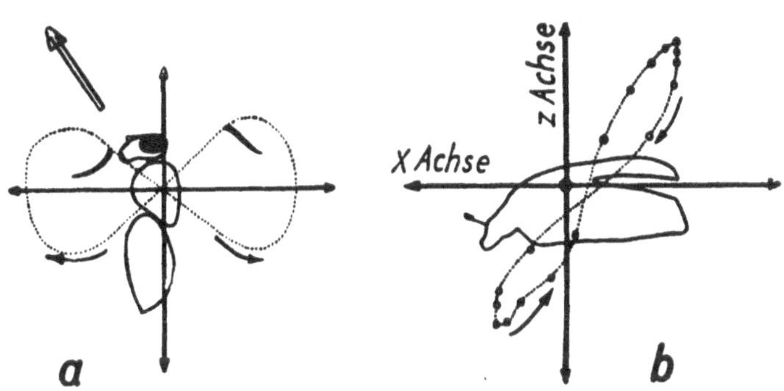

Abb. 5. Flügelbahnen in tierfesten Koordinaten, projiziert in die xz-Ebene.
a Flügelbahn nach Berlese aus Eidmann (Lehrbuch der Entomologie, Parey-Verlag 1941). An zwei Stellen ist der Flügelschnitt eingezeichnet, um die Anstellung zur Flügelbahn zu zeigen. Sie beträgt etwa 90°. Das Tier fliegt „mit dem Widerstand“. b Bahn der Flügelspitze bei Cetoniinen. Nach Zeitlupenaufnahmen des Verf. kombiniert. Kreise bezeichnen die Stellung der Flügelspitze im Abschlag, Punkte im Aufschlag. Zeitlicher Abstand der Kreise und Punkte $6 \cdot 10^{-4}$ sec. Die Schlagebene ist gegen die x-Achse unter etwa 57° negativ angestellt. Der auf der y-Achse gelegene linke Flügelgelenkpunkt ist auf die Kreuzung von x- und z-Achse projiziert. — In anderen Schlagschwingungen des gleichen Filmstreifens waren die Punkte und Kreise zur Mitte der Bahn hin verschoben und gleichmäßiger verteilt. Für die Analyse der Schlaggeschwindigkeit ist diese durch die Projektion stark verzerrte Bahn nicht geeignet.

Der Längsdurchmesser der erwähnten Achterfigur oder Ellipse steht in einem Einstellwinkel zur x-Achse, der negativ ist, in manchen Abbildungen (z. B. bei Eidmann nach Berlese vgl. Abb. 5 a) aber 90° erreicht. Bei *Cetonia* und *Potosia* beträgt die Neigung der Schwingebene gegen die x-Achse nach meinen bisherigen Messungen 55—60°.

Das festgehaltene Tier macht seinen Fahrtwind mit den Flügeln. Die Anströmung seiner Tragflächen ist die Umkehrung der Flügelbewegung. Das freifliegende Tier hingegen gewinnt eine zusätzliche Anströmung entgegen seiner Flugbahn. Der Fahrtwind an den Schwingen setzt sich also nunmehr aus zwei Komponenten zusammen, die der Lokomotionsgeschwindigkeit v und der Schlaggeschwindigkeit der Flügel u entsprechen. Je größer v wird, um so stärker wird die Anströmung

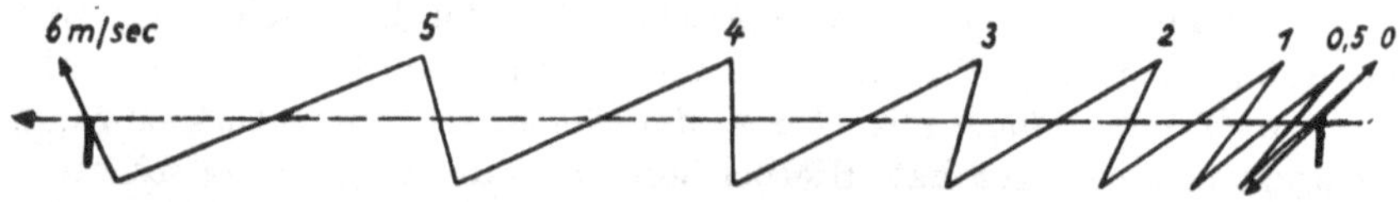

Abb. 6. Schematische Flügelbahn in raumfesten Koordinaten (Bahn einer Flügelspitze durch die Luft, in die xz-Ebene projiziert). Vereinfachend ist eine völlig ebene, unter —45° angestellte Schwingebene angenommen. Dem Entwurf der Zeichnung liegt eine Schlagfrequenz von 100/sec und ein Schwingebenendurchmesser von 2,8 cm zugrunde. In der Horizontalen ist die Lokomotionsrichtung eingezeichnet, als Parameter findet sich die Lokomotionsgeschwindigkeit v. Nach jeder Schlagschwingung (am oberen Wendepunkt des Flügels) erhöht sich die dort eingetragene bisherige Lokomotionsgeschwindigkeit sprunghaft, um den Einfluß von v auf die Flügelbahn zu zeigen. Entsprechend legt die Flügelspitze während einer Amplitude vom oberen Wendepunkt bis zum nächsten 0.5, 1, 2, 3, 4, 5, 6 cm zurück. Bei $v = 0$ und bei $v = 6$ sind Flügelschnitte für Ab- und Aufschlag eingezeichnet. Sie ergeben bei jeweils gleichen Anstellwinkeln im xz-Koordinatenkreuz des Tieres (bzw. zu seiner Lokomotionsrichtung) bei $v = 0$ Flug mit dem Widerstand, bei $v = 6$ Flug „mit dem Schube".

von dem einheitlich das fliegende Tier angreifenden Lokomotions-Fahrtwind bestimmt, um so geringer wird die Rolle der komplizierten und wechselnden Anströmungen der schwingenden Tragfläche, und um so mehr nähern sich die aerodynamischen Verhältnisse des fliegenden Insekts denen des „stationären Fluges" mit starren Tragflächensystemen. Der vorher im ruhenden Medium hin und her schlagende Flügel greift nun mit jedem Schlag an einer — längs der Flugbahn — weiter vorn gelegenen Stelle in die Luft; aus dem Hin und Her auf der Stelle wird eine fortschreitende Welle, die mit zunehmendem „Fortschrittsgrad" $\frac{v}{u}$ immer flacher wird (Abb. 6), und sich der schwankungslosen Geraden nähert, welche die Tragflächenspitze bei $u = 0$ in die Luft zeichnet. Für die Frage, wieweit die PRANDTLsche Tragflächentheorie des stationären Fluges oder doch die des quasistationären Fluges (D. KÜCHEMANN & E. v. HOLST 1942) auf ein Insekt angewandt werden kann oder inwieweit instationäre Vorgänge berücksichtigt werden müssen, ist die Bestimmung des Fortschrittsgrades also von Bedeutung. Hier muß eingewandt werden, daß ein schwingender Insektenflügel keine gleichförmige Schlaggeschwindigkeit u hat.

Der Begriff u ist geschaffen worden für Berechnungen an Luftschrauben und bezieht sich dort auf die „Umfangsgeschwindigkeit" der Flügelspitze, die sich aus der Umdrehungszahl und der Länge der Propellerblätter bestimmen läßt. (Natürlich ist die lineare Geschwindigkeit und damit die Anströmung an mehr der Drehachse genäherten Stellen des Propellers geringer.)

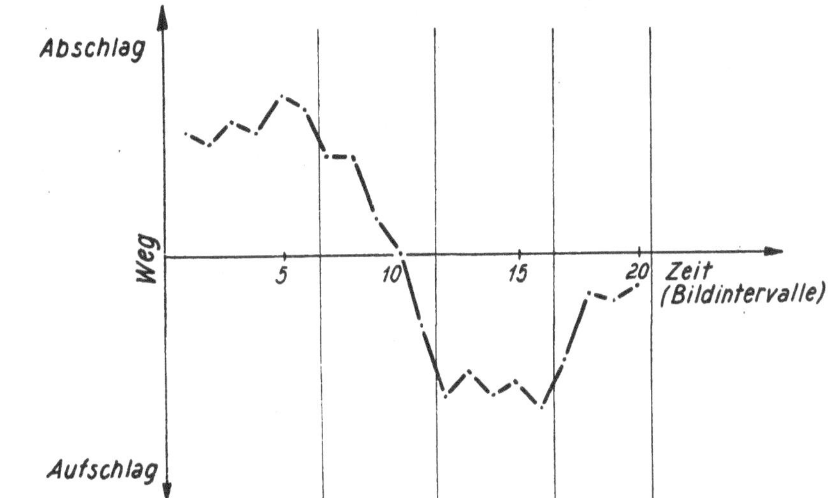

Intervall Nr.	1-6	7-11	12-16	17-20
Wegeinheiten	11	5	11	5
Intervallzahl	6	5	5	4

Abb. 7. Schlaggeschwindigkeit u im Laufe einer Schlagamplitude (*Cetonia*, nach Zeitlupeaufnahmen).

Auf der Ordinate sind die von der Flügelspitze zurückgelegten Strecken, auf der Abszisse ist die Zeit in Form der gleichmäßigen Zeitabstände ($6 \cdot 10^{-4}$ sec) zwischen den aufeinanderfolgenden Filmbildern aufgetragen. In den Intervallen zu den ersten 6 Aufnahmen nach dem oberen Wendepunkt des Flügels legt die Flügelspitze im Durchschnitt 11 Wegeinheiten zurück, wobei sie nur wenig beschleunigt wird. In den darauf folgenden 5 Intervallen um den unteren Wendepunkt (bei Intervall 10) herum beträgt das Mittel nur 5 Einheiten, im Aufschlag (Intervall 12—16 = 5 Intervalle) wieder 11, um zum oberen Wendepunkt (Intervall 17—20 = 4 Intervalle) wiederum auf 5 zu fallen. Die Geschwindigkeit von Auf- und Abschlag ist demnach gleich.

Es kann angenommen werden, daß der schlagende Insektenflügel mit um so ungleichmäßigerer Schnelligkeit seine Flügelbahn beschreibt, je mehr diese in einer Ebene liegt. Es bilden sich Wendepunkte der Bewegung heraus, an denen der Flügel sich sehr verlangsamt, im extremen Fall sogar zeitweise still steht, um dann, schnell beschleunigt, die schräge Fläche zu durcheilen, bis er vor dem nächsten Umkehrpunkte stockt. Bei Cetoniinen bedeutet dies, daß die Flügelspitze rund $\frac{3}{4}$ bis $\frac{4}{5}$ ihrer Bahn mit wenig wachsender Geschwindigkeit durchläuft, wozu sie nur die Hälfte bis $\frac{2}{3}$ der für eine volle Schwingung benötigten Zeit gebraucht. Das übrige Drittel ist für die stark gebremste bzw. beschleunigte Bewegung in der Nähe der Umkehrpunkte erforderlich (Abb. 7). Die mittlere Geschwindigkeit der Brems- und Beschleunigungsphasen des Flügelschlages ist also nur halb so hoch wie die Schnelligkeit der Höchstgeschwindigkeits-Phasen während des Ab- und Aufschlages.

Die mittlere Umfangsgeschwindigkeit errechnet sich aus der Flügellänge l, dem Amplitudenwinkel φ und der Schlagfrequenz f. Für *Cetonia aurata* L. ergaben 25 Tiere (50 Flügel) einen Mittelwert von etwa 20 mm Flügellänge. In 9 Aufnahmen gefesselter Tiere war die mittlere Frequenz nahezu 100/sec (83—104, im Mittel 98). Der Schlagwinkel φ ließ sich auf etwa 100° bestimmen (gemessen zwischen den Stellungen des Costalrandes in den beiden Wendepunkten, Abb. 8). Die (fast

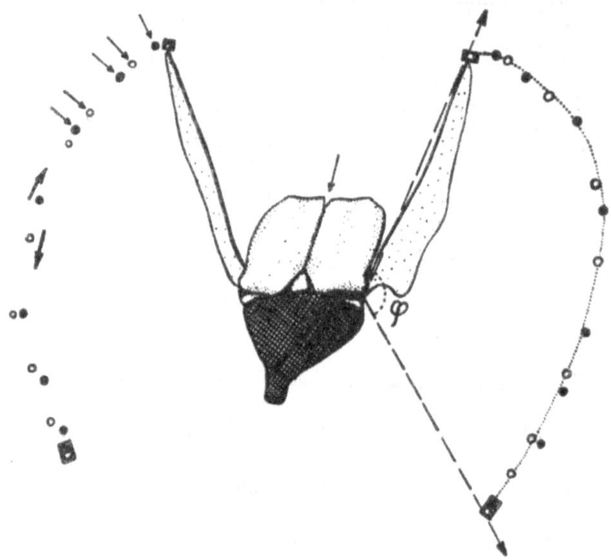

Abb. 8. Aufsicht auf die (in der Papierebene liegende) Schwingungsebene der Alae von *Cetonia* (kombiniert nach Zeitlupenaufnahmen). Von den im Hochextrem dargestellten Alae führt die Schwingung über einen Winkel $\varphi = 125°$ zum Tiefextrem. Kreise bedeuten die Stellungen der Flügelspitze im Abschlag, Punkte im Aufschlag; Vierecke um eine bzw. zwei dieser Marken herum: Hochextrem bzw. Tiefextrem der Bewegung. Der hintere Teil der Sutura klafft in den mit Pfeilen bezeichneten Stellungen der Alae im oberen Drittel der Flügelbahn.

ebene Kreissektor-)Bahn der Flügelspitze beträgt somit $\frac{40\,\pi}{3{,}6} = 35$ mm beim Abschlag und ebensoviel beim Aufschlag. In einer Sekunde legt die Flügelspitze $2 \cdot 35 \cdot 98$ mm $= 6{,}86$ m zurück, $u = 6{,}86$ m/sec.

Die nichtbeschleunigte Bewegung (Höchstgeschwindigkeit) der Flügelspitze hingegen verläuft mit

$$u \sim 10 \text{ m/sec.}$$

Die Projektion der Bahn der Flügelspitze in die xz-Ebene geht in Ab- und Aufschlag wenig unter dem Flügelgelenkpunkt durch. Die Flügel der Cetoniinen durchlaufen also in beiden Bewegungsrichtungen ein Stadium, in dem sie horizontal vom Körper weggestreckt sind.

2.22 Drehschwingung

Außer der Lage der Flügelbahn ist für den Charakter und die Größe der entstehenden Luftkraft die jeweilige Anstellung des Flügelschnittes (t) zur Flügelbahn bzw. beim freifliegenden Tier zusätzlich die Anstellung gegen den Lokomotionswind wichtig. Um diese Winkelgröße möglichst in allen Phasen des Bewegungsablaufes günstig zu halten, macht der Flügel während der Schlagschwingung zugleich eine Drehschwingung um seine Längsachse. In der oben erwähnten „klassischen" Achterfigur (Abb. 5 a) sind die Drehschwingungen so gehalten, daß beim festgehaltenen Tier der Flügelschnitt stets mehr oder minder senkrecht auf die ruhende Luft trifft, so daß für fixierte und startende Insekten ein Flug mit dem Widerstand gelten würde. Mit dem Auftreten eines Lokomotionswindes wird die Tragfläche zusätzlich von vorn angeblasen, und es ergibt sich eine Anströmung gemäß der oben erwähnten Wellenbahn (vgl. Abb. 6). Damit geht das Insekt zum Flug mit dem „Schube" über.

Bei der gefesselten *Cetonia* bzw. *Potosia* trifft infolge der Schrägstellung der Schwingebene schon der Schlagschwingungs-Wind beim Abschlag den Flügel von vorn-unten. Im unteren Umkehrpunkt hält der Costalrand des Flügels an, während das nachgiebige Analfeld die Bewegung anscheinend passiv fortsetzt (Abb. 9 a). Nun macht der Costo-Radial-Komplex eine aktive Drehung im gleichen Sinne, d. h. dorsal nach hinten, und setzt sich zum Aufschlag in Bewegung. Dann erst bringt der am langsamsten bewegte und nur passiv folgende Basalteil des Anal-

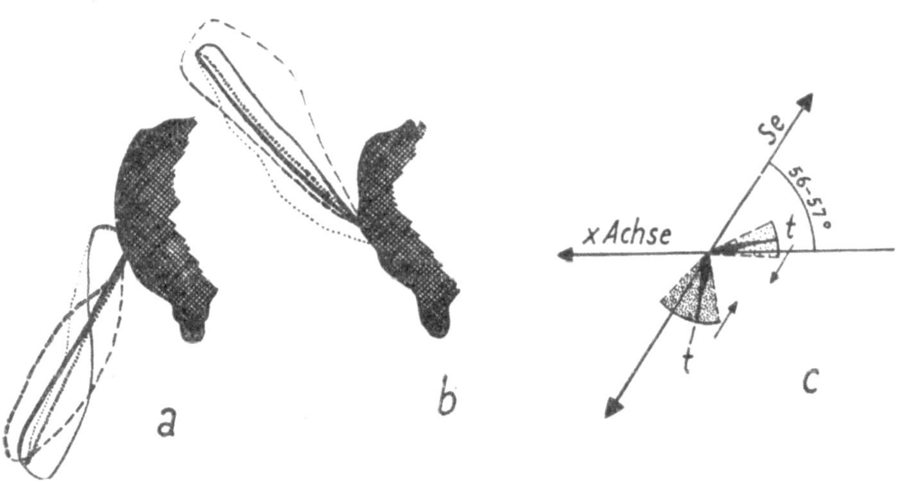

Abb. 9. Anstellung der Flügelfläche bei *Cetonia*, nach Zeitlupenaufnahmen. Unterer (a) und oberer (b) Wendepunkt der Alabewegung. Punktiert: Flügelumriß unmittelbar vor, ausgezogen: im, gestrichelt: unmittelbar nach dem Wendepunkt. Der jeweilige Costalrand ist verstärkt.

c Flügelschnitt durch das Flächengelenk in seiner Anstellung zur (vereinfachend eben gedachten) Schwingebene. Punktiert: Anstellwinkel-Bereiche; t Flügelschnitt (Mittelwert der Anstellwinkel). *Se* Schwingebene.

feldes seinen Wendepunkt hinter sich; und nun bewegt sich der Flügel mit nach vorn oben gerichteter Unterfläche in der Flügelbahn aufwärts bis zum oberen Umkehrpunkt, wo sich das entsprechende Schauspiel wiederholt. Wie aus der Abbildung (9 c) ersichtlich, ist die Anstellung gegen die Ebene der Flügelbahn und damit gegen die Anströmung vor allem beim Abschlag beträchtlich und weist auf die Widerstandskomponente der Luftkraft beim festgebundenen Tier hin. Überwiegend ist im ganzen die „Schubwirkung".

Ein besonderes Problem, auf das ich heute nicht eingehen möchte, da ich selbst über keine genügenden neuen Ergebnisse hierzu verfüge, ist die Steuerung des Insektes im Flug. Besonders wirksam werden hier einseitig geänderte Drehschwingungen sein. Cetoniinen zeigen nicht selten einseitig abweichende Schlagamplituden (φ-Werte).

Die Daten zum freien Flug, die aus einzelnen Elektronenblitz-Aufnahmen und aus Filmversuchen gewonnen wurden, ergeben keine wesentlichen Unterschiede der Flügelbewegung, gestatten aber noch keine genaue Auswertung[1]).

2.23 Elytrenbewegung

Das mitschwingende Elytron hat bei Käfern nach der Literatur kaum eine Bedeutung als Auftriebserzeuger. Bei den Cetoniinen ist die Drehbarkeit der Flügeldecken um den Gelenkzapfen und damit die Anhebbarkeit der Epipleura durch eine morphologische Verwindung des Gelenkzapfens sehr vermindert (HERBST 1952, p. 58—59) und die Spreizung der Elytren unter Lösung der Suturalverfalzung durch ein epimerales Gesperre unmöglich gemacht, das sich als mächtiger Wulst vor die Vorderkante der Decke legt. Die nach diesen morphologischen Befunden abgeschätzte Bewegung der Elytren im Fluge (HERBST 1952, p. 57—58) ließ sich durch die Zeitlupenaufnahmen beweisen (vgl. HERBST 1955) (Abb. 10): die beiden Flügeldecken knicken in der Sutura etwas gegeneinander ein, die Seiten

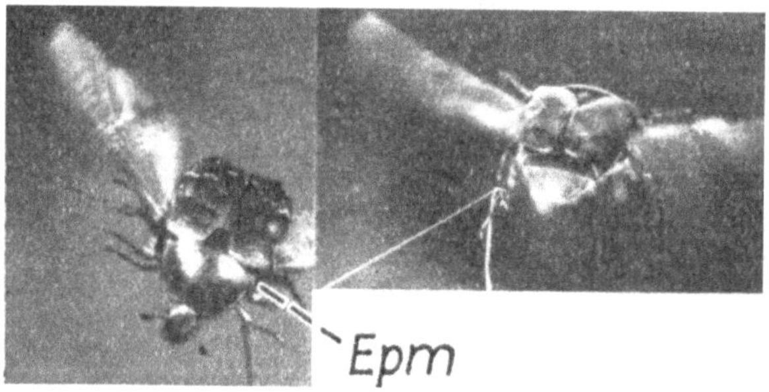

Abb. 10. *Cetonia* im Flug, an zwei Fäden gefesselt (zum besseren Verständnis um 180° gedreht; Aufn. HERBST u. LÜPNITZ). *Epm* hochgewulstetes Epimerum (Sperrung gegen die Spreizung der Elytren). Im rechten Teilbild sind die Anhebung von Elytren und Protergum-Hinterrand, sowie die leichte Spreizung der seitlich erhobenen Elytren zu erkennen.

[1]) Die von mir 1952 (p. 57) nach v. LENGERKEN 1924—27 wiedergegebene Abbildung einer freifliegenden *Cetonia* ist demnach in der Flügelstellung falsch.

heben sich, um der schwingenden Ala freien Raum zu geben. In der Nähe des oberen Umkehrpunktes der Alae nimmt die epipleurale Hebung so zu, daß die Sutura im distalen, abwärts gekrümmten Endstück leicht spreizt. Es erscheint beim fliegenden Tier eine Kerbe zwischen den Elytren (Abb. 8 →). Der Anhebung der Elytren wird übrigens vorn durch eine Hebung des Thorax-I-Hinterrandes Raum gegeben.

Zusammenfassung

Trotz des hohen Standes menschlicher Flugtechnik können ihr die Methoden, nach denen fliegende Tiere Luftkräfte erzeugen, Anregungen für die Erhöhung von Wendigkeit und Flugsicherheit bringen. Die mechanischen Verhältnisse der Insekten-Tragfläche unter den Einflüssen von Schlagfrequenz, Eigenfrequenz und den durch das Geäder gegebenen Steifigkeiten sind nur ganz ungenügend bekannt, ebenso die Gelenkverhältnisse. Aus den Flugbewegungen gefesselter Insekten ergeben sich Flügelbahnen und Anstellwinkel der Flügelfläche, die auf sehr unterschiedliche Bedeutung des „Fluges mit dem Widerstand" schließen lassen. Im freien Fluge dürften hingegen KUTTA-JOUKOWSKI-Kräfte die wesentlichen Komponenten der erzeugten Luftkraft ausmachen. Nähere Angaben werden zum Fluge der Cetoniinen (*Col.*) gemacht, bei denen schon gefesselte Tiere bei stark eingeebneten Flügelbahnen eine relativ geringe Beteiligung der Widerstandskräfte wahrscheinlich machen. Die Spannung des „Flächengelenks" wird diskutiert, die Elytrenbewegung erläutert.

Literatur:

HERBST, H. G. (1944): Studien über die Flügeldecken der Rutelinen und Cetoniinen (*Coleoptera Scarabaeidae*). Das Elytralgelenk. Z. Morphol. Ökol. *40* H. 4.

—, (1952): Zweitdruck der Arbeit von 1944. Zool. Jb. (Anatomie) *72*, 1—66.

—, (1955): Notizen zur Biologie von *Cetonia aurata* L. und *Potosia cuprea* F. (*Col. Scarabaeidae*). II. Bewegung. Mitt. Dtsch. Ent. Ges. Berlin *14*, H. 3, 10—13.

v. HOLST (1943): Untersuchungen über Flugbiophysik. I. Biol. Zbl. *63*, 289—326.

v. HOLST, E. (1952): Tierflug und Menschenflug. Physik. Blätter *7*, 534—542.

v. HOLST, E., KÜCHEMANN, D., SOLF, K. (1942): Der Triebflügel. Eine Vereinigung von Vortriebs- und Auftriebsorgan. Jb. d. Dtsch. Luftfahrtforsch. *1942*, 435—443.

KÜCHEMANN, D., v. HOLST, E. (1942): Zur Aerodynamik des Tierfluges.

RÜSCHKAMP, F. (1927): Der Flugapparat der Käfer. Zoologica *28*, H. 75.

Bericht über den X. Internationalen Entomologen-Kongreß vom 17.—25. August 1956 in Montreal/Kanada

Von H. Kemper und E. Kirchberg

An Hand der beigefügten Aufstellung werden die Prozentzahlen der auf die einzelnen Sektionen entfallenden Referate für den VII., IX. und X. Internationalen Entomologen-Kongreß wiedergegeben. Die Aufstellung läßt bis zu einem gewisser Grade erkennen, auf welchen der einzelnen Fachgebiete seit 1938 eine Zunahme oder Abnahme des Interesses der Entomologen eingetreten ist, Eindeutig abgenommen hat das Intesesse für Fragen des Vorratsschutzes, der Nomenklatur und der chemisch-technischen Seite der Insektenbekämpfung. Eine eindeutige Zunahme ist festzustellen auf dem Gebiete der Ethologie, der Genetik und insbesondere der biologischen Bekämpfung. Zu beachten ist dabei aber, daß die 1956 erstmalig eingerichtete Sektion Biologische Bekämpfung sicherlich einige Referate von der Art aufgenommen hat, wie sie früher in den Sektionen Ökologie, landwirtschaftliche Entomologie und Bekämpfungsverfahren gehalten wurden.

An Hand von Farbbildern folgen ein Reisebericht sowie eine Übersicht über den Verlauf des X. Internationalen Entomologen-Kongreß in Montreal/Kanada. Mit einer Teilnehmerzahl von etwa 1300 Personen — davon 900 Nordamerikaner — muß dieses Treffen wohl als die bisher größte Versammlung von Entomologen aller Fachrichtungen angesehen werden. Aus Deutschland waren etwa 25 Teilnehmer erschienen.

Der Kongreß zeichnete sich durch ein hohes wissenschaftliches Niveau und eine mustergültige Organisation aus. Die kanadische Gastfreundschaft und Hilfsbereitschaft werden unvergessen bleiben. Die wissenschaftlichen Sitzungen des ersten Kongreßteiles fanden in der altehrwürdigen englischsprachigen „McGill-University", die des zweiten in der modernen französischen „Université de Montréal" statt. Gesellschaftliche Veranstaltungen sowie zwei Tagesexkursionen nach Quebeck bzw. Ottawa sorgten für die nötige Auflockerung und gaben die sehr erwünschte Möglichkeit, einander in privatem Gespräch näherzukommen, alte Freundschaft aufzufrischen und neue anzuknüpfen.

Der aus der Stadt Montreal aufragende „Mont Royal" bot mit seiner reichen Flora und Fauna willkommene Gelegenheiten zum Sammeln. Besondere Freude erregte bei den auswärtigen Teilnehmern die Beobachtung zahlreicher elegant dahinsegelnder Exemplare von *Danais plexippus* L., einer tropischen und subtropischen, große Wanderungen ausführenden Tagfalterart, deren bizarre und farbenschöne Raupen an der Futterpflanze, dem „Milkweed" (Gattung *Asclepias*), öfter gefunden wurden. Sie verwandelten sich zu grünen, mit Goldleisten gezierten Stürzpuppen, die auf der Heimreise oder gar erst in Deutschland den prächtigen Schmetterling entließen.

<table>
<tr><th></th><th>1938
Berlin</th><th>1951
Amsterdam</th><th>1956
Montreal</th></tr>
<tr><td>Anzahl der Referate</td><td>228</td><td>235</td><td>704</td></tr>
<tr><td>Sektion</td><td></td><td></td><td></td></tr>
<tr><td>geogr. Verbreitung</td><td rowspan="2">17</td><td>3,3</td><td>6</td></tr>
<tr><td>Systematik</td><td rowspan="2">13</td><td>9</td></tr>
<tr><td>Morphologie</td><td rowspan="2">15</td><td>4</td></tr>
<tr><td>Physiologie</td><td>10</td><td>12,1</td></tr>
<tr><td>Ethologie</td><td>—</td><td>3,3</td><td>5,1</td></tr>
<tr><td>Oekologie</td><td>10,9</td><td>10</td><td>5,7</td></tr>
<tr><td>Genetik</td><td>0,1</td><td>3,7</td><td>5,1</td></tr>
<tr><td>Paläontologie</td><td>—</td><td>—</td><td>0,7</td></tr>
<tr><td>Arachnoidea</td><td>—</td><td>3,7</td><td>2,4</td></tr>
<tr><td>landwirtsch. Entomologie</td><td>23,6</td><td>15,5</td><td>12</td></tr>
<tr><td>Forstentomologie</td><td>10,5</td><td>6,1</td><td>6,6</td></tr>
<tr><td>mediz. u. vet.-med. Entomol.</td><td>7</td><td>10</td><td>10,6</td></tr>
<tr><td>Vorratsschutz</td><td>7,9</td><td>5,8</td><td>2,4</td></tr>
<tr><td>Biolog. Bekämpfung</td><td>—</td><td>—</td><td>12,9</td></tr>
<tr><td>Bienenkunde</td><td>8,3</td><td>—</td><td>5,9</td></tr>
<tr><td>Nomenklatur</td><td>5,4</td><td>2,1</td><td>—</td></tr>
<tr><td>Bekämpfungsmittel u. -verfahren</td><td>7</td><td>6,8</td><td>—</td></tr>
<tr><td>Naturschutz u. Unterricht</td><td>1,8</td><td>—</td><td>—</td></tr>
</table>

Im Anschluß an die Tagung fanden Sammelexkursionen in die verschiedenen Landesteile sowie Institutsbesichtigungen statt. Die Berichterstatter nahmen an der in Autobussen unternommenen Fahrt zu den Laboratorien Süd-Ontarios teil, die zunächst den malerischen St. Lorenz-Strom entlang zum Ontariosee führte und dann Einblicke in die Arbeit der hauptsächlich landwirtschaftlich ausgerichteten Fachinstitute in Belleville, Guelph, London, Chatham und anderenorts gab.

Der Kongreß von Montreal wird in die Annalen der Entomologie als eine der großen, — in wissenschaftlicher wie in gesellschaftlicher Hinsicht keine Wünsche offenlassenden — Manifestationen dieses Fachgebietes eingehen. Dank und Anerkennung gebührt den kanadischen Fachkollegen, die keine Mühe und Arbeit gescheut haben, um dem Kongreß zu solchem Erfolg zu verhelfen.

In einer Schlußsitzung wurde die traditionsreiche Donaustadt Wien für das Jahr 1960 zum Tagungsort des nächsten Kongresses bestimmt.

Über die Reaktion einiger an Cruciferen lebenden Insektenarten auf attraktive Duft- und Farbreize

Von K. GÖRNITZ

Mit 4 Abbildungen im Text

Daß Insekten, die auf eine bestimmte Pflanzengruppe spezialisiert sind, ihre Wirtspflanzen aus der Ferne zielsicher auffinden, läßt sich wohl nur durch die Wirkung spezifischer Geruchsreize erklären, die von den Pflanzen ausgehen, von den darauf eingestellten Insekten schon in geringsten Spuren wahrgenommen werden und sie zum Aufsuchen der Reizquelle, also ihrer Wirtspflanzen, veranlassen. So allgemein anerkannt diese Ansicht ist, so ist es doch auffallend, daß über die Natur dieser pflanzlichen Anlockstoffe trotz ihrer zweifellos unendlichen Vielfalt noch so wenig Sicheres bekannt ist.

Seit längerer Zeit beschäftigt mich das Problem, welche Stoffe bestimmte Insektenarten, die auf Cruciferen leben, nach dem Verlassen der Winterquartiere zu ihren Wirtspflanzen hinführen. Veranlassung dazu gab die Beobachtung, daß Preßrückstände aus Samen von Raps oder Rübsen, mit Wasser angeteigt, im Freien unter geeigneten Bedingungen eine ganze Reihe von Cruciferenbewohnern — meist bekannte Schädlingsarten — anlocken. Es sind dies, um nur die häufigsten zu nennen, unter den Coleopteren die meisten auf Kultur- und Wildcruciferen lebenden *Phyllotreta*-Arten, vor allem *undulata* KUTSCH., *atra* FABR. (einschl. *cruciferae* GOEZE), *vittata* FABR., *nemorum* L., auch die in Gramineen brütende *vittula* REDTB., ferner vereinzelt *nigripes* FABR., *ochripes* CURT., *armoraciae* KOCH u. a., sowie einige *Psylliodes*-Arten, außerdem *Meligethes*- und *Ceuthorrhynchus*-Arten, besonders *C. assimilis* PAYK. und *C. quadridens* PANZ. Von Dipteren werden die Kohlfliege (*Phorbia brassicae* BOUCHÉ) und die Drosophilide *Scaptomyza flava* FALLÉN, von Hymenopteren schließlich zwei kleine Braconidenarten der Gattung *Opius* angelockt.

Um vergleichbare Fangzahlen zu erhalten, wurden die Anlockversuche einheitlich in der Weise durchgeführt, daß die zu prüfende Substanz in den Unterteil einer Petrischale gefüllt und diese „Lockschale“ in die Mitte einer mit Netzmittellösung versehenen „Fangschale“ von 23 cm ∅ gesetzt wurde, die gewöhnlich mit weißem Filtrierpapier ausgelegt war.

Die Schalen einer Versuchsreihe wurden in etwa 4 m Abstand meist auf Rasenflächen aufgestellt. Als Vergleichssubstanz diente ein Brei aus 10 g Rapspreßschrot[1]) und 30 ccm Wasser. Bei der zahlenmäßigen Auswertung der Fänge berücksichtigten wir vorwiegend die oben genannten Coleopterenarten, und zwar diente bei den Untersuchungen über die Natur des Attraktivstoffes die Gesamtzahl der erbeuteten *Phyllotreta* als Maßstab für die Stärke der Lockwirkung, da diese am eindeutigsten auf den Duftstoff reagieren. Bei den Versuchen über den Einfluß verschiedener Farben wurden außerdem die beiden *Ceuthorrhynchus*-Arten und die Rapsglanzkäfer (fast ausschließlich *M. aeneus* FABR.) herangezogen.

Im Verlauf mehrjähriger Untersuchungen, über die ich kürzlich ausführlicher berichtet habe, konnte ich nachweisen, daß es sich bei den attraktiven Substanzen um Senföle handelt, die bekanntlich vor allem in den Samen der Unterfamilie der Brassiceen in Form ihrer wasserlöslichen Glucoside besonders angereichert sind. Beim Auspressen des Samens kommen die Glucoside mit dem ebenfalls in bestimmten Samenzellen abgelagerten Ferment Myrosin in innigen Kontakt und werden nach Hinzufügen von Wasser hydrolytisch gespalten. Die dadurch in Freiheit gesetzten flüchtigen Senföle sind die Träger der Lockwirkung. Der schlüssige Beweis dafür ließ sich in recht anschaulicher Weise durch Versuche mit einem eingedickten Glucosid-Extrakt aus Rapspreßschrot führen. Wenn man einen solchen Extrakt, der an sich kaum eine Lockwirkung besitzt, mit etwas Myrosinwasser versetzt, so wirkt er stark anlockend. So enthielt z. B. eine Fangschale, in der 10 g Glucosidextrakt mit Zusatz von etwas Wasser dargeboten wurden, nach 2 Tagen nur einen Erdfloh. Die gleiche Menge mit Zusatz von 0,1 g Myrosin lockte dagegen 106 Erdflöhe an. Die anlockende Wirkung konnte also nur durch das vermittels des Ferments abgespaltene flüchtige Senföl, das man auch leicht durch den Geruch wahrnehmen kann, entstanden sein.

Die natürlichen Senföle des Rapssamens lassen sich — allerdings sehr stark mit Wasser verdünnt — durch Destillation (unter Verwendung von CO_2-Kühlfallen) aus dem Preßschrotbrei abtrennen und können in dieser Form unmittelbar für Anlockversuche verwendet werden.

In welch überaus geringen Mengen diese Senföle noch wirksam sind, mag man daraus ersehen, daß die wässerigen Destillate in kleinen Mengen auch dann noch bzw. gerade dann — stark anlockend wirken, wenn die Lockschale mit einer passenden Oberschale zugedeckt wird. In diesem Falle taucht der Rand der Deckelschale in die Fangflüssigkeit ein, und man sollte meinen, daß dadurch ein vollständiger Geruchsverschluß gebildet würde. Der Senfölduft kann also nur auf dem Wege über die Fangflüssigkeit, die natürlich zwischen Unter- und Oberschale kapillar hochsteigt, ganz allmählich nach außen gelangt sein.

Bei dieser Versuchsanordnung wurden durch 10 ccm Destillat in drei Tagen 241 Erdflöhe angelockt, gegenüber 82 in einer offenen Schale mit Rapspreßschrot. Selbst 1 ccm ergab noch eine einwandfreie Lockwirkung (32 Erdflöhe). Nach dem

---

[1]) Das Preßschrot wurde durch Entölen von Rapssamen in einer Schneckenpresse hergestellt. Technische Preßrückstände sind für Anlockversuche nicht zu empfehlen, da der Raps in den Ölmühlen vor dem Auspressen „geröstet", d. h. auf etwa 90° erwärmt wird und dadurch die Lockwirkung des Schrotes meist merklich absinkt.

Gehalt an ätherlöslichen Bestandteilen, der mit 0,8% ermittelt wurde, läßt sich schätzen, daß in einem ccm dieses Destillates größenordnungsmäßig etwa 5—10 mg attraktiv wirkende Senföle enthalten sein dürften. Die winzigen Spuren, die davon laufend aus der geschlossenen Schale heraus, durch das Fangwasser hindurch, ins Freie gelangen, werden also von den Käfern wahrgenommen und führen sie zur Duftquelle. Die Reizschwelle für den Senfölduft und die Sphäre ihrer Orientierung muß also bei ihnen auf einem sehr viel tieferen Niveau liegen, als wir mit unserem Geruchssinn erreichen können. Es wird uns verständlich, daß sie einen Cruciferenbestand, oder selbst eine Einzelpflanze, bei denen wir keine Spur von Senfölgeruch wahrnehmen können, auffinden. Die Sinnesleistung dieser Insekten ist also durchaus vergleichbar mit derjenigen von Lepidopterenmännchen gegenüber dem weiblichen Sexualduftstoff oder der canthariphilen Insektenarten gegenüber Cantharidin.

Werden die Rapsdestillate in offenen Schalen dargeboten, so verringert sich die Ausbeute der Fangschalen, da die überhöhte Konzentration des Senföls aus allernächster Nähe abstoßend wirkt und die anfliegenden Insekten größtenteils außerhalb der Fangschalen landen. Zudem verdunsten die sehr geringen Mengen Senföl schnell, so daß die Anflüge bald wieder nachlassen oder bei weniger günstigem Wetter gar nicht erst zustande kommen. Diese Möglichkeiten müssen bei Versuchen mit Senföl-Anreicherungen und reinen Senfölen berücksichtigt werden und man muß durch geeignete Abschirmung für eine verzögerte Abgabe des Duftstoffes sorgen.

In dieser Hinsicht besitzt das Rapspreßschrot die ideale Eigenschaft, daß die in seinen Glucosiden festgelegten Senföle ganz allmählich abgegeben werden. Wir haben mit Erfolg versucht, dies dadurch nachzuahmen, daß wir die zu prüfenden flüssigen Konzentrate und Senföle in verhältnismäßig engen Glasröhren, d. h. also bei kleiner Oberfläche, aber in hoher Schicht exponierten.

Diese 40 cm langen und 0,5 cm weiten Röhren sind an einer Seite zu einer kräftigen Spitze zugeschmolzen und dienen in ihrem unteren Teil zur Aufnahme der Lockflüssigkeit, deren Duft durch eine seitliche Öffnung austreten kann. Die andere Seite wird mit einem Stopfen verschlossen. Am oberen Ende befestigt man als Regenschutz eine Vinidurhaube. Die Lockröhre wird dann durch den hohlen Aufsatz eines Fangschälchens hindurch, das mit einer Äthylenglykol-Netzmittellösung gefüllt ist, in die Erde gesteckt. Diese „Lock-

Abb. 1. „Lockröhrenfalle" zur Darbietung von konzentrierten Duftstoffen.

röhrenfallen" (Abb. 1) können, wenn nötig, wochenlang im Freien stehen und werden bei uns auch sonst zum Exponieren attraktiver Substanzen vielseitig benutzt.

Über die Konstitution der Senfölglucoside und der zugehörigen Senföle liegen bereits eingehende Untersuchungen vor. SCHULTZ und GMELIN führen neun verschiedene Senfölglucoside aus Cruciferen und den damit verwandten Familien der Tropaeolaceen und Resedaceen auf.[1]) Am bekanntesten ist das Sinigrin, das Glucosid des Schwarzen Senfs (Brassica nigra), das durch Myrosin in Allylsenföl ($CH_2 : CH \cdot CH_2—N : C : S$), Glucose und Kaliumbisulfat gespalten wird. Der Samen des weißen Senfs (Sinapis alba) enthält dagegen Sinalbin, das p-Oxytolylsenföl ($HO \cdot C_6H_4 \cdot CH_2—N : C : S$) abspaltet. Im Samen von Raps bzw. Kohlrüben (Brassica napus) soll neben Sinigrin das noch etwas hypothetische Glucosid Gluconapin enthalten sein, aus dem Allylomethylsenföl ($CH_2 : CH \cdot CH_2 \cdot CH_2—N : C : S$) entsteht. Die beiden letzgenannten Senföle, die sich nur schwer synthetisch herstellen lassen, stehen uns bisher leider nicht für Anlockversuche zur Verfügung.

Um Anhaltspunkte zu gewinnen, welches von den verschiedenen Senfölen als Träger der Lockwirkung in Betracht kommen könnte, prüften wir erstens Preßschrot und daraus hergestellte Extrakte verschiedener ölhaltiger Cruciferensamen und zweitens einige uns zugängliche synthetische Senföle.

Unter den verschiedenen Arten von Preßschrot und Glucosidkonzentraten, die wir im Laufe der Jahre verglichen, waren die Produkte aus Raps und Rübsen jenen aus Radies, Rettich, Wirsingkohl, schwarzem und weißem Senf weit überlegen. So erhielten wir z. B. 1956 durch Glucosidkonzentrate mit Myrosinzusatz folgende vergleichbaren Ausbeuten an Erdflöhen:

Raps: 694, Schwarzer Senf: 132, Weißer Senf: 74.

Bei Versuchen mit Preßschrotbrei war die Ausbeute entsprechend.

Man kann daraus schließen, daß die Senföle der schwach attraktiven Samenarten, z. B. das p-Oxytolylsenföl aus Sinapis alba und das Allylsenföl aus Brassica nigra nicht die Träger der maximalen Lockwirkung sind.

Mit synthetischem Allylsenföl wurden viele Versuche in Lockröhren durchgeführt, wobei eine einwandfreie, recht beachtliche Lockwirkung festgestellt wurde. Die Fangzahlen waren aber nur ein Drittel bis halb so groß wie bei den Rapsdestillaten.

Von weiteren synthetischen Senfölen, die wir im Laufe dieses Frühjahrs miteinander vergleichen konnten, wirkte Crotylsenföl ($CH_3 \cdot CH : CH \cdot CH_2—N : C : S$), das angeblich in Cardamine amara vorkommen soll, noch etwas stärker anlockend als Allylsenföl. Phenyläthylsenföl ($C_6H_5 \cdot CH_2 \cdot CH_2—N : C : S$), das Aglucon des Gluconasturtiins aus Nasturtium und Barbarea, besitzt nur eine schwache, aber immerhin nachweisbare Wirkung. Dagegen war Phenylsenföl ($C_6H_5—N : C : S$), das bisher in Pflanzen noch nicht nachgewiesen ist, unwirksam. Folgende vergleichbare Fangzahlen mögen dies zeigen:

[1]) Anm. bei der Korrektur: Neuerdings konnten O. E. SCHULZ und W. WAGNER bei der Untersuchung einer größeren Menge senfölglucosid-haltiger Pflanzen so viele bisher unbekannte Glucoside nachweisen, daß sich die Zahl der Senfölglucoside auf ungefähr das 3fache erhöht (Z. Naturforschg. *11b*, 73—78, 1956).

Crotylsenföl	106 Erdflöhe
Allylsenföl	95 ,,
Phenyläthylsenföl	37 ,,
Phenylsenföl	2 ,,

Jedoch wird die Lockwirkung der natürlichen Senföle aus Rapssamen auch durch diese Verbindungen nicht erreicht, wie z. B. aus folgenden Zahlen hervorgeht:

Crotylsenföl	66 Erdflöhe
Allylsenföl	60 ,,
Destillat aus Rapspreßschrot	158 ,,

Die Frage nach dem Träger der maximalen Lockwirkung bleibt also zunächst noch offen. Vielleicht handelt es sich um ein Gemisch aus verschiedenen Senfölen. Interessant ist, daß die Attraktivwirkung an sich nicht an ein bestimmtes Senföl gebunden ist. Das ist um so auffallender, als sich die drei attraktiv wirkenden Senföle nach menschlichem Empfinden sehr deutlich in ihrem Geruch unterscheiden. Der Geruch von Crotyl- und Phenyläthylsenföl ist wesentlich milder als der bekannte äußerst scharfe, mit starker Schleimhautreizung verbundene Geruch des Allylsenföls.

Bei der Auswertung der Versuche mit diesen natürlichen und synthetischen Substanzen habe ich immer darauf geachtet, ob etwa artspezifische Verschiedenheiten in der Reaktion der einzelnen Käferarten, vor allem der Halticinen, von denen wir allein 14 Arten laufend registrierten, zu bemerken seien; doch konnte ich bisher keine markanten Unterschiede in der Zusammensetzung der Fänge feststellen. Es sind immer dieselben Arten, die sich in etwa gleichem Zahlenverhältnis in gleichzeitig angesetzten Versuchsreihen finden. Lediglich *Phyllotreta atra* (bzw. *cruciferae*) tritt in den Fängen mit Allylsenföl und Brassica nigra offensichtlich mehr in den Vordergrund. Dies fällt schon in den Einzelfängen auf, wird aber noch deutlicher, wenn man die gesamte Frühjahrsausbeute dieser Versuche den zugehörigen Parallelfängen mit Rapsprodukten gegenüberstellt. Danach stieg der prozentuale Anteil von *Ph. atra* in Fängen aus:

Rathstock (Oderbruch), 1955, von 10% bei Raps auf 47% bei Allylsenföl
Teltow und Umgebung, 1955, von 32% bei Raps auf 54% bei Allylsenföl
Teltow und Umgebung, 1956, von 14% bei Raps auf 37% bei Allylsenföl

Demnach scheint also *Ph. atra* eine größere Vorliebe für Allylsenföl zu besitzen, als die anderen Arten, deren Individuenzahl oft erheblich abnimmt.

Daß die Senfölglucoside nicht nur mittelbar als Spender der Attraktivstoffe für die an Cruciferen lebenden Insekten von Bedeutung sind, sondern ihnen auch unmittelbar durch ihren Geschmack als spezifisches fraßauslösendes Merkmal dienen können, wurde bereits 1910 von Verschaffelt an *Pieris*-Raupen festgestellt und 1953 von Thorsteinson auch für *Plutella maculipennis* bestätigt. Entsprechende Versuche an *Phyllotreta* sind bei uns im Gange.

Im Verlauf unserer Anlockversuche bemerkten wir bald, daß sich in den mit weißem Filtrierpapier ausgelegten Glasschalen fast ausschließlich Erdflöhe fingen, daß dagegen auch zahlreiche Rapsglanzkäfer und Rüßler angelockt wurden, wenn der Lockstoff in Verbindung mit eingetopften Cruciferen dargeboten wurde. Ich führte dies zunächst auf zusätzliche Duftreize zurück, die von den Pflanzen ausgingen, kam dann aber durch die Beobachtungen von NOLTE, wonach die *Meligethes*- und *Ceuthorrhynchus*-Arten zahlreich in Gelbschalen, die (ohne Zugabe von Duftstoff) auf Cruciferenflächen aufgestellt wurden, anfliegen, zu der Vermutung, daß hier auch optische Reize im Spiele sein könnten.

Wir versuchten daher 1955 den chemischen Lockreiz mit verschiedenen Farbreizen zu kombinieren, indem wir die Lockschalen mit Rapspreßschrotbrei in Fangschalen mit gefärbten Filtrierpapiereinlagen in den Farben Rot, Orange, Gelb, Grün, Blau und Weiß setzten. Um nur die schwärmenden Käfer zu erfassen und den Duftreiz der umgebenden Pflanzen auszuschalten, stellten wir im Gegensatz zu NOLTE die Schalen, wie stets, abseits von Cruciferenflächen auf.

Als Ausbeute mehrerer gut miteinander übereinstimmenden Versuchsreihen ergibt sich das folgende Verteilungsbild.

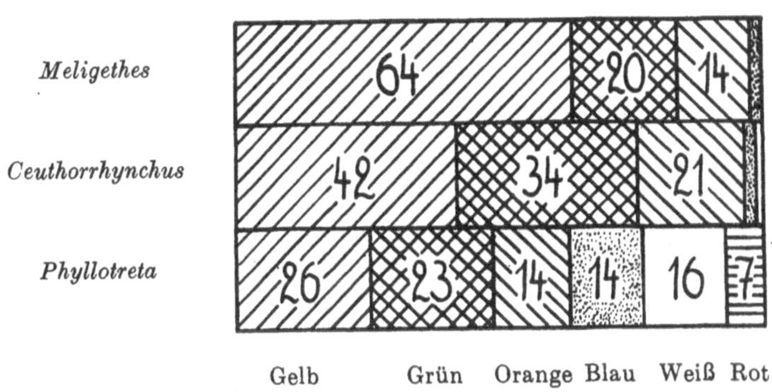

Abb. 2. Prozentuale Verteilung der Käfergruppen in Farbschalen mit Rapspreßschrot.

Aus der Darstellung läßt sich folgendes entnehmen: Die Rapsglanzkäfer und die beiden (sich völlig gleich verhaltenden) Rüßlerarten stimmen in ihrem Verhalten insofern überein, als sie nur die Farben der Reihenfolge Gelb, Grün, Orange stärker befliegen. Blau und Weiß erhalten nur vereinzelte Zuflüge, während Rot ganz leer ausgeht. Bei *Meligethes* ist die stark überwiegende Bevorzugung von Gelb besonders auffällig. Im Gegensatz dazu verteilen sich die Erdflöhe auf alle Farben, wobei Gelb und Grün besonders bevorzugt werden und Rot sichtlich gemieden wird. Dazwischen stehen Weiß, Orange und Blau mit etwa gleichen Anteilen.

Der hier wiedergegebene Verteilungsgrad aller Phyllotreten deckt sich fast genau mit dem der häufigsten Art *Ph. undulata*. Die Verteilung der übrigen Arten (*vittata*, *vittula*, *atra* und *nemorum*) ist im wesentlichen dieselbe. Einzelne Abweichungen in der Reihenfolge können bei der relativ geringen Individuenzahl dieser Arten zufällig sein, doch wäre das noch näher zu untersuchen.

Für alle drei Käfergruppen besitzt demnach die gelbe Farbe den höchsten Reizwert. Ihr folgen die Mischfarben mit Gelbanteil (Grün und Orange), deren Reihenfolge vielleicht durch den Reizwert des nicht gelben Anteils bestimmt wird.

Durch gleichzeitige Darbietung von Farbschalen mit und ohne Rapspreßschrot suchten wir nun zu ermitteln, wieweit der Anflug der Käfer durch Farbreize und wieweit er durch den Senfölduft ausgelöst wird. Obwohl diese Versuche wegen des bereits nachlassenden Käferfluges nur eine geringe Ausbeute lieferten, ließ sich folgendes feststellen:

Die Erdflöhe beachten die reinen Farbschalen nicht, sondern befliegen nur die mit Duftstoff versehenen. Auf diese verteilen sie sich in der oben angegebenen Reihenfolge.

Die Rapsglanzkäfer flogen auch die duftfreien Farbschalen (Gelb, Grün, Orange) — vor allem im Bereich von Gelb — ziemlich zahlreich an, doch war der Zuflug an den Duftschalen erheblich stärker.

Über das Verhalten der beiden *Ceuthorrhynchus*-Arten gaben die Vergleichsversuche zwischen Farbschalen mit und ohne Attraktivstoff keinen sicheren Aufschluß. Der von vornherein wenig einleuchtende Befund, daß *quadridens* in den reinen Gelbschalen ebensooft erbeutet wurde wie in den gelben Duftschalen, konnte später nicht bestätigt werden und war wohl dadurch zustande gekommen, daß die entsprechenden Schalen zu dicht beieinander standen.

Zur Ergänzung der vorstehenden Ergebnisse wurden nun im Frühjahr 1956 weitere Versuche durchgeführt, wobei wir uns auf die gelbe Farbe beschränkten, deren optimaler Reizwert ja einwandfrei feststand. Bei den diesjährigen Versuchen benutzten wir allgemein Fangschalen aus Bakelit (runde „Serviertabletts" von 30 cm ⌀ und 5 cm Höhe), die innen mit gelber Lackfarbe gestrichen und auf halber Höhe mit einer durch Drahtgaze verschlossenen Überlauföffnung für Regenwasser versehen wurden. Die Glasschälchen mit dem Lockstoff waren in einer mit seitlichen Öffnungen versehenen, ebenfalls gelb gestrichenen Schachtel aus Decelith untergebracht, die ihrerseits auf einem Holzklötzchen so befestigt war, daß sie oberhalb der Fangflüssigkeit stand (Abb. 3). Auf diese Weise konnten die Gelbschalen — bei wiederholter Entnahme der Fänge und Erneuerung des Duftstoffes — ohne Beeinträchtigung durch Regenfälle während der ganzen Flugzeit der Altkäfer draußen stehen bleiben. Drei Paare von Gelbschalen mit und ohne Rapspreßschrot, die 10 oder 20 m voneinander entfernt an verschiedenen Örtlichkeiten (teils bei Teltow, teils bei Großbeeren) von Ende April bis Anfang Juni auf Grasland aufgestellt waren, brachten insgesamt folgende Ausbeute:

Käferfänge in Gelbschalen vom 26. 4.—4. 6. 1956

	Meligethes	*Ceuthorrhynchus* *assimilis*	*Ceuthorrhynchus* *quadridens*	*Phyllotreta*
a) 3 Gelbschalen ohne Duftstoff	715	32	8	11
b) 3 Gelbschalen mit Rapspreßschrot	1523	815	131	1572
Verhältnis a : b	1 : 2,1	1 : 25,5	1 : 16,4	1 : 139

Abb. 3. Gelbschale aus Bakelit mit Überlauföffnung (hinterer Rand) und Schutzschachtel für die Lockschale.

Es sind also ausschließlich die Rapsglanzkäfer, die zahlreich in den Gelbschalen ohne Attraktivstoff landen. Dies entspricht auch ihrem natürlichen Verhalten: Sie haben, wenn sie die Winterquartiere verlassen, zunächst kein besonders großes Verlangen nach Cruciferen, sondern brauchen für ihren Reifungsfraß Nektar und Pollen, den sie in den verschiedensten Blüten finden, wobei sie bekanntlich gelbe besonders bevorzugen. Daß die Rapsglanzkäfer aber dennoch nicht unempfänglich für den spezifischen Duftreiz der Senföle sind, beweist die Zunahme der Anflüge auf mehr als das Doppelte in den gelben Duftschalen. Das steht im Einklang damit, daß die Meligethen unter allen Blüten jene der Cruciferen, ihrer eigentlichen Wirtspflanzen, am stärksten befliegen, und letzten Endes landen ja alle Rapsglanzkäfer einmal auf Cruciferenblüten. Ob sich nach Abschluß des Reifungsfraßes ihre Reaktionsbereitschaft auf den Attraktivstoff erhöht und dadurch der allgemeine Überflug zu den Brutpflanzen zustande kommt, ist ein interessantes Problem, das ich hier nur andeuten will.

Die beiden Rüßler und die Erdflöhe finden sich in den reinen Gelbschalen nur vereinzelt. Beide Gruppen fressen und brüten ausschließlich an Cruciferen und haben (wenn wir von dem Sonderfall *Ph. vittula* absehen) zu anderen Pflanzen gar keine Beziehungen. Sie sind also von vornherein auf den spezifischen Duftstoff angewiesen; die Farbe allein sagt ihnen noch nichts.

Allerdings spricht der große Unterschied im Verhältnis der Anflugzahlen einerseits bei den beiden Rüßlerarten und andererseits bei den Phyllotreten wohl doch dafür, daß dic Rüßler die gelbe Farbe allein nicht ganz unbeachtet lassen. Wie wir gesehen haben, reagieren sie ja auch auf den Duftreiz nur in Verbindung mit den Farben Gelb, Grün oder Orange. Die Bedeutung dieser Farben als Landereiz ist also bei ihnen viel größer als bei den Erdflöhen. Bei letzteren steht dagegen der Duftreiz entschieden im Vordergrund. Die Farben Gelb und Grün wirken nur als zusätzliche positive Landereize.

Das Ergebnis unserer bisherigen Untersuchungen über das Zusammenwirken von Duft- und Farbreizen läßt sich etwa folgendermaßen veranschaulichen:

Reaktionsschema der drei Käfergruppen auf Farb- und Duftreize.

		Meligethes	*Ceuthorrhynchus*	*Phyllotreta*
Farben ohne Gelbanteil (Blau ≅ Weiß > Rot)	Ohne Duftstoff	0	0	0
	mit Attraktivstoff	(+)	(+)	++
Farben mit Gelbanteil (Gelb > Grün > Orange)	ohne Duftstoff	++	(+)	0
	mit Attraktivstoff	+++	+++	+++

0 = Keine Anflüge
(+) = Vereinzelte Anflüge, die sich nicht mit Sicherheit als Farb- oder Duftreaktion deuten lassen
++ = Mittelstarker Zuflug
+++ = Starker Zuflug

Das ist natürlich nur eine vorläufige rohe Übersicht. Es würde sich lohnen, auf hinreichend großen Versuchsflächen einmal die ganze Farb- und Duftschalenserie in mehrfacher Wiederholung aufzustellen. Die so erhaltenen Anflugzahlen würden sich dann zu einer Zusammenstellung verarbeiten lassen, in der die Intensität des Landereizes, den jede einzelne Farbe für sich allein und in Verbindung mit dem Attraktivstoff auf jede der auf den Senfölduft reagierenden Insektenarten ausübt, in Zahlen ausgedrückt wird.

Hervorzuheben ist, daß die Rüßler und Rapsglanzkäfer nicht auf den für sie spezifischen Geruchsreiz reagieren, wenn er nicht mit ganz bestimmten optischen Reizen gekoppelt ist. Wären wir nicht durch andere Anzeichen darauf aufmerksam geworden, so hätten wir bei unseren anfänglichen Versuchen mit weiß ausgelegten Fangschalen wohl kaum bemerkt, daß auch diese beiden Käfergruppen durch Rapspreßschrot angelockt werden. Es ist anzunehmen, daß auch manche anderen Insekten auf den ihnen adäquaten Attraktivreiz nur in Verbindung mit bestimmten Farbreizen reagieren. Dies sollte beim Darbieten von Substanzen, die auf eine etwa vorhandene Lockwirkung geprüft werden sollen, berücksichtigt werden. Wenn wir dagegen innerhalb einer bestimmten Substanzengruppe, deren spezifische Lockwirkung wir schon kennen, vergleichende Untersuchungen über die Intensität des Lockreizes vornehmen wollen, dann wird es oft zweckmäßig sein, nicht gerade die optimale Farbe als Begleitreiz zu wählen, um den Insekten keine optische Hilfestellung zu geben. Wir verzichten dann zwar auf maximale Anflugzahlen, erhalten dafür aber eine bessere Differenzierung unter den dargebotenen Produkten. Bei der Untersuchung der Cruciferenattraktivstoffe hat sich jedenfalls die Darbietung der Substanzen auf weißem Untergrund und die Beschränkung auf die Phyllotreten als Vergleichsmaßstab als recht zweckmäßig erwiesen.

Zum Schluß sollen noch einige Beobachtungen über die eingangs erwähnten Braconiden mitgeteilt werden.

Die häufigere der beiden Arten, *Opius apiculator* (NEES), ist ein Larvenparasit von *Scaptomyza flava*, deren Larven bekanntlich in Cruciferenblättern minieren. Die Fliegen selbst erscheinen an den Lockschalen sehr zeitig im Frühjahr mit den ersten Erdflöhen zusammen und späterhin nochmals im August. Die Schlupfwespe dagegen wird erst Ende Mai angelockt, also in der Zeit, wo sich die *Scaptomyza*-Larven in den Blättern befinden. — An Schalen mit Rapspreßschrot, die irgendwo auf dem Erdboden aufgestellt sind, sitzen die angelockten Schlupfwespen meist ruhig am Schalenrand. Bringt man jedoch den Preßschrotbrei auf einen Blumentopf mit Cruciferenpflanzen, so zeigen die zahlreichen Wespen, die sich dort anfinden, ein recht lebhaftes Verhalten, schwärmen um die Pflanzen herum und laufen aufgeregt suchend auf den Blättern umher (Abb. 4). Wir konnten

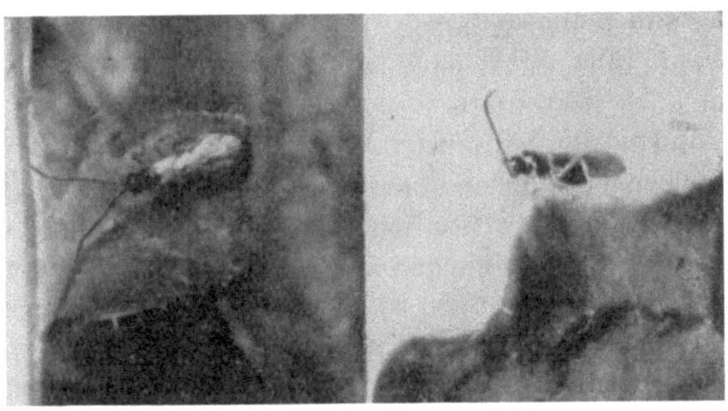

a b

Abb. 4. Die Braconide *Opius apiculator* NEES (Vergr. ca. 4×)
a in Ruhestellung, b im Erregungszustand

nun neuerdings öfter beobachten, daß sie mit dem Legebohrer schnelle Einstichbewegungen in die Blätter ausführten. Normalerweise würden sie die in den Blättern minierenden *Scaptomyza*-Larven anstechen, die aber in unseren Topfpflanzen bestimmt nicht vorhanden waren. Die ziellosen Einstichreflexe sind also offenbar die Folge einer starken Erregung, die ausgelöst wird durch den Duft des Attraktivstoffes in Verbindung mit Reizen unbekannter Art, die von den Cruciferenpflanzen ausgehen. Daß Eiablage erfolgt wäre, konnte ich bisher trotz mehrfachen Nachsuchens im Blattgewebe nicht feststellen.

Ein ähnliches Verhalten habe ich früher schon bei einer anderen Braconidenart (*Perilitus plumicornis* RUTHE) beobachtet, die ebenso wie ihr Wirt, der Käfer *Notoxus monoceros* L., durch Cantharidin angelockt wird. Im Duftkreis des Cantharidins führen die Wespen merkwürdige ruckartige Suchbewegungen aus und nehmen bei Abwesenheit des Käfers hinter kleinen länglichen Gegenständen, etwa einem Holzsplitterchen, die typische Stichstellung ein. Allerdings wird in diesem Falle der Einstich nicht ausgeführt, da die Schlupfwespe offenbar aus nächster Nähe erkennt, daß sie ihren Wirt nicht vor sich hat.

In beiden Fällen werden also die Parasiten aus der Entfernung nicht durch ihren Wirt oder durch Spuren, die er hinterlassen hat, angelockt. Sie werden vielmehr durch Duftreize, die von der Nahrung des Wirtes ausgehen, in dessen

Umgebung geführt und zu lebhaften Suchreaktionen angeregt. Die andere, weniger häufige Braconidenart (*Opius polyzonius* Wesm.), die durch Rapspreßschrot angelockt wird, dürfte, da sie ja auf den gleichen Attraktivstoff reagiert, ihren Wirt, der bisher noch nicht bekannt ist, ebenfalls auf dem Wege über dessen Nährpflanze finden.

Für die uns hier interessierenden Cruciferenbewohner ist also die Wirtspflanze das übergeordnete Attraktivzentrum, das durch chemische und optische Reize nicht nur diejenigen Insekten auf sich zieht, denen die Pflanze selbst als Nahrung oder Brutstätte dient, sondern auch andere Arten, die zu jenen Beziehungen unterhalten. Zu den spezifischen Duftstoffen — in unserem Falle den Senfölen — die von den grünen Pflanzenteilen ausgehen, tritt als weiterer attraktiver Faktor, der Blütenduft. Dieser wirkt in Verbindung mit der Blütenfarbe teils unspezifisch, indem er nektar- und pollensuchende Insekten anlockt, die nicht ausschließlich auf diese Pflanzenfamilie angewiesen sind, teils aber wahrscheinlich auch spezifisch, indem er z. B. bestimmte Entomophagen, die nur an Cruciferenblüten saugen, anlockt und in die Nähe ihrer Wirte führt. All diese Arten können nun im Rahmen der Biocoenose untereinander in vielseitige Beziehungen treten.

Für die Weiterführung der Studien über die Orientierung der Cruciferenbewohner bieten sich noch mancherlei Ansatzpunkte. Wieweit solche Untersuchungen auch auf andere Gruppen wirtsspezifischer phytophager Insekten ausgedehnt werden können, hängt davon ab, ob es gelingt, die attraktiven Anteile in irgendeiner Form von der Wirtspflanze zu trennen und damit im Freien Ansammlungen der fraglichen Insekten zu erzielen.

Literatur:

Görnitz, K. (1953): Untersuchungen über in Cruciferen enthaltene Insekten-Attraktivstoffe, Nachrichtenbl. Dtsch. Pflanzenschutzd. N. F. *7*, 81—95.

—, (1956): Weitere Untersuchungen über Insekten-Attraktivstoffe aus Cruciferen. Nachrichtenbl. Dtsch. Pflanzenschutzd. N. F. *10*, 137—147.

Nolte, H. W. (1955): Die Verwendungsfähigkeit von Gelbschalen nach Moericke für Sammler und angewandte Entomologen. Bericht über die 7. Wanderversammlung deutscher Entomologen, Berlin, 201—212.

Schultz, O. E. u. Gmelin, R. (1952): Papierchromatographie der Senfölglucosid-Drogen. Z. Naturforschg. *7 b*, 500—506.

Thorsteinson, A. J. (1953): The chemotactic responses that determine host specificity in an oligophagous insect [*Plutella maculipennis* (Curt.) Lepidoptera]. Canad. J. Zool. *31*, 52—72.

Verschaffelt, E. (1910): The cause determining the selection of food in some herbivorous insects. Proc. Acad. Sci., Amsterdam, *13*, 536—542.

Aus meiner Lichtfangpraxis [1])

Von E. Haeger

Als Liebhaber-Entomologe möchte ich Erfahrungen aus meiner 30jährigen Hauslichtfangpraxis, insbesondere über das letzte Jahr in der Mark Brandenburg, mitteilen, um zu zeigen, wie diese bequemste und ergiebigste aller Sammelmethoden zu den schönsten Erfolgen führen kann. Wenn ich seit 1946 bisher in und um meinen Wohnort Kreuzbruch, der 30 km von Berlin im nördlichen Urstromtal an der „Heidekrautbahn“ am Schnittpunkt mit dem Großschiffahrtskanal zu finden ist, 732 Großschmetterlingsarten feststellen konnte — davon allein am Licht 588 Arten —, so wäre dieser Erfolg ohne Hauslichtfang undenkbar.

In den letzten Dezennien ist der Lichtfang recht populär geworden, zumal die Elektro-Industrie Leuchtkörper in den Handel gebracht hat, die eine besondere Anziehungskraft auf den nächtlichen Flug der Insekten ausüben.

Die Anregung zum Lichtfang gab unseren alten Entomologen das Absuchen der Gaslaternen. Danach zog man hinaus mit Petroleumlampen, Azetylen- oder Glühlicht und leuchtete an der Leinwand. Ich selbst habe letztere Fangarten früher auch mit wechselnden Erfolgen ausgeübt, bin aber nach 1945 hier in meiner neuen Heimat ganz davon abgekommen, da sie mit vielerlei Unannehmlichkeiten und Zeitmangel verbunden, nur sporadisch ausgeübt werden konnte und oft die angewandte Mühe nicht lohnte, weil das Wetter unsere Vorhersage über den Haufen geworfen hatte.

Ganz anders dagegen verhält es sich mit dem Hauslichtfang. Während man draußen im Gelände an der Leinwand den Anflug unausgesetzt beobachten und sprungbereit mit Netz und Fangglas ausharren muß, bleiben hier die eingeflogenen Tiere im Raum wie in einer Falle gefangen, denn sie finden — geblendet durch das Licht — nur selten den Weg in die Freiheit zurück. Am nächsten Morgen kann man vollzählig die Falter in aller Ruhe betrachten, Belegstücke für die Sammlung auswählen, zur Zucht geeignete ♀♀ in die Eiablageschachteln sperren, zählen und registrieren.

Wohl hat das Hauslicht den Nachteil, daß sein Lichtkegel, eingeengt durch den Fensterrahmen, nur in einer Richtung wirksam ist, während beim Leuchten im Gelände an der Leinwand oder an der Hauswand sich die Lichtstrahlen nach mehreren Richtungen ausbreiten und die Falter anlocken können. Ein Leuchtversuch am 27. 8. des Jahres mit gleichen Mischlichtlampen, den ein befreundeter Sammler bei mir durchführte, erbrachte, wenn auch relativ zu bewerten, die

[1]) Der Vortrag ist für die Drucklegung gekürzt.

Bestätigung. An seine erleuchtete Leinwand an dem Hausgiebel flogen 62, an mein Hauslicht dagegen kamen nur 36 Arten; auch in der Stückzahl war eine erhebliche Differenz festzustellen. Der unbestrittene Vorteil des Hauslichtes aber liegt in der täglichen Anwendung während der ganzen Saison, ohne das Witterung und Zeitmangel ihr Veto einlegen können.

Sobald es irgend die Zeit erlaubt, aber fast immer bei starken Anflügen, sitze ich stundenlang — oft bis 3 Uhr morgens — hinter der Leinwand. Nur wer selbst einmal in gewitterschwüler Nacht einen Lichtfang miterlebt hat, wie ich in der Nacht vom 27. zum 28. 9. des Jahres, wo unter den über tausend „Fluggästen" 1♂ *Polyploca diluta* F., 26 *Calotaenia celsia* L., 9 *Phragmitiphila nexa* HBN., 8 *Sedina büttneri* HERG. und andere Seltenheiten erschienen, der kann die Gefühle ermessen, die auch ein altes Entomologenherz immer wieder bewegen.

Meine Beobachtungen werden sofort in bereitliegenden vorbereiteten Listen mit Tag, Art- und Stückzahl eingetragen. Daneben wird eine Tabelle über Temperatur, Luftdruck, Feuchtigkeitsgehalt, Bewölkung, Windstärke und -richtung und den Leuchtzeiten geführt, um den Faktoren, die dem Anflug günstig oder abträglich sind, auf die Spur zu kommen. Damit die Veränderungen und Vorgänge in der Atmosphäre registriert werden können, hängen im Raum ein Barometer, an der Außenwand Thermometer und Hygrometer.

Wie sehr der nächtliche Falterflug von der jeweiligen Wetterlage abhängig ist, mögen zwei typische Beispiele von vielen illustrieren. Ich wähle zwei aufeinanderfolgende Nächte mit Mischlicht, um den Unterschied innerhalb von 24 Stunden besonders kraß hervortreten zu lassen.

Tabelle 1

Zeit	Himmel	Thermometer	Barometer	Hygrometer	Arten	Stück
29. 8.	●	15—13° C	761—60	81—100%	95	2010
30. 8.	○	12— 7° C	764—65	86— 88%	24	170

Sichere Prognosen, die einen guten Anflug garantieren könnten, werden sich wohl niemals stellen lassen, da der nächtliche Falterflug von Faktoren abhängig ist, die sich voraus nicht bestimmen lassen und z. T. auch unbekannt sind. Ja, selbst unmittelbar vor der Leuchtnacht kann man keine Voraussage machen, auch wenn man die Wettermeldungen des Rundfunks heranzieht.

Meine Erfahrungen auf dem Gebiete des Hauslichtfanges nach dem Kriege hier in Brandenburg habe ich in einem Aufsatz „10 Jahre Hauslichtfang" in der Zeitschrift für angewandte Zoologie, Heft II, 1956, veröffentlicht.

Meine Lichtfanganlage in meiner Wohnung ist denkbar einfach. Der von mir ständig benutzte Raum ist ein abgeschlossener Korridor im ersten Stock von 3 × 3 m, die Türen gut abgedichtet, da viele Eulen das Bestreben zeigen, sich in Schlupfwinkel zu verkriechen.

Ich habe früher auch andere Räume zum Leuchten benutzt, sogar jahrelang mein Schlafzimmer. Vielleicht ist den verehrten Hörern noch mein Aufsatz „Am Fenster meines Schlafzimmers", erschienen 1939 in der Stettiner „Dohrniana", erinnerlich.

Als Lichtquelle benutzte ich von 1946—53 100- und 200-Watt-Lampen, von 1954—55 einen 1000-W-Lichtkörper. Ein großherziger Freund ermöglichte es, daß ich in diesem Jahre mit einer Mischlichtlampe, Fabrikat Osram HWA 500, 260 Watt, leuchten kann, die nur $^1/_4$ der Energiemenge der 1000-W-Lampe verbraucht, in ihrer Wirkung aber, was die Artenzahl anbelangt, ungleich größer ist.

Hierzu ein Beispiel von beiden Lampen vom 2. 7. 1956, das zeigen soll, daß nicht allein die Lichtmenge (lm), sondern die Lichtfarbe ausschlaggebend ist.

Tabelle 2

Lichtstärke	Arten	Stück
1000 W (= 19000 lm)	69	335
ML.[1]) 260 W (= 4750 lm)	93	340

An das Mischlicht flogen auch Arten, die an dem gewöhnlichen elektrischen Licht in 10 Jahren nicht erschienen sind. Als Vertreter nenne ich: *Acherontia atropos* L. (5 Falter in 3 Nächten), *Hoplitis milhauseri* F., *Spatalia argentina* SCHIFF., *Leucodonta bicoloria* SCHIFF., *Ochrostigma velitaris* HUFN., *Bryophila palliola* BKH. (*fraudatricula* HBN.), *Hylomiges conspicillaris* L. u. a.

Wie schon der Name besagt, ist das Mischlicht ein Gemisch von gewöhnlichem elektrischem (gelbrot) und Quecksilberdampflicht (bläulichweiß), das in einem Glaskolben erzeugt wird, daher keine ultravioletten Strahlen aussendet. Diese Lampe hat sich beim Fang besser bewährt als die Quarzlampe mit Ultralicht, die sehr empfindlich und hoch im Anschaffungspreis ist — sie hat die Lampenfrage für uns Sammler ideal gelöst.

Beispiele aus meiner statistischen Arbeit.

Bestanflüge, das sind die höchsten Werte der Anflüge, die bei verschiedenen Lichtstärken in einer Nacht gezählt worden sind.

Tabelle 3

Lichtstärke	Arten	Stück
100 W	93	402
200 W	111	450
1000 W	147	1756
ML. 260 W	152	1852

Insgesamt flogen in einem Zeitraum von 11 Jahren über 100000 Falter an, genau 113 544 Stück.

Mögen diese Zahlenangaben manchem übertrieben erscheinen. Mir haben sie — wenn auch in mühevoller Kleinarbeit — Anregung und Freude gebracht, die sonst so allgemein gehaltenen Häufigkeitsangaben in den Faunenverzeichnissen,

[1]) ML. = Mischlicht

Tabelle 4

Monatsflüge 1956 (ML.)

IV.		V.		VI.		VII.		VIII.		IX.		Ges.	
Art	Stck.	Art	Stck.	Art	Stck.	Art	Stck.	Art	Stck.	Art	Stck.	Art	Stck.
18	151	129	1385	148	4428	320	12420	239	11184	159	10624	462	40192

Tabelle 5

Jährliche Durchschnittswerte

Zeit	Lichtstärke	Stückzahl
1946/53	100—200 W	4200
1954/55	1000 W	18320
1956 (bis 30. 9.)	ML. 260 W	40192

bei denen man sich viel oder nichts vorstellen kann, durch konkretes Zahlenmaterial zu ersetzen. Ähnliche Statistiken könnten auch vom Köderfang erstellt werden, da alle Anflüge zahlenmäßig im Zettelkatalog festgehalten sind.

Diese außerordentlichen Ergebnisse sind aber auch aus der äußerst günstigen Lage meines Wohnhauses zu erklären, da fast alle Biotope in unmittelbarer Nähe zu finden sind, die sich ein Lokalfaunist nur wünschen kann. Aber ich habe auch an weniger günstigen Örtlichkeiten, sogar in Berliner Vororten mit einer 100-W-Lampe noch recht beachtliche Erfolge erzielt. Berichte meiner Sammelfreunde aus Berlin-Hermsdorf, Neukölln, Buckow, Karow, Petershagen und Straußberg lauten ebenfalls günstig, ganz besonders dort, wo mit Mischlicht gearbeitet wurde. So kamen z. B. in Lichtenberg, Nähe Stalinallee mit ihrer Lichtfülle, bis 25 Arten in einer Nacht auf den Balkon. Wer von den Großstadtsammlern absolut keine Gelegenheit zum Lichtfang finden kann, dem empfehle ich die „Schaufenster-Sammelmethode", die einem Entomologen in Westberlin von 1951—55 289 Arten erbrachten. Wer die interessanten Aufsätze „Leuchten mit Ultra- Licht" von Amannshauser und „Lichtausbeute in Salzburg" von Witzmann in der Ztsch. der Wiener Ent. Ges. gelesen hat, ist überrascht von der Zahl der Anflüge inmitten einer großen Stadt.

Durch den Lichtfang haben wir auch unsere Ansichten über die Häufigkeit mancher Arten erheblich revidieren müssen: *Gluphisia crenata* Esp. gilt als sehr selten. Der Spinner kam in 18 ♂♂ ans Licht. *Erastis sobrina* G. nach Hannemann 1917 und v. Chappuis 1942 „vor sehr langer Zeit einmal bei Cottbus". Seit 1953 kamen 7 Falter ans Licht, an den Köder 41 Stück. *Sedina büttneri* Hering ist eine Rarität, erst 1933 am Licht für die Mark festgestellt, kam in 45 Faltern. Darauf leuchteten wir die Eule in ihrem Biotop in 14 frischen Exemplaren. *Eustrotia candidula* Schiff. (*Erastria pusilla* View.) ist nach v. Chapp. „äußerst selten und vielleicht im Verschwinden begriffen". Das Licht erbrachte den Gegenbeweis mit 828 Faltern. *Phytometra confusa* Steph. (*Plusia gutta* Gn.), nach Hannemann „in den letzten Jahren in wenigen Stücken"; v. Chapp. „nicht heimisch". In 3 Generationen kamen 264 Stück, am 6. 8. 1956 sogar 22 in einer Nacht. *Cosmia orbicularia* Hb., v. Chapp. „äußerst selten, seit 30 Jahren nicht mehr". Es kamen 8 Falter.

Meine Erstfunde für die Mark Brandenburg — es sind insgesamt 9 Arten — verdanke ich in erster Linie dem Hauslicht.

1. *Cucullia fraudatrix* Ev. Der erste Falter kam am 17. 7. 1950. Die Suche nach der Raupe lieferte den eindeutigen Beweis, daß die Art bereits heimisch war. Bisher kamen 61 Falter, am 6. 8. sogar 8. Heute ist diese asiatische Steppeneule nach *Cuc. umbratica* L. seit 2 Jahren die häufigste Cucullie am Licht in Kreuzbruch.

2. u. 3. In diesem Zusammenhang seien auch die beiden Irrgäste *Phytometra chryson* Esp. von 1954 und *Grammodes stolida* F. von 1955 genannt, die zwar nicht zum Bestande der märkischen Fauna ♂ gehören (Irrgäste), die aber besondere Glanzstücke meiner Sammlung sind.

4. *Polyploca diluta* F. 1 ♂ 1954, 1 ♂ 1956 am Licht.

5. *Eupithecia virgaureata* Dbl. Der erste von 15 Faltern kam 1949, die Raupe darauf lokal häufig an Goldrute.

6. *Eup. sinuosaria* Ev. Bis heute flogen 12 Falter an. Die Raupen klopften wir oft in Anzahl von Chenopodium L. und Atriplex L., 1956 in 10 Minuten 80 Stück.

Probleme beim Lichtfang[1])

Von Ernst Urbahn

Die alte Frage nach den für guten Anflug erforderlichen Wetterverhältnissen wird von den meisten Kennern jetzt übereinstimmend beantwortet: den besten Erfolg verspricht eine windstille, dunkle, schwülwarme Nacht bei fallendem Barometer, womöglich mit sanftem, warmem Regen oder gar mit Gewitterneigung. — Ungünstig dagegen sind kalte, windige, helle Mondscheinnächte in langen Dürreperioden oder mit heftigen, abkühlenden Regenschauern, wie überhaupt starkes Absinken der Temperatur zur Nacht mit Tau- und Nebelbildung negativ wirkt. Freilich gibt es Ausnahmen und Überraschungen nach beiden Richtungen. In Hochgebirgen kann es anders sein als im Tiefland. In großen Höhen kann noch bei + 3° C und leichtem Schneefall Anflug erfolgen, während bei uns unter + 10° C nicht mehr viel zu erhoffen ist. Aus Osttirol berichtete kürzlich ein Sammler von einem Massenanflug bei dichtem Nebel.

Alt aber noch immer stark umstritten ist dagegen das Problem, warum die Nachtfalter überhaupt zum Licht kommen. — Daniel (1950), Groth (1951) und Marten (1956) geben verschiedene Erklärungen hierfür, die interessante und richige Gedanken enthalten, aber das verschiedene Verhalten der Arten nicht voll erklären.

Neuer ist die Frage, ob unsere modernen kurzwelligen Lampen nur deshalb besser wirken, weil sie heller sind als die alten Karbid-, Benzin- oder Normalbrenner oder ob die Falter stärker auf die andere Qualität des Lichts reagieren. Daß der Anflug mit höherer Intensität der Lichtquelle zunimmt, ist altbekannt. Von jeher waren die hellsten Straßenlampen und Schaufenster am besten besucht. Aber mit dem Benutzen des kurzwelligen Lichtes steigert sich der Anflug auf etwa das Fünffache! Selbst eine riesige 1000-Wattbirne holt nicht so viele Falterarten heran, wie eine Mischlichtlampe von nur 160 bis 260 Watt. — Im Juni leuchteten wir bei Dr. Steuer in Blankenburg von den Hängen des Schwarzatals in hervorragender Lage. Neben einer UV-Lampe von 300 Watt brannte in einigen Metern Entfernung eine normale, helle 500-Wattlampe; aber fast alle Falter strebten zuerst zu dem UV-Licht. Offenbar ist also der kurzwellige Teil des Spektrums von besonderer Wirkung auf Nachtfalter. Daß viele Insekten Ultraviolett wahrnehmen, ist seit von Frischs klassischen Bienenversuchen bekannt. Aber das

[1]) Der Vortrag ist für die Drucklegung gekürzt.

Ultraviolett allein kann es in unserm Falle nicht sein, denn bei den Lampen mit Glashülle dringt es kaum nach außen; aber auch bei den quarzumhüllten Brennern wird es nach KOCH (1949) schon nach wenigen Metern absorbiert, kann also nicht weithin wirksam sein. Trotzdem zeigen sich bei Verwendung der Mischlichtlampen wie auch der UV-Brenner stärkerer Anflug und viel lebhafteres Verhalten der Falter als bei Normallampen. Vermutlich ist also der noch sichtbare Teil des kurzwelligen Lichtes am stärksten wirksam, und zwar das Violett mit einer Wellenlänge, die um 400 mμ liegt. Daß aber indirekt auch das Ultraviolett eine Wirkung ausübt, geht aus Versuchen hervor, die CLEVE (1954) bekanntgegeben hat. Danach ruft das Ultraviolett auf manchen Stoffen, z. B. weißen Tüchern, eine starke Fluoreszenz in sichtbarem Violett hervor, und darauf reagieren die Falter. Leider sind erst wenige Versuche mit ganz geringer Falterzahl mitgeteilt worden. Sie sollten wiederholt und erweitert werden.

Sicher ist es auch so, daß die Nachtfalter je nach Art auf verschiedene Farben verschieden ansprechen. Auch bei Tagfaltern reagieren die Weißlinge anders als z. B. die Vanessen. Weißlinge bevorzugen Blau, der Große Fuchs dagegen Gelb, der Kleine Fuchs beide Farbarten gleichstark, der Taubenschwanz Purpurrot. Ein Unterschied besteht auch, ob das Tier auf Nahrungssuche oder beim Brutfürsorgeflug ist. Eierlegende Kohlweißlingsweibchen z. B. sind auf Grün eingestellt.

Überhaupt muß man sich fragen, in welcher Tätigkeitsphase die Falter am stärksten durch Licht zu beeinflussen sind. Sie halten teilweise ganz bestimmte Anflugszeiten inne, die Männchen z. T. andere als die Weibchen, falls diese überhaupt zum Licht kommen. Warum fliegen die Weibchen durchschnittlich viel seltener an als die Männchen? — Weil sie flugunlustiger sind? — Auf viele dickleibige Spinnerweibchen scheint das wirklich zuzutreffen. Sie warten ja auch zur Kopulation den Anflug der Männchen in aller Ruhe ab. Meist sind diese Männchen mit starken, gekämmten Fühlern ausgestattet, im Gegensatz zu den fadenfühlerigen Weibchen, und so hat DANIEL geradezu die Regel aufgestellt: je unterschiedlicher die Fühlerbildung bei Männchen und Weibchen, um so weniger kommen die Weibchen zum Licht. — Und weiter folgert DANIEL, daß dann wohl die Fühler die für den Lichtflug verantwortlichen Rezeptoren enthalten. Man sieht auch oft, daß anfliegende Falter, die unterwegs irgendwo rasten, eifrig die Fühler mit den Vorderbeinen kämmen. Andererseits ist es unwahrscheinlich, daß Tiere mit so hochentwickelten Augen erst durch die Fühler den Reiz zum Lichtflug erhalten sollen. Hier vermitteln vielleicht Gedanken von MELL und neuere von DANIEL: man muß zunächst zwischen Nahrungs-, Paarungs- und Eiablageflug unterscheiden. Da eierlegende Weibchen selten am Licht beobachtet werden, andererseits viele Arten zahlreich erscheinen, die keine Nahrung aufnehmen, so dürften weder der Nahrungs- noch der Eiablageflug zeitlich maßgebend für den Lichtflug sein, sondern hauptsächlich die Zeit des Paarungsfluges, die wohl meist später liegt als der Nahrungsflug. Auch am Köder erscheinen ja die Falter durchschnittlich früher als am Licht. Die beim Kopulationsflug ausgelöste sexuelle Erregung — so meint MELL —, die chemisch über die Fühler erfolgt, erfährt vielleicht durch das künstliche Licht infolge Umleitung auf eine andere Sinnessphäre eine weitere Steigerung und veranlaßt den Lichtflug. So käme es, daß die sexuell aktivsten Falter auch am Licht die regsten seien, und die Fühler wären damit indirekt auch an dieser Taxis beteiligt. — Im einzelnen freilich wissen wir hierüber nichts. — Manche Weibchen kommen, andere selten oder nie. Das kann örtlich und zeitlich verschieden sein, wie ja auch an manchem Abend das Tuch von einer häufigen Art bedeckt sein kann, die vielleicht am nächsten Abend — unter scheinbar gleichen Bedingungen — nahezu ausbleibt. — Warum fliegen überhaupt manche Arten wild zum Licht, andere höchstens ausnahmsweise? — Daß die Tagesflieger unter den Heteroceren in der Nacht ruhen, erscheint uns ganz natürlich, aber es gibt viele Ausnahmen. So ist die Gamma-Eule z. B. bei Tag und Nacht in beiden Geschlechtern unterwegs.

Noch ein letztes Problem sei erwähnt: wie weit wirkt das Licht auf die Falter? — Je intensiver, um so weiter, das ist klar. Aber Beobachter wie DANIEL, GROTH, SCHADEWALD meinen, nicht weiter als 30 bis 50 Meter. Die übrigen Falter sollen nur zufällig beim Umherstreifen in den Lichtkegel geraten. Ich glaube das nicht! Dann könnten in einer Nacht nicht Tausende, ja Zehntausende von Faltern anfliegen, und zwar in Menge solche, die ganz bestimmten, entfernt liegenden Biotopen angehören. In Blankenburg kamen Dutzende von *Stauropus fagi* L., obgleich der nächste angeleuchtete Buchenwald weit drüben jenseits des Schwarzatals lag. — Bei HAEGER fliegen die zahlreichen Kieferntiere aus einem 2 km entfernten Wald an. — Die Lampen der Hakenterrasse in Stettin wimmelten einmal von Forleulen, deren Befallsgebiet jenseits des riesigen Dammschen Sees lag. — Bei KOCH kommen viele Arten in Menge ans Licht, die nur vom entfernten anderen Elbufer stammen können. — Aber wie weit die Lampe nun tatsächlich wirkt, wissen wir noch nicht.

Meine Damen und Herren! Nur einen ganz kurzen Einblick in wenige der wichtigsten Probleme habe ich Ihnen bieten können, nur hier und da konnte ich Versuche zu ihrer Lösung streifen. Aber ich hoffe doch, gezeigt zu haben, welch reiches Arbeitsfeld hier auf die Entomologen wartet. Eine endgültige Lösung werden nur streng methodisch aufgebaute Versuche exakter Wissenschaftler bringen können, den Sammlern aber fällt die Aufgabe zu, das nötige zuverlässige und ausreichende Beobachtungsmaterial zu liefern. Machen wir uns also gemeinsam an die Arbeit!

Literatur:

AMANNSHAUSER, H. (1956): Leuchten mit Ultra-Licht. Z. d. Wiener Ent. Ges. *41*, 1956, 3—9.

VON BUDDENBROCK, W. (1952): Vom Farbensinn der Tiere. Kosmos-Beiheft Stuttgart 1952.

CLEVE, K. (1954): Einfluß der Wellenlänge des Lichtes auf den Lichtfang der Schmetterlinge. Deutscher Entomologentag in Hamburg. 1954, Fischer, Jena.

DANIEL, Fr. (1950): Mit welchen Organen nehmen Nachtfalter künstliche Lichtquellen wahr? Ent. Z. 59. 1950, Nr. 20, 153.

DANIEL, FR. (1951): Nachtrag zu (1950) nebst einem Erfahrungsbericht über die Wirkung der Quecksilberdampflampe. Ent. Z. 61, 1951, Nr. 14/15, 105 u. 115.

—, (1952): Praxis des Nachtfangs mit Licht. Nachrichtenblatt d. Bayer. Entomologen *1*, 1952, Nr. 6/9.

FUST, B. (1956): Sammeltage in Kals/Osttirol. Ent. Z. *66*, Nr. 12 137—141.

GRABE, A. (1955): Lichtfang im Frühjahr 1952 in Dortmund-Barop. Z. Lepidopt. *3*, Heft 2/3, 72.

GROTH, K. (1951): Die Wirkung des künstlichen Lichtes auf Nachtfalter. Z. Lepidopt. *1*, Heft 2, 95—99.

HAEGER, E. (1956): 10 Jahre Hauslichtfang. Z. f. angewandte Zoologie, Heft 2, 215—236.

HEIDELBERGER, K. (1956): Lichtfang im Hochtaunus. Ent. Z. *66*, Nr. 9, 98—107.

KOCH, M. (1941): Lichtfang mit der Höhensonne I. Ent. Z. *55*, Nr. 10, 73—80.

—, (1947): Lichtfang mit der Höhensonne II. Z. d. Wiener Ent. Ges. *32*, 60—69.

—, (1950): Lichtfang mit der Höhensonne III. Z. d. Wiener Ent. Ges. *35*, 117 u. 147.

—, (1949): Nonnenlichtfang mit der Quarzlampe. Forstwirtschaft/Holzwirtschaft *3*, Heft 15, 234/36.

MARTEN, W. (1956): Beobachtungen beim Lichtfang. Ent. Z. *66*, Nr. 11, 121—133.

MELL, R. (1954): Reizwirkung des künstlichen Lichtes auf Lepidopteren. Ent. Z. *64*, Nr. 2/3, 17 u. 35.

—, (1956): Biologische Station ohne Apparatur — der Garten. Ent. Z. *66*, Nr. 8/9, 89 und 103.

SCHADEWALD, G. (1955): Lichtfang. Nachrichtenblatt d. Bayer. Entomologen *4*, Nr. 8, 75—80.

—, (1956): Lichtfang. (Forts.) Nachrichtenblatt d. Bayer. Entomologen *5*, Nr. 6, 59—62.

SCHMITT, O. (1955): Falterausbeute an einer neonbeleuchteten Tankstelle in Niederösterreich. Z. d. Wiener Ent. Ges. *40*, Nr. 5, 145—148.

WITZMANN, H. (1956): Eine Lichtfangausbeute aus Salzburg-Parsch. Z. d. Wiener Ent, Ges. *41*, Nr. 1, 9.

Beobachtungen zur Photoreaktion der Honigbiene Apis mellifica L.[1])
(Hym. Apidae)

Von GRETE MEYERHOFF

Es soll zu diesem Thema nicht auf den überaus komplizierten Fragenkomplex der Reizbeantwortung eingegangen werden, der bei der Honigbiene infolge ihrer stark ausgeprägten Hirntätigkeit ohnehin nur schwer darzustellen ist. Die Tatsache, daß bei diesem Insekt die Reizbeantwortung stark abhängt nicht nur von dem jeweiligen physiologischen Zustand des Einzelwesens, sondern auch von der Gesamtsituation des Bienenvolkes, weiter das Ineinandergreifen von Reizbeantwortung mit Engrammen macht eine Analyse dieser Vorgänge schwer, fast unmöglich. Es seien deshalb nur einige Beobachtungen erwähnt, die auch in der Praxis eine Rolle spielen, denn die Honigbiene ist ja nicht nur ein interessantes Forschungsobjekt, sondern ein wichtiges Nutztier mit recht komplizierter Wesensart, von deren genauer Kenntnis der Erfolg seiner Nutzung wesentlich abhängt.

Es seien also in der Hauptsache zwei Fragenkomplexe angeschnitten:

1. Der Lichtreiz bewirkt eine ungerichtete Bewegung im Sinne einer Photokinese

Verlauf dieser Reaktion in natürlicher Umwelt (Bienenstock): im allgemeinen träge. Die Bienenmassen geraten bei Lichteinfall nur langsam in Bewegung, um so langsamer, je jünger die Einzeltiere sind. Nach einiger Zeit Übergang der Kinese in eine taktische Reaktion: Die Flugbienen versuchen, den Stock in Richtung des Lichteinfalles zu verlassen, sofern mit gerichtetem Licht gearbeitet wird. Die übrige Bienenmasse reagiert negativ phototaktisch und versucht, ins Dunkle zu gelangen (s. Punkt 2).

Unter Versuchsbedingungen verlaufen diese kinetischen Reaktionen weit heftiger. Eingesperrte Einzeltiere oder kleine Gruppen bleiben in ständiger Unruhe, zeigen auch keine deutliche positive Phototaxis.

Auswirkungen in der Praxis: Bei geschickter Hantierung bleibt ein Bienenvolk beim Öffnen zunächst ruhig. Einsetzende Unruhe bei länger andauernden Arbeiten, die dann ein Absinken der Reizschwelle zur Folge haben: Nach vorübergehendem

---

[1]) Die vollständige Arbeit erscheint in „Deutscher Imkerkalender 1958", Brühlsche Universitätsdruckerei Gießen.

Abdunkeln zeigt dieses Volk bei erneutem Lichteinfall nunmehr sofort lebhafte Unruhe und Neigung zu taktischen Reaktionen.

Der Übergang von einer kinetischen zur taktischen Reaktion erfolgt

a) gar nicht, wenn durch grundlegende Umweltänderung andere Reize überwiegen (Einsperren von Bienen in kleine Behälter u. ä.),
b) schleppend, wenn die Störungsreize unterschwellig oder die Bienen noch jung sind,
c) schnell, wenn eine starke Störung vorliegt oder geringe Störungen sich summieren oder die Reize Flugbienen betreffen.

2. Der Lichtreiz bewirkt gerichtete Einstellung zur Reizquelle hin oder von ihr weg im Sinne einer Phototaxis

Die phototaktische Reaktion ist außer vom physiologischen Zustand von der Intensität der Lichtquelle abhängig. Die Wirkung von künstlichem und natürlichem Licht ist grundsätzlich gleich. Unterschiedliche Reaktion wird dadurch vorgetäuscht, daß die künstliche Lichtquelle meist erreicht werden kann und dann die Tiere festhält, während bei Anstreben des natürlichen Lichtes die Reaktion nach einer gewissen Flugstrecke erlischt, vielleicht weil dann andere Reize die taktische Reaktion hemmen.

Die positiv phototaktische Reaktion überwiegt im allgemeinen und wird in der Praxis deutlich bei Arbeiten am Bienenvolk. Während hierbei die Flugbienen sofort reagieren, bedürfen die flugfähigen, aber noch nicht im „Außendienst" stehenden Stockbienen ziemlich starker Störungsreize, ehe sie mit positiv phototaktischen Reaktionen antworten. Bei längerer bzw. stärkerer Reizung erfolgt eine Hemmung der taktischen Reaktionen durch die dann einsetzende Abwehrreaktion. Die positive Phototaxis tritt also nur bei einem bestimmten Erregungsgrad in Erscheinung. Dieser wird naturgemäß bei den Flugbienen schnell, bei den Stockbienen je nach Alter mehr oder weniger schnell erreicht. Bei Summierung der Störungsreize erfolgt Hemmung durch andere Reaktionen.

Flugbienen, bei denen bei der Heimkehr die positiv phototaktische Reaktion ausgeschaltet ist, zeigen diese sofort wieder, wenn sie beim Eindringen in das Volk ihre Umwelt stark gestört finden. Besonders deutlich wird die Rolle des jeweiligen physiologischen Zustandes bei Verhalten der Bienen gegenüber nächtlicher Beleuchtung. Selbst starke Lichtquellen in Stocknähe bleiben unbeachtet, werden jedoch sofort gradlinig und starr angeflogen, wenn die Tiere durch Gewitterschwüle, die sie stets stark erregt, gereizt werden. Nächtliche Störungen am Bienenvolk bewirken die gleiche Erscheinung.

Negativ phototaktische Reaktion zeigt der Schwarm beim Einschlagen in eine Beute. Die Bienen streben beim Einlaufen ins Dunkle. Am stärksten ist diese Reaktion bei der Stockmutter ausgeprägt, bei welcher auch sonst (im Gegensatz zu den Arbeitsbienen) die negative Phototaxis überwiegt. Es ist dies aus ihrer Lebensweise heraus erklärlich. Negative Phototaxis zeigt — wie erwähnt — eine aus Jungbienen bestehende Masse, wenn sie vom Licht getroffen wird. Die negativ phototaktische Reaktion ist stets bereit, in eine positive umzuschlagen.

Bei Haltung von Bienen in Gewächshäusern zum Zwecke der Pflanzenbestäubung muß die Neigung der Flugbienen zu positiv phototaktischen Reaktionen, die bei jedem Abflug zunächst vorhanden sind, berücksichtigt werden. Um ein Sichabfliegen dieser Tiere an den Glasscheiben in Richtung des einfallenden Sonnenlichtes zu verhindern, muß für diffuses Licht gesorgt werden.

Das Problem der Orientierung der Bienen nach dem beim Abflug geprägten Winkel des Lichteinfalles kann hier übergangen werden, da diese Fragen ausgiebig, vorwiegend durch die richtunggebenden Arbeiten von V. FRISCH, erörtert wurden und als bekannt vorausgesetzt werden dürfen.

Als Anhang sei noch erwähnt, daß Lichteinwirkung Verhaltensänderungen bei Bienen auslösen kann, die nicht auf taktischen Reaktionen beruhen: Während sich die Flugbienen durch vorübergehende Bewölkung und Abkühlung innerhalb eines Flugtages in ihrer Sammeltätigkeit nicht stören lassen, streben sie bei aufziehendem Gewitter dem Stock zu ohne Rücksicht auf Füllung der Honigblase bzw. der Körbchen. Daß dies nicht auf den insgesamt veränderten Witterungscharakter, sondern tatsächlich auf die abgeschwächte Belichtung zurückzuführen ist, hat die Sonnenfinsternis 1955 bewiesen. Mit fortschreitender Verdunklung der Sonnenscheibe kehrten immer mehr Bienen in immer eiligerem Tempo in ihre Heimatstöcke zurück. Als die Sonnenfinsternis auf ihrem Höhepunkt angelangt war, war der Flug zu Ende, setzte aber mit dem Hellerwerden wieder ein. Der sonst so intensive Sammeltrieb der Bienen war also durch die sich ständig vermindernde Lichtintensität allmählich gehemmt, und die Bienen waren zur Umkehr gezwungen worden.

Über neue Untersuchungen zur Ethologie von Taginsekten, insbesondere Tagschmetterlingen

Von D. MAGNUS

Der Vortrag erscheint unter dem Titel „Experimentelle Untersuchungen zur Bionomie und Ethologie des Kaisermantels *Argynnis paphia* L. (Lep. Nymph.) I. Über optische Auslöser von Anfliegeraktionen und ihre Bedeutung für das Sichfinden der Geschlechter" in der Zeitschrift für Tierpsychologie.

Vergleichende Verhaltensforschung bei Bockkäfern mit Brutfürsorge
(Col. Lamiinae)

Von WERNER FUNKE

Mit 15 Abbildungen im Text

Im Verlaufe meiner Untersuchungen bei den Lamiinen, einer Unterfamilie der Cerambyciden, habe ich eine Reihe von Verhaltensweisen näher beobachten können. Besonders interessant erscheinen mir die Verhaltensweisen, die die Brutfürsorge betreffen, und ich möchte mich hier ausschließlich mit ihnen befassen.

Die Brutbiologie der Lamiinen ist dadurch charakterisiert, daß die weiblichen Käfer das pflanzliche Gewebe vor den Eiablagen mit den Mandibeln bearbeiten. Meist beschränkt sich diese Tätigkeit auf die Herstellung von Eigrübchen oder

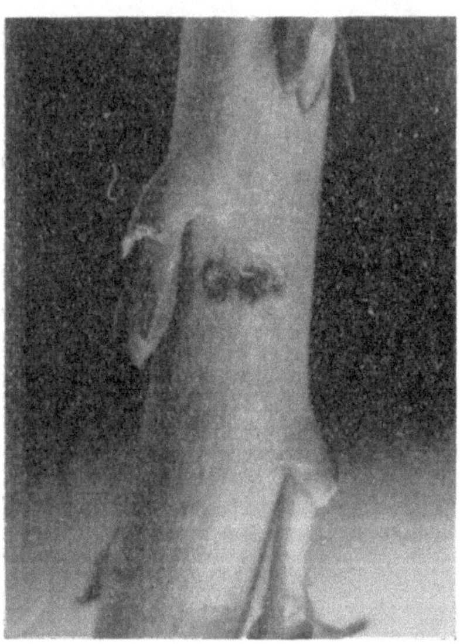

Abb. 1. Eiablagestelle von *Oberea erythrocephala* SCHRK. an Euphorbia cyparissias. In der Mitte das Eiloch, rechts und links je ein oberflächliches Grübchen.

Abb. 2. Nagefigur von *Saperda populnea* L. an Populus tremula. „Hufeisen" mit Eiloch und Querfurchen.

Eispalten, wie zahlreiche, z. T. schon lange bekannte, Fälle zeigen. Diesem einfachen Typus der Brutfürsorge gehören nach meinen eigenen Untersuchungen auch die Arten *Pogonchaerus hispidus* L., *Tetrops praeusta* L., *Phytoecia coerulescens* Scop., *Phytoecia nigricornis* F. und *Oberea erythrocephala* Schrk. an (Abb. 1). Die ♀♀ von *Pogonchaerus hispidus* L. und *Tetrops praeusta* L. legen ihre Eier unter die Rinde absterbender Zweige von Holzpflanzen ab, die ♀♀ von *Phytoecia nigricornis* F. und *Oberea erythrocephala* Schrk. schieben sie in das Mark und die von *Phytoecia coerulescens* Scop. unter die Epidermis krautartiger Gewächse.

Kompliziertere Verhaltensweisen finden wir bei den Arten, die ihre Eier in lebenden Zweigen von Bäumen oder Sträuchern unterbringen. Am bekanntesten ist die Brutfürsorge des Kleinen Pappelbockes, *Saperda populnea* L. Der weibliche Käfer nagt vom Eiloch ausgehend zwei bogenförmige Oberflächenschnitte in die Rinde, die in ihrer Gesamtheit das sogenannte „Hufeisen" darstellen (Abb. 2). Die von den beiden Bogenschnitten begrenzte Fläche wird mit Querfurchen versehen. Vor der Eiablage führt das Muttertier unter der Rinde eigentümliche Manipulationen mit der Legeröhre aus, Wendungen nach rechts und links, über deren Bedeutung später noch berichtet wird. *Oberea oculata* L., der Rothalsige Weidenbock, nagt zwei Querfurchenreihen in die Rinde und an ihrer Basis das Eiloch (Abb. 3). *Oberea linearis* L., das Haselböckchen, ringelt junge Haseltriebe und bereitet erst dann das Eilager (Querfurchen und Eiloch) vor (Abb. 4).

Abb. 3. Nagefigur von *Oberea oculata* L. Querfurchenreihen und Eiloch mit seitlichen Grübchen (schematische Darstellung).

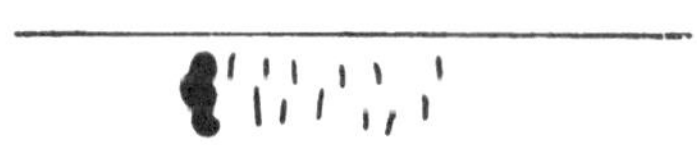

Abb. 4. Nagefigur von *Oberea linearis* L. Querfurchen und Eiloch mit seitlichen Grübchen (schematische Darstellung).

Die Brutfürsorgetätigkeit wird ausgelöst und gesteuert von inneren und äußeren Faktoren, von denen ich einige analysiert habe.

Die Nagetätigkeit selbst ist, zumindest im Falle von *Saperda populnea* L., unabhängig von Sinneswahrnehmungen der Antennen und Augen. Die Funktionsweise der Maxillar- und Labialpalpen dagegen erweist sich bei *Saperda populnea* L. als bedeutungsvoll für die Hufeisengestalt. Nach Amputation sämtlicher Palpen können die meisten Tiere weder normale Eilöcher noch normale Figuren herstellen (Abb. 5). Ein unverletzter Palpus aber genügt stets zur Anfertigung regelmäßiger Hufeisen.

Abb. 5. Nagefiguren von *Saperda populnea* L. nach Amputation der Maxillar- und Labialpalpen (schematisiert).

Einer der wichtigsten äußeren Faktoren bei der Orientierung am Zweig ist die Einfallsrichtung des Lichtes. Der Kleine Pappelbock beginnt seine Nagetätigkeit in freier Natur, von ganz wenigen Ausnahmen abgesehen, stets mit abwärts gerichtetem Kopf. Die Hufeisen sind also immer nach oben offen. Läßt man im Versuch das Licht von unten kommen, so sind die Figuren regelmäßig entgegengesetzt orientiert.

Die Bewegungen, die die weiblichen Käfer im Verlauf der Brutfürsorge ausführen, sind artspezifische, starr ablaufende Mechanismen. Eine Bewegungsanalyse, wie sie bis heute erst bei wenigen Arthropoden vorgenommen worden ist, führte ich bei *Saperda populnea* L. durch. Näher eingehen möchte ich auf die Herstellung der Hufeisenschenkel. Nach v. LENGERKEN soll sich der Kleine Pappelbock beim Nagen der Bogenfurchen so lange drehen, bis er „eine zur Längsachse des Astes nahezu rechtwinklige Körperstellung erreicht hat" (Abb. 6a)[1]). Nach dieser Darstellung würden die Käfer ihre meist erstaunlich symmetrischen Hufeisen in freier Bewegung am Zweig herstellen. Meine eigenen Untersuchungen ergaben ein anderes Bild (Abb. 6b). Der Bewegungsvorgang setzt sich aus mehreren Komponenten zusammen.

Die beiden wichtigsten sind:

1. Das Käferweibchen dreht sich während des Nagens um eine Achse, die sich von den Hinterhüften allmählich zum Halsschild hin verschiebt. Die Extremitäten der Körperseite, von der sich der Käfer wegbewegt, bleiben fest auf der Rinde stehen, die der anderen greifen allmählich nach hinten. Dadurch werden die ruhenden Vorder- und Mittelbeine in ihren Gelenken immer stärker gestreckt und schließlich, wenn ihre Tarsen den Halt auf der Rinde verlieren, sogar einige Millimeter weit passiv nachgezogen. Die Hinterextremität derselben Körperseite aber bleibt stets fest stehen und ist als das stabilisierende Element der Drehbewegung anzusehen.

2. Mit fortlaufender Drehung werden Kopf und Halsschild immer stärker in der Drehrichtung abgewinkelt.

Das Ende der Drehung ist erreicht, wenn der Hinterleib des Käfers mit dem Zweig einen Winkel von ca. 40—50° bildet. Rechtwinklig zum Zweig steht meist nur der Kopf, weniger häufig das Halsschild und nur selten der übrige Körper.

Die typische Hufeisenfigur kommt also durch die zunehmende Einwinkelung von Kopf und Halsschild und durch die stetige Verlagerung des Drehpunktes in Richtung Halsschild zustande. Bei fehlender Einwinkelung und bei konstantem

[1]) LENGERKEN, H. v. Die Brutfürsorge- und Brutpflegeinstinkte der Käfer, 2. Aufl., Leipzig 1954.

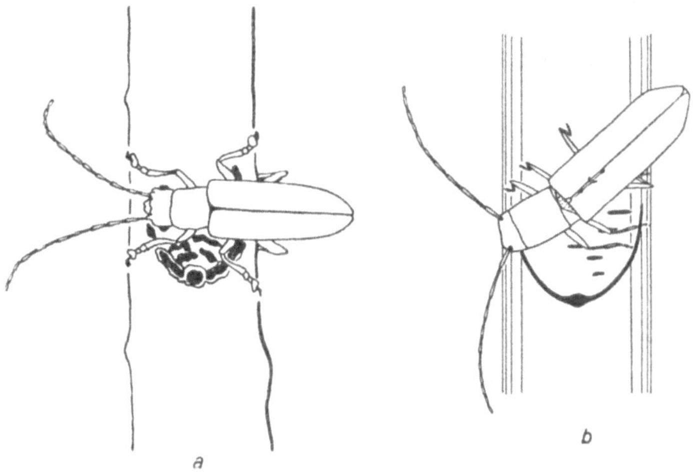

Abb. 6. *Saperda populnea* L. bei der Herstellung eines „Hufeisen-"Schenkels (schematisiert). a Darstellung nach v. LENGERKEN (Brutfürsorge- und Brutpflegeinstinkte der Käfer, 1954, S. 166). b Darstellung des Verfassers. Die Drehachse wandert im Verlauf der Drehung auf das Halsschild zu (schwarze Punkte, schwarzer Pfeil). Besonders zu beachten ist die Stellung der Extremitäten und die Einwinkelung des Kopf-Prothorax- und des Prothorax-Mesothorax-Gelenkes.

Drehpunkt könnte nur ein flacher Halbkreis, nach jeder Seite ein Viertelkreis genagt werden (Abb. 7).

Amputationsexperimente sollten die Bedeutung der Beine für das Zustandekommen der Hufeisenfigur genauer klären. Nach Amputation einzelner Extremi-

Abb. 7. Schematische Darstellung des koordinierten Bewegungsablaufes während des Hufeisennagens. A = Vorderende des Käfers; B = Kopf-Prothorax-Gelenk; C = Prothorax-Mesothorax-Gelenk; D = Drehachse; E = Hinterende des Käfers

A′, B′, C′, E′ / A″, B″, C″, E″ / A‴, B‴, C‴, E‴ } Vorder- und Hinterende und Körpergelenke bei verschiedenem Drehungsgrad.

Bliebe die Drehachse stets konstant, so resultierte bei Drehbewegung und Nagetätigkeit ein Viertelkreis. Dadurch aber, daß D im Verlaufe der Drehung ständig auf C, also auf das Halsschild zuwandert und gleichzeitig die Einwinkelung der Körpergelenke zunimmt, verkürzt sich der Drehradius, und es entsteht eine der typischen Bogenfurchen. (Eine große Bedeutung für den Bewegungsablauf haben natürlich auch die zylindrische Form und die Dicke der Zweige.)

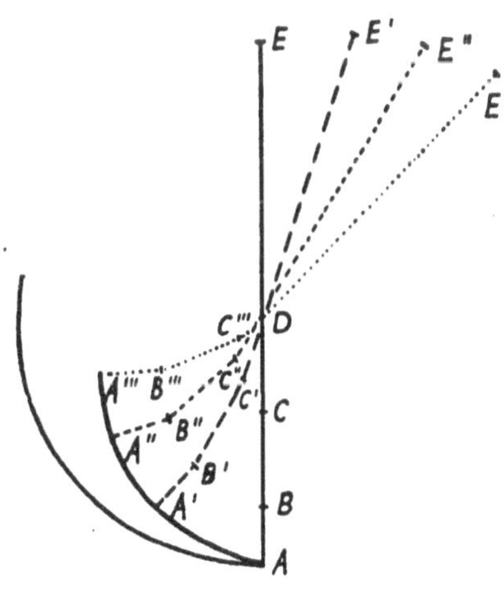

täten oder eines Extremitätenpaares treten keine größeren Veränderungen im Bewegungsverhalten auf. Die Hufeisen sind mehr oder weniger asymmetrisch, seltener normal gestaltet (Abb. 8). Nur nach Entfernung beider Hinterextremitäten kann man gewisse gesetzmäßige Beziehungen zwischen der Art der Amputationen und der Gestalt der Figuren erkennen. Sie äußern sich in einer starken Verkürzung der Schenkel und in einer Verringerung des Hufeisendurchmessers (Abb. 8e). Die Bewegungsweise wird aber auch hier nicht abgeändert.

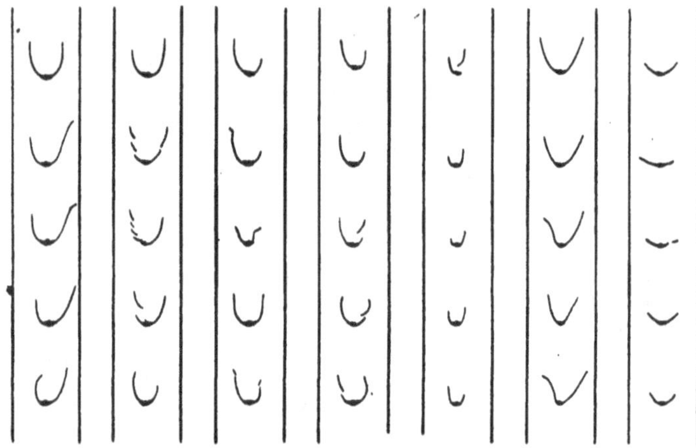

Abb. 8. a Hufeisen nach Amputation des linken Vorderbeins; b Hufeisen nach Amputation des linken Mittelbeins; c Hufeisen nach Amputation des rechten Hinterbeins; d Hufeisen nach Amputation beider Vorderbeine; e Hufeisen nach Amputation beider Hinterbeine; f Hufeisen nach Festlegung des Prothorax-Mesothorax-Gelenkes; g Hufeisen nach Festlegung des Prothorax-Mesothorax- und des Kopf-Prothorax-Gelenkes.

Bei Verklebung der Rumpfgelenke können nur flache Kurven genagt werden. Die Nagetätigkeit wird sofort abgebrochen, wenn die Mandibeln im Verlaufe der Drehung den Kontakt mit der gekrümmten Rindenoberfläche verlieren (Abb. 8g).

Das Berühren der Zweigoberfläche durch die Mundwerkzeuge ist also die Voraussetzung für die Drehbewegung. Diese besteht aus mehreren Komponenten, als deren wichtigste sich die Stellung und Tätigkeit der Extremitäten und die Beugung der Rumpfgelenke erwiesen haben. Gliedmaßenamputationen und Festlegung von Gelenken verursachen keine Abänderung des Bewegungsablaufes. Die Käfer können ihre Bewegungsweisen nicht so frei variieren, daß stets normale Hufeisen entstehen, anthropomorph gesprochen: sie haben keine Vorstellung von ihrer Tätigkeit und von der Hufeisengestalt.

Während die Form des Hufeisens zu Bau und Bewegungsweise des Käfers und der Gestalt des Zweiges in Beziehung steht, sind für die Schenkellänge bzw. für den Abschluß von Drehbewegung und Nagetätigkeit andere Faktoren maßgebend. — Meine ursprüngliche Annahme, daß ein bestimmter Beugungsgrad von Bein- oder Körpergelenken die Nagetätigkeit beende, erwies sich als falsch. Es gelang mir, während der Herstellung des Eilochs einigen Käfern dünnes Seidenpapier unter die Extremitäten zu schieben. Sobald ein Tier begann, eine Bogenfurche zu nagen, drehte ich den Papierstreifen zwischen Daumen und Zeigefinger einer Hand so mit, daß ich die Drehbewegung des Käfers annähernd kompensierte (Abb. 9), d.h.: der Käfer blieb in seiner Ausgangsstellung am Zweig stehen und führte nur relativ zum Papier eine Drehung aus. Obwohl sich die Beingelenke dabei kaum gebeugt bzw. gestreckt, und auch die Körpergelenke sich kaum eingewinkelt hatten, beendeten alle Tiere ihre Nagetätigkeit nach Herstellung nur normal langer Bogenfurchen. In weiteren Experimenten, auf die ich an dieser Stelle aber nicht eingehen kann, konnte ich nachweisen, daß der Abbruch von Drehbewegung und Nagetätigkeit auf dem Verbrauch reaktionsspezifischer Energie beruht[1]). Offenbar ist für jeden Hufeisenschenkel eine bestimmte Menge an zentralnervöser Energie festgelegt.

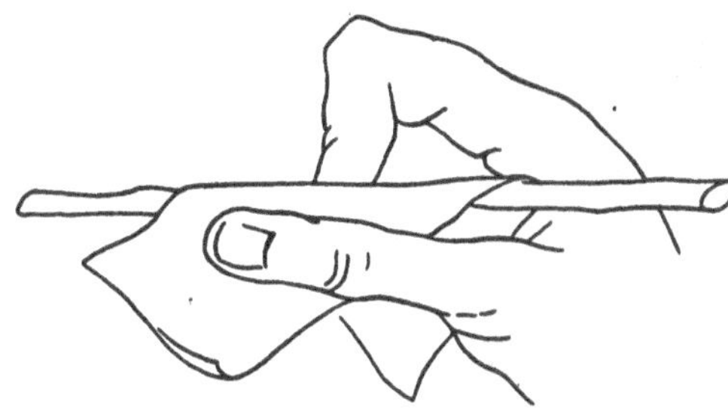

Abb. 9. Erklärung im Text.

Diese Feststellung leitet über zu dem Begriff der Ermüdungserscheinungen bei Instinkthandlungen. Die verschiedenen Handlungsteile der Brutfürsorge erwiesen sich im Experiment in spezifischer Weise ermüdbar. Dabei beruht der Schwund an Bereitschaft zum Handeln nach TINBERGEN nicht auf Muskelermüdung sondern auf dem Verbrauch eines zentralnervösen Energievorrates[2]). Das ♀ von *Saperda populnea* L. z. B. vermag zwar mehrere Eilöcher nacheinander auszunagen, die Herstellung eines Hufeisens aber ist ihm erst nach einer bestimmten Zeit wieder möglich. Bei *Oberea oculata* L. kann man den „Aufladungsgrad" der Handlung bzw. den „Vorrat" an reaktionsspezifischer Energie an der Länge der Querfurchenreihen geradezu messen (Abb. 10). Das ♀ von *Oberea oculata* L. braucht mindestens 10 Minuten für die Vorbereitungen zur Eiablage. Etwa 5 Minuten dauert das Nagen von Querfurchen und Eiloch und nie weniger als 5 Minuten nehmen die Bewegungen der Legeröhre in Anspruch, mit denen das Eiloch ertastet und erweitert wird. Hindert man einen Käfer dann an der Eiablage, so kann er sofort eine neue vollständige Figur nagen (Abb. 10 a). Die Tiere aber, die noch vor Ablauf der üblichen Vorbereitungszeit zur Anfertigung neuer Querfurchen übergehen, nagen stets wesentlich kürzere Querfurchenreihen aus (Abb. 10b), und in solchen Fällen, in denen die ♀♀, auch ohne äußeren Anlaß, ihre Vorbereitungen nach der Nagetätigkeit (an der ersten Figur) abbrechen, nagen sie nur ein Eigrübchen aus. Dabei werden Teile des alten Lochsystems nicht selten mit verwendet (Abb. 10c).

---

[1]) FUNKE, W. Zur Biologie und Ethologie einheimischer Lamiinen (Cerambycidae, Coleptera). Zool. Jb. Abt. Systematik Bd. 85, Heft 1/2, 1957.

[2]) TINBERGEN, N. Instinktlehre; übers. von KOEHLER, O., Berlin 1952.

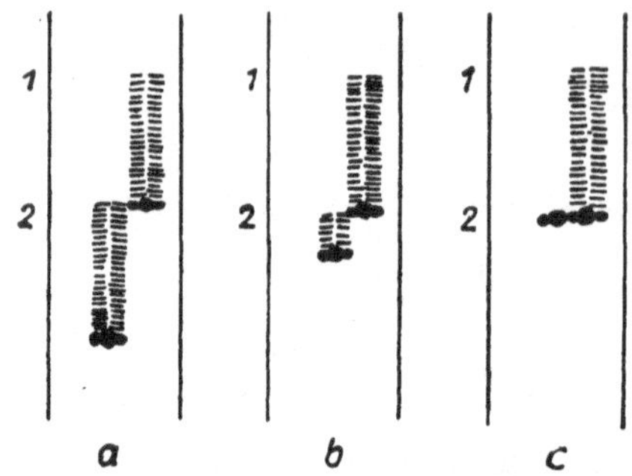

Abb. 10. Die Ermüdbarkeit des Querfurchennagens bei *Oberea oculata* L. Erklärung s. Text.

Neben diesen verhaltensanalytischen Problemen ist vor allem noch die Frage nach der biologischen Bedeutung der Brutfürsorge der Lamiinen von Interesse. Das ♀ des Kleinen Pappelbockes regt durch Bewegungen seiner Legeröhre zwischen Rinde und Holz Regenerationsprozesse an. Dort entsteht innerhalb weniger Tage ein Wuchergewebe, das die Rindenschuppe hochtreibt und dem Ei Raum zur Entwicklung verschafft. Die Ränder des Hufeisenschnittes weichen im Verlauf dieser Kallusbildung, die weiter durch die Fraßtätigkeit der Larve aufrechterhalten wird, immer stärker auseinander und sind später oft nicht mehr wahrnehmbar. Die durch diese Beobachtungen schon früher veranlaßten Vermutungen[1]), das Hufeisen verleihe der Rinde eine größere Dehnbarkeit, konnte ich durch folgende Experimente beweisen. Ich umwickelte (im Freien) eine größere Anzahl von Aspenzweigen mit $^1/_2$—1 cm breiten dünnen Papierstreifen derart, daß die einzelnen Bänder durch Zwischenräume von nur etwa $^1/_2$ mm getrennt blieben. Über die Zweige wurden dünne Perlonstrümpfe ge-

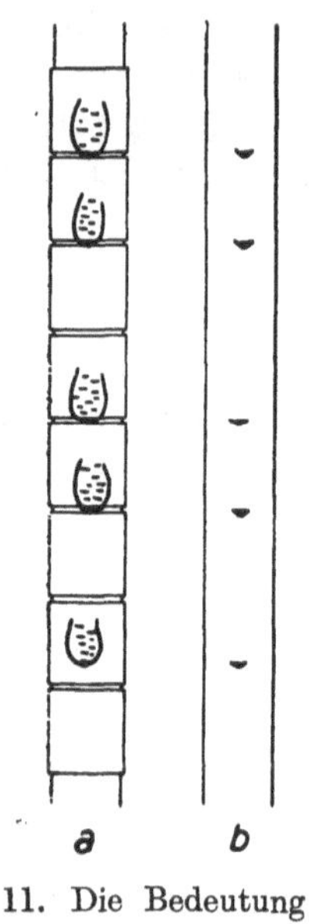

Abb. 11. Die Bedeutung des „Hufeisens“. Nagefiguren a vor und b nach Entfernung der Papierstreifen.

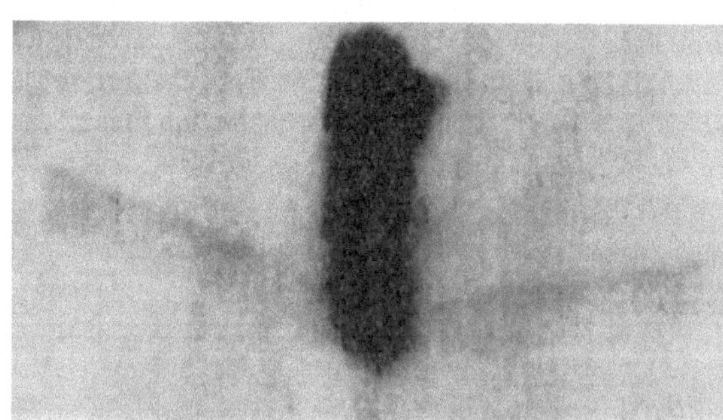

Abb. 12. Eiablagestätte von *Saperda populnea* L. Blick auf die Innenseite der Rinde (Ei entfernt). Schwarzfärbung und Abtötung von zartem Rindengewebe durch ein Eisekret. Zu beachten sind auch die seitlichen „Winkelstreifen“.

[1]) SCHEIDTER Fr. Über die Eiablage von Saperda populnea L.. Naturwissenschaftl. Zeitschr. f. Forst- u. Landwirtschaft 15 (1917) 113.

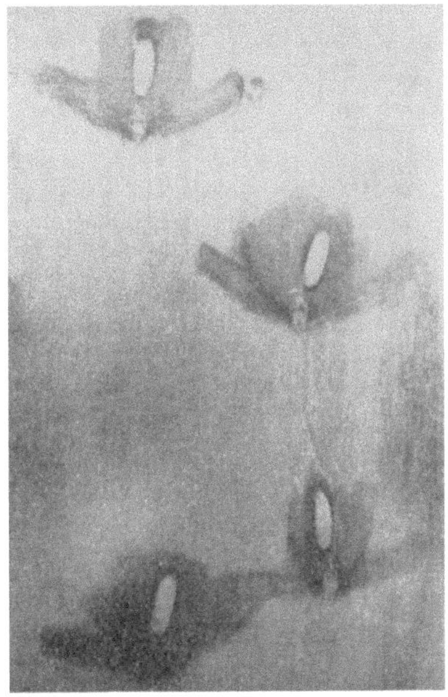

Abb. 13. Vier Eiablagen von *Saperda populnea* L. Blick auf die Innenseite der Rinde. Zu beachten sind besonders die dunkel gefärbten Stellen, u. a. die „Winkelstreifen", die auf die Tätigkeit der Legröhre des weiblichen Käfers zurückgehen.

stülpt und diese an beiden Enden abgebunden. Die ♀♀, die in diesen „Perlonkäfigen" zu je zwei bis drei Stück gehalten wurden, nagten die Eilöcher meist zwischen die Papierstreifen, die Hufeisen dagegen ins Papier, aber nie in die Rinde. Auf diese Weise entstanden Figuren, wie sie Abbildung 11 wiedergibt, a vor, b nach Entfernung der Papierstreifen. Auch hier entsteht ein Kallus zwischen Rinde und Holz; die Rinde kann aber dem Druck von innen nicht genügend nachgeben; sie reißt auf und zwar meist genau über dem Ei, das auf diese Weise nach außen abgestoßen wird. In anderen Fällen wird das Ei unter Rinde vom Kallus erdrückt. Diese Beobachtungen zeigen besonders deutlich den Sinn der Nagefiguren. — Das Wuchergewebe entsteht an all den Stellen, an denen die Rinde vom Holz gelöst worden war. Nur die nächste Umgebung des Eies bleibt kallusfrei; denn hier hat ein spezifisches Eisekret das zarte Rindengewebe abgetötet, was sich in einer typischen Schwarzfärbung zeigt (Abb. 12). — Das seitliche Einführen der Legeröhre zwischen Rinde und Holz, von dem bereits die Rede war, hat zur Folge, daß vom Eiloch ausgehend zwei Wuchergewebsstreifen entstehen (Abb. 13). Die junge Larve weidet nach dem Schlüpfen den sie umgebenden Kallus ab und dringt schließlich in einen der „Winkelstreifen" ein. Indem sie diesen, entsprechend ihrer Größenzunahme, ständig erweitert und verlängert, regt sie die meristematischen Zellen zu fortgesetzten Neubildungen an. So kommt es zur Bildung der bekannten Sproßgalle.

Auch die von *Oberea oculata* L. erzeugten Querfurchenreihen verleihen der Rinde eine größere Dehnbarkeit. Infolge des auch hier entstehenden Wuchergewebes reißt jene rechts und links der Furchen auf (Abb. 14a). Mit zunehmendem Wachstum erweitern sich die Risse und verleihen der Eiablagestätte dadurch, daß sie sich bis zum Eiloch ausdehnen, ein hufeisenähnliches Aussehen (Abb. 14b). Der Kallus ist für die Larve von *Oberea oculata* L. von untergeordneter Bedeutung. Das gleiche gilt auch für *Oberea linearis* L. Wie schon erwähnt, führt das Haselböckchen, *Oberea linearis* L., eine zusätzliche Ringelung der Zweige durch. Den „Zweck" dieser Ringelung sollen die Abbildungen 15 A, 15 B, 15 C veranschaulichen. — Die Zweigspitze bricht, meist noch vor dem Schlüpfen der Larve, an

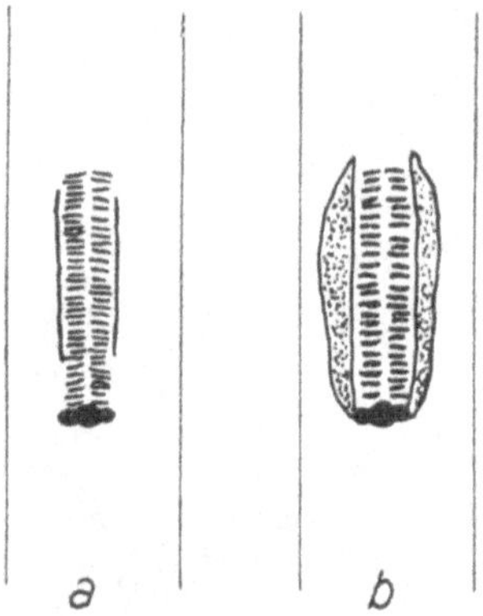

Abb. 14. Nagefiguren von *Oberea oculata* L. (schematisiert). a Die Rinde reißt rechts und links der Querfurchen auf; b die Risse verbinden sich mit dem Eiloch.

der Ringelungsstelle ab (Abb. 15 A). Die junge Larve frißt sich dann etwa 1 mm oberhalb des Eilagers in das Mark des Triebes ein, wobei sie durch Platzfraß den Zweig in einer schmalen Zone aushöhlt. Darauf dringt sie im Zweigstumpf nach oben, nicht ganz bis zur Abbruchstelle, wendet sich und frißt abwärts weiter. Triebe, die nicht geringelt werden, was nicht selten vorkommt, brechen häufig direkt an der Stelle ab, an der die Larve den Platzfraß ausgeführt hatte. Der lange beblätterte Sproß bietet dem Wind eine viel größere Angriffsfläche als der unter der Ringelungsstelle in Abbildung 15 A verbleibende Stumpf. Dadurch ist der Larve der Rückweg abgeschnitten, und sie geht stets bald zugrunde (Abb. 15 B). In nicht wenigen Fällen widerstehen nicht geringelte Triebe aber dem Wind. Dann fressen die Larven weiter nach oben. Die Wand, die den Fraßkanal von der Außenwelt trennt, wird zunehmend dünner und schließlich bricht die Triebspitze ab (Abb. 15 C). Dadurch wird der Larvengang freigelegt und für Witterungseinflüsse und räuberische Insekten geöffnet. Auch die Ringelung erweist sich also als sehr sinnvoll.

Bei *Saperda populnea* L., *Oberea oculata* L. und *Oberea linearis* L. ist eine spezifische Reaktion des Pflanzengewebes auf die Verletzung durch das Muttertier Voraussetzung für den normalen Ablauf der Embryonalentwicklung. Diese Verletzung betrifft sowohl die Rindenoberfläche (Hufeisen und Querfurchen) als auch die Innenseite der Rinde, wo durch die Tätigkeit der ♀♀ regenerative Prozesse im kambialen Bereich angeregt werden. Indem beide Faktoren zusammenwirken, entstehen die für die Nachkommenschaft notwendigen Lebensbedingungen. Bei *Oberea linearis* L. erstreckt sich die Brutfürsorge zusätzlich auf den Schutz vor Umwelteinflüssen, denen die Larven bei ihrer Fraßtätigkeit ausgesetzt wären (Ringelung); bei *Saperda populnea* L. wird durch die Loslösung der Rinde die Erzeugung von Larvennahrung ausgelöst.

Die Brutfürsorge der übrigen erwähnten Arten und die der meisten anderen einheimischen Lamiinen erstreckt sich lediglich auf die Unterbringung der Eier an einem möglichst geschützten Platz, in einem Pflanzengewebe, das der jungen Larve ohne vorangegangene Veränderungen und Neubildungen die besten Lebensbedingungen bietet.

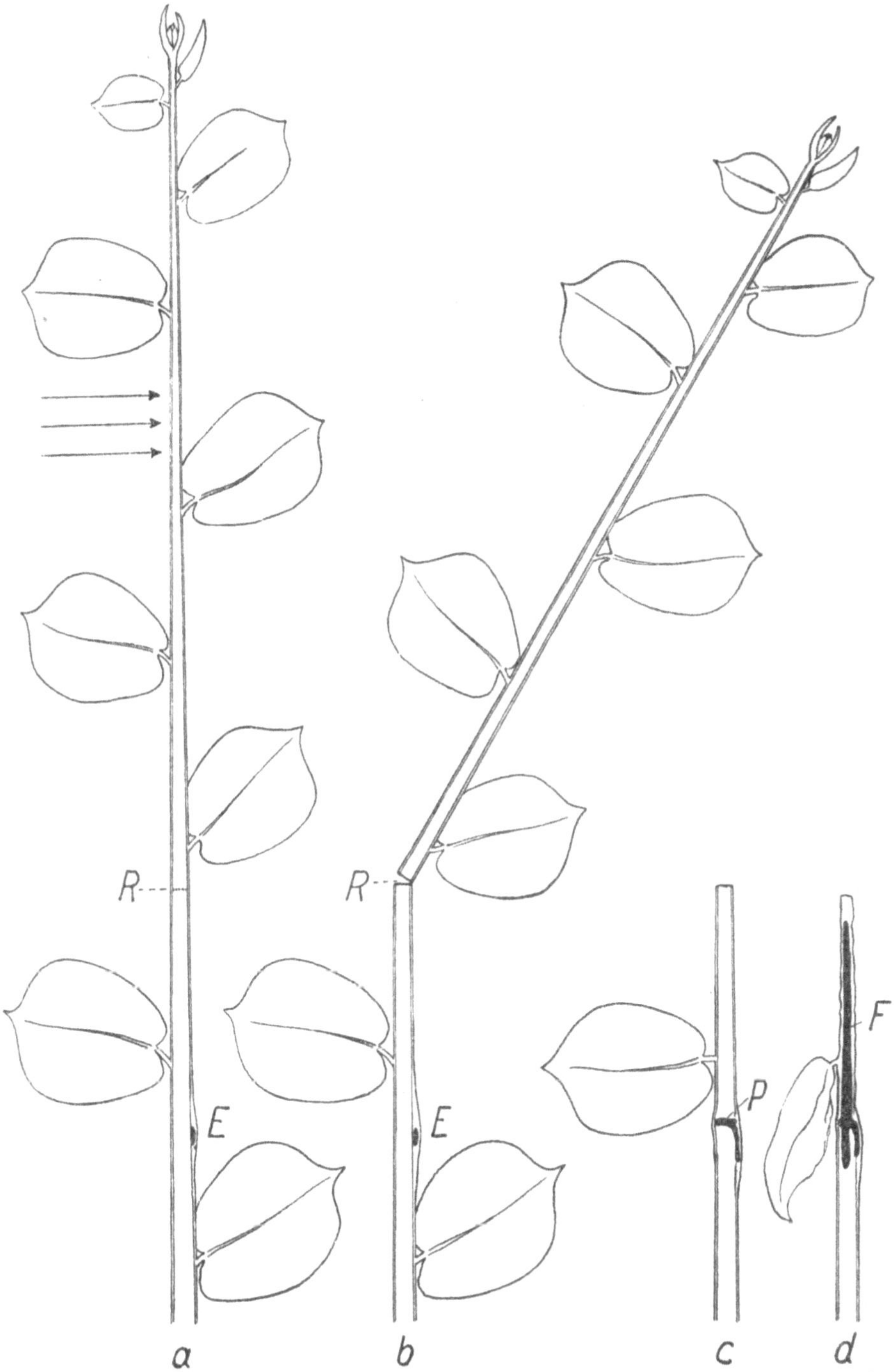

Abb. 15 A. Vom Muttertier geringelter Trieb bricht vor dem Schlüpfen der Larve an der Ringelungsstelle ab. F = Fraßkanal; P = Larven-Platzfraß; R = Ringelungsstelle; E = Ei; Pfeile = Windrichtung.

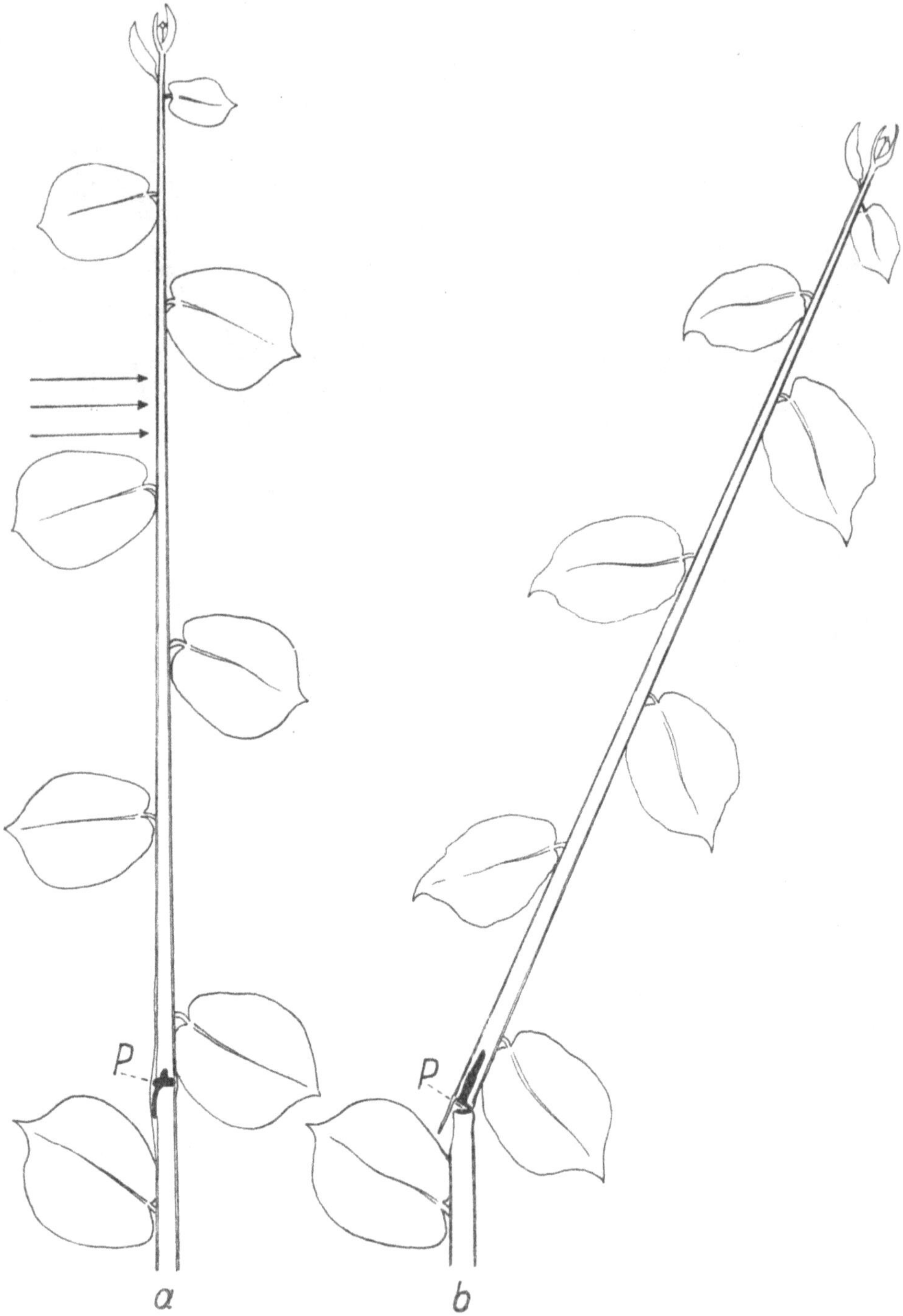

Abb. 15 B. Vom Muttertier nicht geringelter Trieb bricht an der Stelle des Larven-Platzfraßes ab (P).

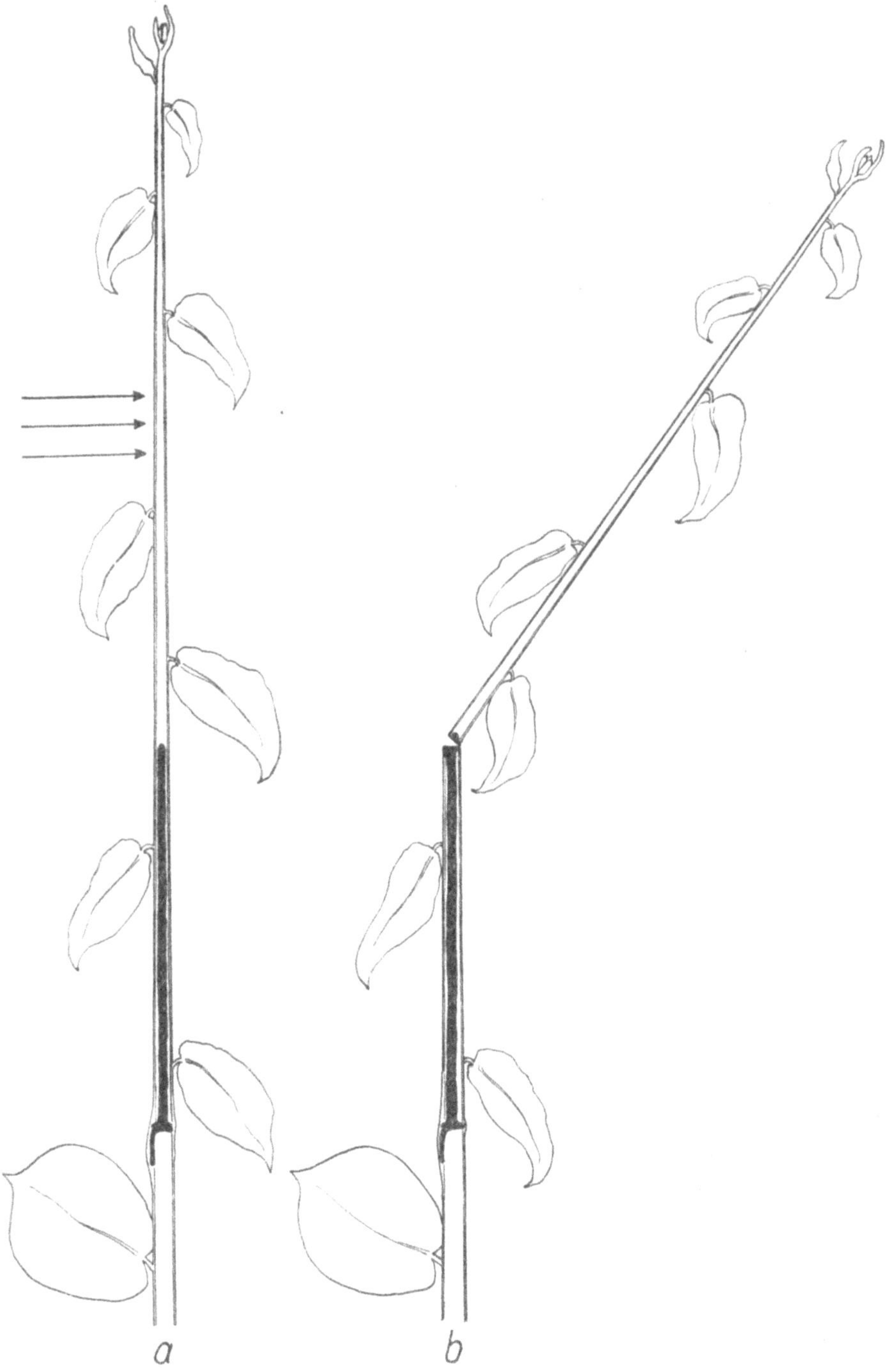

Abb. 15 C. Vom Muttertier nicht geringelter Trieb bricht am oberen Ende des Fraßkanals ab.

Strahlenbiologische Untersuchungen an Drosophila

Von H. Ulrich

Der Vortrag ist in etwas anderer Form unter dem Titel „Die Strahlenempfindlichkeit von Zellkern und Plasma und die indirekte mutagene Wirkung der Strahlen" in „Verhandlungen der Deutschen Zoologischen Gesellschaft vom 21.—26. Mai 1956 in Hamburg" (Zoologischer Anzeiger 20. Suppl.-Band) erschienen.

Cytologischer Einblick in den ersten Werdegang einer Eintagsfliege, *Cloeon dipterum* (L.) BENGTSSON (Ephem. Baëtididae)

Von B. E. WOLF

Als zu den wenigen günstigen Objekten gehörig, bei denen es gelingt, ohne allzu große technische Schwierigkeiten die karyologischen Prozesse bei der Furchung, ferner sämtliche Stadien der späteren Embryogenese mit großer Genauigkeit zu studieren, hat sich *Cloëon dipterum* erwiesen. Die Eignung dieser Form, die einer cytologisch fast noch gar nicht bearbeiteten Gruppe (Ephemerida) angehört, für cytologische und embryologische Untersuchungen ist ihrer Viviparie zu verdanken. Mit dieser Eigenschaft, die bereits 1848 von CALORI an *Cloëon* entdeckt worden ist, sind eine außergewöhnliche Zartheit und Dotterarmut der Eier verbunden. Solche Voraussetzungen gestatten die Herstellung von Karmin-Essigsäure-Quetschpräparaten, in denen die Chromosomen mit vielen strukturellen Feinheiten klar hervortreten.

Über die Biologie der Art liegen ältere Angaben von C. BERNHARD (1907) vor, neuere — zum Teil richtigstellende — von P. BRINK (1956). Es wird berichtet, daß die weiblichen Tiere nach ihrem Hochzeitsflug einen geschützten Ort aufsuchen, an dem sie 10—14 Tage in Ruhe und ohne Nahrungsaufnahme verharren, bis sich in den befruchteten Eiern die Embryonen zu selbständig im Wasser lebensfähigen Larven entwickelt haben. Diese werden dann von den ♀♀ in ein stehendes Gewässer abgelegt.

Durch einen Zufall fielen dem Autor frisch begattete Tiere in die Hände. Außerdem glückte ihm die Aufzucht abgelegter Larven bis zur geschlechtsreifen Imago. Abgesehen von der kurzen Zeitspanne des Kopulationsfluges, waren ihm somit alle Abschnitte des Lebenszyklus der Art zugänglich.

Folgende, allerdings noch lückenhafte Einsichten in das karyologische Geschehen bei *Cloëon* sind bis jetzt gewonnen worden. Die Chromosomen, diploid 10, sind alle stäbchenförmig und fast genau gleich groß. In den Metaphaseplatten zeigen sie eine, mit den Verhältnissen bei den Dipteren vergleichbare Neigung zur somatischen Paarung. Bei den ♂♂ tritt in den Spermatogonien ein etwas ungleich langes Homologenpaar auf, in dem man die Geschlechtschromosomen vermuten kann. Der Verlauf der Meiose ist erst beim ♀, und hier auch nur bis zur Metaphase der 1. Reifeteilung, verfolgt worden. Die Eischläuche der weiblichen Gonaden enthalten nur je ein Ei. Die Oocyte befindet sich an dessen hinterem, dem vegetativen Pol, der den Nährzellen angrenzt und besonders dotterreich ist. Die Chromosomen treten erstmalig im Diplotän, das in der Subimago oder jungen Imago beobachtet werden kann, in Gestalt zarter Fäden, die 5 Bivalente bilden, hervor. In der Regel ist pro Bivalent ein interstitielles Chiasma vorhanden, was also Crossingover im ♀ anzeigt. Die Stadien der Prometa- oder Metaphase I werden im Laufe einer, dem Diplotän folgenden Kontraktionsphase erreicht.

Die weiteren Phasen der Eireifung laufen erst nach der Befruchtung der Eier ab, denn in gefangen gehaltenen geschlechtsreifen Imagines konnten sie nicht beobachtet werden. In den befruchteten Eiern der vom Hochzeitsflug gekommenen ♀♀ ließen sich 3 Kerne unterscheiden. Am vegetativen Pol, wo sich anfangs der Oocytenkern befand, wies jedes Ei eine Gruppe von 15 gleichmäßig verteilten metaphasischen Chromosomen auf. Nicht weit davon, zum Eizentrum hin, fand sich ein diploider Kern mit 2 Gruppen aus je 5 unterschiedlich angeordneten Chromosomen. Ferner ist in jedem befruchteten Ei, und zwar im Eizentrum oder dem vorderen Pol genähert, noch ein haploider Prophasekern entdeckt worden. In rund 100 Eiern dieses Stadiums konnten diese 3 Kerne, 1 triploider, 1 diploider und 1 haploider, in der beschriebenen Anordnung nachgewiesen werden. Zweifellos handelt es sich im Falle des diploiden Kernes um den befruchteten Eikern vor der 1. Furchungsteilung. Ungeklärt ist noch der Ursprung der anderen Kerne, von denen vorläufig der triploide als Polkörper angesehen wird.

Die Entwicklung der Eier innerhalb eines und desselben Individuums erfolgt während der frühen Furchungsteilung streng synchron. Die 1. Furchungsteilung läuft am Abend nach dem Hochzeitsflug ab, die ebenfalls genauer analysierte 4. Furchungsteilung in den ersten Stunden nach Mitternacht. In Eiern des letztgenannten Stadiums wurden ausnahmslos neben acht diploiden Kernen in Anaphase ein hochpolyploider Kern mit weit über 100 Chromosomen am dotterreichen hinteren Eipol und ein ebenfalls polyploider, aber kleinerer Ruhekern am vorderen Eipol entdeckt. Bezüglich ihrer Herkunft werden die polyploiden Kerne mit den zu Beginn des Furchungsablaufes beobachteten triploiden bzw. haploiden Kernen in Zusammenhang gebracht. Ihnen scheint die Aufgabe zu obliegen, den Dotter zu verarbeiten und dann zu degenerieren. In Stadien, die bereits Ansätze zur Bildung des Keimstreifs zeigen, sind sie zwischen riesigen Vakuolen, die an Stelle des geschwundenen Dotters erscheinen, noch nachzuweisen. Keine Beobachtung läßt darauf schließen, daß sie in den Keim eingebaut werden.

In rund der Hälfte der Embryonen sind in den Mitosen der Furchungskerne statt 10 nur 9 Chromosomen gezählt worden. An Stelle eines der 5 Paare aus gleichgroßen Homologen tritt dort ein V-förmiges, ungleichschenkliges Chromosom auf. Die Erscheinung wird als Folge einer Fusion der Geschlechtschromosomen an den Kinetochorenenden in ♂ determinierten Keimen gedeutet. Die Analyse des Verlaufes der Ana- und Telophase der Blastomerenkerne macht den Cytologen mit einem Bewegungsmodus der Tochterchromosomen bekannt, der von Bedeutung für das Problem der Mitosemechanik ist. Die Chromosomen wandern nicht alle geradlinig oder dem ursprünglichen Verlauf der Spindelfasern folgend zu den Polen. Die meisten, besonders die in der Metaphaseplatte randlich gelegenen Chromosomen, beschreiben auf ihrem Wege zum Centrosom einen Bogen, der seitlich auf dieses zu — oder an ihm vorbei und dann „von rückwärts" zu ihm hin — führt. Eine genauere — auch zeichnerische — Darstellung sowie die Besprechung der Befunde erfolgen in der Zeitschrift „Biologisches Zentralblatt".

Beziehungen zwischen Ovidukt und Eiablage bei Delphaciden
(Hom. Auchenorrhyncha)

Von HILDEGARD STRÜBING

Der Vortrag ist unter dem Titel „Über Beziehungen zwischen Ovidukt, Eiablage und natürlicher Verwandtschaft einheimischer Delphaciden" in: Zoologische Beiträge N. F., Band II, Heft 2/3, p. 331—358, 1956, Festgabe für KONRAD HERTER zum 65. Geburtstag, erschienen.

Spermatophorenbau und -bildung bei Arthropoden mit indirekter Spermatophoren-Übertragung

Von Hartmut Angermann und Friedrich Schaller

Mit 8 Abbildungen im Text

Durch die Arbeiten Prof. Schallers und seiner Schüler wurde in neuerer Zeit bei mehreren Arthropodengruppen indirekte Spermatophoren-Übertragung gefunden. Nach Schaller versteht man unter indirekter Übertragung nicht die Fälle, in denen die Spermatophore in oder an die weibliche Geschlechtsöffnung gebracht wird, sondern nur die Fälle, in denen das ♂ die Spermatophore auf den Boden absetzt, von wo sie das ♀ dann aufnimmt.

Tabelle 1 Übersicht über die Arthropodengruppen mit indirekter Spermatophoren-Übertragung

Spinnentiere	Tausendfüßler	Insekten
Scorpiones (Skorpione)	Progoneata	Apterygota (Urinsekten)
Pedipalpi (Geißelskorpione)	Symphyla	Collembola (Springschwänze)
Pseudoscorpiones (Afterskorpione)	Pauropoda	Protura
Solifugae (Walzenspinnen)	Diplopoda Pselaphognatha (Pinselfüßler)	Diplura (Campodea)
Opiliones (Weberknechte)	Opisthogoneata Chilopoda	Thysanura (Felsenspringer und Silberfischchen)
Araneae (Webspinnen)		
Acari (Milben) Oribatiden (Moosmilben) Arrenuriden (Wassermilben)		Pterygota

In Tabelle 1 sind die Gruppen, bei denen indirekte Spermatophorenübertragung nachgewiesen wurde, durchgehend unterstrichen; bei den durch unterbrochene Linien gekennzeichneten Gruppen wird sie vermutet. Es ist auffällig, daß es sich, mit Ausnahme der Milben, durchweg um Gruppen handelt, die innerhalb der Arthropoden allgemein als ursprünglich gelten.

Nach dem Bau der Spermatophoren lassen sich zwei Gruppen unterscheiden: bei der ersten Gruppe wird das Samenmaterial in Tröpfchenform an Fäden aufgehängt; es handelt sich also nach dem bisherigen Sprachgebrauch um keine eigentlichen Spermatophoren. Bei der zweiten Gruppe wird die Spermamasse, gestielt oder ungestielt, auf den Boden abgesetzt.

Die erste, kleinere Gruppe vertreten unter den Thysanura die Machiliden (Felsenspringer) und unter den Diplopoda *Polyxenus* (*Pselaphognatha*), deren ♂♂ entweder an einem gespannt gehaltenen Faden oder an einem frei gesponnenen

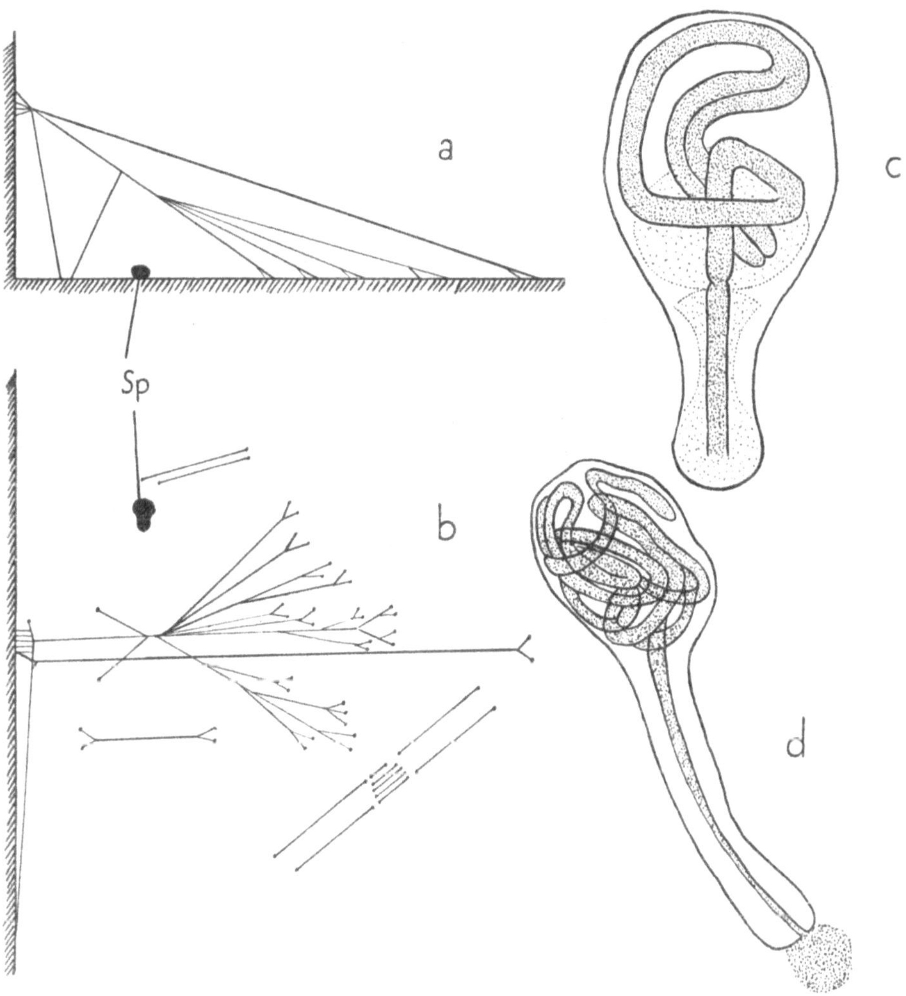

Abb. 1. Fadenanlage und Spermatophore (Sp) von *Lepisma* von der Seite a) und von oben b). c) Spermatophore von *Lepisma* von oben; d) Spermatophore von *Thermobia*. (a, b und c nach STURM, d nach SAHRHAGE).

Fadengerüst ihre Spermatröpfchen aufhängen, worüber STURM und SCHÖMANN schon eingehend berichtet haben.

Eine Übergangsform gleichsam ist das ebenfalls von STURM untersuchte Silberfischchen *Lepisma saccharina* (Thysanura). Das ♂ spannt zwar Fäden, setzt aber die Spermatophore auf den Boden ab. Vor dem Absetzen der ungestielten Spermatophore zieht das ♂ von einer Wand zum Boden einen Signalfaden und viele Stolperfäden (Abb. 1a und b), die dem ♀ zeigen, wo es anhalten muß, um die Spermatophore aufzunehmen. Die Spermatophore selbst (Abb. 1c) ist birnförmig und enthält in einer Sekrethülle einen gewundenen, gegabelten Kanal, der das Sperma enthält. Eine ähnliche Spermatophore ist vom nahe verwandten Ofenfischchen *Thermobia domestica* (Thysanura) schon lange bekannt (Abb. 1d). Es fehlen aber genaue Beobachtungen über das Paarungsverhalten, so daß unsicher ist, ob auch dort Fäden gespannt werden.

Die von KLINGEL untersuchte Spinnenassel *Scutigera coleoptrata* (Chilopoda) zählt schon völlig zur zweiten Gruppe, d. h. die ♂♂ spannen hier gar keine Fäden mehr. KLINGEL beobachtete nach längerem Paarungsspiel das Absetzen einer ungestielten Spermatophore. Einzelheiten über den Bau dieser erst vor kurzem entdeckten Spermatophore sind noch nicht bekannt. Auch bei sprunggabellosen Collembolen (*Onychiurus*) fand MAYER kürzlich ungestielte Spermatophoren.

Gestielte Spermatophoren von schon etwas komplizierterem Bau wurden bei mehreren Gruppen aufgefunden. SCHALLER entdeckte bei arthropleonen und MAYER bei symphyleonen Collembolen einfache, fädige Stiele, an denen oben ein Spermatröpfchen ohne irgendwelche Hüllen, nur mit einem festeren Oberflächenhäutchen, hängt (Abb. 2a). Bei *Campodea* (Diplura) beobachtete SCHALLER das Absetzen ähnlicher Spermatophoren, die aber viel kürzer gestielt sind (Abb. 2b) und außerdem eine häutige Hülle um den Spermatropfen tragen, in der Spiralfäden, wahrscheinlich Sprengmechanismen, liegen. Bei der erheblich größeren Spermatophore, die PAULY bei den Oribatiden (Moosmilben) fand (Abb. 2c), kann das Samentröpfchen wegen seiner Größe nicht einfach am Stielende aufgehängt werden. Es liegt hier in einer becherartigen Erweiterung des oberen Stielendes. In allen diesen Fällen werden die Spermatophoren ungerichtet in großer Zahl abgesetzt, d. h. ohne Anwesenheit von ♀♀. Das gleiche Verhalten ist auch anzunehmen für Pseudoskorpione der Gattungen *Chthonius* und *Obisium*, von denen ähnlich gebaute Spermatophoren schon seit längerer Zeit bekannt sind (Abb. 2d und e).

Bei den Arachnoidea wurden noch andere Typen von Spermatophoren gefunden, die wohl die kompliziertesten der echt indirekt übertragenen sind. Erst vor kurzem gelang es STURM in Südamerika, bei Pedipalpen (Geißelskorpionen), und zwar bei Schizonotiden eine etwa 1 mm hohe Spermatophore aufzufinden und ihre Übertragung zu beobachten (Abb. 3a). Einzelheiten über ihren Bau und ihre Bildung sind noch nicht bekannt.

Eine in der Form recht ähnliche Spermatophore wurde schon von VACHON für den Pseudoskorpion *Chelifer cancroides* beschrieben (Abb. 3b). Sie ist im wesentlichen dreigeteilt: 1. Stiel mit Basalkorn, 2. Spermaträger mit drei Paaren

Abb. 2. a) Spermatophore eines Collembolen (*Orchesella*), nach SCHALLER; b) von *Campodea* (nach SCHALLER); c) einer Oribatide (*Belba*), nach PAULY; d) und e) zweier Pseudoskorpione (*Chthonius* und *Obisium*), nach KEW. Alle Spermatophoren im gleichen Maßstab.

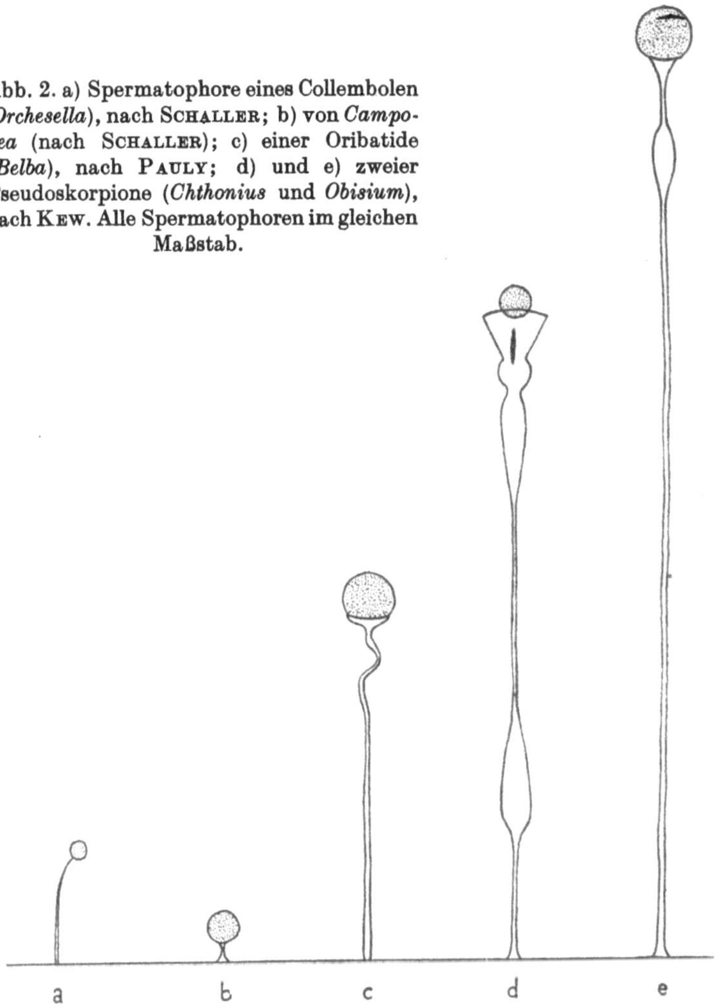

von flügelförmigen Anhängen, 3. Spermakapsel mit zwei Endhörnern. Das ♂ ergreift das ♀ und drückt es mehrmals kräftig auf die Spermatophore nieder. Dabei wird das Sperma aus den Endhörnern, die in die Receptacula seminis des ♀ eindringen, ausgepreßt. Die Flügel bilden Widerlager für die Genitalplatten des ♀ und verhindern so ein Verschieben der Spermatophore.

Bei den Skorpionen der Gattung *Euscorpius*, die ich selbst untersuchte, ist die Spermatophore bis zu 8 mm lang und, wohl im Zusammenhang mit ihrer Größe, noch komplizierter gebaut (Abb. 3c). Ihre Teile sind Stiel, Kopfabschnitt (in dem die Spermaballen liegen), zweiteiliger Öffnungsapparat und Hebelapparat. Durch das Aufnahmeverhalten des ♀ wird der Hebel heruntergebogen, so daß sich die Spermatophore genau in dem Augenblick öffnet, in dem das Samenmaterial sicher in den Uterus externus des ♀ gelangen muß.

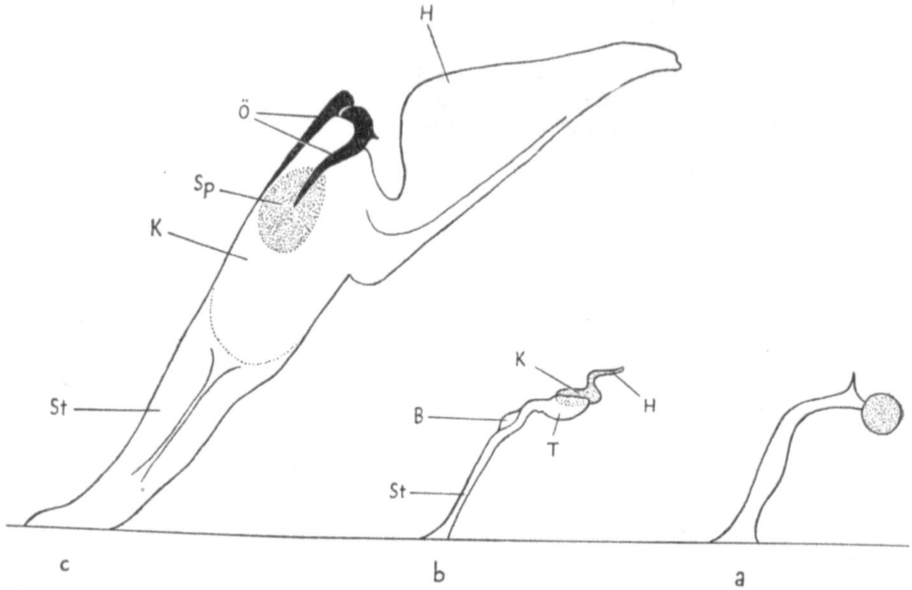

Abb. 3. a) Spermatophore eines Schizonotiden (Pedipalpi), nach Briefskizze von STURM; b) von *Chelifer cancroides* (Pseudoscorpiones), nach VACHON, vereinfacht, *St* Stiel, *B* Basalkorn, *T* Spermaträger, *K* Spermakapsel, *H* Endhorn; c) Spermatophore von *Euscorpius italicus* Scorpiones), *St* Stiel, *K* Kopfabschnitt, *Sp* Spermaballen, *Ö* Öffnungsapparat, *H* Hebelapparat. Alle Spermatophoren im gleichen Maßstab.

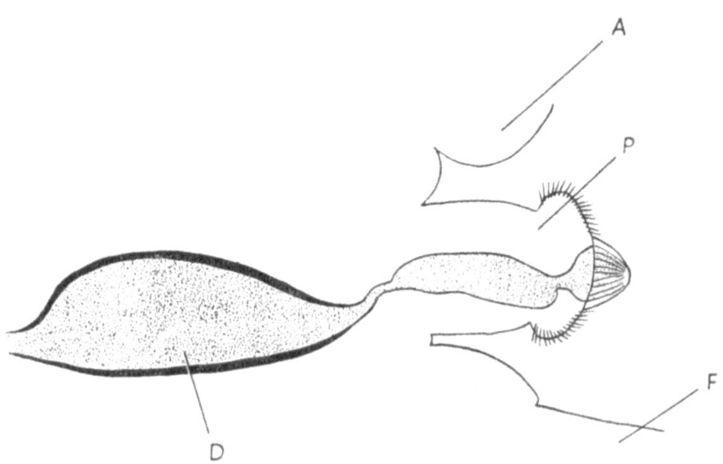

Abb. 4. Genitalorgane von *Dicyrtonima minuta* (Collembola), nach SCHALLER, *D* Ductus ejaculatorius, *P* „Penis", *F* Furca, *A* 5. und 6. Abdominalsegment.

Abb. 5. a) Hoden von *Belba* (Oribatei), nach MICHAEL, *D* Drüsenteil, *H* eigtl. Hoden; b) Schema des Spermatophorenköpfchens mit Sekretbecher (*B*) und Stielende (*St*).

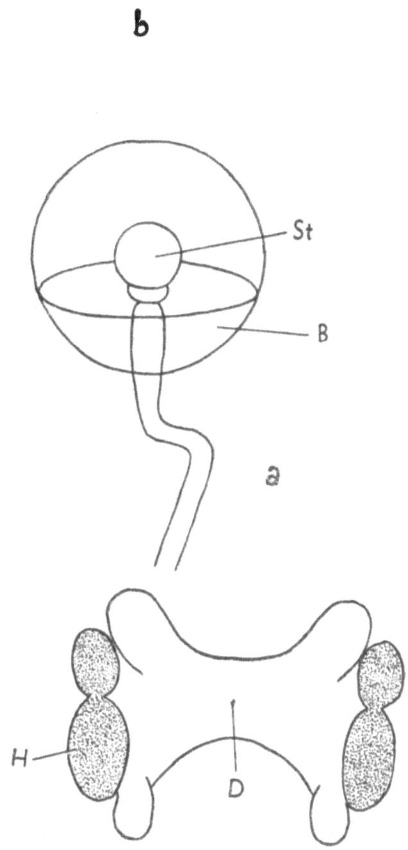

Bei diesem Überblick über die Bautypen von Spermatophoren konnten die Verhaltensweisen leider nur kurz gestreift werden, die in ihrer genauen Abstimmung auf den Spermatophorenbau erst die Samenübertragung sichern und oft erst Einzelheiten der Morphologie der Spermatophore verständlich werden lassen.

Die Kenntnis des Bildungsvorganges der Spermatophoren ist in vielen der angeführten Fälle noch sehr unvollständig. Bei den fadenziehenden Formen ist Vorbedingung, daß ein spinnbares Sekret zur Verfügung steht. Bei *Machilis* wird nach STURM der Faden wahrscheinlich mit dem Penis gesponnen, bei *Polyxenus* nach SCHÖNMAN die spermatragenden Querfäden ebenfalls von den hier paarigen Penes, die der Orientierung der ♀♀ dienende Fadenstraße dagegen von besonderen Spinndrüsen.

Bei *Lepisma* sind Fadenziehen und Absetzen der Spermatophore zwei getrennte Vorgänge. Die Bildung der komplizierten Spermatophore dürfte nur durch gründliche Untersuchung der männlichen Sexualorgane unter dem Gesichtspunkt der Spermatophorenbildung zu klären sein. Diese Untersuchungen stehen aber bisher noch aus.

Bei den fadenlosen Formen ist die Spermatophore im einfachsten Fall ein Spermatropfen, der frei auf den Boden abgesetzt wird, wie dies MAYER bei *Onychiurus* (Collembola) beobachten konnte. Die Tropfen sind hüllenlos, was daraus hervorgeht, daß sie sofort vom Gips, der den Untergrund bildete, aufgesogen wurden. Die Spermatophore von *Scutigera*, die ebenfalls ungestielt auf den Boden gesetzt wird, läßt auf Grund ihrer Größe und ihrer gestreckten Form einen komplizierteren Bau erwarten; ihre Bildungsweise ist noch unbekannt.

Bei dem Collembolen *Dicyrtonima minuta* untersuchte SCHALLER die männlichen Geschlechtsorgane unter dem Gesichtspunkt der Spermatophorenbildung. Wenn auch diese Untersuchungen noch nicht abgeschlossen sind, läßt sich doch schon folgendes sagen: Besondere Anhangsdrüsen sind nicht vorhanden, aber der Ductus ejaculatorius (Abb. 4), der ein drüsiges Zylinderepithel aufweist, ist von einer stark lichtbrechenden Masse erfüllt, die mit der Stielsubstanz der Sper-

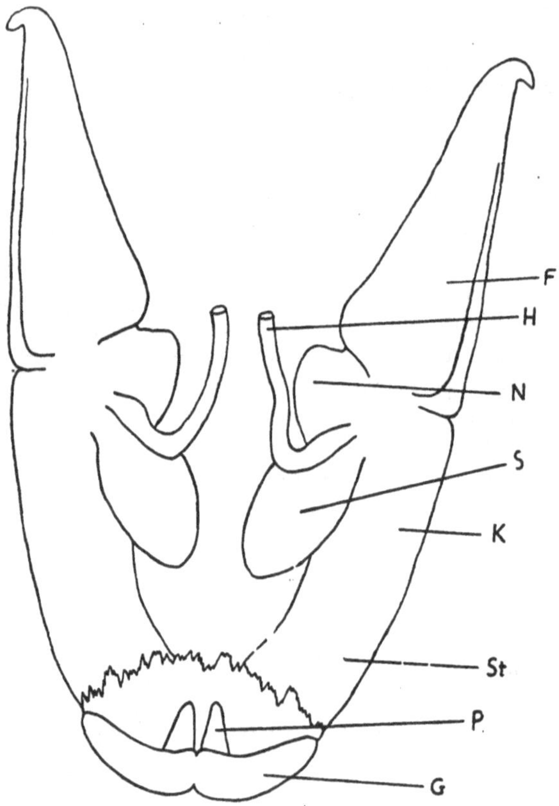

Abb. 6. Paraxialorgane von *Euscorpius italicus*, Ventralansicht. *St* Stiel, *K* Kopfabschnitt, *N* Nodulus, *F* Fahne, *S* Samenblase, *H* Hodenschläuche, *G* Genitalklappe, *P* Genitalpapillen.

matophore identisch ist. Die Flüssigkeit des Spermatophorenköpfchens und die darin enthaltenen Spermien entstammen direkt dem Hoden. Da der Stiel kein Ausguß der Geschlechtswege ist, muß er erst beim Absetzen ausgezogen werden.

Auch bei den Moosmilben fehlen nach Pauly akzessorische Drüsen (Abb. 5a). Die Substanz von Stiel und Becher entstammt hier dem drüsigen Mittelteil des Hodens. Der Stiel wird auch hier ausgezogen, nur das obere gewellte Ende wird ohne Zug ausgepreßt. Ob es für Becher und Stielende (Abb. 5b) eine Gußform gibt, ist nicht bekannt.

Beim Pseudoskorpion *Chelifer cancroides* stellte Vachon fest, daß das Material von Stiel und Spermaträger der Spermatophore den hinteren Dorsaldrüsen entstammt, die in die Genitalkammer münden (Abb. 6). Der Inhalt der Spermakapsel stammt aus Vesicula seminalis und Prostata-Reservoir, während ihre Hülle aus dem Sekret der vorderen akzessorischen Drüsen gebildet wird. Spermakapsel und -träger können bei ihrer bizarren Form nur in einer Gußform entstehen, die aber

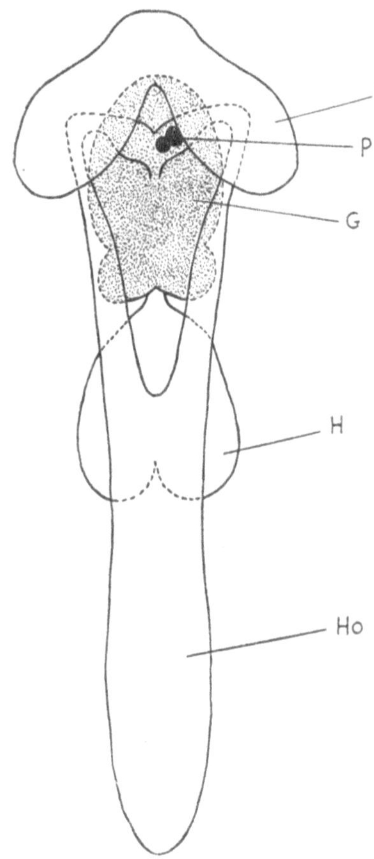

Abb. 7. Genitalorgane von *Chelifer cancroides*, Dorsalansicht (nach VACHON, vereinfacht), *G* Genitalkammer (punktiert), *H* hintere Dorsaldrüsen, *V* vordere akzessorische Drüsen, *P* Prostata-Reservoir und Vesicula seminalis (schwarz), *Ho* Hoden.

in den männlichen Genitalräumen nicht zu finden ist. VACHON nimmt daher an, daß sich im Augenblick der Spermatophorenbildung die Genitalorgane verformen, so daß dann in der Genitalkammer vorübergehend eine Gußform zur Verfügung steht. Trotz dieser Erklärung gibt er für das Basalkorn, für die verschiedenen Flügel des Spermaträgers und für die Endhörner der Spermakapsel keine Bildungsorte an.

Bei den Skorpionen schließlich bieten sich, wenn man einmal weiß, daß überhaupt Spermatophoren auftreten, die längst bekannten Paraxialorgane (Abb. 7) als Bildungsstätten geradezu an, da sie in ihrer Form einer gestreckten Spermatophore stark ähneln (vgl. Abb. 3c). Die einzigen Anhangsgebilde sind bei den Euscorpius Arten, die ich untersuchte, die Samenblasen, die an der Mündung der Hodenschläuche liegen und gewöhnlich dicht mit Spermatocysten gefüllt sind. Auf Querschnitten durch die Paraxialorgane reifer ♂♂ sind die Hartteile der späteren Spermatophore deutlich sichtbar (Abb. 8). Sie werden vom Zylinderepithel, das die ganzen Paraxialorgane auskleidet, abgeschieden. Es wird dabei deutlich, daß in jedem Paraxialorgan nur eine Spermatophorenhälfte gebildet wird. Während des ganzen, bis dreistündigen Paarungsspiels liegen diese „Prospermatophoren" unverändert in den Paraxialorganen. Erst unmittelbar vor dem Absetzen werden die Spermaballen aus den Samenblasen in die Schalenhälften des Kopfabschnittes der späteren Spermatophore gepreßt (Abb. 8c). Beim Absetzen tritt zuerst aus der Genitalöffnung ein Tropfen hyalinen Sekretes aus, das in zahlreichen tiefen Seitenfalten der Basalregion der Paraxialorgane gebildet wird. Dies schnell erstarrende Sekret klebt die gleichzeitig austretenden Stielenden am Boden fest und heftet die beiden Spermatophorenhälften, die beim Durchtritt durch die muskulöse Scheide fest zusammengepreßt werden, in ihrer ganzen Erstreckung aneinander.

Durch Fixierung von ♂♂ zu verschiedenen Zeitpunkten konnte ich feststellen, daß die Neubildung einer Spermatophore, die gleich nach dem Absetzen der vor-

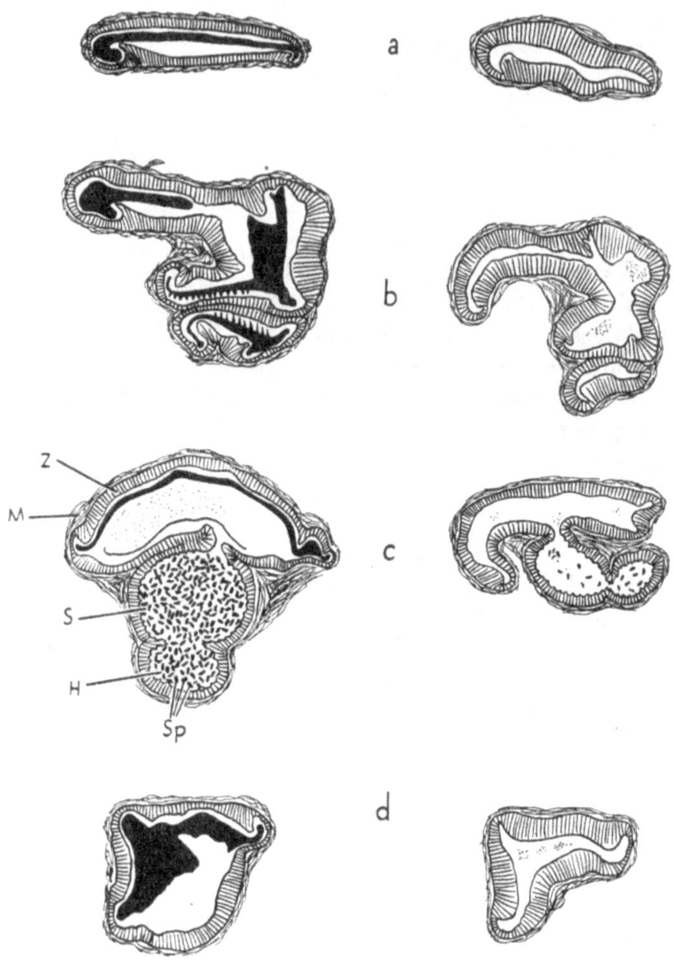

Abb. 8. Querschnitte durch ein Paraxialorgan von *E. italicus*. Links vor, rechts nach dem Absetzen einer Spermatophore. Querschnitt durch a) Fahne, b) Nodulus, c) Kopfabschnitt und d) Stielabschnitt. *M* Muskelhülle, *Z* Zylinderepithel, *S* Samenblase, *H* Hodenschlauch, *Sp* Spermatocysten.

hergehenden beginnt, etwa 3—4 Tage dauert. Außerdem zeigte sich, daß die Paraxialorgane erst 3—4 Wochen nach der Reifehäutung funktionsfähig werden.

Es lassen sich bei den behandelten Fällen, wenn man von der Gruppe der fadenziehenden Formen absieht, zwei Typen der Spermatophorenbildung unterscheiden: Erstens einfach gebaute „Tröpfchenspermatophoren" (SCHALLER 1954), deren Stiele beim Absetzen ausgezogen werden (z. B. Collembolen), und zweitens kompliziertere Gebilde, die in einer Gußform entstehen (Skorpione). Als Mischtypen könnte man die Spermatophoren von *Belba* (Oribatei) und *Chelifer* auffassen, wo die Stiele sicher ausgezogen werden, während die komplizierteren Strukturen wohl nur in einer Gußform entstanden sein können.

Literatur:

ANGERMANN, H. (1955): Naturwissensch. *42*, 303.
—, u. SCHALLER, F. (1955): Verh. d. Dtsch. Zool. Ges. in Erlangen, 459—462.
KEW, H. W. (1930): Proceedings Zool. Soc. London.
KLINGEL, H. (1956): Naturwissensch. *13*, 311.
MAYER, H. (1956): Naturwissensch. *6*, 137—138.
PAULY, F. (1956): Zool. Jahrb., Abt. System. *84*, 275—328.
SCHALLER, F. (1952): Naturwissensch. *39*, 48.
—, (1954): Naturwissensch. *41*, 406.
—. (1954): Forschungen und Fortschritte *11*, 321—326.
—, (1955): Forschungen und Fortschritte *9*, 261—263.
—, (1956): Forschungen und Fortschritte *8*, 225—231.
SCHÖMANN, K. H. (1956): Zool. Jahrb., Abt. System. *84*, 195—256.
STURM, H. (1955): Z. f. Tierpsychol. *12*, 337—363.
—, (1955): Verh. d. Dtsch. Zool. Ges. in Erlangen, 463—466.
VACHON, M. (1938): Recherches Anatomiques et Biologiques sur la Reproduction et le Développement des Pseudoscorpions. Paris.

Die Wirkung des Metamorphosehormons der Insekten

Von Detlef Bückmann

Mit 2 Abbildungen im Text

Die Häutungen und die Metamorphose der Insekten werden gesteuert durch ein System von Hormonen. Drei Organe sind es, in denen diese Hormone gebildet werden: Das Gehirn, die Prothorakaldrüse und die Corpora allata. Das Zusammenwirken dieser drei Organe können wir uns veranschaulichen durch ein Schema, wie es Karlson und Hanser (1953, vgl. Karlson 1954) angegeben haben (Abb. 1). Der Anstoß zu einer jeden Häutung geht aus vom Gehirn. Dessen neurosekretorische Zellen geben ein Hormon in den Körper ab, welches auf die Prothorakaldrüsen wirkt. Es wird als adenotropes Hormon bezeichnet. Durch dieses Hormon wird die Prothorakaldrüse veranlaßt, ihrerseits ihr Hormon in den Körper abzugeben, und *dieses Hormon der Prothorakaldrüse ist das eigentliche Häutungshormon.* Es wirkt auf die Epidermis und löst dort die Häutungsvorgänge aus,

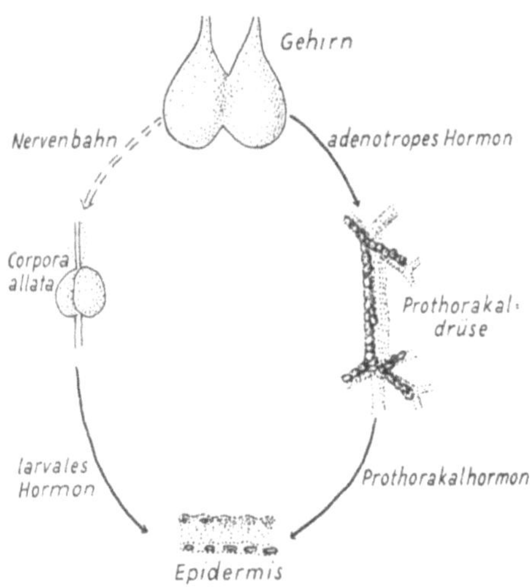

Abb. 1. Schema der Hormonwirkungen bei der Häutung und Verpuppung von Lepidopterenraupen, nach Karlson und Hanser 1953.

in deren Verlauf die alte Cuticula von der Epidermis ab- und aufgelöst und die neue Cuticula gebildet wird. Diese neue Cuticula kann nun in ihrer Form und Struktur verschieden beschaffen sein, da sich ja das Insekt im Laufe seiner Häutungen umwandelt. Bei einem hemimetabolen Insekt wird die Cuticula von Häutung zu Häutung derjenigen der Imago ähnlicher, bei einem holometabolen Insekt folgen einander mehrere, meist etwas voneinander verschiedene Formen der Larvencuticula, die Puppencuticula und die Imaginalcuticula. Wirkt das Häutungshormon der Prothorakaldrüse allein auf die Epidermis, so bildet diese eine Imaginalcuticula oder — bei holometabolen Insekten — eine Puppencuticula und bei der nächsten Häutung eine Imaginalcuticula. D. h. unter der alleinigen Wirkung dieses Hormons durchläuft das Insekt seine Metamorphose: *Das Häutungshormon der Prothorakaldrüse ist zugleich das Metamorphosehormon.* Daß unter seiner Wirkung nun nicht schon die junge Larve bei ihrer ersten Häutung die Metamorphose durchläuft, wird bewirkt durch die Corpora allata. Diese geben ein Hormon in den Körper ab, welches ebenfalls an der Epidermis angreift. Dieses Hormon wandelt die durch das Häutungshormon ausgelöste Häutung ab zu einer Larvenhäutung. Es wird deshalb als larvales oder Jugendhormon bezeichnet. Die Metamorphose kommt dann dadurch zustande, daß die Corpora allata die Bildung dieses Hormons — bei hemimetabolen Insekten allmählich, bei holometabolen Insekten plötzlich von einer Häutung zur anderen — einstellen.

Es ist leicht zu erkennen, daß das beschriebene System noch nicht ausreicht, um autonom den gesamten normalen Ablauf der Häutungen und der Metamorphose zu steuern. Es bleiben noch zwei Fragen offen: Erstens: Wodurch wird das Gehirn seinerseits im richtigen Augenblick zur Auslösung einer Häutung veranlaßt? — Diese Frage läßt sich noch nicht für alle Insekten beantworten. Man kann vermuten, daß bei solchen Insekten, bei denen die Häutungen einander in gleichbleibendem Rhythmus folgen, endogene Rhythmen im Zentralnervensystem als „Zeitgeber" für die Auslösung der Häutungen funktionieren. Bei anderen Insekten sind es äußere Faktoren, wie Licht-, Temperatur- und Feuchtigkeitsreize; bei der gutuntersuchten blutsaugenden Wanze *Rhodnius prolixus* ist es der Reiz durch die Streckung des Abdomens bei einer reichlichen Blutmahlzeit (vgl. WIGGLESWORTH 1954).

Die zweite Frage ist: Wodurch werden die Corpora allata veranlaßt, im richtigen Moment die Bildung des larvalen Hormons einzustellen, so daß die Metamorphose erfolgt? Nach neuen Ergebnissen von ENGELMANN und LÜSCHER (1956) erfolgt die Hemmung der Corpora allata auf nervösem Wege durch das Gehirn. Dies wird dazu seinerseits wahrscheinlich auf hormonalem Wege durch die Pericardialzellen veranlaßt, deren Zahl im Laufe der Entwicklung immer mehr zunimmt, bis sie schließlich ausreichen, um die Hemmung der Corpora allata und damit den Beginn der Metamorphose zu veranlassen.

Den Stand unserer Kenntnisse über die hormonale Steuerung der Häutungen und der Metamorphose der Insekten können wir folgendermaßen charakterisieren:

A. Wir kennen:
   1. die Organe, in denen die Hormone gebildet werden,
   2. die Wirkung, welche die einzelnen Hormone letzten Endes hervorrufen.

B. Wir kennen noch nicht und müssen im weiteren versuchen aufzuklären:
   1. die chemische Natur der betreffenden Hormone,
   2. die Art und Weise, wie sie die Reaktion des Erfolgsorgans bewirken.

Die beiden letzten Fragen sind bisher am weitesten geklärt für das Häutungs- und Metamorphosehormon der Prothorakaldrüse, und zwar vor allem durch Untersuchungen an Lepidopteren. Das Prothorakaldrüsenhormon ist das erste der Insektenhormone, welches isoliert werden konnte, und zwar durch BUTENANDT und KARLSON 1954. Aus 500 kg Seidenspinnerpuppen gewannen sie

25 mg einer Substanz in kristallisierter Form, also chemisch rein, welche sich in allen biologischen Testen als das Häutungshormon der Prothorakaldrüse erwies und deshalb Ecdyson (griech. Ecdysis = Häutung) genannt wurde. 0,0075 γ von dieser Substanz reichen aus, um bei einer Made der Fleischfliege *Calliphora* die Pupariumbildung auszulösen. Diese Menge wird deshalb als eine Calliphora-Einheit (CE) bezeichnet. Wegen der geringen zur Verfügung stehenden Menge konnte die Struktur des Ecdysons noch nicht ermittelt werden, wohl aber seine Elementar-Zusammensetzung. Das Molekül besteht nur aus Kohlenstoff, Wasserstoff und Sauerstoff. Neuerdings ist es KARLSON (1956) gelungen, ecdysonartig wirksame Extrakte auch aus Krebsen, und zwar der Nordseegarnele *Crangon vulgaris*, zu gewinnen. Es ist daher wahrscheinlich, daß in dem Ecdyson nicht nur das Häutungshormon der Insekten, sondern das der Arthropoden überhaupt gefunden worden ist.

Nachdem nun die Reindarstellung dieses Hormons gelungen war, konnte auch die Aufklärung seiner Wirkungsweise in Angriff genommen werden. Endziel muß es dabei sein, zu klären, in welcher Weise das Hormon in die biochemischen Vorgänge in der Zelle des Erfolgsorgans eingreift. Dieses Erfolgsorgan ist ja für das Ecdyson die Epidermis (s. Abb. 1), und seine Wirkung dort besteht in der Auslösung der Häutungsvorgänge, wie sie für die Puppenhäutung von Lepidopteren von KÜHN und PIEPHO (1938) beschrieben worden sind. Sie beginnen mit einer Periode der Zellteilungen der Epidermiszellen. Dann ändern die Epidermiszellen ihre Form: Sie strecken sich in die Höhe. Bildeten sie vorher ein flaches Plattenepithel, so nehmen sie jetzt kubische, dann zylindrische Form an, und schließlich strecken sie sich dermaßen, daß sie seitlich die Berührung miteinander verlieren und als lange dünne Protoplasmastränge die Außenfläche der Epidermis mit ihrer Basalmembran verbinden. Diesen Zustand haben KÜHN und PIEPHO als „Stelzenepithel" bezeichnet. Während des beschriebenen Formenwechsels der Epidermiszellen löst sich die Epidermis von der alten Cuticula ab und beginnt an ihrer Außenfläche die neue Cuticula zu bilden. Die alte Cuticula wird aufgelöst und ihr Rest schließlich, in der „Häutung" im engeren Sinne, abgestreift.

Der einzige unter all diesen Vorgängen, der bisher zu einem gewissen Grade chemisch analysiert werden konnte, ist die Verhärtung und Ausfärbung der neuen Cuticula, die sog. Sklerotisierung. Sie besteht in einer sog. Chinongerbung der Eiweißstoffe in der Cuticula. Die dabei wirksamen Chinone bilden sich aus Diphenolen durch Oxydation unter der Wirkung eines Fermentes. Es wäre denkbar gewesen, daß eine Wirkung des Ecdysons in der Aktivierung dieses Fermentes bestünde. Das ist jedoch nach Untersuchungen von KARLSON und SCHMIDT (1955, vgl. KARLSON 1954) nicht der Fall. Die Wirkung des Hormons auf diese Vorgänge verläuft komplizierter, auf dem Umweg über das Gewebe.

Die Umwandlung der Raupe in die Puppe ist nun aber ja kein Vorgang, der sich nur in der Epidermis abspielt. Es geschehen dabei Veränderungen auch in allen inneren Organen, ja sogar im Zentralnervensystem. Wir müssen daher fragen, ob etwa auch diese Vorgänge durch das Häutungs- und Metamorphosehormon der Prothorakaldrüse, durch das Ecdyson, ausgelöst werden, ob also, neben der in Abbildung 1 allein als solches dargestellten Epidermis, auch die inneren Organe Erfolgsorgane für dieses Hormon darstellen.

Die erste äußerlich bemerkbare Veränderung, die die bevorstehende Verpuppung anzeigt, vollzieht sich im Zentralnervensystem und äußert sich im geänderten Verhalten der Raupe: Diese hört auf zu fressen, verläßt das Futter und baut ihren Kokon. Daß diese Verhaltensänderungen hormonal beeinflußbar sind, zeigen die Untersuchungen von PIEPHO (1950). Es gelang ihm nämlich, durch Implantation von Corpora allata in Wachsmottenraupen des letzten Stadiums deren Puppenhäutung ganz oder teilweise umzuwandeln in eine Larvenhäutung. Der Kokon, den die Versuchstiere bauten, war nun in demselben Maße wie die Häutung in Richtung auf eine Larvenhäutung, abgewandelt in Richtung auf ein Larvengespinst, wie es die Raupe normalerweise vor einer Larvenhäutung spinnt. Dies Ergebnis zeigt, daß die Verhaltensweisen des Kokonbaus genau wie die Häutungsvorgänge der Epidermis modifiziert werden durch das larvale Hormon der Corpora allata. Um so eher sollte man vermuten, daß sie auch genau wie die Häutungsvorgänge durch das Häutungshormon der Prothorakaldrüse ausgelöst werden können.

Es gibt aber auch Befunde, die gegen diese Annahme sprechen. Wenn sie nämlich zutrifft, dann müßte ja das Häutungshormon vor Beginn der Verhaltensänderungen, also vor dem Verlassen des Futters, schon in den Körper gelangen. Nun gibt es aber Schmetterlingsarten, bei denen das Verlassen des Futters und der Kokonbau schon monatelang vor der Puppenhäutung erfolgen. In diesen Fällen müßte das Hormon dann schon monatelang im Körper vorhanden sein, ohne die Häutung auszulösen. Der Zeitpunkt, an welchem das Hormon in den Körper ausgeschüttet wird, läßt sich ermitteln durch Schnürungsexperimente. Durchschnürt man nämlich das Abdomen einer Raupe mittels einer Ligatur, so kann das Hormon diese Schnürstelle nicht mehr passieren. Das hinter der Schnürstelle gelegene Körperstück kann sich deswegen nur verpuppen, wenn zur Zeit der Schnürung das Hormon schon im Körper verteilt war. Wird dagegen das Hormon erst nach der Schnürung in den Körper abgegeben, so breitet es sich nur bis zur Schnürstelle aus, und es verpuppt sich allein das Vorderstück. Schnürt man genau, während sich das Hormon ausbreitet, in der sog. „kritischen Periode", so kann eine teilweise Verpuppung des Hinterstücks erfolgen. — Derartige Schnürungsexperimente zur Ermittlung der kritischen Periode wurden nun an solchen Schmetterlingsraupen durchgeführt, bei denen längere Zeit zwischen dem Einspinnen und der Puppenhäutung vergeht, und zwar bei den Noctuidenarten *Cirrhira fulvago*, *C. ocellaris* und der Arctiide *Cymbalophora pudica*, bei denen dieser Zeitraum ein bis zweieinhalb Monate beträgt, und bei der Notodontide *Cerura vinula*, wo er nur 10—14 Tage beträgt. Das Ergebnis war bei allen 4 Arten das gleiche: Es verpuppten sich die Hinterstücke nur von Raupen, die weniger als 7 Tage vor der Puppenhäutung geschnürt worden waren. Bei allen anderen Tieren verpuppte sich nur das Vorderstück. Das die Häutung auslösende Hormon verteilt sich also erst wenige Tage vor der Häutung im Körper und nicht schon vor dem Verlassen des Futters (BÜCKMANN 1953). Dennoch war durch diese Versuche nicht streng bewiesen, daß die Verhaltensänderungen nicht durch das Ecdyson ausgelöst werden. Man kann sich nämlich vorstellen, daß dies Hormon schon lange vor der „kritischen Periode“ in geringer Menge im Körper vorhanden ist und erst in dieser Periode die zur Auslösung der Häutung nötige Konzentration erreicht. KARLSON (1954) hat darauf hingewiesen, daß das Hormon eventuell sogar schon in voller Konzentration vor der kritischen Periode im Körper wirksam sein kann, wenn nämlich das Hormon zur Auslösung der Häutung längere Zeit in gleichbleibender Konzentration einwirken und deshalb während dieser Zeit immer nachgeliefert werden muß. In der durch Schnürungsexperimente ermittelten kritischen Periode würde dann das Hormon nur die nötige Einwirkungsdauer erreichen, so daß die Häutung von da ab ohne weitere Hormonzufuhr ablaufen kann. In beiden Fällen wäre eine Auslösung der Verhaltensänderungen durch das Ecdyson schon vor der kritischen Periode der Puppenhäutung möglich. Welche dieser beiden Vorstellungen die wahrscheinlichere ist, darüber ergaben sich Anhaltspunkte bei der Untersuchung anderer Veränderungen, die ebenfalls noch vor der eigentlichen Puppenhäutung ablaufen.

Es handelt sich um Vorgänge, die anscheinend mit einer die Verpuppung vorbereitenden Umsteuerung des Stoffwechsels zusammenhängen. Die Existenz solcher Umsteuerung war zu vermuten, weil ja die Vorgänge der äußeren und inneren Umwandlung der Raupe in die Puppe, wie z. B. die Beendigung der Nahrungsaufnahme und die Umstellung auf den alleinigen Verbrauch des Fettkörpers oder die Bildung der großen Mengen von Chitin und Melanin für die dicke Puppencuticula, mit Stoffwechselvorgängen zusammenhängen müssen, die vorher in der Raupe offensichtlich nicht stattfanden.

Umsteuerungen des Stoffwechsels in der Puppe wurden tatsächlich schon bei verschiedenen Insekten gefunden, und zwar bei Untersuchungen über die Atemfermente (vgl. KARLSON 1954). Während des Puppenstadiums gehen die Atmungsfermente Cytochrom und Cytochromoxydase in ihrer Aktivität stark zurück, ja bei dem von WILLIAMS untersuchten Riesenseidenspinner *Platysamia* verschwinden sie fast völlig, so daß die Puppen gegen Gifte wie Cyanide und Kohlenmonoxyd, die am Atmungsfermentsystem angreifen, unempfindlich sind. Statt der Cytochrome sind in der Puppe andere Atemfermente, die Flavenzyme, besonders stark wirksam. Diese Umstellung wird wieder rückgängig gemacht, wenn sich die Puppe anschickt, sich zur Imago zu häuten, was ja wieder durch das Häutungshormon bewirkt wird. Neben diesem zeitlichen Zusammentreffen konnte aber noch kein kausaler Zusammenhang zwischen der Hormonwirkung und dem Fermentsystem gefunden werden. Auch für die Reifung der Gonaden, die sich im Experiment durch Extrakte hervorrufen läßt, konnte eine Beeinflussung durch Ecdyson direkt noch nicht gezeigt werden.

Eine charakteristische Begleiterscheinung der Verpuppung ist bei manchen Schmetterlingsarten die Bildung roter Farbstoffe. So geben die Raupen von *Cerura vinula*, *Deilephila euphorbiae*, *Ptychopoda seriata* und *Ephestia kühniella* in ihren letzten Kotballen, bevor sie sich einspinnen, rotes Exkretpigment ab. Bei den Arten *Vanessa urticae*, *Aporia crataegi*, *Sphinx ligustri* und den schon genannten vier Arten gibt der frischgeschlüpfte Falter ein rotes Schlupfexkret aus dem Darm ab. Die Reihe der Beispiele ließe sich sicher bei systematischer

Suche noch vermehren. Neben solcher Farbstoffabgabe im Kot tritt bei manchen Arten ein Farbwechsel der ganzen Raupe ein. Besonders eindrucksvoll verläuft dieser Farbwechsel bei der Raupe des großen Gabelschwanz, *Cerura vinula*. Diese Raupe ist im letzten Häutungstadium grün. Auf dem Rücken trägt sie eine braune rautenförmige Zeichnung mit weißer Umrandung. Am Ende des letzten Stadiums färbt sich die ganze Raupe mit Ausnahme der weißen Rautenumrandung innerhalb von 12 Stunden dunkelrot. Diese Umfärbung beruht auf dem massenweisen Auftreten eines leuchtend roten Pigmentes in den Epidermiszellen. Es handelt sich daher um einen „morphologischen Farbwechsel". Zu Beginn der Umfärbung hat die Raupe das Futter verlassen, ihren letzten, durch Exkretpigmente rot gefärbten Kotballen abgegeben und mit dem Kokonbau begonnen. Im fertigen Kokon macht die Raupe weitere Farbänderungen durch. Zunächst färben sich auch der Fettkörper und der Darminhalt rot. Zwei Tage nach Beginn der Umfärbung verblaßt die roteFarbe der Epidermis wieder, und die Raupe färbt sich im Bereich des Thorax wieder grün. Dem Abdomen verleiht der durchschimmernde Fettkörper weiterhin eine rote Farbe. In diesem Zustand bleibt die Raupe etwa drei Tage. Dann verblaßt die weiße Rautenumrandung und die ganze Raupe nimmt eine gleichmäßige gelbliche Färbung an. Zugleich ändert sich auch ihre Form: Das Abdomen läuft hinten nicht mehr spitz zu, sondern es rundet sich zur Vorpuppenform ab. Diese äußeren Veränderungen hängen damit zusammen, daß in der Epidermis zu dieser Zeit die Häutungsvorgänge einsetzen. Bis jetzt hat nämlich die Epidermis den gleichen histologischen Zustand behalten wie in der grünen Raupe: Sie war ein flaches Plattenepithel mit fest anhaftender dicker Cuticula. Jetzt teilen sich die Epidermiszellen und formen sich danach in der oben beschriebenen Weise um zu einem Stelzenepithel. Gleichzeitig lösen sie sich von der alten Cuticula und beginnen, an ihrer Außenseite die neue Cuticula zu bilden. Zwischen der alten und der neuen Cuticula sammelt sich die Exuvialflüssigkeit und bewirkt, daß die rote Farbe des Fettkörpers im Abdomen nicht mehr von außen zu erkennen ist. Der Fettkörper bleibt aber noch in der Puppe rotgefärbt. Mit dem Verblassen der weißen Rautenumrandung und der Zellteilungsperiode fällt zeitlich die durch Schnürungsexperimente ermittelte kritische Periode der Puppenhäutung zusammen, in welcher deren Ablauf von weiterer Hormonzufuhr unabhängig wird. Etwa 5 Tage danach häutet sich die Raupe zur Puppe (BÜCKMANN 1953). — Mit den beschriebenen Farbänderungen steht die Art *Cerura vinula* keineswegs allein. Auch andere Arten zeigen derartige Farbwechsel. Z. B. färbt sich auch die Raupe des Ligusterschwärmers, *Sphinx ligustri*, wenn sie das Futter verläßt, rot, allerdings nur im dorsalen Bereich. Auch diese Umfärbung beruht auf dem Auftreten eines roten Pigmentes in den Epidermiszellen, und sie verblaßt ebenfalls vor dem Beginn der eigentlichen Puppenhäutung wieder. — Besonders interessant erschien der Farbwechsel der Mehlmotte *Ephestia kühniella*. Die Raupen dieser Art sind nämlich rötlich und färben sich vor der Puppenhäutung grünlich. Der Farbwechsel scheint also genau umgekehrt zu verlaufen wie bei den beiden anderen Arten. Bei genauerer Untersuchung zeigte sich jedoch folgendes: Bei dem Verlassen des Futters und dem Kokonbau, wenn die beiden anderen Arten rot werden, bleiben die Raupen von *Ephestia kühniella* unverändert. Sie sind ja schon rot. Vor dem Beginn der Puppenhäutung verblaßt dann das rote Pigment in ihrer Epidermis, genau wie bei den beiden anderen Arten, und die Raupen werden grünlich. Das Verhalten aller drei Arten stimmt auch darin überein, daß die frischgeschlüpften Falter ein rotes Schlupfexkret abgeben. Auch mit dem der anderen Arten, welche Exkretpigmente bilden, stimmt das Verhalten dieser drei Arten im Grundzug überein: Bei allen Arten erfolgt im Zusammenhang mit der Umwandlung der Raupe in die Puppe eine Bildung roter Farbstoffe. Diese werden durch den Darm nach außen abgegeben, entweder im letzten Kot vor der Puppenhäutung oder mit dem ersten gleich nach dem Schlüpfen des Falters. In einigen Fällen greift die Bildung des roten Farbstoffes auch auf die Epidermis über, bei *Cerura vinula* sogar auf den Fettkörper. Wo Pigment in der Epidermis vorhanden ist, verblaßt es vor Beginn der Puppenhäutung. — Daß die Gleichartigkeit des Ablaufs bei den verschiedenen Arten keine zufällige ist, geht aus den Untersuchungen über die Natur der roten Farbstoffe hervor. In fast allen untersuchten Fällen zeigte nämlich der histochemische Test, daß die roten Farbstoffe zur Gruppe der Ommochrome gehören. Es handelt sich also in fast allen Fällen um den gleichen oder um ähnliche Farbstoffe. Die einzige Ausnahme bildet das Schlupfexkretpigment von *Ephestia kühniella*, das nach WOLFRAM (1949) kein Ommochrom sein soll. Da aber das im histochemischen Test ausschlaggebende typische Redoxverhalten der Ommochromfarbstoffe von einigen Vertretern dieser Farbstoffgruppe nicht gezeigt wird (BUTENANDT, SCHIEDT, BIEKERT und KORNMANN 1954), müssen chemische Untersuchungen über dieses Exkret abgewartet werden. Solche chemischen Untersuchungen wurden bereits durchgeführt über die Farbstoffe, die die Umfärbung von *Cerura vinula* bewirken (BÜCKMANN, BIEKERT, NEUBERT und LINZEN, unveröffentlicht), und die Exkretpigmente von *Vanessa urticae* (BUTENANDT und Mitarbeiter 1954). In beiden Fällen wurden drei Ommochromfarbstoffe gefunden: Xanthommatin, Rhodommatin und Ommatin D.

Zusammenfassend läßt sich sagen: Bei Schmetterlingsarten aus sehr verschiedenen Familien bilden sich während der Umwandlung in die Puppe rote Farbstoffe, die bei den verschiedenen Arten chemisch gleich oder miteinander verwandt sind. Da diese Farbstoffbildung bei allen Arten in ähnlicher Weise verläuft, zu den gleichen oder ähnlichen Produkten führt und stets zur Zeit der Umwandlung in die Puppe erfolgt, darf man vermuten, daß sie die Folge sind von den gleichen, für den Beginn der Metamorphose charakteristischen Umsteuerungen im Stoffwechsel. — Daneben läßt sich noch die Frage aufwerfen, ob diese Stoffwechselumsteuerung in denjenigen Fällen, wo ein Farbwechsel der Raupe zustande kommt, noch in den Dienst eines farblichen Schutzes der Raupe gestellt ist oder einen solchen gewissermaßen als Nebeneffekt bewirkt. Dieser Gedanke liegt deshalb nahe, weil die Raupen der betreffenden Arten ihre grüne Farbe genau in dem Moment gegen eine rotbraune vertauschen, in dem sie das grüne Laub ihrer Futterpflanzen verlassen, um am Stamm abwärts zu kriechen.

Es erhebt sich nun die Frage, ob die Umfärbung durch das Häutungs- und Metamorphosehormon ausgelöst wird. Diese Frage wurde an den Raupen von

Cerura vinula untersucht. Schon frühere Untersuchungen (BÜCKMANN 1953) hatten gezeigt, daß die Umfärbung vom Vorderkörper her ausgelöst wird. Durchschnürt man nämlich die grüne Raupe im letzten Stadium rechtzeitig vor der Umfärbung, dann bleibt das hinter der Schnürstelle gelegene Körperstück grün. Nach anfänglichen Schwierigkeiten, die damit zusammenhängen, daß zu diesen Versuchen ja die grünen noch fressenden Raupen geschnürt werden müssen, gelingt es neuerdings, das vor der Schnürstelle gelegene Körperstück am Leben zu halten. Es färbt sich normal um und entwickelt sich weiter bis zur Verpuppung, während das Hinterstück grüne Dauerraupe bleibt. Es existiert also offensichtlich im Vorderkörper ein die Umfärbung bedingender Faktor, der durch eine Schnürung an der Ausbreitung nach hinten verhindert werden kann. Man kann sogar ermitteln, wann sich dieser Faktor im Körper ausbreitet. Erfolgt nämlich die Schnürung innerhalb der letzten 12 Stunden vor der Umfärbung, so vermögen sich noch 50% der Hinterstücke mit dem zugehörigen Vorderstück gemeinsam umzufärben. Es gibt also eine kritische Periode der Umfärbung, in der sich der umfärbungsauslösende Faktor im Körper verbreitet, und die durchschnittlich etwa 6 Stunden vor dem Sichtbarwerden der Umfärbung liegt. In einigen Fällen erfolgte die Schnürung genau in der kritischen Periode: Die Hinterstücke zeigten eine Teilumfärbung nur im dorsalen Bereich.

Die nächste Frage war: Wo im Vorderkörper wird nun dieser umfärbungsauslösende Faktor gebildet? Zu ihrer Beantwortung wurden u. a. Versuche mit doppelter Schnürung durchgeführt. Durch eine Ligatur wurde dabei der Kopf vom Thorax und durch eine zweite der Thorax vom Abdomen getrennt. In einer weiteren Versuchsserie wurde, statt der Trennung von Kopf und Thorax durch eine Ligatur, nur das Gehirn herausgenommen. Das Ergebnis war folgendes: Bei einem Teil der Tiere erfolgte innerhalb von 12 Stunden nach der Schnürung die Umfärbung beider Körperstücke. Diese Tiere waren also erst nach der kritischen Periode geschnürt worden, als der umfärbungsauslösende Faktor schon im Körper verteilt war. Bei dem größeren Teil der Tiere blieb dagegen die Umfärbung ganz aus. Das Gehirn ist also zur Auslösung der Umfärbung nötig. Wenn nun das Gehirn allein diese Auslösung bewirkt, so hätten sich stets beide Körperstücke gleich verhalten müssen, da sie ja gleichzeitig vom Gehirn getrennt worden waren. Das war aber nicht der Fall. Es gab vielmehr eine dritte Gruppe von Tieren, bei denen eine Umfärbung noch mehrere Tage nach der Schnürung erfolgte, dann aber nur im vorderen Körperstück. Die kritische Periode wenige Stunden vor der Umfärbung findet man nur für die Schnürung hinter dem Thorax. Bei Trennung des Thorax vom Kopf liegt eine kritische Periode mehrere Tage vor der Umfärbung. In dieser ersten kritischen Periode geht der Anstoß zur Umfärbung vom Gehirn aus. Im Thorax muß ein Zentrum vorhanden sein, welches im Abdomen fehlt, und welches, nachdem es den Anstoß vom Gehirn her erhalten hat, seinerseits in der zweiten kritischen Periode den eigentlichen umfärbungsauslösenden Faktor in den Körper abgibt, der dann innerhalb weniger Stunden die Umfärbung in der Epidermis auslöst. Danach liegt natürlich die Vermutung nahe, daß hier dasselbe System von Gehirn und Prothorakaldrüse wirksam ist, welches auch die Häutungen auslöst. Dann könnte der umfärbungsauslösende Faktor sogar mit dem Häutungshormon der Prothorakaldrüse, also mit dem Ecdyson, identisch sein.

Zur direkten Prüfung dieser Frage war die Voraussetzung eine geeignete Testmethode. Diese ergab sich aus den zuerst beschriebenen Schnürungsexperimenten: Die mehr als 12 Stunden vor der Umfärbung geschnürten Raupen sind reif und in der Lage, sich umzufärben, wie das Schicksal der Vorderstücke zeigt. Den Hinterstücken fehlt dazu nur der auslösende Faktor. An ihnen kann man also prüfen, ob eine Substanz oder ein Organ den umfärbungsauslösenden Faktor enthält. Nachdem nun die Reindarstellung des Ecdysons BUTENANDT und KARLSON gelungen war, wurde es durch die Zusammenarbeit mit KARLSON möglich, ecdysonhaltige Extrakte direkt an grünen Testhinterstücken von *Cerura vinula* zu prüfen. Solchen Hinterstücken wurden verschieden hohe Hormondosen injiziert. Das Ergebnis war folgendes: Nach Injektion sehr kleiner Hormonmengen von 13—66 CE erfolgte tatsächlich bei den meisten Tieren eine deutliche Rotfärbung der Epidermis. Nach Injektion stärkerer Dosen von 330—1300 CE erfolgte nun nicht eine stärkere Umfärbung der Epidermis, diese wurde vielmehr farblos. Stattdessen färbte sich aber der Fettkörper rot. Außerdem nahm ein Teil der Tiere deutlich die hinten abgerundete Vorpuppenform an. Nach Injektion sehr starker Hormondosen von 3300—6600 CE erfolgte meist gar keine Umfärbung, sondern es löste sich die Cuticula von der Epidermis, und zwischen beiden sammelte sich eine dunkle Flüssigkeit, so daß die Tiere grau erschienen. Die histologische Untersuchung der Testtiere zeigte, daß nach Injektion von weniger als 3300 CE die Epidermis stets im gleichen histologischen Zustand geblieben war wie in der grünen fressenden Raupe. Nach Injektion von 3300—6600 CE dagegen hatte sich nicht nur die Epidermis von der Cuticula gelöst, sie hatte auch begonnen, an ihrer Außenseite die ersten Schichten einer neuen Cuticula zu bilden, und vor allem: die Zellen hatten sich in ein typisches Stelzenepithel umgewandelt. Das Hormon hatte hier also nicht pathologische Veränderungen hervorgerufen, sondern eine typische Häutung ausgelöst. Das ist im Grunde noch nicht einmal sehr erstaunlich, weil es sich bei dem verwendeten Hormon ja um das Häutungshormon handelte. Bemerkenswert ist vielmehr folgendes: Ein und dasselbe Hormon zeigte je nach seiner Konzentration ganz verschiedenartige Wirkungen: In hoher Konzentration löste es die Häutung aus, in mittlerer Konzentration die Umfärbung des Fettkörpers und in schwacher Konzentration die Umfärbung der Epidermis. Man kann sich danach vorstellen, daß der normale Ablauf dadurch zustande kommt, daß sich die Hormonkonzentration im Körper langsam erhöht, und so nacheinander die Umfärbung der Epidermis, die des Fettkörpers und die Häutung ausgelöst werden. Doch wie das auch im einzelnen sein mag, auf jeden Fall kann nach den verschiedenen Ergebnissen kaum ein Zweifel daran bestehen, daß auch im normalen ungestörten Tier die Umfärbung durch das Häutungshormon Ecdyson ausgelöst wird. Daraus ergeben sich weitere wichtige Folgerungen:

Erstens ist gezeigt, daß das Ecdyson schon lange vor der kritischen Periode der Puppenhäutung im Körper vorhanden und wirksam sein kann. Damit entfallen die eingangs geäußerten Bedenken gegen die Annahme, daß auch die Verhaltensänderungen durch dieses Hormon ausgelöst werden. Diese Annahme wird sogar noch dadurch gestützt, daß die Auslösung der Umfärbung durch das Ecdyson bewiesen worden ist. Die Umfärbung und die Verhaltensänderungen erfolgen nämlich bei *Cerura vinula* in stark schwankendem Zeitabstand von der letzten Larvenhäutung, aber stets gemeinsam, so daß eine gemeinsame Auslösung durch dasselbe Hormon sehr plausibel erscheint.

Zweitens ist gezeigt, daß das Häutungs- und Metamorphosehormon nicht nur auf die Epidermis wirkt und nicht nur Häutungsvorgänge auslöst. Das wird besonders demonstriert durch die Auslösung der Umfärbung des Fettkörpers im Experiment. Das Hormon greift offensichtlich am Stoffwechsel auch der inneren Organe an und bewirkt, daß irgendwelche Stoffwechselvorgänge umgesteuert werden, wodurch letzten Endes eine Ommochrombildung zustande kommt.

Wir können die Ergebnisse zusammenfassen in einem neuen Schema über die Wirkungsweise der Hormone bei *Cerura vinula* (Abb. 2), das eine starke Erweiterung

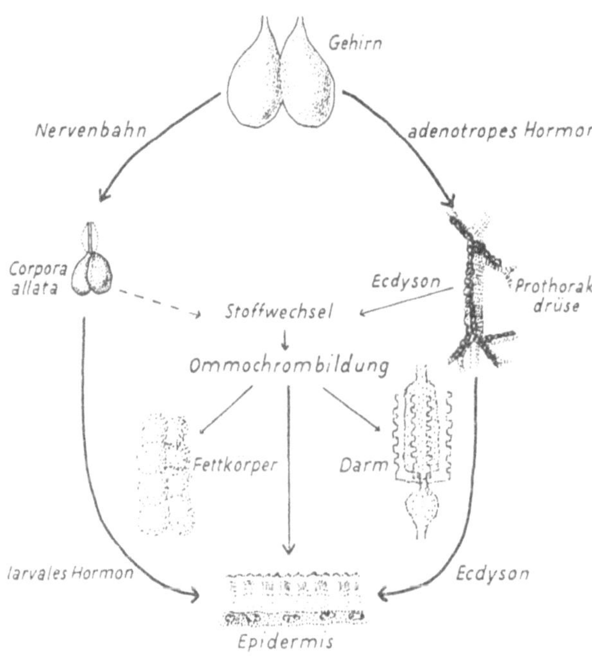

Abb. 2. Schema der Hormonwirkungen bei der Häutung, Umfärbung und Verpuppung von *Cerura vinula* L.

gegenüber dem von Karlson und Hanser gegebenen (Abb. 1) zeigt: Das Prothorakaldrüsenhormon wirkt in schwacher Konzentration auf den Stoffwechsel. Dabei entstehen — vielleicht als Nebenprodukte der eigentlich für die Vorbereitung der Metamorphose wichtigen Vorgänge — Ommochrome, die in Epidermis, Fettkörper und Darm abgelagert werden. In stärkerer Konzentration löst das Hormon dann die Puppenhäutung aus.

Ein besonders glücklicher Umstand ist es, daß die Bildung von Ommochromen im Insektenkörper ein bereits gut erforschter Vorgang ist. Sie geht aus von der Aminosäure Tryptophan und über die Zwischenprodukte Kynurenin und Oxykynurenin. Es kann daher versucht werden, aufzuklären, an welcher Stelle dieser Kette das Hormon eingreift.

Neben dieser weiteren Aufklärung der Wirkungsweise des Ecdysons wenden sich unsere Untersuchungen noch einem anderen Problem zu: Die Ommochrombildung in Fettkörper, Epidermis und Darm erfolgt erst bei der Puppenhäutung, nicht schon bei den früheren Larvenhäutungen. Es ist daher zu vermuten, daß sie genau wie die Puppenhäutung in der jungen Raupe verhindert wird durch das larvale Hormon der Corpora allata. Um zu prüfen, ob das zutrifft, müßte man aus jungen Raupen die Corpora allata exstirpieren, was bei der Empfindlichkeit der Raupen von *Cerura vinula* sehr schwierig sein dürfte. Es gibt aber noch einen anderen Weg, die Corpora allata auszuschalten: Bei anderen Insekten ist es in einigen Fällen gelungen, bei der Abschnürung des Kopfes junger Larven genau einen Zeitpunkt zu treffen, wo das Gehirn der Prothorakaldrüse bereits den Anstoß zur Häutung erteilt hatte, die Corpora allata aber ihr larvales Hormon noch nicht in den Körper abgegeben hatten. Nach Abschnürung des Kopfes, d. h. Abtrennung von Gehirn und den Corpora allata, erfolgte dann unter der alleinigen Wirkung der Prothorakaldrüse eine vorzeitige Puppenhäutung. Derartige Versuche wurden — wegen Materialmangels bisher nur in kleinen Serien — an *Cerura vinula* durchgeführt. Tatsächlich ist es in einem Falle gelungen, den richtigen Schnürungszeitpunkt zu treffen und eine vorzeitige Umfärbung einer Raupe des vorletzten Stadiums zu bewirken. Diese Versuche müssen natürlich noch fortgesetzt werden. Sie zeigen aber, daß es eventuell möglich sein wird, nicht nur die Wirkungsweise des Prothorakaldrüsenhormons, sondern auch die des larvalen Hormons der Corpora allata zu analysieren. Es ist zu hoffen, daß auf diese Weise weitere Schritte gelingen auf dem Weg zum physiologischen Verständnis des geheimnisvollen Vorgangs der Insektenmetamorphose.

Literatur:

(Die an dieser Stelle bekanntgegebenen neuen Befunde werden an anderer Stelle ausführlich veröffentlicht werden).

Böckmann, D. (1953): Über den Verlauf und die Auslösung von Verhaltensänderungen und Umfärbungen erwachsener Schmetterlingsraupen. Biol.-Zbl, *72*, 276—311.

—, (1956): Die Umfärbung von *Cerura vinula* unter verschiedenen experimentellen Bedingungen. Naturwiss. *43*, 43.

—, (1956): Die Wirkung des Prothorakaldrüsenhormons als Farbwechselhormon bei Schmetterlingsraupen. Verh. d. Deutschen Zoologischen Gesellschaft. vom 21.—26. Mai 1956 in Hamburg. Zool. Anz. 20. Suppl.- Band, p. 220—225, Leipzig 1957.

Butenandt, A. und P. Karlson (1954): Über die Isolierung eines Metamorphosehormons der Insekten in kristallisierter Form. Z. Naturforschg. *9b*, 389—391.

BUTENANDT, A., U. SCHIEDT, E. BIEKERT und P. KORNMANN (1945): Über Ommochrome I. Mitteilung: Isolierung von Xanthommatin, Rhodommatin und Ommatin C aus den Schlupfsekreten von *Vanessa urticae*. Liebigs Ann. Chem. *586*, 217—228.

ENGELMANN, F. und M. LÜSCHER (1956): Zur Frage der Auslösung der Metamorphose bei Insekten. Naturwiss. *43*, 43—44.

KARLSON, P. und D. BÜCKMANN (1956): Experimentelle Auslösung der Umfärbung bei *Cerura*-Raupen durch Prothorakaldrüsenhormon. Naturwiss. *43*, 44—45.

KARLSON, P. (1956): Verh. d. Deutschen Zoologischen Gesellschaft. (im Druck)

KÜHN, A. und H. PIEPHO (1938): Die Reaktion der Hypodermis und der VERSONschen Drüsen auf das Verpuppungshormon bei *Ephestia kühniella* Z. Biol. Zbl. *58*, 12—51.

PIEPHO, H. (1950): Hormonale Grundlage der Spinntätigkeit bei Schmetterlingsraupen. Z. Tierpsychol. *7*, 424.

WOLFRAM, R. (1949): Über die Histogenese der Exkretpigmente bei verschiedenen Rassen von *Ptychopoda seriata* SCHRK. und *Ephestia kühniella* Z. Z. Vererbungslehre *83*, 254.

Weitere Literatur, die hier aus Platzmangel nicht angegeben werden kann, ist folgenden zusammenfassenden Darstellungen zu entnehmen:

KARLSON, P. (1954): Biochemische Probleme der Insektenmetamorphose, Verh. der deutschen Zoologischen Gesellschaft.

PIEPHO, H. (1951): Über die Lenkung der Insektenmetamorphose durch Hormone, Verh. der Deutschen Zoologischen Gesellschaft.

WIGGLESWORTH, V. B. (1954): The Physiology of Insect Metamorphosis, Cambridge.

Physiologische Untersuchungen über die Diapause der Insekten

Von R. S. Uschatinskaja

Mit 14 Abbildungen im Text

Gestatten Sie mir, bitte, Ihnen allen anläßlich der 100jährigen Existenz der Deutschen Entomologischen Gesellschaft herzliche Grüße und die besten Wünsche für Ihre weitere fruchtbare Tätigkeit von der Entomologischen Alluniongesellschaft und der Akademie der Wissenschaften der UdSSR zu übermitteln.

Da ich seit einigen Monaten in Berlin tätig bin, verfüge ich zur Zeit nicht über die notwendigen Unterlagen, um eine ausführliche Übersicht über die entomologischen Untersuchungen, die gegenwärtig in der Sowjetunion durchgeführt werden, zu geben. Aber, indem ich die mir so liebenswürdig vorgeschlagene Gelegenheit, vor Ihnen zu sprechen, ausnützen werde, möchte ich Ihre Aufmerksamkeit auf ein entomologisches Problem lenken, das eine außerordentlich wichtige theoretische wie auch praktische Bedeutung hat, nämlich die Insektendiapause. Diesem Problem wird zur Zeit keine genügende Bedeutung beigemessen.

Die große Abhängigkeit der Organismen und zwar besonders poikilothermer Organismen, zu denen auch die Insekten gehören, von den abiotischen Umweltbedingungen ist uns sehr gut bekannt. Das Gedeihen und die Existenz jeder Art sind nur im Rahmen streng bestimmter Temperatur-, Feuchtigkeits-, Licht- und anderer Schwankungen möglich. Es ist in der Natur eine klar ausgeprägte Saison-Periodizität der abiotischen Hauptfaktoren zu beobachten, die eine rhythmische Veränderung der Umweltbedingungen bestimmen. Infolgedessen werden die Bedürfnisse der Organismen im Ablauf des Jahres in verschiedenem Grade befriedigt. Eine vollständige Befriedigung wird von einer aktiven Lebenstätigkeit dieser Organismen, d. h. von ihrer Ernährung, Entwicklung und Vermehrung begleitet. Umgekehrt führen die sich rhythmisch wiederholenden Perioden, während derer die Bedürfnisse der Organismen nicht vollständig befriedigt werden, zu einer Abschwächung der Lebensfunktionen, zu einer Vermehrungs- und Entwicklungseinstellung sowie zu einer Ausarbeitung von spezifischen Anpassungselementen, die darauf gerichtet sind, diesen ungünstigen Bedingungen zu widerstehen.

Eine der häufigsten Arten der Anpassung besteht in der vorübergehenden Verzögerung oder völligen Unterbrechung von Ernährung, Wachstum und Entwicklung, sowie im Übergang der Organismen in einen Ruhezustand, der nach Form und Tiefe verschieden sein kann. Dieser Übergang ist als eine Anpassung anzusehen, um die Zeitperioden, in denen der Einfluß wichtiger, abiotischer Faktoren kritische Ausmaße annimmt, zu überstehen.

Die Einstellung der aktiven Lebenstätigkeit ist oft mit bestimmten Veränderungen verbunden. Als Beispiel dafür kann die Bildung der vor Kälte und Trockenheit schützenden Überzüge bei vielen Wurmarten zur Zeit der Zystenbildung dienen, z. B. bei den sich im Ruhestand befindenden Acariden, bei den überwinternden Insekteneiern usw. Allen diesen morphologischen Veränderungen gehen natürlich spezifische physiologische Vorgänge voraus, die im Organismus vor sich gehen und die diese Veränderungen hervorrufen. Die Entwicklungseinstellung braucht auch keine äußerlich ausgeprägte Form zu tragen, sondern sie kann sich durch feine morphologische Veränderungen auszeichnen, die hauptsächlich in den histologischen Zell- und Gewebestrukturen sowie in einer Abschwächung der Stoffwechselintensität in Erscheinung tritt.

Zu diesen Ruhezuständen gehört auch ein unter den Insekten weit verbreitetes Phänomen von verschiedener physiologischer Tiefe und Kompliziertheit, das unter dem Namen Diapause bekannt ist.

Dieser Zustand erhöht sehr stark die Widerstandsfähigkeit der Insekten gegen ungünstige Umweltsverhältnisse. Er führt auch dazu, daß eine große Anzahl der Tiere während der Winterperiode am Leben bleibt, was die Voraussetzung für eine Massenvermehrung einiger Insektenarten bildet. Die Diapause macht es sehr schwierig, bei der Anwendung von verschiedenen Insektiziden gegen schädliche Insektenarten eine hohe Wirkung zu erzielen, außerdem wird die Vermehrung von Nutzinsekten bedroht.

Darum hat die Erkenntnis der physiologischen Natur der Diapause außer einem allgemeinen biologischen Interesse eine gewisse praktische Bedeutung.

Die Ökologen und Physiologen schenken den Organismen große Aufmerksamkeit nur während ihrer Entwicklung, zeigen aber wenig Interesse dafür, was mit ihnen im Laufe des dauerhaften Ruhezustandes geschieht, der unter den Verhältnissen eines kontinentalen Klimas 6 bis 10 Monate in Anspruch nimmt. Im Laufe dieser ziemlich langen Periode nehmen die Tiere keine Nahrung zu sich, sie verbrauchen aber die während der Fraßzeit angesammelten Reservestoffe. Diese Verbrauchsintensität steht in einer direkten Abhängigkeit von den Bedingungen, unter denen die Überwinterung verläuft, und von der Tiefe des dabei erzielten Ruhezustandes. Mit den Überwinterungsverhältnissen ist auch die Sterblichkeit der Tiere während dieser Zeit direkt verbunden. Sie liegt in der Regel nicht höher als bei 25—50%, nimmt aber manchmal auch viel größere Ausmaße an. Also die Umweltverhältnisse und der physiologische Zustand, durch den sich die Tiere bei der Überwinterung auszeichnen, sowie der Zustand der Tiere beim Erwachen im Frühjahr bestimmen die Lebensfähigkeit und wahrscheinlich auch die Vertilität der Population während ihres aktiven Lebensabschnittes.

Verschiedene Insekten haben zu verschiedenen Jahreszeiten unter verschiedenen Umweltsbedingungen keine einheitliche Tiefe des Ruhezustandes, und die einzelnen Autoren unterscheiden dabei Diapause, Winterschlaf und Erstarrung, indem sie manchmal diese Begriffe verwechseln, da eine klare Definition in physiologischer Hinsicht fehlt.

Das Studium der ökologischen Verhältnisse, bei denen die Diapause eintritt und bei denen sie in den Winterschlaf oder die Erstarrung übergehen kann, ist bis jetzt noch ungenügend durchgeführt, dies betrifft sogar die weit bekannten und landwirtschaftlich wichtigen Insektenarten. Noch weniger Untersuchungen liegen vor über die Physiologie der verschiedenen Ruhezustände, insbesondere über den Stoffwechsel. Unbekannt ist auch der Grad, in dem sich der Widerstand gegen abiotische Erstarrung, Schlafzustand und Diapause auslösende Umweltfaktoren erhöht oder erniedrigt. Die Kenntnis dieser Faktoren aber könnte eine große Bedeutung für die Prognose sowohl von Schad- als auch von Nutzinsekten haben.

Im Institut für Morphologie der Tiere, Akademie der Wissenschaften der UdSSR, im Labor für Morphologie der Wirbellosen, das vom verdienten Wissenschaftler Prof. Fedotow geleitet wird, wurde im Laufe der letzten Jahre von meiner Gruppe von Physiologen das Studium der Stoffwechselbesonderheiten, die für die Diapause, den Winterschlaf oder für die Erstarrung der Insekten charakteristisch sind, durchgeführt.

Folgende Probleme werden untersucht:

a) Dynamik der Speicherung und des Verbrauches der Stoffe, die als Energiequelle während des Ruhezustandes dienen,
b) physiologische Besonderheiten der vor der Überwinterung liegenden Periode der Insekten,
c) Änderungen des Kältewiderstandes der Insekten auf den verschiedenen Stufen des Winterschlafes,
d) Besonderheiten des Gaswechsels und der Gewebeatmung während der Diapause, während des Winterschlafes sowie während der Regenerationszeit, bevor die Insekten zu einer aktiven Lebensweise übergehen.

Als Untersuchungsobjekte dienten *Pieris brassicae* L., *Cidia pomonella* L., *Eurygaster integriceps* Put., *Pyrrhocoris apterus* L., *Leptinotarse decemlineata* Say. und einige andere Insekten.

Mit einigen Resultaten dieser zur Zeit noch nicht abgeschlossenen Arbeit möchte ich sie heute bekannt machen.

Es ist uns gelungen, mit Hilfe einer Reihe von Insektenarten festzustellen, daß bei den Insekten des kontinentalen Klimas dem Übergang in einen Ruhezustand eine intensive Fraßzeit vorangeht, im Laufe derer im Körper des Tieres bedeutende Fettreserven angesammelt und der Wassergehalt allmählich herabgesetzt werden (Tabelle 1—4).

Der Wassergehalt im Körper des Tieres wird noch einmal bei der Fraßeinstellung sehr stark reduziert, was mit der Befreiung des Darmsystems von Nahrungsresten, die bei den Pflanzenfressern gewöhnlich einen hohen Wassergehalt haben, verbunden ist. Zur Zeit des Überganges in einen Ruhezustand reduziert sich der Wassergehalt im Körper des Tieres im Vergleich zur aktiven Lebensperiode auf 10—20%. Wie die Registrierung der Darmeinfüllung mit einer Nahrungsmasse, sowie die Aktivitätsmessung der Speicheldrüsenenzyme und der Enzyme des ersten Teils des Mitteldarms bei der Wanze *Eurygaster integriceps* (Tabelle 5—6)

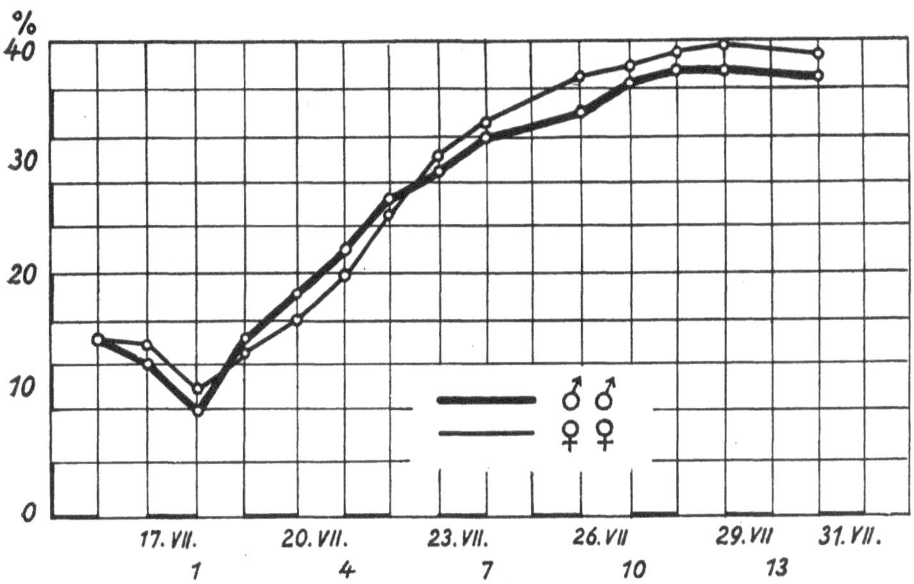

Zeit (in Tagen) seit Beginn der Beflügelung

Abb. 1. Dynamik des Gehalts von Fettreserven in % des Trockensubstanz-Gewichtes (1952) (*Eurygaster integriceps* PUT.).

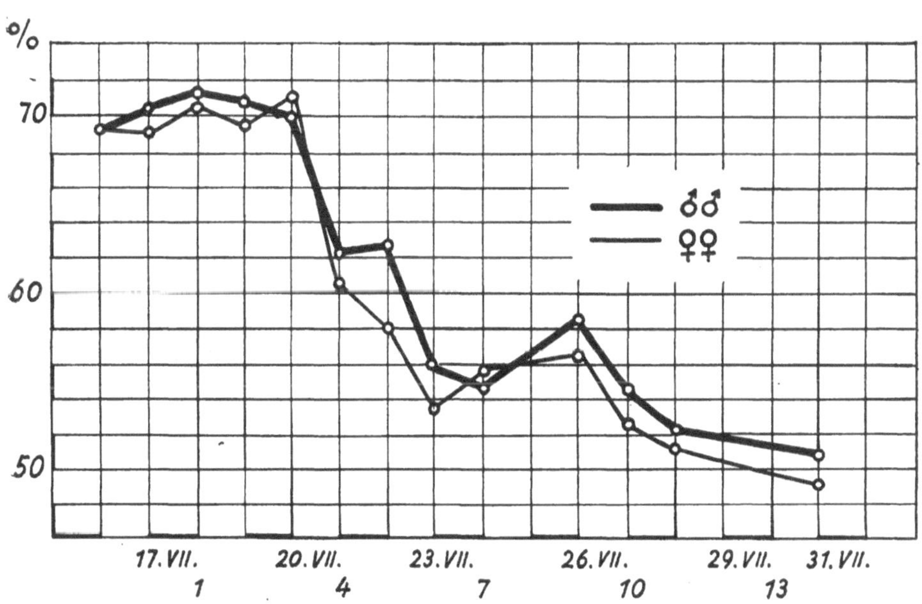

Zeit (in Tagen) seit Beginn der Beflügelung

Abb. 2. Dynamik des Wassergehalts im Körper von *Eurygaster integriceps* PUT. in der Periode der Imaginalernährung.

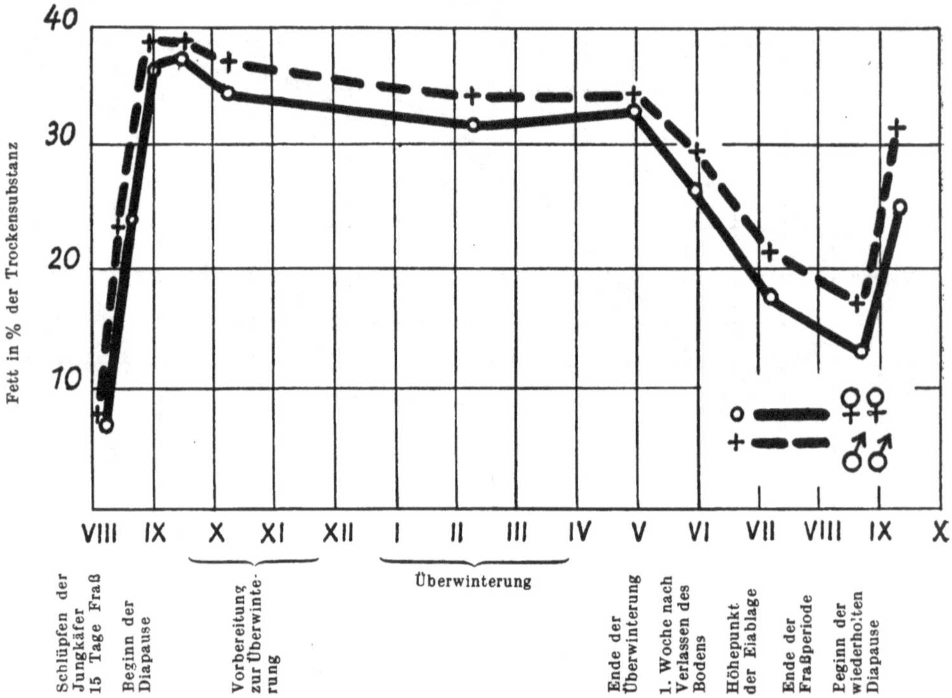

Abb. 3. Verhältnis des Fettgehaltes zum Gewicht der Trockensubstanz während verschiedener Phasen des Imaginallebens des Kartoffelkäfers (*Leptinotarse decemlineata* Say).

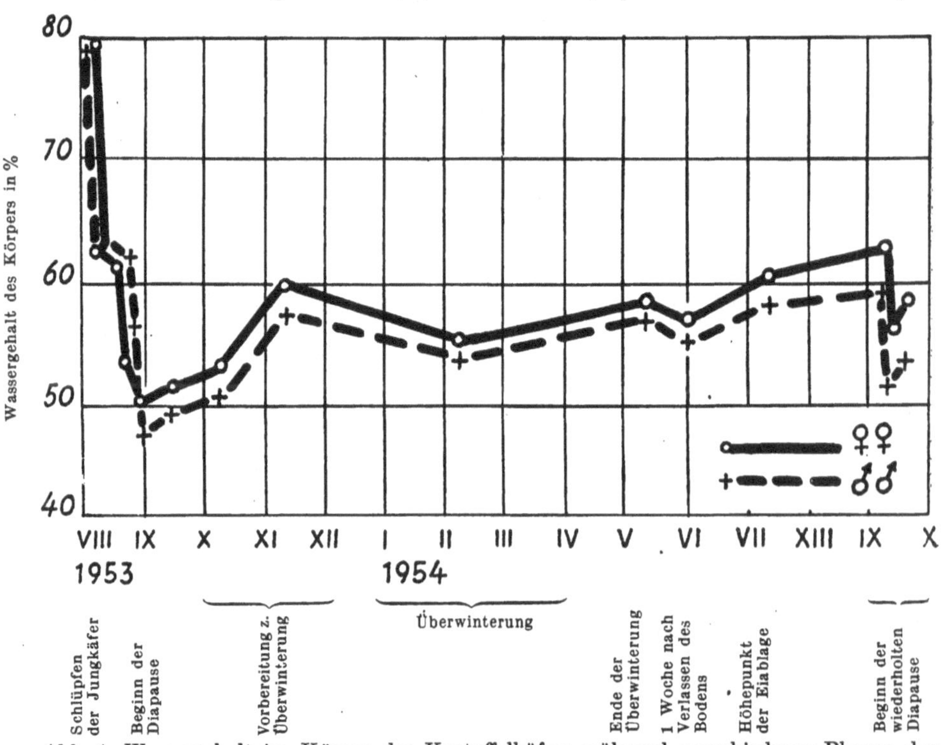

Abb. 4. Wassergehalt im Körper des Kartoffelkäfers während verschiedener Phasen des Imaginallebens.

gezeigt haben, schwächt sich die Fraßintensität bei dieser Insektenart in der Vordiapausenperiode bereits am 5. bis 6. Tag nach der Beflügelung der Wanzen ab

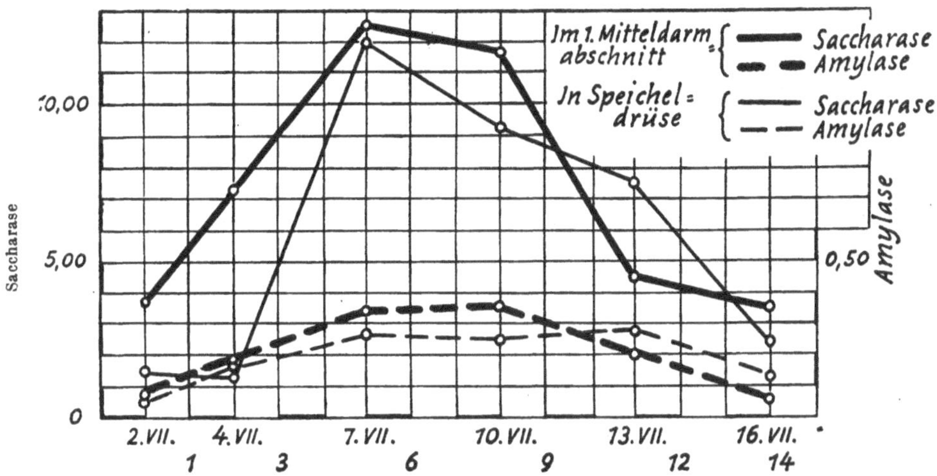

Zeit (in Tagen) seit Beginn der Beflügelung

Abb. 5. Aktivitätsänderungen der Saccharase und Amylase im ersten Mitteldarmabschnitt und in den Speicheldrüsen von *Eu. integriceps* Put. während des Übergangs zur Diapause (in mg von Monosaccharid, das sich innerhalb von 6 Stunden unter Enzymwirkung gebildet hatte).

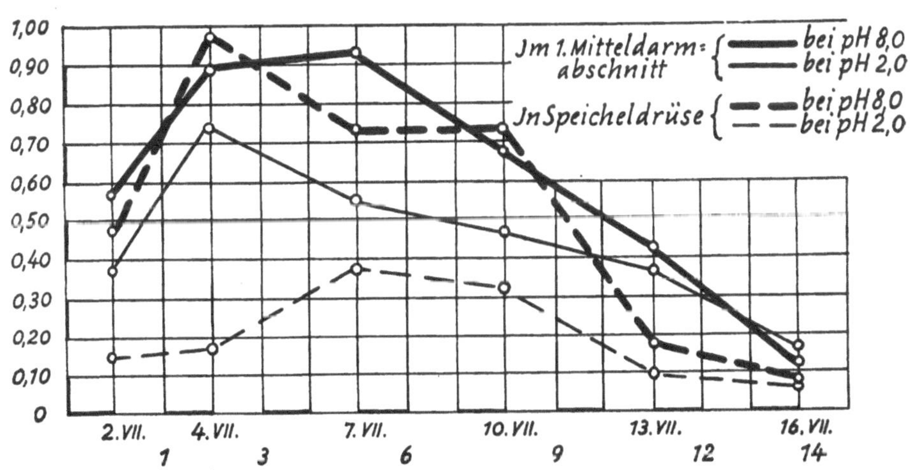

Zeit (in Tagen) seit Beginn der Beflügelung

Abb. 6. Aktivitätsänderungen proteolytischer Enzyme im ersten Abschnitt des Mitteldarms und in der Speicheldrüse von *Eu. integriceps* Put. beim Übergang zur Diapause (gemessen an der Laugenmenge, die zur Titrierung der in 24 Stunden unter Enzymwirkung gebildeten Karboxylgruppen gebraucht wurde).

und erzielt ihre maximale Tiefe zum Diapausenbeginn, die bei dieser Art am 13. bis 14. Tag nach der Beflügelung eintritt.

Nachdem sich die Tiere in ihre gewöhnlichen Überwinterungsplätze zurückgezogen haben, ist die Wasserbilanz ihres Körpers bis zum Kälteeintritt von der Feuchtigkeit der Umwelt abhängig. Bei einigen Arten reduziert sich der Wassergehalt im Körper des Tieres während der Herbstperiode bis zu 1 bis 5%, was im gewissen Sinne der Vorstellung von Payne (1927) über eine „Kälteerhärtung" entspricht. Als Regel bezieht sich das auf offen überwinternde Insektenarten. Bei anderen Arten bleibt die Wasserbilanz im Herbst auf einem unveränderlichen Stand. Es gibt aber auch solche Arten, das betrifft vor allem die, die in einem feuchten Milieu (Waldlaubdecke, Boden usw.) überwintern, bei denen sich der Wassergehalt bereits seit den ersten Tagen ihrer Überwinterung zu erhöhen beginnt, und dieser Vorgang dauert bis zum Eintritt der Frostperiode.

Die Vorbereitung der Insekten zur Überwinterung („Kälteerhärtung" — wie es die amerikanischen Autoren nennen), die beim Fallen der Umwelttemperaturen unter 10 bis 8° C vor sich geht, zeichnet sich durch eine drei- bis viermalige Gaswechselreduzierung und besonders durch eine relative Reduzierung im Sauerstoffverbrauch aus, worauf das Fallen des Respirationskoeffizienten hinweist.

Eine besonders charakteristische und wichtige physiologische Tatsache stellen in dieser Periode chemische Veränderungen im Körper des Tieres dar, infolge derer ein Teil der Fettreserven zur Bildung des Polysaccharides Glykogen verbraucht wird, dessen Menge sich in dieser Zeit um zwei bis- dreimal erhöht.

Wie bekannt, ist der Glykogenverbrauch im Stoffwechselprozeß bei den wirbellosen Tieren auch bei niedrigen Temperaturen möglich. Der Fettverbrauch ist aber unter diesen Bedingungen schwierig. Darum gewinnt die Erhöhung der Glykogenmenge vor dem Überwinterungsbeginn eine besonders wichtige Bedeutung.

In diesem Zusammenhang ist es auch interessant, die von uns festgestellte, vor der Kälte schützende Rolle der Kohlenhydrate während der Frostzeit zu erwähnen. Der Monosaccharidgehalt im Körper z. B. von *Eurygaster integriceps* reduziert sich beim Diapausenbeginn von 2 mg% auf 0,4 bis 0,5 mg% (Tabelle 7).

Bei den offen überwinternden Tieren aber, wie *Cidia pomonella* oder *Pieris brassicae*, also bei Tieren, die allen extremen Temperaturschwankungen unterworfen sind, beginnt bei den ersten Temperaturen um 0° C eine Erhöhung des Monosaccharidgehaltes um 2,5- bis 5mal auf Kosten des sich spaltenden Glykogens. Bei den Arten, die an den vor Frost geschützten Plätzen überwintern, ist diese Reaktion auch zu beobachten, sie tritt aber erst dann ein, wenn die umgebenden Schichten (Laub, Erde usw.) zu durchfrieren beginnen.

Wie ihnen bekannt ist, schützen die Zucker den Organismus vor der Wasserkristallbildung, indem sie den osmotischen Druck der Gewebeflüssigkeit und des Zellenprotoplasmas erhöhen, Wasserkristallbildung übt während der Frostzeit eine schädliche Wirkung auf den Organismus aus, die Zucker erhöhen die Kältewiderstandsfähigkeit des Organismus. Dieselbe Reaktion, d. h. der Übergang der Polysaccharide in die Monosaccharide ist auch bei den Pflanzen weit verbreitet, was z. B. die Kältefestigkeit der Winterkulturen bedingt.

Die während der Vordiapausenzeit angesammelten Fettreserven werden bisweilen in sehr bedeutendem Maße im Sommer und während der warmen Herbstperiode verbraucht (wenn die Insekten sehr früh zur Winterruhe gehen, was bei vielen Insektenarten mit nur einer Generation zu beobachten ist). In den kalten Jahreszeiten reduziert sich der Fettgehalt im Körper des Tieres sehr wenig, wie aus den Tabellen 3 bis 8 ersichtlich ist. Dies läßt sich bis zum Beginn der Regenerationsperiode beobachten, die dem Frühjahrserwachen der Tiere vorangeht. Wie diese Tabellen zeigen, ist bei den Insektenarten, die als Imago überwintern, ein intensiver Verbrauch der Fettreserven bereits in den ersten Tagen des Überganges zum aktiven Leben zu verzeichnen.

Indem wir die physiologischen Besonderheiten des Stoffwechsels und die Zeiten des Diapausenbeginns studiert haben, konnten wir feststellen, daß sich die Vorbereitung zum Übergang in einen Ruhezustand mit Hilfe von biochemischen Methoden bereits einige Tage vor Eintritt seiner äußerlichen Merkmale, die sich in Fraßabneigun und Taxisänderung äußern, bestimmen läßt.

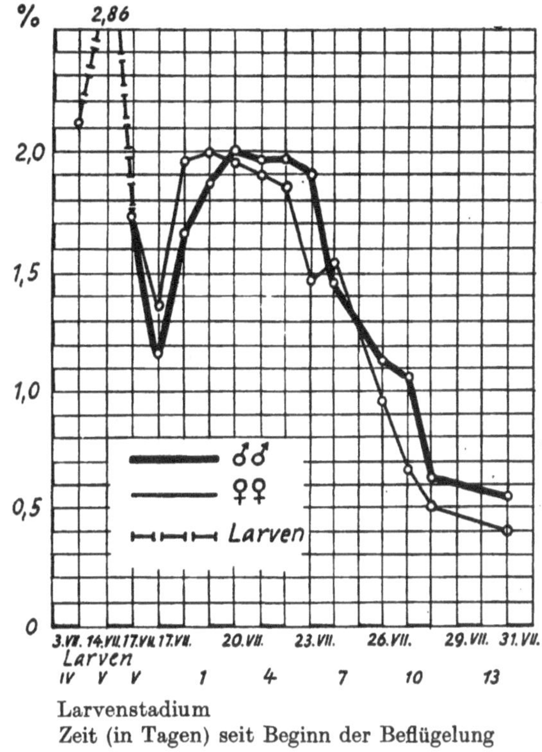

Abb. 7. Dynamik der Substanz-Reduktion im Körper von *Eu. integriceps* Put. in % des Trockensubstanzgewichtes (1952).

Außer Fettspeicherung, Reduzierung des Wassergehaltes, Aktivitätsreduzierung der Verdauungsfermente sowie Gaswechselreduzierung, wovon ich bereitsgesprochen habe, zeichnet sich die physiologische Vorbereitung zur Diapause aus durch eine Reduzierung des Respirationskoeffizienten auf unter 0,7; in den ersten Tagen wird er auf 0,5 bis 0,4 oder manchmal sogar noch tiefer reduziert (Tabelle 9—10).

Beim Übergang der Insekten in den Diapausenzustand sind in der Aktivität der Gewebeatmungsfermente besonders große Veränderungen zu verzeichnen. Wie bekannt, geschieht die Gewebeatmung der Tiere unter Beteiligung von zwei Fermentgruppen, Oxydasen, für deren Tätigkeit unbedingt Sauerstoff nötig ist, der beim Gaswechsel aus der Luft entnommen wird, und Dehydrasen, die durch Abspaltung des Wasserstoffes eine Oxydation von Molekülen der organischen Stoffe ausüben. Der durch Oxydasen katalysierte aerobe Stoffwechsel und mit

Hilfe von Dehydrasen verlaufende anaerobe Stoffwechsel sind, wie die physiologischen Untersuchungen einer ganzen Reihe von Objekten gezeigt haben, ver-

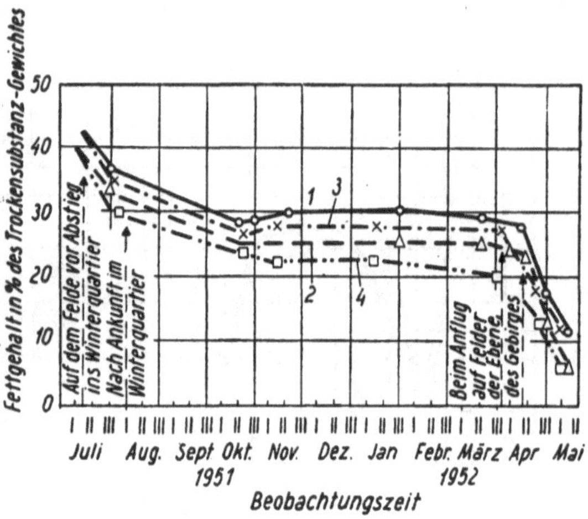

Abb. 8. Änderung des Fettgehaltes im Ruhestadium während der Überwinterung von *Eu. integriceps* Put. im Gebirge und in der Ebene. Überwinterung im Gebirge: Im Wald des Gorjatschekljutschewks-Bezirkes, Nordwest-Abhang, 1 = ♀, 2 = ♂. Überwinterung in der Ebene: Windschutzstreifen des Staats-Gartengutes „Agronom", Plastunow-Bezirk, 3 = ♀, 4 = ♂.

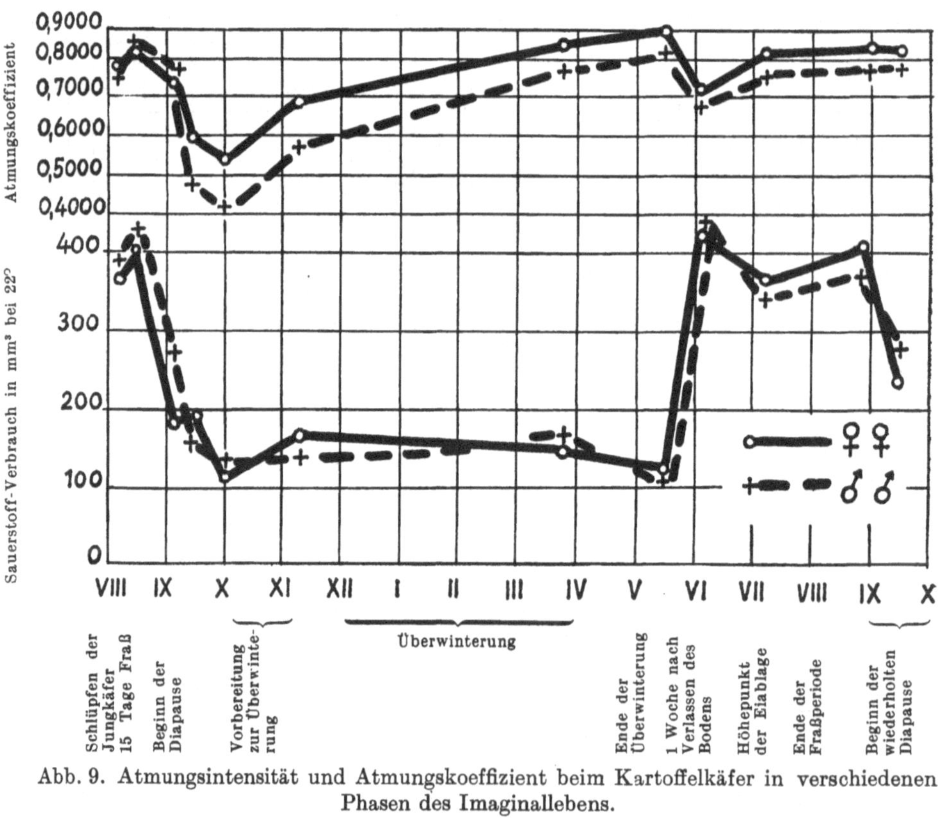

Abb. 9. Atmungsintensität und Atmungskoeffizient beim Kartoffelkäfer in verschiedenen Phasen des Imaginallebens.

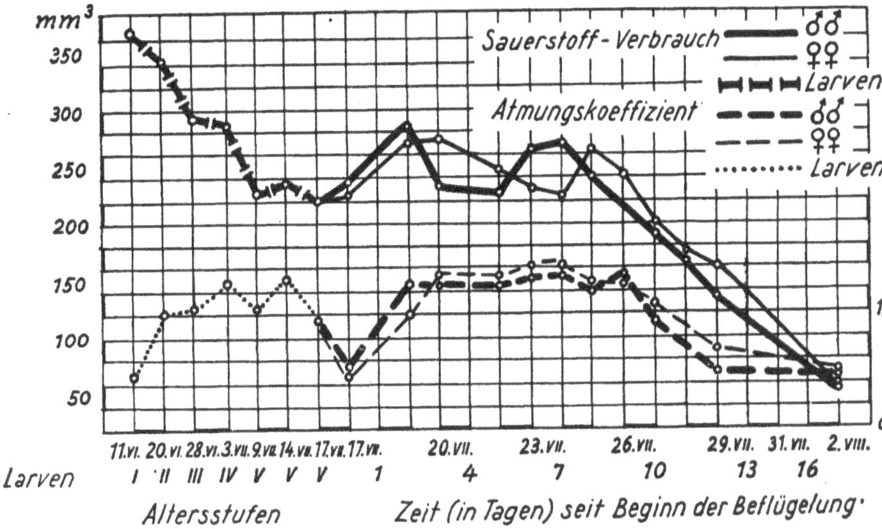

Abb. 10. Intensität des Sauerstoffverbrauches (in mm³ für 1 g Lebendgewicht pro Stunde) und Änderungen des Atmungskoeffizienten in der Periode des Larven- und Imaginallebens von *Eu. integriceps* PUT.

schiedene Phasen eines einheitlichen Atmungsprozesses. Bereits in den Jahren 1935 bis 1939 haben BODINE in den USA und KOSHANTSCHIKOW in der UdSSR auf tiefe Veränderungen im Gewebestoffwechsel hingewiesen, die bei den Insekten während der Diapause und des Winterschlafes vor sich gehen.

Unsere Feststellungen über die Aktivitätsänderungen der Gewebefermente im Oxydasenstoffwechsel (Polyphenoloxydase und Peroxydase sowie die Glutathionsmengen, die als biologische Katalysatoren beim aeroben Stoffwechsel von *Leptinotarse decemlineata* gelten), die kontinuierlich von der Beflügelung der Jungkäfer bis zum Diapauseneintritt und weiter über die ganze Überwinterungs- und Vermehrungsperiode durchgeführt worden sind, gestatten uns, die Schlußfolgerungen zu ziehen, daß der Übergang der Tiere in die Diapause von einer tiefen Reduktion der Fermentsaktivität dieses Komplexes begleitet wird (Tabellen 11 bis 13).

Die Dehydrasenaktivität (Succinodehydrase, Glucodehydrase) wird in der Zeit des Überganges von *Leptinotarse decemlineata* in die Diapause etwas herabgesetzt, aber nicht in dem Maße, wie die Reduktion der Oxydasenaktivität. Die Katalaseaktivität aber, die das für den Organismus schädliche Wasserstoffsuperoxyd in Sauerstoff und Wasser spaltet, erzielt zu dieser Zeit ihre maximale Höhe (Tabelle 14).

Für den Diapausenzustand der Insekten ist also eine Gewebeatmung charakteristisch, die unter einer tiefen Reduktion der Aktivität der Atmungsfermente des Oxydasenkomplexes und unter der Bevorzugung des von den Dehydrasen geleiteten Stoffwechsels verläuft.

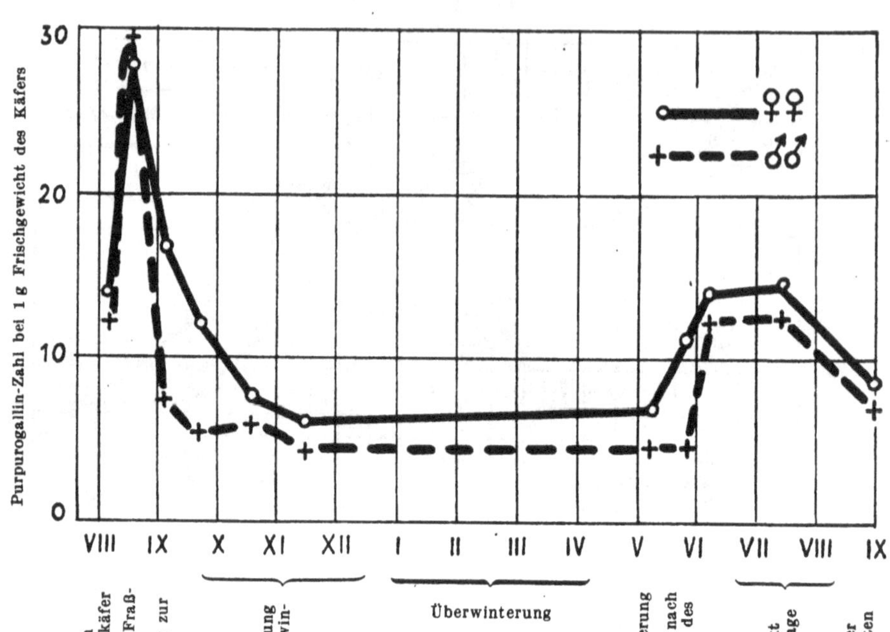

Abb. 11. Aktivität der Polyphenoloxydase in verschiedenen Phasen des Imaginallebens des Kartoffelkäfers (in mg von sauerem Purpurogallin im Extrakt von 1 g Käfer bei 20° C in 5′).

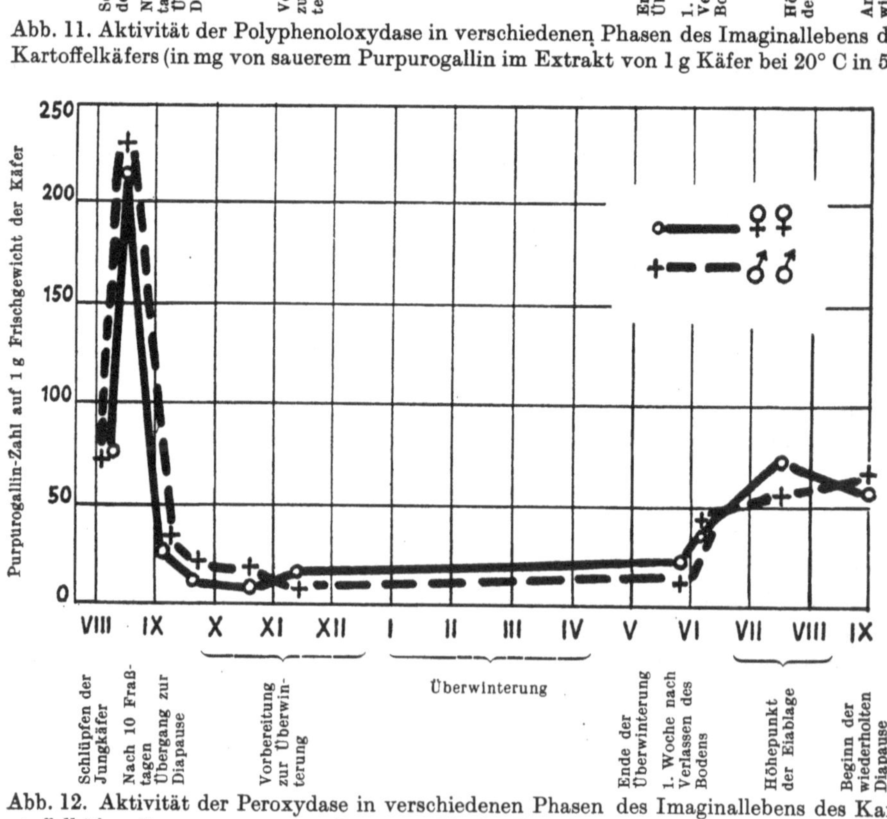

Abb. 12. Aktivität der Peroxydase in verschiedenen Phasen des Imaginallebens des Kartoffelkäfers (in mg von sauerem Purpurogallin im Extrakt von 1 g Käfer bei 20° C in 5°).

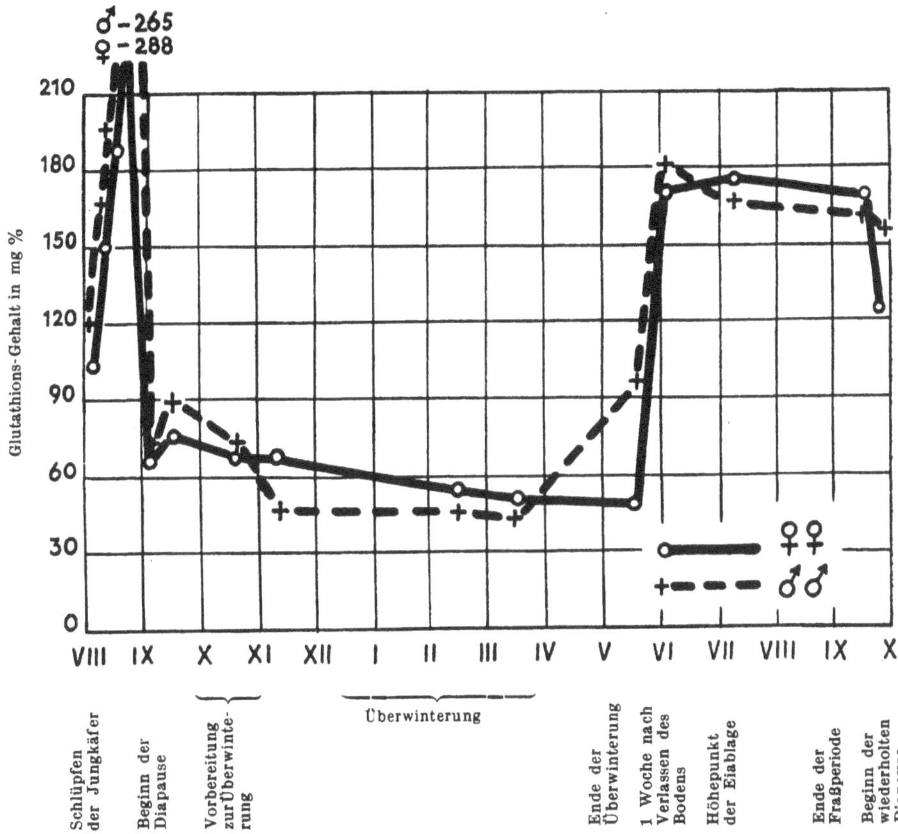

Abb. 13. Glutathion-Gehalt beim Kartoffelkäfer in verschiedenen Phasen des Imaginallebens.

Als Energiesubstrat der Oxydasen können Eiweiß, Fette oder Kohlenhydrate, bei einem anaeroben Stoffwechsel aber nur (und das ist wahrscheinlich das einzige Substrat) die Kohlenhydrate dienen. Die Bedeutung der Kohlenhydrate ist also in diesem Zusammenhang in der Zeit der Insektenruhe außerordentlich groß.

Indem man gewisse Schlußfolgerungen aus dem oben Gesagten zieht, könnte man annehmen, daß die Grundlage der Insektendiapause gebildet wird durch Veränderungen im Charakter des Stoffwechsels und vor allem durch Veränderungen im Verhältnis der aeroben und anaeroben Phasen zueinander.

Ohne Zweifel spielt aber auch die Abhängigkeit des Stoffwechsels von der Tätigkeit des Nervensystems und der endokrinen Drüsen eine Rolle. Durch deren Zusammenspiel werden den Metabolismus regulierende Stoffe ausgeschüttet, die auf verschiedene Seiten des Gewebestoffwechsels hindernd oder stimulierend einwirken und damit einen Eintritt oder eine Einstellung der Diapause nach sich ziehen. Mein berühmter Kollege TIMIRJASJEW schrieb einmal, daß biologische

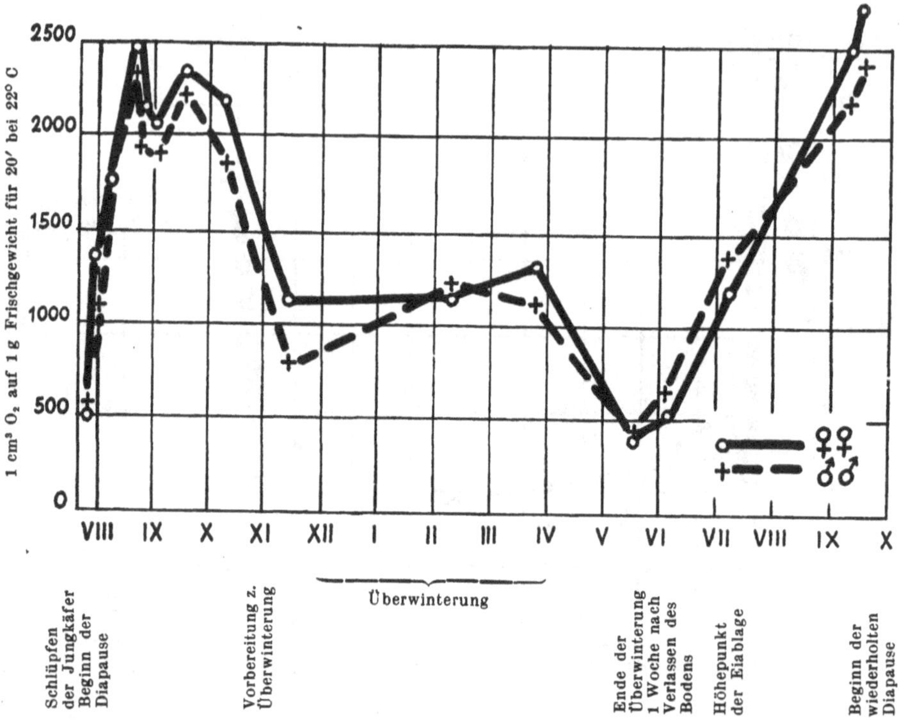

Abb. 14. Aktivität der Katalase beim Kartoffelkäfer in verschiedenen Phasen des Imaginallebens.

Untersuchungen passiv-beobachtend oder aktiv-experimentierend geführt werden können. Um die Naturgesetze zu beherrschen, sei es notwendig, mehr zu experimentieren.

Wir Entomologen nehmen noch zum großen Teil die passive Stellung eines Beobachters und nicht die aktive eines Naturumgestalters ein, und das in der Zeit, in der die verschiedensten Insekten der Wirtschaft unserer Länder große Schäden zufügen. Es muß auch erwähnt werden, daß die zur Zeit gegen die schädlichen Insektenarten angewendeten Bekämpfungsmittel und Bekämpfungsmethoden nicht auf Grund physiologischer Besonderheiten der Organismen, sondern nur rein empirisch, als Resultat einer Unmenge von Prüfungen chemischer Verbindungen auf ihre Wirkung gegen entomologische Objekte, ausgewählt worden sind.

Die Unvollständigkeit unserer Kenntnisse über die physiologisch verschiedenen Kategorien der Insekten-Ruhezustände sowie deren Abhängigkeitsgrad von Umweltsfaktoren erschwert die wissenschaftliche Prognosegestaltung über Häufigkeit der betreffenden Insektenarten. Die starke Reduzierung des Stoffwechsels während der Diapause erschwert eine wirkungsvolle Anwendung verschiedener Bekämpfungsmittel gegen Schädlinge. Es ist notwendig zu lernen, wie man bei einigen

Arten diesem Zustand ausweichen oder ihm widerstehen bzw. bei anderen Arten diesen Zustand willkürlich hervorrufen kann.

Es gibt noch viel Unklares in der Ökologie und Physiologie der Insektendiapause. Das Streben nach Wegen und Methoden zu einer willkürlichen Diapausenlenkung ist darum nur nach einem gründlichen Studium der Stoffwechselprozesse, die diesen Zustand bestimmen sowie nach einer Auswahl der die einzelnen Phasen aktivierenden oder hindernden Stoffe möglich.

Die Lösung des Diapausenproblems wird bei der geschilderten Aufgabenstellung die Hilfe vieler Wissenschaftler erforderlich machen, und das Hauptziel meines heutigen kurzen Berichtes ist es gerade, ein aktiveres Interesse der Entomologen, besonders der Jugend, für die Lösung dieses komplizierten aber auch sowohl theoretisch als auch praktisch wichtigen Problems zu wecken.

Über hormonale Vorgänge bei der Insektendiapause

Von V. Novák

Der Vortrag wird in mehreren selbständigen Arbeiten veröffentlicht, von denen eine unter dem Titel „The diapause-stages of *Cephaleia abietis*" in der Zeitschrift Čas. Čs. Ent. Spol. 54 (2), 1957 (tschechisch, mit englischer Zusammenfassung) erscheinen wird.

Beiträge der niederländischen Entomologie zu den biologischen und physiologischen Grundlagen der Insektenbekämpfung

Von J. H. SCHUURMANS STEKHOVEN

Von jeher haben in Holland bei Biologen und Naturwissenschaftlern Insekten im Zentrum der Aufmerksamkeit gestanden. Wir bewundern noch immer die Bibel der Natur von JAN SWAMMERDAM mit ihren wunderbaren Stichen und staunen, wie er mit einfachen Hilfsmitteln imstande gewesen ist, die feinsten Strukturen der von ihm geliebten Insekten, „gekorvene diertjes", ausfindig zu machen. Er, als Großmeister, hat wohl zu allererst auf Grund der Biologie und der Entwicklungsgeschichte eine Grundlage für das System dieser so überaus interessanten Tiergruppe geschaffen.

MARIA SYBILLA MERIAN, eine Zeitgenossin von SWAMMERDAM, eine Malerin mit biologischem Instinkt, die die schönen farbigen Zeichnungen gemacht hat, hat durch ihre Studien in Europa und Surinam viel zu dem Verständnis der Metamorphose der Insekten beigetragen.

Es mußte aber noch bis zum zwanzigsten Jahrhundert dauern, bevor man erkannte, daß die Insekten, nicht nur vom wissenschaftlichen Standpunkt aus gesehen, sondern auch rein praktisch, als Überträger von Krankheiten bei Menschen, Tieren und Pflanzen unsere Aufmerksamkeit verdienen und auch bekämpft werden müssen. Die Entdeckung der Übertragung der Filariasis durch Mücken von PATRICK MANSON und der Übertragung der Malaria durch Anophelinen von RONALD ROSS und GRASSI regte zu einer ganzen Reihe von Untersuchungen an, die uns die Bedeutung der Insekten in dieser Hinsicht klarmachen.

Es ist wohl verständlich, daß auch die Holländer mit ihren großen Kolonien für diese Entdeckungen reges Interesse hatten. SEWLLENGREBEL und seiner Gattin verdanken wir eingehende Untersuchungen über die Malaria übertragenden Anophelinen von Niederländisch-Ostindien. Sie prägten den Begriff Species-Assanierung, da es bald deutlich wurde, daß wohl eine große Zahl von Anophelinen im Versuch zur Übertragung der Malariaparasiten imstande sind, daß es aber praktisch darauf ankommt, wie sich die betreffenden Mücken in der Natur gegenüber den Menschen und seinen Haustieren verhalten. Es gibt ja Mücken, die Blut von Kühen, eventuell Affen und anderen Säugetieren gegenüber Menschenblut bevorzugen. Auch kommt es vor, daß der Mensch nur dann gestochen wird, wenn keine anderen Säugetiere zur Auswahl stehen. Das Studium der Biologie der Mücken, deren Larven sich bekanntlich in Sümpfen und anderen Wasseransammlungen entwickeln, führte anfänglich zu einer Bekämpfung der Brutstätten, zur Drainierung von Sümpfen, usw.

In diesem Zusammenhang möchte ich auf die interessanten Untersuchungen von WALCH, VAN BREMEN und REINTJENS hinweisen, denen man die hygienische Haltung der Fischteiche an der Nordküste Javas verdankt. In diesen Fischteichen lebt der Bandeng, ein vegetarischer Fisch, der sich von Algen ernährt. Es gibt hier zwei Arten von Algen, eine Chaetomorpha-Art, die in großen Polstern an der Oberfläche des Gewässers schwebt und Schlupfwinkel für Anophelinen-Larven bildet. Diese verkriechen sich in das Gewirr der Algen und können von den in denselben Teichen vorhandenen Raubfischen, *Haplochilus panchax*, nicht gefangen werden. Daneben enstehen als Bodenrasen große Massen von Cyanophyceae, die später ebenfalls als Polster den Boden verlassen und an die Oberfläche des Wassers treiben. In ihnen können sich die Anophelinen-Larven nicht verkriechen. Durch ein ingeniöses System von Schleusen, die die verschiedenen Teiche miteinander verbinden, kann man je nach Belieben die gesonderten Teiche großenteils trockenlegen, mit Ausnahme einer kleinen Grube im Teichmittelpunkt, um dann den Schlamm mit den darauf ruhenden Algenmassen der Sonnenhitze auszusetzen. Dadurch sterben in kurzer Zeit die Chaetomorphen ab, während die Keime der Cyanophyceae im Schlamm am Leben bleiben. Auf diese Weise werden nachher den Bandengs nur die Cyanophyceae als Nahrung geboten, und die Raubfische können die Anophelinen-Larven vernichten.

Auf Grund der Biologie des Sumpfkomplexes kann man auf diese Weise eine biologische Bekämpfung des Malariaüberträgers, *Anopheles ludlowi*, erreichen, und in kurzer Zeit ist auch die Malaria des Menschen, die vorher 100% und mehr betrug (die Menschen werden mehrere Male hintereinander infiziert), auf einen sehr niedrigen Prozentsatz herabgesetzt worden.

SCHÜFFNER hat auf Sumatra durch Bau von Büffelkralen um Menschen-Siedlungen herum mit Erfolg eine Ablenkung der betreffenden Malariaüberträger vom Menschen erreicht.

In Holland, wo man mit zwei Anophelinen-Arten zu rechnen hat, *Anopheles messeae* und *A. atroparvus*, ist die letzte ein Brackwasser-Brüter, während erstere immer in Süßwasser brütet. Unterschiede in der Überwinterungszeit bewirken, daß hier nur *atroparvus* als Überträger in Frage kommt.

Neue Untersuchungen haben gelehrt, daß man an erster Stelle die Imagines bekämpfen soll, was mit den neueren Insektiziden zu einer einfachen Sache geworden ist. Bei der Malariaübertragung spielen die sogenannten „gesunden Kranken", die zwar Parasitenträger sind, aber sich nicht krank fühlen, eine sehr wichtige Rolle. Diese Erkenntnis verdanken wir den Untersuchungen von SWELLENGREBEL und seinen Mitarbeitern.

Beiläufig nennen wir auch die Untersuchungen von SWELLENGREBEL, VAN LOGHEM und OTTEN über die Bekämpfung der Pest. Hier ist der biologische Komplex sehr verwickelt, da nicht nur die Hausratten und ihre Flöhe, sondern auch Sawah- und Baumratten eine wichtige Rolle spielen. Die Bekämpfung einer solchen Krankheit erfordert das Studium des ganzen biologischen Komplexes.

Die Lösung der Pestfrage lag in der Rattenbekämpfung und der Vaccination der Bevölkerung.

Bei ihren weiteren Untersuchungen haben SWELLENGREBEL und die mit ihm arbeitenden Gelehrten den Zusammenhang zwischen Dschungel-Malaria bzw. gelbes Fieber und der Malaria der bewohnten Welt ihre Aufmerksamkeit gewidmet. Hier spielen die in verschiedenen Waldetagen wohnenden Mücken, Affen und Menschen in einem großen biologischen Komplex zusammen.

Auf dem Veterinär-Gebiet möchte ich hinweisen auf die in den kleinen Sunda-Inseln damals viel vorkommenden Lausfliegenplage, die bei Pferden und Vieh durch *Hippobosca variegata* verursacht wurde. Ein eingehendes Studium der Biologie dieser Tiere hat mich gelehrt, daß die Lausfliegen auf dem Körper der Pferde sitzen bleiben, auch wenn die Tiere im Wasser untertauchen bzw. einen Fluß durchschwimmen. Dies macht die Bekämpfung der auf den Pferden sitzenden Fliegen sehr einfach. Wir ließen die Pferde durch eine mit Wasser gefüllte Grube schwimmen. Auf dem Wasser befand sich eine dünne Schicht Dieselöl. In 18 Sekunden waren alle auf den Körpern der Pferde sitzenden Fliegen abgetötet.

Eine neue Methode der biologischen Bekämpfung in den Zuckerrohrfeldern, wo die Wollaus, *Oregma lanigera*, eine Plage bilden kann, hat E. H. HAZELHOFF angewendet. Er übertrug ein kleines Hymenopteron, *Encarsia* genannt, auf noch nicht parasitierte Kolonien. Dadurch stieg die Parasitierung bis auf 90%, und es gelang so, die Wollaus-Epidemie zu unterdrücken.

Auf ganz andere Weise gelang es P. VAN DER GOOT in den Preanger Regentschaften das Massenauftreten des Reisbohrers, *Scirpophaga innotata*, zu unterbinden, indem er die Pflanzzeit und Sortenauswahl des Reises (Padi-Arten) in Abhängigkeit von der Flugzeit der Falter der Frühjahrsgeneration festgelegt hat. Durch Verzögerung der Pflanzzeit hat er erreicht, daß die schwärmenden Weibchen noch keine Pflanzen für die Eiablage vorfanden. Durch Koordination von Irrigation und Reispflanzzeit wurde der Schaden der genannten Falter auf ein Minimum zurückgedrückt. Unterläßt man aber diese Maßnahmen, so steigt in kurzer Zeit die Zahl der Falter wieder bis zum gewöhnlichen Niveau, wie VAN DER LAAN bei späteren Untersuchungen feststellen konnte. Die Entdeckung der neueren Insektizide, DDT, HCH, Aldrin, Dieldrin usw., hat zu einer ganzen Reihe neuer Untersuchungen geführt.

Sowohl SWELLENGREBEL wie VAN THIEL haben festgestellt, daß Häuser, die mit DDT behandelt worden waren, während der Dauer eines Monats viel weniger Malariamücken enthielten als unbehandelte Häuser. DDT-Emulsion übt neben einer abtötenden Wirkung auch eine abschreckende Wirkung aus, was hauptsächlich dem Vorhandensein von Kerosin zu verdanken ist. SWELLENGREBEL fand in unbehandelten Häusern 100% Mücken, die Blut gesogen hatten, während dieser Prozentsatz in behandelten Häusern nur 25 betrug.

Physiologische Untersuchungen über die Wirksamkeit von neuen Insektiziden wurden von KRIJGSMAN, DRESDEN und BOT angestellt.

KRIJGSMAN führte bei diesen Untersuchungen die sogenannte Plattenmethode ein, wobei er bei sinkender Konzentration der Insektizide den LD 50 der für HCH oder DDT sehr empfindlichen Kornkäfer bestimmte. Der Unterschied zwischen HCH und DDT liegt in der relativen Permeabilität dieser Stoffe, die verschieden schnell in den Körper der Kornkäfer eindringen. HCH wirkt 50mal so stark wie DDT.

Bei Versuchen mit *Rana* und *Periplaneta* hat Dresden unter Ableitung von Aktionsströmen feststellen können, daß bei *Periplaneta* die Endplatten und die Synapsen der Nerven blockiert werden und daß bei *Rana* eine Blockierung der Synapsen eintritt, was bei beiden Tierarten den Tod herbeiführt. Auch kam er zu dem Resultat, daß DDT eine Fazilitation der Nervenleitung im Zentral-Nervensystem bewirkt, die auf eine Erniedrigung der Reizschwellen der Synapsen zurückzuführen ist.

Bewegungen der Füße wurden mit einem besonderen, von ihm konstruierten horizontalen Kymographion, das für Insekten große Vorteile bietet, registriert. 1951 habe ich in Tucumán Untersuchungen über die Herzbewegungen von *Pseudolynchia canariensis*, einer Lausfliege, angestellt. Nachdem ich die normalen Herzbewegungen eingehend studiert hatte, tat ich die Fliegen in eine Zellophantüte, worin ich ein bißchen Nourycidpuder streute. Damals wußte ich noch nicht, daß dieses Puder HCH enthält. Es stellte sich heraus, daß sich nach ziemlich kurzer Zeit die normalen Herzbewegungen änderten (Frequenzzunahme) und schließlich eine Art Herzflattern auftrat, ein Beweis, daß auch bei diesem Objekt nervöse Störungen auftraten, die vermutlich mit einer Fazilitation gepaart waren. Bot hat mit Fliegen gearbeitet und festgestellt, daß die Insektizide DDT und HCH sowohl über die Nerven als über die Blutflüssigkeit durch den Körper hindurchgeführt werden. Es befinden sich am Körper verschiedene Stellen, wo die Insektizide leicht eindringen können, z. B. die Bauchseite des Abdomens und ein Areal um die Antennen herum. Die Größe des behandelten Areals soll wenigstens 2 mm im Durchschnitt sein.

Nach Feststellungen von Bot verbreitet die Fliege mit ihren Tarsen das Insektizid über den Körper, und dies ist unbedingt notwendig, damit wirklich eine Abtötung zustande kommt. Bloße Berührung der Tarsen mit dem Insektizid genügt nicht zur Abtötung.

Dresden und seine Mitarbeiter haben weiter die Resistenz der verschiedenen Isomeren des HCH, hauptsächlich an *Drosophila*, geprüft. In bezug auf die Resistenzfrage kommt Dresden zum Resultat, die Resistenz würde durch ein einziges Gen bestimmt.

Während der letzten Zeit habe ich selber mit meinen Mitarbeitern Thorbecke, de Bruin van Ingen und Soelistio Versuche mit *Periplaneta americana*, *Schistocerca gregaria* und *Locusta migratoria* angestellt. Die Atmungsbewegungen der genannten Tiere wurden mit dem Kymographion registriert, wobei sowohl normale Tiere als auch mit verschiedenen Insekiziden behandelte Tiere untersucht wurden. Zwei verschiedene Atmungstypen können unterschieden werden. Bei den mehr hygrophilen Kakerlaken sind nicht nur die Atmungsbewegungen häufiger; nach der Zeiteinheit berechnet, bleiben meistens auch die Stigmen länger offen als bei den Heuschrecken, die Steppentiere sind.

Gamma HCH sowohl wie Aldrin üben einen deutlichen Einfluß auf die Frequenz der Atmungsbewegungen aus und führen schließlich zu einer Lähmung bzw. krampfhaften Schließung der Spiralklappe. Interessant sind auch die Untersuchungen von DE WILDE in Wageningen über den Einfluß der Photoperiode bei den Insekten. Er hat festgestellt, daß durch die Länge der Belichtungszeit bei jungen Imagines des Kartoffelkäfers die Zahl der Eier und die ganze hormonale Regelung der Ovarien bestimmt werden. Die Art der Nahrung wie auch die Temperatur spielen hierbei eine Rolle. Es besteht eine Abhängigkeit von der Neuro-Sekretion der Corpora allata. Ob hieraus praktische Resultate für die Bekämpfung folgen können, soll in zukünftigen Untersuchungen festgestellt werden. Ich kann hier nicht tief eingehen auf die Untersuchungen von KUENEN und HÜCK, die sich mit der Populationsdynamik von Spinnmilben beschäftigten. KUENEN hat gesehen, daß die Wanderung der Spinnmilben von der Blattunterseite zur Oberseite temperaturabhängig ist; wenn die Blätter ihre Farbe von grün in braun ändern, gehen die Spinnmilben nach den Zweigen, wo sie Wintereier legen.

HÜCK hat gefunden, daß besonders bei niedrigen Konzentrationen von DDT und wenn die DDT-Gabe mit der Ovipositionsperiode zusammenfällt, die Eiproduktion stimuliert wird. Dies gibt jedenfalls teilweise eine Erklärung der Tatsache, daß bei Benutzung von DDT die Populationsdichte der Spinnmilben zunimmt.

Auf die Untersuchungen, die sich auf Bekämpfung von Vorratsinsekten beziehen, kann ich hier nicht weiter eingehen, sondern ich muß mich beschränken zu dieser bewußt unvollständigen Übersicht über die wichtigsten Probleme, die jetzt in Holland im Zentrum der Aufmerksamkeit stehen.

Die Lage der entomologischen Wissenschaft in Bulgarien

Von NENO ATANASSOV

Die entomologischen Studien in Bulgarien sind vornehmlich mit der Erforschung der Fauna unseres Landes verbunden. Dieselben begannen erst am Anfang des 19. Jahrhunderts. Einer der ersten Bahnbrecher auf diesem Gebiet war der Ungar IMRE VON FRIVALDSKY (1795—1870) und der Franzose AMI BOUÉ (1784—1881).

IMRE VON FRIVALDSKY besuchte Bulgarien während der Jahre 1833—1864 und publizierte eine Arbeit unter dem Titel „Neue Käfer, Falter und Schnecken aus den Balkanischen Gebirgen" (Faunis, München 1837). AMI BOUÉ weilte 1836 bis 1838 in unserem Lande, und aus seiner Feder stammt das Werk „Die Europäische Türkei" (Wien 1889), in welchen er über 100 Insektenarten mitteilt.

Nach ihnen setzten die Entomologen LÖW, REICHE, PAVESI, ZELLER, SCHNEIDER u. a. das Studium der Insekten in Bulgarien fort. Mit der Befreiung Bulgariens in den Jahren 1878—1879 ist ein intensiveres Erforschen der Insekten durch AUGUST FOREL, und zwar der Ameisen zu bemerken; FR. KLAPALEK befaßte sich eingehender mit den Netzflüglern, V. APFELBECK mit den Hartflüglern, H. REBEL mit den Schmetterlingen usw. Aus dieser Zeit stammen auch die entomologischen Forschungsarbeiten des Russen P. BACHMETJEV und der Bulgaren, des Dozenten D. JOAKIMOFF und des Lehrers N. NEDELKOFF u. a.

Um die Entwicklung der entomologischen Wissenschaft in Bulgarien hat sich nach diesem Anfangsstadium vor allem das Zoologische Institut bei der Universität in Sofia verdient gemacht, des weiteren das Naturhistorische Museum mit der ihm angeschlossenen Entomologischen Station, das Institut für Pflanzenschutz in Sofia, die landwirtschaftlichen Versuchsstationen in Rustschuk, Pleven, Vratza, Sadovo, Küstendil und besonders die Entomologische Gesellschaft mit ihren hervorragenden Mitgliedern: Prof. P. BACHMETJEV, Akademiker Dr. IW. BURESCH, Dozent P. DRENSKY, AL. DRENOVSKY u. a. Die von ihnen herausgegebenen Publikationen trugen alle zur Erforschung und zur Kenntnis der Insektenfauna in Bulgarien, der Schädlinge an den Kulturpflanzen und Speichern und als Verbreiter einer Reihe von Krankheiten am Menschen und an den Tieren bei.

Dank aller dieser Entomologen, Institute, Gesellschaften und Organisationen und ungeachtet der ungünstigen Bedingungen für eine wissenschaftliche Arbeit bei uns während der Periode des letzten Krieges, waren immerhin elementare Bedingungen für die Entwicklung der bulgarischen entomologischen Wissenschaft gegeben. Dies war aber bei weitem nicht genug.

Die Lage der bulgarischen entomologischen Wissenschaft erfuhr jedoch nach dem 9. September 1944 einen gründlichen Umschwung. Der sozialistische Umbau unserer Landwirtschaft, bei dem sich unter anderem die Bodenflächen, die mit landwirtschaftlichen Kulturen bepflanzt sind, vergrößerten, erfordert notwendig auch eine gute Organisation zur Bekämpfung der Landwirtschaftsschädlinge. Diese Organisation verlangt besser geschulte und eine größere Anzahl von Entomologen. Und das wurde tatsächlich während der letzten Jahre von der Bulgarischen Akademie der Wissenschaften und dem Landwirtschaftsministerium erzielt.

Die entomologischen Forschungen sind in Bulgarien gegenwärtig hauptsächlich im Zoologischen Institut bei der Bulgarischen Akademie der Wissenschaften konzentriert, das eine entomologische Abteilung hat. In dieser Abteilung bestehen Sektionen zur Erforschung der Systematik, Biologie und Ökologie der Lepidoptera, Coleoptera, Hymenoptera, Diptera, Hemiptera, Neuroptera und Orthoptera. Zu diesem Zweck ist auch ein Laboratorium und Insektarium für experimentelle Arbeit eingerichtet.

Zur Zeit wird über Orthopteroidea in Bulgarien gearbeitet. (Dr. J. Buresch und G. Peschev.) Als Resultat dieser Studien kamen Publikationen über Acridoidea. Blattodea, Mantodea und Gryllodea heraus.

Gleichzeitig werden von G. Peschev Forschungen über die Biologie und Ökologie der Waldheuschrecke aus der Gattung *Isophya* in Bulgarien durchgeführt. Zu dieser Gattung gehört die für unsere jungen Forstanpflanzungen schädlichste Heuschrecke *I. tenuicerca* Rme.

Die zur Zeit begonnenen Forschungen über die Systematik der Hemipteren (Doz. D. Joakimoff) werden jetzt fortgeführt. Besonderes Augenmerk wird auf die den Futterpflanzen schädlichen Halbflügler gerichtet, die bis jetzt bei uns nicht speziell erforscht wurden. In dieser Beziehung ist *Adelphocoris lineolatus* Goeze auf der Luzerne besonders wichtig (M. Jossifov).

Die Diptera-Arten sind ebenfalls von großem Interesse für uns. Gegenstand gründlicher Studien waren bis jetzt die Familien *Pupiparae*, *Tabanidae*, *Oestridae*, *Stomoxydae*, *Trypetidae* und *Syrphidae*. Gegenwärtig wird über *Sarcophagidae* und *Calliphoridae* gearbeitet (P. Drensky). Zoogeographisches und ökologisches Interesse stellen auch diejenigen Fliegen dar, deren Larven in fließenden Gewässern leben (W. Arndt).

Studien über die bulgarischen Hymenopteren und speziell über *Apidae*, *Vespidae*, *Sphecidae*, *Sapygidae*, *Scoliidae*, *Tiphidae*, *Mutillidae*, *Masaridae*, *Pompilidae* wurden von mir durchgeführt. Den auf der Witoscha lebenden Ameisen wurde besondere Aufmerksamkeit zugewandt. In einer von mir publizierten Arbeit werden fast alle wesentlichen Einzelheiten, die die Fauna des Witoscha-Gebirges charakterisieren, behandelt.

Speziell wurde von dem inzwischen verstorbenen Dr. Br. Pittioni ausführlich über *Bombus* und *Psithyrus* in Hinblick auf deren Variabilität und ihre zoogeographischen und ökologischen Besonderheiten gearbeitet. Besondere Aufmerksamkeit wandte er den boreoalpinen Hummeln und Schmarotzerhummeln zu, über die eine Arbeit von ihm zum Abdruck kam, welche die letzte, von ihm in Bulgarien geschaffene, Arbeit darstellt.

Die Vertreter der Coleopteren sind ziemlich zahlreich. Zu ihrer Gesamterfassung wird das Möglichste getan. Bis jetzt kamen Publikationen über die Familien *Carabidae, Meloidae, Cicindelidae, Cleridae, Cerambycidae, Melolonthidae* (S. MINKOWA), *Buprestidae* (J. OBENBERGER), *Ipidae* (P. TSCHORBADJIEFF, A. PFEFFER), *Staphylinidae* (F. RAMBOUSEK u. a.) heraus.

Unzweifelhaftes Interesse stellt das Studium der Familie *Scarabeidae* und speziell der Getreideschädlinge *Anisoplia* dar (B. SACHARIEVA). Bis vor kurzem wurde der schädlichen Tätigkeit der Anisoplien keine große Aufmerksamkeit zugewandt und ihre Erforschung deshalb vernachlässigt. Des weiteren werden noch die Gattungen *Anoxia, Rhizotrogus, Amphimallon* (B. SACHARIEVA), *Elateridae, Amphicoma* (S. MINKOWA) u. a. studiert.

Ein Kollektiv vom Zoologischen Institut und dem Institut für Pflanzenschutz führt erfolgreiche Forschungen über die Systematik und die Biologie der Gattung *Zabrus* in Bulgarien aus. Spezielle Publikationen darüber sind erschienen. Die Arten aus dieser Gattung verursachten große Schäden auf den Getreidekulturen während des Frühlings 1952.

Über Macrolepidoptera in Bulgarien arbeiteten viele heimische und fremde Entomologen, wie Prof. P. BACHMETJEW, Prof. H. REBEL, AL. DRENOVSKY, Akad. Dr. Iw. BURESCH, P. TSCHORBADJIEFF, Dr. KR. TULESCHKOFF u. a. Den Anfang dieser Forschungen machte Prof. P. BACHMETJEV mit einer ausführlichen Monographie, und Prof. H. REBEL befaßte sich mit einer kritischen Übersicht der Schmetterlinge in Bulgarien. Nach ihnen erforschte AL. DRENOVSKY speziell die vertikale Verbreitung der Schmetterlinge auf unseren Hochgebirgen, was neue Angaben für die Zoogeographie brachte. Eine zusammenfassende Monographie über die horizontale Verbreitung der Schmetterlinge bei uns publizierten Akademiker Dr. Iw. BURESCH und Dr. KR. TULESCHKOV. Zu dieser Monographie machten H. FRUHSTORFER, H. BURR, F. BRYK u. a. Ergänzungen. Und endlich wurde über die Frage der glazialen Arten in den Gebirgen Bulgariens eine Arbeit von Prof. W. ARNDT und Akademiker Dr. Iw. BURESCH publiziert. Die im Augenblick vorgenommenen Studien erstrecken sich auf eine zoogeographische Charakteristik der Schmetterlingsfauna in Bulgarien auf ökologischen Grundlagen.

Während des Jahres 1948 verursachte die Frühjahrssaateule *Agrotis temera* HB. große Verheerungen auf den Getreidekulturen. Ein Kollektiv des Zoloogischen Institutes und des Instituts für Pflanzenschutz befaßt sich erfolgreich mit Forschungen auf diesem Gebiet.

Das zweite Institut, in dem entomologische Forschungen durchgeführt werden, ist das Pflanzenschutzinstitut beim Landwirtschaftsministerium. Von den sieben Abteilungen dieses Institutes wird in fünf über entomologische Aufgaben gearbeitet, und zwar über die Erforschung der Biologie der wichtigen Insektenschädlinge im Zusammenhang mit deren Verbreitung und Mitteln zur Bekämpfung: *Laspeyresia pomonella* L. (A. BALEVSKI, ZW. TOSCHEVA u. a.); *Hylemyia antiqua* MEIG.

(W. NIKOLOVA); über in der Erde lebende Insektenschädlinge auf den Kulturpflanzen (Prof. AS. LASAROFF, W. NIKOLOVA); *Sitotroga cerealella* OLIV. (Prof. W. POPOFF, D. ZWETKOFF); über Maikäfer-*Melolontha* (P. A. POPOFF); *Phthorimaea operculella* ZELL. (M. ZALEFF, A. KAITASOFF); über die Kalifornische Schildlaus und die verwandten Arten der Flachschildläuse (M. ZALEFF u. a.). In der Abteilung Quarantäne wird über die gleichen Fragen gearbeitet (Insektenschädlinge als Objekte der Innen- und Außenquarantäne). Diese Feinde sind beständiger Beobachtung ausgesetzt und über Mittel zu deren Bekämpfung wird angestrengt gearbeitet. In der Abteilung Toxikologie wird die Analyse und Synthese der Insektizide durchgeführt und deren giftige Wirkung auf die Schädlinge nachgeprüft. Auf diesem Gebiet werden neue Mittel zur Bekämpfung gesucht; so z. B. Möglichkeiten zur chemischen Bekämpfung der Getreidefliegen (J. LÜBENOFF und D. SAMPHIROFF); neue Insektizidenpräparate gegen die Pflaumenschildlaus (W. BOGDANOFF und K. ZONKOVSKI); die Bekämpfung von *Bothynoderes punctiventris* GERM. und *Tanymecus palliatus* F. (W. BOGDANOFF u. a.).

In der Abteilung Prognose wird der Einfluß der ökologischen Faktoren auf die Entwicklung der Insekten und deren massenhafte Vermehrung untersucht. Diese Abteilung ist noch neu und wird von Herrn P. AS. POPOFF geleitet.

In der Abteilung Agrobiologie werden Gradationserscheinungen untersucht und die Ergebnisse für die Praxis der Schädlingsbekämpfung in der Landwirtschaft ausgewertet.

Forschungen auf dem Gebiet der medizinischen Entomologie wurden früher von der Antimalaria-Station in den Städten Plovdiv, Burgas und Petritsch durchgeführt, was zur Gesundung des Landes in bezug auf Malariaerkrankungen geführt hat (Dr. K. DRENSKY, Dr. MARKOFF, Dr. SLIVENSKI u. a.). Gegenwärtig gehören alle Fragen der medizinischen Entomologie zum Arbeitsbereich des Institutes für Malaria und Parasitologie beim Ministerium für Volksgesundheit und soziale Fürsorge.

Entomologische Untersuchungen werden auch im Zentralforstwissenschaftlichen Institut durchgeführt, das der Verwaltung für Forstwirtschaft in Sofia angegliedert ist. In diesem Institut wird über die Schädlinge unseres Waldes gearbeitet.

Außer in den angegebenen speziellen Instituten werden Forschungen auf dem Gebiet der Entomologie auch an einigen Kathedern bei den Universitäten durchgeführt.

Beim Katheder für wirbellose Tiere an der Sofioter Universität werden auch Lektionen über Entomologie von Dozent P. DRENSKY mit folgender Themenstellung gelesen: 1. Allgemeine Entomologie. 2. Landwirtschaftliche Entomologie im Zusammenhang mit den Insektenschädlingen auf Kulturpflanzen. An diesem Katheder werden auch Fragen aus dem Gebiet der angewandten Entomologie bearbeitet.

Außerdem werden am Katheder für angewandte Zoologie, dem Prof. P. PETKOFF vom Zootechnischen Institut vorsteht, auch Lektionen über Entomologie gelesen, in dem hauptsächlich Insekten behandelt werden, die die landwirtschaftlichen Pflanzen bestäuben, des weiteren für die Verbesserung des Bodens nützliche Insekten, Parasiten auf den Haustieren und den landwirtschaftlichen Kulturen, Überträger von verschiedenen Krankheiten, Schädlinge auf den landwirtschaftlichen und Forstkulturen, für den Menschen giftige usw. Es werden auch Themen wie Insektenschädlinge auf den Viehfutterpflanzen (Prof. P. PETKOFF, N. OSCHANOVA), blutsaugende Fliegen auf den Haustieren (Prof. P. PETKOFF, N. OSCHANOWA u. a. m.) ausgearbeitet.

An der Forsttechnischen Fakultät beim Katheder für Forstschutz werden Lektionen über Waldentomologie gelesen (Prof. D. STEFANOV), soweit dieselbe auf die Waldschädlinge Bezug hat.

An der Agronomischen Fakultät beim Katheder für Pflanzenschutz werden Lektionen über allgemeine und spezielle Entomologie gelesen (Prof. AS. LASAROFF und Prof. W. POPOFF). Ebenso werden im landwirtschaftlichen Institut in Plovdiv Lektionen über landwirtschaftliche Entomologie vorgetragen.

Endlich muß ich auch die Tätigkeit der Bulgarischen Entomologischen Gesellschaft erwähnen, die als verbindendes Glied aller Entomologen von den verschiedenen Instituten und Kathedern anzusehen ist. Zweifelsohne findet diese Tätigkeit konkreten Ausdruck in den Publikationen dieser Gesellschaft.

Von der bulgarischen Fauna sind bis jetzt verhältnismäßig am besten die Insekten erforscht, die ungefähr $75^0/_0$ der bei uns bekannten Tiere ausmachen. Am besten sind Macrolepidoptera und Coleoptera studiert, weniger Hymenoptera, Diptera, Hemiptera, Orthoptera und Neuroptera.

Zum Schluß muß ich bemerken, daß die entomologische Wissenschaft gegenwärtig einen wichtigen Platz in der Entwicklung der bulgarischen Wissenschaft einnimmt, und die Hilfe, die sie den landwirtschaftlichen Kulturen zu deren Behütung erweist, ist von großer Bedeutung, wie dies der Fall bei dem massenhaften Auftreten der Frühjahrssaateule im Jahre 1948, des Getreidelaufkäfers im Jahre 1952, der Waldheuschrecke in den Jahren 1948—1954 u. a. war. Und das ist immerhin ein nicht zu bestreitender Erfolg!

Die Lage der Entomologie in Israel

Von H. BYTINSKI-SALZ

Referent gibt einen Überblick über die wissenschaftlichen Institute und die Zoologen, die auf dem Gebiet der systematischen und angewandten Entomologie tätig sind. Es wird kurz auf einige Probleme eingegangen, wie Faunistik und Bekämpfung eingeschleppter Schädlinge, die zur Zeit den Schwerpunkt bilden.

Über die gegenwärtige Lage der schwedischen Entomologie

Von CARL H. LINDROTH

Die mir zugeteilte Aufgabe habe ich mir so vorgestellt, daß ich etwas über die augenblicklich in Schweden laufenden entomologischen Untersuchungen erzählen soll, damit wertvolle Kontakte mit deutschen Kollegen auf entsprechenden Gebieten angeregt werden könnten und außerdem nutzlose Doppelarbeit vermieden wird. Es handelt sich also um eine Schilderung ohne Zusammenhang. Die angewandte Entomologie wird dabei nicht berücksichtigt.

Grundlage der Entomologie ist die Systematik. Seit LINNÉ ist dieser Zweig unserer Wissenschaft in Schweden eifrig betrieben worden. Die Namen bedeutender Entomologen gehören vor allem der ersten Hälfte des vorigen Jahrhunderts an: PAYKULL, GYLLENHAL, ZETTERSTEDT u. a.; aber der größte von allen, C. G. THOMSON, war noch bis 1899, dem Jahre seines Todes, tätig. Zu dieser Zeit aber stand die schwedische Zoologie bereits unter dem dominierenden Einfluß der neuen evolutionistischen Ideen, und die maßgebenden Aufgaben wurden auf dem Gebiete der vergleichenden, phylogenetisch eingestellten Anatomie gesucht. Die Entomologie, als vornehmlich taxonomisch ausgerichtet, war nicht mehr „fein". — Noch im Jahre 1923, als ich meine zoologischen Studien beginnen wollte und mich bei meinem Professor anmeldete, hat er sich nach meinen zoologischen Interessen erkundigt und auf mein stolzes Bekenntnis: „Ich bin Entomologe", lächelnd und kopfschüttelnd geantwortet: „Das geht vorbei".

Und doch wird bei uns fortwährend entomologische Systematik betrieben, in den letzten beiden Jahrzehnten sogar in gesteigertem Ausmaße. Es dürfte aber kaum zweckmäßig sein, bei dieser Gelegenheit ein Verzeichnis der schwedischen taxonomischen Spezialisten aufzuzählen; eine diesbezügliche Liste wurde vervielfältigt und im Kongreßbüro den Interessierten zur Verfügung gestellt.

Von allgemeinerem Interesse dürfte die Tatsache sein, daß zur 200-Jahrfeier der 10. Edition von LINNÉs „Systema Naturae" (1758) eine Revision der LINNÉschen Arten verschiedener Insektengruppen (Carabidae, Dytiscidae, Lamellicornia, Neuroptera etc.) vorgesehen ist. Der ursprüngliche Plan, von der Society of Systematic Zoology in USA angeregt, eine vollständige Bearbeitung sämtlicher von LINNÉ gegebenen Tiernamen zu publizieren, wurde dagegen, vornehmlich aus Zeitmangel, aufgegeben.

Moderne Systematik in Form einer Artbildungslehre wurde vor allem von BJÖRN PETERSEN (Malmö) an Tagfaltern betrieben. Er hat unter anderem die

Aufmerksamkeit darauf gelenkt, daß gewisse nordische Arten auf Torfmooren südlicherer Gegenden Komplementär-Arten besitzen, die teilweise ziemlich spät abgespaltet sein müssen. Über das Alter von Insektenarten geben auch die von mir untersuchten interglazialen Käferüberreste aus Nordschweden einigen Aufschluß. Diesen gehören, soweit bestimmbar, alle noch lebenden Arten an, die sich also offenbar in der verhältnismäßig langen Zeit von rund hunderttausend Jahren nicht merkbar verändert haben.

Mit reiner Anatomie und Morphologie beschäftigen sich zur Zeit nur wenige schwedische Entomologen. PER BRINCK (Lund) hat durch genaue Sektionen die abdominale Anatomie, vor allem die der Geschlechtsorgane, bei Plecopteren und Ephemeriden studiert. OSSIAN LARSÉN (Lund) setzt seine Untersuchungen von Sinnesorganen an aquatilen Hemipteren fort. Er hat außerdem interessante, z. T. unerwartete Feststellungen über den Bau und die Funktion der Flugmuskulatur bei verschiedenen Käfern gemacht. Über die Natur und die zoogeographischen Konsequenzen des Flügeldimorphismus bei Carabiden habe ich selbst gearbeitet.

Arbeiten auf den Gebieten der Biologie (im engeren Sinne) und Ökologie der Insekten werden bei uns besonders eifrig betrieben. Es handelt sich dabei fast durchweg um Autökologie, nicht aber um Synökologie. Nach meiner persönlichen Auffassung sind fast alle Untersuchungen, vor allem aber die theoretischen Ausführungen, die Fragen von „Tiergesellschaften" u. dgl. betreffen, etwa 100 Jahre zu früh angefangen worden. Erst nachdem wir ein einigermaßen vollständiges Bild von den Lebensansprüchen der einzelnen Spezies gewonnen haben, ist die Zeit gekommen, eine Synthese von „Lebensgemeinschaften" zu versuchen.

Im folgenden will ich einige derzeitige biologisch-ökologische Untersuchungsobjekte erwähnen:

THURE PALM (Uppsala) setzt seine Forschungen über die schwedischen Laubholz-Käfer fort. Er hat eine umfangreiche Arbeit über die nordschwedischen Arten veröffentlicht, ist aber jetzt bestrebt, seine Erfahrungen auf die südlichen Teile des Landes auszudehnen.

EINAR WAHLGREN (Malmö), HUGO ANDERSSON (Lund) und PER INGE PERSSON (Lund) arbeiten mit gallenerzeugenden Insekten, ersterer mit Aphiden, die übrigen aus allgemeineren Gesichtspunkten, voraussichtlich auch mit biochemischen Methoden.

SVEN JOHANSSON (Lund) hat sich den Parasiten, vornehmlich Ichneumoniden, einiger Kleinschmetterlinge (*Tortrix viridana*, *Hyponomeuta* u. a.) gewidmet und versucht, die Populationsdynamik in verschiedenen Jahren zu vergleichen und zu erklären.

ERIC KJELLANDER (Stockholm) hat die Pilzmücken (Mycetophilidae) in Angriff genommen, und zwar sowohl vom taxonomischen, als auch vom ökologischen Gesichtspunkt, wobei er L. BENICKS „Pilzkäfer und Käferpilze" als Vorlage benutzen kann.

TORSTEN HASSELROT (Stockholm) hat Hummeln studiert, genaue Messungen der im Nest herrschenden Milieufaktoren gemacht und vorgeschlagen, Modelle von künstlichen Hummelnestern im Dienst der Blauluzerne-Bestäubung zu verwenden.

Helge Allander (Stockholm) interessiert sich für die Frage der Entwicklungsdauer bei Spinnern (namentlich bei *Gastropacha quercus*) und hat durch Kreuzungen die Frage zu lösen versucht, in welchem Maße dieselbe genetisch bedingt ist. — Mit dem Hibernationstypus bei Carabiden und dessen Abhängigkeit vom Klima habe ich mich selbst beschäftigt.

Karl-Hermann Forsslund (Stockholm) und Högni Bödvarsson (Lund) studieren die Bodenfauna und ihre Abhängigkeit von den Umweltfaktoren, ersterer mit Oribatiden, letzterer mit Collembolen als Hauptobjekt.

Paul Ardö (Lund) bereitet als Doktorarbeit eine breit angelegte Untersuchung über die auf Dünenland lebenden Dipteren der schwedischen Westküste vor, unter Verwendung experimenteller Methoden in großem Ausmaße.

Lars Brundin (Stockholm) ist der führende Forscher auf dem Gebiete der limnischen Entomologie und arbeitet sowohl taxonomisch als auch ökologisch mit Chironomiden. Er hat verschiedenen schwedischen Seetypen eine diesbezügliche, sehr genaue Untersuchung gewidmet und die für die Verbreitung der Chironomiden maßgeblichen Faktoren bestimmt. In letzter Zeit hat er eine sehr interessante Hypothese über die Zufuhr von Phosphaten durch glaziale Erosion veröffentlicht, die nach seiner Auffassung besonders für marine Verhältnisse gilt.

Bertil Kullenberg (Uppsala) widmet sich jetzt vornehmlich der komplizierten Frage von der Bedeutung und der Natur der Duftstoffe, die besonders im Sexualleben der Insekten maßgeblich sind. Er fing seine diesbezüglichen Untersuchungen durch ein eingehendes Studium der *Ophrys*-Arten und der mit ihren Blüten biologisch verknüpften Männchen der *Gorytes*-Arten (Fam. Sphecidae) an, hat aber nachher seine Arbeit, zum Teil in Zusammenarbeit mit Biochemikern, wesentlich erweitert.

Bengt-Olof Landin (Lund) untersucht die Zusammensetzung und Succession der *Aphodius*-Fauna in Misthaufen. Diese kurzlebige und eng begrenzte Lebensstätte ist besonders dazu geeignet, die Streitfrage der „Konkurrenz zwischen nahe verwandten Arten“ näher zu beleuchten.

Edvard Sylvén (Lund) studiert Tagesrhythmus und Aktivitäts-Schwankungen bei gewissen Tortriciden und wird demnächst eine Doktorarbeit darüber publizieren. Ebenfalls mit Tagesrhythmus, bei Thysanuren, arbeitet Per Brinck (Lund).

Sowohl Ökologie als Tiergeographie werden bei uns auch experimentell in Angriff genommen. Die Pioniere waren Rolf Krogerus (Finnland) und Ellinor Bro Larsen (Dänemark). Es wird vor allem versucht, für jede Art (und in verschiedenen Situationen) erstens das Präferendum, zweitens die Resistenz (z. B. in bezug auf Temperatur) festzustellen. In jenem Falle verwenden wir meistens „Orgel-Apparate“ nach Herter oder davon abgeleitete Typen. Untersuchungen über die allgemeine Zuverlässigkeit der Orgel-Apparate werden von Carl-Cedric Coulianos (Stockholm) ausgeführt. Mit Feuchtigkeits- und Licht-Faktoren bei *Petrobius* (Ordn. Thysanura) arbeitet Per Brinck (Lund), mit NaCl u. a. an Ephydriden RICHARD DAHL (Lund). Ich habe selbst versucht, die untere thermische Aktivitätsgrenze (Resistenz) bei der Curculionide *Otiorrhynchus dubius* festzustellen und zwar bei der bisexuellen Rasse der Alpen unter Vergleich mit der parthenogenetischen, tetraploiden Rasse aus dem Norden. Es scheint, daß diese tatsächlich besonders widerstandsfähig ist, so daß die Erklärung einer Selektion zugunsten dieser Form während der Glacial-Epochen doch möglich ist.

Auch andere Arbeiten auf dem Gebiete der Tiergeographie liegen vor. Besonders wichtig war das Erscheinen des Kartenwerkes von FRITHIOF NORDSTRÖM (Stockholm) über die fennoskandischen Tagfalter, das von jeder Art eine genaue Karte nach der einfachen Punktmethode bringt. Es ist wirklich erstaunlich, wie gut durchforscht die nordische Macrolepidopterenfauna hierdurch hervortritt. — Meine eigenen Bemühungen gelten zur Zeit hauptsächlich den Fauna-Verbindungen zwischen Europa und Nordamerika, sowie der Bedeutung der diluvialen Vergletscherungen in diesen beiden Kontinenten. Aber es würde zu weit führen, hier näher darüber zu berichten.

Es sollte aber erwähnt werden, daß in den verflossenen 5 Jahren drei überwiegend entomologische Expeditionen nach fremden Erdteilen von schwedischer Seite ausgeführt wurden: Südafrika, 1950—51, von PER BRINCK und GUSTAF RUDEBECK; Neufundland, 1949 und 1951, von mir, teilweise zusammen mit finnischen Kollegen; Südamerika (vornehmlich Chile und Peru), 1953—1954, von LARS BRUNDIN.

Schließlich sei besonders hervorgehoben, daß die schwedische Entomologie keineswegs eine isolierte Arbeitsgemeinschaft darstellt. Vor allem pflegen wir mit unseren nordischen Nachbarländern einen regen wissenschaftlichen Verkehr. Und an dieser Stelle ist es mir ein besonderes Anliegen zu sagen, wie abhängig wir immer von der deutschen Entomologie gewesen sind. Die von den Deutschen geschaffenen großen Monographien und Handbücher waren für uns ganz unentbehrlich, so auch die Ideen und persönlichen Kontakte, die sie uns immer verschwenderisch zuteil werden ließen. Dafür steht die schwedische Entomologie der deutschen gegenüber in stetiger Dankesschuld.

Die Entwicklung und gegenwärtige Lage der Entomologie in der Tschechoslovakei

Von VLADIMÍR NOVÁK und VÁCLAV SKUHRAVÝ

Anläßlich der 100- Jahrfeier der Deutschen Entomologischen Gesellschaft sei es uns gestattet, einen kurzen Überblick über die Entomologie in der Tschechoslovakei zu geben, einem Nachbarlande Deutschlands, in dem heutzutage die besten Voraussetzungen für eine freundschaftliche Zusammenarbeit mit den deutschen Wissenschaftlern auf dem Gebiet der Entomologie bestehen.

Die Tschechoslovakische Entomologische Gesellschaft, die heute über 400 Mitglieder hat, wurde 1904 gegründet. Dies geschah durch die Initiative einiger hervorragender Wissenschaftler jener Zeit — vornehmlich des Trichopteren-, Neuropteren- und Plecopteren-Spezialisten Prof. KLAPÁLEK, des Koleopterologen Dr. LOKAY und des Thysanopteren-Spezialisten und Morphologen Prof. UZEL —, die die einzelnen Wissenschaftler sowie ernsthafte Liebhaber in der Gesellschaft vereinigten. Der neuen Gesellschaft kam wesentlich zugute die Tradition der sogenannten „Prager Schule" des vorigen Jahrhunderts, an deren Berühmtheit auch einige deutsche Wissenschaftler einen wichtigen Anteil hatten, wie z. B. Dr. NICKERL, Dr. KOLENATI, E. LOKAY u. a.

Unter dem Vorsitz von Prof. KLAPÁLEK wurde die Tätigkeit der Gesellschaft von Anfang an bewußt auf die wichtigste Aufgabe — nämlich die faunistische Durchforschung unseres Landes und das Studium der damals weniger bekannten Insektengruppen — ausgerichtet. Ebenfalls von 1904 an wurde eine Zeitschrift für wissenschaftliche Entomologie herausgegeben, die Acta Societatis Entomologicae Čechosloveniae (früher Bohemicae = Čas. Čl. Spol. Ent.), die heute schon 54 Jahrgänge erreicht hat.

Aus jener Zeit stammen auch einige hervorragende Monographien, die bis zu unserer Zeit ihren Wert nicht verloren haben. Dazu gehören die Arbeiten der schon erwähnten Professoren KLAPÁLEK und UZEL und die Arbeiten der jüngeren Generation wie die des Dipterologen VIMMER, des Coleopterologen ROUBAL, des Hymenopterologen ŠUSTERA, die Untersuchungen über Physiologie und Anatomie der Chironomiden und anderer Insekten von Prof. ZAVŘEL, die weltbekannten Cocciden-Monographien von Prof. ŠULC und andere.

Nach dem ersten Weltkrieg ging die Entwicklung der Entomologie in der Tschechoslovakei weiter voran. Die Mitgliederzahl der Gesellschaft wuchs ständig, und neue entomologische Arbeitsstätten wurden gegründet. In dieser Zeit entstand eine selbständige entomologische Abteilung beim National-Museum in Prag unter der Leitung von Prof. OBENBERGER. Hier wurden umfangreiche Sammlungen von europäischen und tropischen Insekten konzentriert, und es entwickelte sich ein Zentrum der entomologischen Systematik. Seit 1923 kam hier eine weitere entomologische Zeitschrift heraus, die Acta Entomologica Musei Nationalis Pragae (= Sbor. Ent. Odd. Nár. Mus.), in der hauptsächlich umfangreichere systematische Arbeiten erscheinen. Der Tausch der beiden Zeitschriften gegen zahlreiche ausländische Fachzeitschriften wurde aufgenommen. In Prag, Brünn Pressburg und Košice entstanden die land- und forstwissenschaftl. Institute mit Abteilungen für Pflanzenschutz und Forstschutz, in denen weitere qualifizierte Entomologen Arbeitsmöglichkeiten fanden.

Von Bedeutung war die Entstehung der Mährisch-Schlesischen Abteilung der entomologischen Gesellschaft, von der die dritte entomologische Zeitschrift, die Folia entomologica (Ent. Listy, jetzt Zool. listy) seit 1937 herausgegeben wurde.

Eine größere Anzahl von Arbeiten aus dieser Zeit erlangten internationale Anerkennung — es sind außer den schon erwähnten Arbeiten diejenigen von Prof. KOMÁREK, Prof. ŠÁMAL, Prof. ŠTORKÁN, Prof. OBENBERGER, Prof. ROUBAL, Prof. PFEFFER, Prof. KRATOCHVÍL, Doc. BLATNÝ, Doc. MAŘAN, Dr. BAUDYŠ, Prof. MILLER, Dr. HEYROVSKÝ und anderen.

Der zweite Weltkrieg wirkte sich nicht nur in der Hemmung der wissenschaftlichen Arbeit und der Tätigkeit der Gesellschaft aus, sondern brachte auch Verluste durch den Tod von bekannten Entomologen. Von denen, die ihr Leben opferten, seien wenigstens genannt Prof. ŠTORKÁN, der hervorragende Acarologe, Prof. ŠÁMAL, der Autor vieler ausgezeichneter Monographien, der bekannte Reiseforscher und Spinnenkenner Dr. BAUM und der bekannte Hymenopterologe Dr. GREGOR.

Der stürmische Aufschwung aller Gebiete der Wissenschaft nach dem Kriegsende, darunter der Entomologie, erforderte neue Mitarbeiter, an deren Heranbildung sich auch die Tschechoslovakische Entomologische Gesellschaft aktiv betätigte. Die Zahl der entomologischen Arbeitsstätten wuchs bis auf den heutigen Tag auf mehr als das dreifache des Standes vor Kriegsbeginn. Noch auffallender ist der Zuwachs an voll qualifizierten Berufsentomologen.

In der Tschechoslovakischen Akademie der Wissenschaften (ČSAV) entstand unter der Leitung von Prof. KOMÁREK, den nach seinem Tode 1955 Prof. OBENBERGER abgelöst hat, das Entomologische Laboratorium mit mehr als zehn graduierten Entomologen. Es wird dort an verschiedenen Problemen der allgemeinen Entomologie gearbeitet, besonders der mikroskopischen Anatomie, Ökologie, dem Studium der Agrozoocoenosen der Kulturfelder, der Physiologie und daneben auch an der Systematik. Das Laboratorium ist zur Koordinierung der theoretisch entomologischen Forschung im ganzen Staate bestimmt.

An entomologischen Problemen wird weiterhin in drei Abteilungen des im Jahre 1950 gegründeten Biologischen Institutes der ČSAV gearbeitet. Es ist die Abteilung der Phytopathologie mit dem Doz. BLATNÝ an der Spitze, wo in erster Linie die Probleme der Virus-Übertragung gelöst werden; die Abteilung der

Insekten-Pathologie unter der Leitung von Dr. Weiser, wo alle Insekten-Krankheiten systematisch studiert werden und die Möglichkeiten der biologischen Bekämpfung von Schädlingen Gegenstand der Untersuchung sind. Die dritte Abteilung ist die parasitologische, in der eine größere Gruppe von Wissenschaftlern unter der Leitung des Staatspreisträgers Dr. Rosický die Probleme der medizinischen Entomologie und Acarologie bearbeitet.

Große Aufmerksamkeit wird den Problemen der angewandten Entomologie gewidmet. Zur Verfügung stehen die Institute und Laboratorien an den landwirtschaftlichen Hochschulen (Prag, Brünn, Nitra), an den forstlichen Hochschulen (Prag, Brünn, Zvolen), ferner das biologische Institut der Slovakischen Akademie der Wissenschaften (Pressburg), das Forschungsinstitut für Pflanzenbau bei der Tschechoslovakischen Akademie der Landwirtschaftswissenschaften (Praha-Ruzyně), das Laboratorium für Pflanzenschutz der Slovakischen Akademie der Wissenschaften (Ivanka bei Pressburg), das Institut für Forst- und Jagdwirtschaft bei der Čs. Landwirtsch. Akademie (Prag), das Forschungsinstitut für Forstwirtschaft im Rahmen des Ministeriums für Land- und Forstwirtschaft (Zbraslav-Strnady, Banská Štiavnica).

Zum Zentrum der systematischen Entomologie gehört noch immer die entomologische Abteilung des Nationalmuseums in Prag, die heute unter der Leitung von Doz. Mařan steht. Neben der Systematik und Faunistik wird an verschiedenen Fragen der Tiergeographie gearbeitet. Außerdem arbeiten einzelne Systematiker an den Land-, Kreis- und Stadt-Museen und fast in allen anderen Instituten, wo Entomologie gelehrt wird, neben einer großen Zahl von Liebhabern, von denen manche internationale Anerkennung gefunden haben. Es wird darauf geachtet, daß jeder Berufsentomologe wenigstens eine kleine Gruppe von Insekten in systematischer Hinsicht beherrscht. Wir können heute behaupten, daß in unserem Lande die Bestimmung von allen heimischen Insektengruppen durch verläßliche Spezialisten gewährleistet ist.

Die Publikationsmöglichkeiten sind jetzt in der Tschechoslovakei befriedigend. Neben den drei erwähnten, ausschließlich entomologischen Zeitschriften, deren Umfang in der letzten Zeit vergrößert wurde, bilden die entomologischen Original-Arbeiten einen bedeutenden Anteil des Inhaltes der Zeitschriften mit breiterer Thematik, wie der Zoologický Věstník (Zoologische Berichte — 4 Hefte im Jahr), Čs. biologie (Tschechoslovakische Biologie — 6 Hefte im Jahr), Folia biologica (international, 6 Hefte) und Slovenská biologie (Slovakische Biologie — 6 Hefte). Für systematische und faunistische Arbeiten stehen zur Verfügung die Zeitschriften der Museen in Praha (Čas. Nár. Mus. Praha, Naturwiss. Abt.) und in Opava (Sbor. Slez. Mus. Opava). Umfangreichere Arbeiten werden selbständig in den Sammlungen: Práce Čs. Akademie věd (ČSAV), Prace moravské základny ČSAV Brno und Práce Slovenské Akademie věd publiziert. Die Arbeiten aus dem Gebiet der angewandten Entomologie finden in den land- und forstwirtschaftlichen Fachzeitschriften Aufnahme. Für Bienenkunde existiert eine eigene Zeitschrift „Včelařství“. Große Aufmerksamkeit wird von der Akademie der Sammlung „Fauna der Tschechoslovakischen Republik“ gewidmet, in der jedes Jahr drei bis vier Bände mit Monographien der einzelnen Insektengruppen erscheinen (im Umfang von 250 bis 500 Seiten). Daneben wird immer ein Teil der Arbeiten der Tschechoslovakischen Entomologen in ausländischen Fachzeitschriften publiziert (in Deutschland, Frankreich, in letzter Zeit auch in der UdSSR, zum kleineren Teil in England und den USA).

Die Tschechoslovakische Entomologische Gesellschaft wurde 1956 der Akademie der Wissenschaften angegliedert, die ihre materielle Basis und weitere wissenschaftliche Entwicklung gewährleistet. Im Oktober 1954 feierte die Gesellschaft mit ihren über 400 aktiven Mitgliedern ihr 50jähriges Jubiläum auf einer Festtagung der tschechoslovakischen Entomologen in Praha. Im November 1955 fand eine dreitätige Arbeitsberatung über die Aufgaben der tschechoslovakischen Entomologie im Hause der Wissenschaftler in Liblice bei Praha statt.

Die Hauptaufgaben der tschechoslowakischen Entomologie für die nächsten Jahre können in folgender Weise kurz zusammengefaßt werden:

Sicherstellung der weiteren faunistischen Durchforschung aller in der ČSR vorkommenden Insekten-Ordnungen im Hinblick auf ihre Taxonomie, Ökologie und geographische Verbreitung.

Studium der mikroskopischen Anatomie und Histologie der Insekten als Grundlage für die Lösung der Insektenentwicklung und für die Lösung praktischer entomologischer Probleme.

Erforschung der Biocoenosen der land- und forstwirtschaftlich wichtigen Insekten auf verschiedensten Biotopen.

Fortsetzung des Studiums der Insektenschädlinge in der Land- und Forstwirtschaft, der für die Gesundheit der Menschen schädlichen Insekten, der Nutzinsekten und der Vorratsschädlinge.

Systematisches Studium der Erreger von Insekten-Krankheiten mit besonderer Berücksichtigung der häufigen Schädlinge sowie das Studium der biologischen Bekämpfung von Schädlingen.

Lösen von praktischen und theoretischen Problemen im Rahmen des Studiums der Insektenphysiologie (Metamorphose, Diapause Muskeltätigkeit, Respiration usw.).

Förderung der Heranbildung von jungen Entomologen und die Unterstützung moderner Arbeitsrichtungen in der Entomologie. Werbung für die entomologische Arbeit und ihre Popularisierung unter den Interessenten und in der Öffentlichkeit.

Die Verbreitung und Vertiefung aller Arten der Zusammenarbeit mit den Entomologen und entomologischen Arbeitsstätten und Gesellschaften im Auslande, mit besonderer Rücksicht auf die Nachbarländer.

Verzeichnis der entomologischen Arbeitsstätten und ihrer wichtigsten Arbeitsgebiete in der Tschechoslovakei[1])

1. Entomologisches Laboratorium der Tschechoslovakischen Akademie der Wissenschaften. Prag 2, Viničná 7. (Anatomie, Histologie, Ökologie, Zoocoenologie, Systematik).

Biologisches Institut der Tschechosl. Akademie der Wissenschaften Prag 6, Na cvičišti 2

Abteilung für Phytopathologie (Übertragung der Virus-Krankheiten, Ökologie, Systematik).
Abteilung für Entomopathologie (Protozoen, Bakterien, Viren, Mykosen, Acariden — Insektenphysiologie, Systematik).
Parasitologische Abteilung (Medizinische Entomologie, Acarologie, Systematik, Ökologie).
Zweigstelle der parasitologischen Abteilung des Biol. Inst. ČSAV, Brünn, Zemědělská 1 (Medizinische Entomologie, Systematik).

Tschechoslovakische Akademie der Landwirtschaftswissenschaften

Forschungsanstalt für Pflanzenbau. Abteilung für Entomologie, Praha-Ruzyně (Angewandte Entomologie, Zoocoenologie, Biologische Bekämpfung, Insektizide, Physiologie, Systematik).
Institut für das Forst- und Jagdwesen. Praha-Ruzyně. (Forstentomologie, Systematik, Entomophagen).

Slovakische Akademie der Wissenschaften (SAV)

Faunistisches Laboratorium der SAV, Pressburg (Systematik, Faunistik).
Institut für Pflanzenschutz der SAV, Ivanka bei Pressburg. (Angewandte Entomologie, Biologische Bekämpfung, Ökologie, Systematik).

Hochschulen

A. Universitäten

Biologische Fakultät der Karlsuniversität, Katheder der systematischen Zoologie (Systematik, Ökologie, Physiologie, Zoocoenologie, Bodenzoologie) Prag 2, Viničná 7.
Naturwissenschaftliche Fakultät K. U. Zoologisches Institut Brünn, Kotlářská 2 (Systematik, Faunistik, Ökologie, Physiologie).
Naturwissenschaftliche Fakultät K. U., Pressburg, Moskovská 2 (Systematik, Zoocoenologie, Faunistik).

---

[1]) Nur die Arbeitsstätten, die regelmäßig Originalarbeiten aus dem Gebiet der Entomologie publizieren, sind angeführt.

B. Technische Hochschulen

Forstliche Fakultät in Prag, Institut für Forstschutz und Zoologie, Prag 6, Studenstká 14 (Forstentomologie, Systematik, Ökologie). Forstliche Fakultät in Brünn, Institut für Forstschutz, Brünn, Lesniká 37 (Forstentomologie). Forstliche Fakultät in Zvolen, Slovakei (Forstentomologie). Landwirtschaftliche Fakultät in in Prag, Institut für Phytopathologie, Prag 6, Techniká 3 (Landwirtschaftliche Entomologie, Systematik). Landwirtschaftliche Fakultät Brünn, Institut für Entomologie und Phytopathologie, Brünn, Zemědělská 1 (Landwirtschaftliche Entomologie, Ökologie Arachnologie, Systematik). Landwirtschaftliche Fakultät in Nitra, Slovakei, Institut für Zoologie (Systematik und Ökologie).

Pädagogische Hochschulen

Zoologisches Institut der Pädagogischen Hochschule. Prag 2, Viničná 7 (Systematik).

Zoologisches Institut der Pädagogischen Hochschule, Olomouc (Systematik, Zoocoenologie).

Museen

Das National-Museum in Prag, Abteilung für Entomologie, Praha 2, Václavské nám. (Systematik, Faunistik, Zoogeographie).

Landesmuseum in Brno, Entomologische Abteilung, Brünn (Systematik, Ökologie).

Kreismuseum Hradec Králové, Zool. Abteilung. Hradec Králové (Systematik).

Das Schlesische Studieninstitut, Opava, Nádražní okruh. (Systematik, Faunistik).

Kreismuseum Olomouc. Zoologische Abteilung (Systematik).

Forschungsinstitute

Forschungsinstitut für Forstwirtschaft, Abt. für Forstschutz, Zbraslav-Strnady (Forstentomologie).

Forschungsinstitut für Forstwirtschaft, Abt. für Forstschutz, Bandská Štiavnica, Slovakei (Forstentomologie, Systematik, Zoocönologie).

Forschungsinstitut für Gemüsebau, Kroměříž (Angewandte Entomologie).

Forschungsinstitut für Zucker-Industrie, Entom. Abteilung Mod Fany (Angewandte Entomologie).

Forschungsstation für die Seidenspinner-Zucht, Lednice u. Břeclavi (Angewandte Entomologie).

Forschungsinstitut für Bienenkunde, Dol u. Libčic (bei Prag) Bienenkunde.

Institut für Bienen- und Seidenkunde der Wirtschaftlichen Hochschule, Brünn, Zemědělská 1 (Bienenkunde, Angewandte Entomologie).

Forschungsstation für Bienenkunde, Prostějov, Vodní ul. (Bienenkunde).

Forschungsinstitut für Bienenkunde, Liptovský hrádok, Slovakei (Bienenkunde).

Die Lage der Entomologie in Polen

Von St. Smreczyński

Die Lage der polnischen Entomologie war vor dem letzten Kriege keineswegs zufriedenstellend. Die Wiederentstehung des Polnischen Staates im Jahre 1918 hatte zwar die Voraussetzungen für eine bessere und einheitlichere Entwicklung der Entomologie geschaffen, jedoch wurden unsere Entomologen an der vollen Ausnutzung der neuen Möglichkeiten durch die mit dem Aufbau des Landes verbundenen wirtschaftlichen Schwierigkeiten stark gehindert. Der einzige Verein unserer Entomologen, „Polnischer Entomologen-Verein", wurde im Jahre 1922 gegründet. Gleich nach seiner Entstehung unternahm man die Herausgabe der „Polnischen Entomologischen Zeitschrift", welche, ebenso wie die Publikationen des Staatlichen Zoologischen Museums in Warschau, „Annales Musei Zoologici Polonici" und „Fragmenta Faunistica Musei Zoologici Polonici", hauptsächlich die Arbeiten aus dem Gebiet der Faunistik und Systematik veröffentlichte; die Arbeiten aus anderen Gebieten der Entomologie, wie der angewandten Entomologie, der Anatomie, Embryologie und Physiologie, erschienen in verschiedenen wissenschaftlichen Zeitschriften vorwiegend in Polen, seltener im Auslande. Die Anzahl der Entomologen, welche die Ergebnisse ihrer Untersuchungen im Druck erscheinen ließen, war bei uns verhältnismäßig kleiner als in den Nachbarländern. Es fehlte jedoch nicht an Leistungen, die weitere Verbreitung fanden. Genannt seien hier vor allem die von S. Kopeć über die Rolle des Gehirns in der Schmetterlingsmetamorphose angestellten Studien, welche die eigentlich neue Forschungsrichtung, Endokrinologie der Insekten, eröffnet hatten; dann die Arbeiten von J. Heller über den Stoffwechsel bei den Schmetterlingen, die von Hirschler, Noskiewicz und Poluszyński durchgeführten Untersuchungen über die Embryologie der Insekten, die Arbeiten von Zaćwilichowski und Prüffer über das Nervensystem der Flügel und über die Sinnesorgane, schließlich die Forschungen von R. Minkiewicz, Garbowski und anderen über die Instinkte und das Orientierungsvermögen der Insekten.

Die größten Bemühungen der meisten Entomologen waren auf die Erforschung der einheimischen Fauna gerichtet, deren Kenntnis sich in dieser Zeit wesentlich vertieft hatte. Der Mangel an großen Vergleichssammlungen und Literatur hat die Entwicklung der Systematik weitgehend gehemmt. Nur die Arbeiten weniger Entomologen, wie J. Stachs Studien über die flügellosen Insekten, Noskiewicz' Forschungen über die Hautflügler und Jaczewskis über Wasserwanzen konnten größere Anerkennung finden. Nennenswert sind auch die zoogeographischen Studien von KUNTZE und NOSKIEWICZ über die Insekten Podoliens. Auf dem Gebiete der angewandten Entomologie arbeiteten solche Wissenschaftler wie Prof. MOKRZECKI, ST. MINKIEWICZ und andere.

Die furchtbaren Wirkungen des letzten Krieges, der zweimal (1939 und 1944 bis 1945) in unserem Land getobt hatte, fügten auch unserer Entomologie empfindlichen Schaden zu. Die Zerstörung von Museen und Bibliotheken, die Vernichtung vieler öffentlicher und privater Sammlungen sowie ein oft tragischer Verlust (ungefähr 25%) an vielen Spezialisten, deren Anzahl schon vor dem Kriege nicht besonders groß war, hatte zur Folge, daß man auf vielen Gebieten der Entomologie die Arbeit von neuem anfangen mußte. Die Schwierigkeiten vergrößerte noch der Umstand, daß die wenigen älteren und erfahrenen Spezialisten, welche die Gefahren des Krieges glücklich überstanden hatten, fast ausnahmslos am Aufbau teilnehmen mußten. Außerdem wurden unsere Arbeitsstätten in vielen Fällen, infolge großer sozialer Verwandlungen in unserem Lande, völliger Reorganisation unterzogen. Diese wichtigen und dringenden Aufgaben der Nachkriegszeit beanspruchten unsere Spezialisten so sehr, daß sich nur wenige unter ihnen fanden, die sich der wissenschaftlichen Arbeit widmen konnten. Dies alles mußte natürlich die Entwicklung unserer Entomologie stark beeinträchtigen.

Nicht der richtige Platz wäre es, hier verschiedene Stadien dieser Veränderungen in unserem Lande darzustellen. Deshalb werde ich hier nur die Organisationsbasen der Entomologie zu besprechen versuchen. Es muß betont werden, daß bei uns heute vor allem die Arbeitsmöglichkeiten an staatlichen Instituten sehr günstig sind. Die mit nötigem Literatur- und Apparatenbestand versehenen Arbeitsstätten sowie die Gelegenheit, mehr Zeit der Berufsarbeit widmen zu können, haben günstigere Arbeitsbedingungen geschaffen, so daß die Liebhaberarbeit zurückgedrängt wurde.

Die wichtigste Institution, auf der sich unsere Forschungen auf dem Gebiete der Faunistik und der Systematik entwickeln, bildet das Zoologische Institut der Polnischen Akademie der Wissenschaften. Das ehemalige Zoologische Staatsmuseum in Warschau, das Naturwissenschaftliche Museum der früheren Akademie der Wissenschaften in Krakau, die Naturwissenschaftlichen Museen in Posen und Łódz sind diesem Institut einverleibt worden. Seine Zentrale befindet sich in Warschau, in dem Gebäude des früheren Zoologischen Staatsmuseums. Die Zweigstellen außerhalb von Warschau bilden seine Abteilungen. Das Zoologische Institut in Warschau umfaßt selbstverständlich alle Gebiete der Zoologie, jedoch seine größte Tätigkeit entwickelt es natürlich auf dem Gebiete der Entomologie. Bedeutend vergrößert wurde die Zahl der für die Entomologen bestimmten Stellen; als Beispiel mögen hier folgende Angaben über die Zahl der in diesen Fachbereichen beschäftigten Mitarbeiter vor und nach dem Kriege dienen: in Warschau waren vor dem Kriege nur 8 wissenschaftliche und 3 technische Arbeitskräfte beschäftigt, während heute ihre Zahl auf 23, d. h. 13 Wissenschaftler und 10 Techniker, gestiegen ist. In Krakau sind gegenwärtig 8 Wissenschaftler und eine technische Kraft beschäftigt, vor dem Kriege dagegen gab es hier nur 3 wissenschaftliche

Stellen. Die Zentrale des Instituts besitzt eine reichlich versehene Bibliothek, und es ist auch gelungen, die während des Krieges vollständig vernichteten Sammlungen schon teilweise wiederherzustellen.

Den Bemühungen unseres Staates verdanken wir auch den Ausbau der Fachanstalten für angewandte Entomologie. Vor dem Kriege arbeiteten auf diesem Gebiet die entsprechende Abteilung des Staatlichen Wissenschaftlichen Instituts für Landwirtschaft in Puławy mit seinen Zweigstellen sowie die wenigen Lehrstühle für den Waldschutz und Entomologie bei den höheren Forstschulen; außerdem beschäftigte sich mit den Problemen der Waldschädlinge und deren Bekämpfung ein entsprechendes Forschungsinstitut der Forstwirtschaft. Heute arbeiten an diesen Problemen zahlreiche Forschungsstellen, wie das aus der Reorganisation des Staatl. Wissenschaftl. Instituts für Landwirtschaft in Puławy entstandene Institut für Pflanzenschutz mit den ihm untergeordneten Arbeitsstätten, ferner das Forschungsinstitut der Forstwirtschaft und viele neue Anstalten für Entomologie, die bei den Lehrstühlen für Zoologie an den landwirtschaftlichen Hochschulen gebildet wurden. Dementsprechend wurde auch die Zahl des dort beschäftigten Personals beträchtlich vergrößert.

Im Zusammenhang mit neu auftauchenden Problemen wurden auch neue Institute gebildet, wie z. B. das Institut für Forschungen über den Koloradokäfer. Dieses vor einigen Jahren in Posen gegründete Institut ist mit moderner Apparatur zu vielseitigen Forschungen ausgerüstet.

Im Vergleich mit der Vorkriegszeit hat sich also die Zahl der auf dem Gebiete der Entomologie Beschäftigten bedeutend vergrößert. Wie aus dem Gesagten hervorgeht, betrifft das vor allem die Berufsentomologen. Schwer ist es dagegen festzustellen, ob die Zahl der Liebhaber gestiegen ist. Es scheint, daß sie sich nicht wesentlich geändert hat; im Gegenteil kann man sogar annehmen, daß sie etwas kleiner wurde, weil das Interesse für die Insektenwelt im allgemeinen und besonders unter der Jugend nachgelassen hat.

Bei der Betrachtung der Berufsentomologen macht sich eine Erscheinung bemerkbar, die sich allgemein auf die Altersklassen in unserem Volk bezieht. Das Alter der Bevölkerung hat sich nämlich beträchtlich zuungunsten der älteren Generation verschoben. Die größte Zahl unserer Entomologen hat das Alter von 20—30 Jahren kaum überschritten, dagegen ist der Prozentsatz älterer Spezialisten stark gefallen. Dies kann nicht ohne Einfluß auf den Stand unserer Entomologie sein: zur Zeit ist das insofern ungünstig, weil hier Leute beschäftigt sind, welche die ersten Schritte in ihrer wissenschaftlichen Laufbahn tun und noch keine bedeutenderen Leistungen hinter sich haben. Günstig scheint es jedoch für die Zukunft unserer Wissenschaft zu sein, da der Zuwachs neuer Arbeitskräfte dadurch gesichert wird. Unter den Liebhabern gibt es dagegen nur wenige Forscher, die sich an den wissenschaftlichen Untersuchungen beteiligen.

Es ist daher selbstverständlich, daß wir vorläufig keine größeren Erfolge auf dem Gebiete der Entomologie zu verzeichnen haben. Der Polnische Entomologen-Verein konnte erst im Jahre 1947 seine Tätigkeit wieder aufnehmen. Das erste Heft der „Poln. Entomologischen Zeitschrift“ erschien im Jahre 1948. „Annales

Mus. Zool." erschienen wieder seit 1947, „Fragmenta Faunistica" seit 1946. Bisher ist es uns nicht gelungen, an das früher Vorhandene vollständig anzuknüpfen, und deshalb konnten manche Gebiete der Entomologie bisher keine größeren Erfolge erreichen, obwohl sie vor dem Kriege bedeutungsvolle Arbeit geleistet haben. Dies ist der Fall z. B. bei der Anatomie, Embryologie und Insektenethologie. Auf dem Gebiete der Physiologie arbeiten zur Zeit neben dem Prof. HELLER, der seine gründlichen Stoffwechseluntersuchungen der Schmetterlinge weiterhin fortsetzt, auch Prof. NIEMIERKO und Dozent RYBICKI, die zusammen mit ihren Schülern die Physiologie der Wachsmotte erforschen.

Mit verhältnismäßig großem Kraftaufwand wird zur Zeit die Forschung an der einheimischen Fauna geführt. Große Fortschritte machte schon die Kenntnis vieler Ordnungen unserer Insekten. Trotzdem kann man die Untersuchungen auf diesem Gebiete keineswegs als abgeschlossen betrachten. Im allgemeinen kann man feststellen, daß die Forschungen auf dem Gebiete der Faunistik und Systematik im Verhältnis zu der Vorkriegszeit heute in gewissem Sinne vertieft wurden, denn in viel höherem Maße als vorher wird dabei die Aufmerksamkeit auf die Biologie und Ökologie der beobachteten Formen gerichtet.

Vor drei Jahren unternahm der Poln. Entomologen-Verein, durch das Zool. Institut der Polnischen Akademie der Wissenschaften stark unterstützt, die Bearbeitung eines großen Sammelwerkes „Bestimmungsschlüssel der Insekten Polens". Dieses Werk, mit zahlreichen Abbildungen wichtiger diagnostischer Merkmale versehen, ist nicht nur der erste polnische Bestimmungsschlüssel im eigentlichen Sinne, sondern bildet auch einigermaßen eine Synthese der bisherigen Kenntnisse auf dem Gebiete der Verbreitung und Biologie unserer Insekten. Bis heute sind 16 Hefte dieses Werkes erschienen, ungefähr 100 weitere befinden sich im Druck oder in Bearbeitung. Leider fehlt es für viele Gruppen an Verfassern.

Im Bereiche der Systematik kann man die Bearbeitungen verschiedener Gruppen der sog. Microlepidoptera (hauptsächlich von TOLL) erwähnen. Zu den Hauptleistungen auf diesem Gebiete gehört zweifellos die umfangreiche Arbeit von Prof. J. STACH, dem Nestor unserer Entomologen, über *Apterygota*. Dieses Werk, das Polens *Apterygota* in bezug auf die Weltfauna dieser Gruppe darstellt, gibt im allgemeinen die erste synthetische Bearbeitung der Systematik von flügellosen Insekten, für welche das Interesse in den letzten Jahren merklich gestiegen ist. Bisher sind 5 Bände dieses Werkes erschienen, der sechste und siebente sind schon beendet worden und der letzte wird voraussichtlich bald fertig.

Über die Lage der Entomologie in Ungarn

Von V. Székessy

Im Namen der Ungarischen Entomologischen Gesellschaft, im Namen des Ungarischen Naturwissenschaftlichen Museums, vor allem aber im Namen aller ungarischen Entomologen grüße ich die Deutsche Entomologische Gesellschaft an ihrem Ehrentage, an ihrem 100. Geburtstage. Und dies mit um so größerer Freude, als die liebenswürdige Einladung der Deutschen Entomologischen Gesellschaft zur Teilnahme an diesen Festtagen, sowie die Aufforderung zu einem kurzen Bericht über die heutige Lage der Entomologie in Ungarn, uns die Gelegenheit bietet, zum ersten Male nach langen, bitteren Jahren vor einem internationalen Forum darüber zu sprechen, wo die entomologische Wissenschaft in Ungarn heute steht.

Wollen wir jedoch ein klares Bild über die heutigen Verhältnisse der entomologischen Forschungen in Ungarn erhalten, so müssen wir — wenigstens in kurzen Umrissen — zurückblicken auf die Geschichte Ungarns in den letzten 12 Jahren.

Am 26. September 1944 näherten sich die sowjetischen Armeen der Hauptstadt des Landes und der Belagerungsring um Budapest schloß sich. Und was geschah während dieser Zeit, um die wertvollen Sammlungen des Ungarischen Naturwissenschaftlichen Museums vor den Gefahren einer Belagerung und Bombardierung zu schützen? So gut wie nichts! Die einzige Maßnahme der verantwortlichen Männer im damaligen Unterrichtsministerium erschöpfte sich darin, daß sie es den Leitern der einzelnen Sammlungen anheimstellten, nach eigener Einsicht, auf eigene Verantwortung die ihnen anvertrauten Sammlungen im Museumsgebäude zu belassen, oder sie in Budapest in anderen Gebäuden in Sicherheit zu bringen, oder aber für ihre zweckmäßige Unterbringung auf dem offenen Lande zu sorgen. So kam es, daß der wertvollste Teil unserer Dipteren-Sammlung in 8 Schränken nach Pomáz, ungefähr 20 km nördlich von Budapest, evakuiert wurde und ein Teil der Lepidopteren-Sammlung in 10 Schränken in das Biologische Forschungsinstitut in Tihany am Balaton-See kam. Alle anderen Sammlungen verblieben an ihrem Platze im Museumsgebäude zu Budapest. Mitte Dezember 1944 wurde aber die Dipteren-Sammlung wieder von Pomáz nach Budapest zurücktransportiert, kaum 48 Stunden, bevor sich die Front über diese Gemeinde hinwegwälzte. Am 13. Februar 1945 waren die Kämpfe um und in Budapest beendet, und die Front entfernte sich nach Westen. Die Sammlungen der Zoologischen Abteilung des Ungarischen Naturwissenschaftlichen Museums, vor allem die entomologischen Sammlungen hatten aber fast keinen Schaden gelitten. Auch der nach Tihany evakuierte Teil der Lepidopteren-Sammlung konnte im Sommer 1946 so gut wie unversehrt nach Budapest zurückgebracht werden. Daß die auch von internationalem Standpunkte aus überaus wertvollen entomologischen Sammlungen die Gefahren der Belagerung und der Monate hindurch anhaltenden Bombardierung ohne nennenswerte Verluste überstanden hatten, war um so wichtiger, als von dem Gebäude, in welchem die Zoologische Abteilung des Ungarischen Institutes für Pflanzenschutzforschung mit allen ihren Sammlungen untergebracht war, nach der Beendigung des Krieges nurmehr ein wüster Trümmerhaufen sprach. Fast gleichzeitig mit dem Einsetzen der Wiederaufbauarbeiten versuchte die Leitung des Ungarischen Naturwissenschaftlichen Museums auch die wissenschaftlichen Arbeiten von neuem zu organisieren. So erschienen schon am Ende des Jahres 1945 von neuem die Annales historico-naturales Musei Nationalis Hungarici und bald darauf unter finanzieller und wissenschaftlicher Unterstützung von seiten des Museums die Allattani Közlemények (Zoologische Mitteilungen) und die Fragmenta Faunistica Hungarica, auf welche Zeitschriften in kurzer Zeit auch die Ausgabe der verschiedenen Bände der neu gegründeten Monographienreihe des Museums folgte, und im Bibliotheksraum des Museums erklangen nach kaum einjähriger Unterbrechung von neuem die Vorträge im Rahmen der Ungarischen Entomologischen Gesellschaft. Nach dem Neuaufbau des Ungarischen Institutes für Pflanzenschutzforschung konnten auch allmählich die Arbeiten seiner zoologischen Abteilung in vollem Ausmaße in Angriff genommen werden. Nach einem vorübergehenden Rückschlag in den Jahren während und nach der Inflation übernahm die neuorganisierte Ungarische Akademie der Wissenschaften auch die Leitung der Zoologischen Arbeiten, und mit dem ersten wissenschaftlichen Fünf jahr-Plan des Jahres 1949 begann in der ungarischen Zoologie die Epoche der Planarbeiten. Im Rahmen dieser planmäßig festgelegten Untersuchungen sammelten und arbeiteten die Entomologen Ungarns vor allem Jahre hindurch in solchen Gebietsteilen des Landes, deren ursprüngliche Fauna durch die landwirtschaftlichen Maßnahmen am meisten bedroht erschienen. So setzten die wissenschaftlichen Forschungen zuerst im Reliktgebiet von Bátorliget im Nordosten Ungarns ein und wurden dann in den folgenden Jahren im Naturschutzgebiet des Kisbalaton, in der Umgebung des Velencei-tó, in den austrocknenden Morasten am Südufer des Balaton-Sees sowie in den Sumpfgebieten zwischen Donau und Tisza fortgesetzt. Anläßlich der Untersuchungen in dem durch seine Reliktpflanzen schon längst bekannten Sumpfgebiete von Bátorliget konnten nun in seiner Entomofauna eine Reihe von Tertiärrelikten, von Reliktarten aus der Eiszeit selbst, sowie aus den verschiedenen auf die Eiszeit folgenden Klimaperioden nachgewiesen werden, wodurch sich ein fast kontinuierliches Bild der Entwicklung der Fauna dieses Gebietes ergab.

Diese großangelegten und von seiten aller Mitarbeiter mit großer Ambition getragenen faunistisch-tiergeographischen Arbeiten führten aber bald zu der Überzeugung, daß die Hauptaufgabe der ungarischen Zoologen und Entomologen heute nicht darin bestehen kann, einzelne systematische, tiergeographische und faunistische Probleme für sich allein zu lösen, mögen diese vielleicht auch noch so interessant erscheinen, sondern einzig und allein darin, an Hand allen erreichbaren Materials und unter Anwendung der modernsten systematischen Methoden die Gesamtfauna Ungarns aufzuarbeiten und in einheitlicher Form zu veröffentlichen, um damit die wissenschaftliche Basis für alle weiteren zoologischen und angewandt-zoologischen Untersuchungen zu schaffen. So entstand der Plan des umfassenden Werkes „Magyarország állatvilága" (Fauna Hungariae), das heute schon hinausgewachsen ist über die ersten Kinderkrankheiten und das in seinen bisher vorliegenden 15 Heften (auf mehr als 65 Druckbogen) beweist, daß die Zoologen Ungarns und unter ihnen in erster Reihe die Entomologen die restlose Durchführung des nunmehr zweiten wissenschaftlichen Fünfjahr-Planes als ihre ureigenste Aufgabe erkannt haben. Der Schwerpunkt dieser systematischen Arbeiten liegt vor allem auf den Schultern der wissenschaftlichen Mitarbeiter der Zoologischen Abteilung des Ungarischen Naturwissenschaftlichen Museums, doch schlossen sich ihm in vorbildlicher Weise alle Entomologen Ungarns an, die Entomologen der verschiedenen Forschungsinstitute und zoologischen Lehrkanzeln an Universitäten und Hochschulen ebenso wie auch alle wissenschaftlich tätigen Amateure.

Neben der systematischen, tiergeographischen und faunistischen Erforschung der Gesamtfauna Ungarns wurden aber auch andere entomologische Untersuchungen weitergeführt bzw. begonnen. Es mag wohl hinreichend erscheinen, wenn ich bei dieser Gelegenheit auf die Veröffentlichungen von Z. Kaszab über Meloiden und Tenebrioniden hinweise, auf die Publikationen von J. Erdös über Chalcididen, oder auf die von L. Gozmány über Microlepidopteren usw.

Die zweifellosen Ergebnisse und Erfolge der taxonomischen und tiergeographisch-faunistischen Forschungen, auf welche die Entomologen Ungarns im letzten Jahrzehnt zurückblicken können, läßt es aber sehr auffallend erscheinen, daß über Anatomie und Physiologie der Insekten in derselben Zeitspanne nur sehr wenige Arbeiten veröffentlicht wurden. Um so erfreulicher ist dagegen die Tatsache, daß die zönologischen Untersuchungen in den letzten Jahren auch in Ungarn bedeutenden Aufschwung genommen haben. In dieser Beziehung sind in erster Linie die Arbeiten zu erwähnen, welche an der Zoologischen Lehrkanzel der Universität in Budapest unter der Leitung von Univ.-Prof. Dr. E. Dudich durchgeführt werden und welche sich heute um drei Kernprobleme drehen: 1. die Zusammensetzung und die biologische Bedeutung der Arthropodenfauna des Waldbodens, 2. die Biozönose der Luzernenfelder und ihre wirtschaftliche Bedeutung, 3. die biozönotische Erforschung der Insektenfauna der ungarischen Sodaböden. Weitere zönologische Arbeiten laufen im Ungarischen Naturwissenschaftlichen Museum, wo sich u. a. eine kleine Arbeitsgemeinschaft die Erforschung der Gesetzmäßigkeiten im Zustandekommen und in der Zusammensetzung einer Gradation von *Tortrix viridana* und *Hibernia defoliaria*, sowie ihres Zusammenbruches zum Ziel gesteckt hat. Die meisten dieser Arbeiten sind heute schon als abgeschlossen zu betrachten und werden — abgesehen von den bisher publizierten Detaildarstellungen — in absehbarer Zeit zur Veröffentlichung gelangen. Unter den bisher schon erschienenen zönologischen Arbeiten der Zoologischen Lehrkanzel der Universität in Budapest möchte ich vor allem das Buch von J. Balogh „Grundzüge der Zoozönologie“ (1953) erwähnen, dessen erweiterte Auflage in deutscher Sprache in Vorbereitung steht.

Außerordentlich interessant erscheint der sich seit zwei Jahren auf den Vortragssitzungen der Ungarischen Entomologischen Gesellschaft abspielende Meinungsaustausch zwischen J. Balogh, dem Verfasser des erwähnten Buches und G. Szelényi. Abweichend von der heute allgemein anerkannten, mit quantitativen und qualitativen Analysen arbeitenden biozönologischen Richtung, welche auch von J. Balogh vertreten wird, sieht nämlich G. Szelényi den einzig richtigen Weg der Zönologie in der Klarstellung der wechselseitigen Beziehungen zwischen den Populationen der verschiedenen Tierarten (nicht der Arten selbst) des betreffenden Untersuchungsgebietes bzw. Biotopes und ist der Überzeugung, daß die Zusammensetzung einer Tiergesellschaft und ihre Gesetzmäßigkeiten nur auf Grund der auf diese Weise feststellbaren Korrelationen bzw. Relationen ermittelt werden kann. Interessant und auch vom Gesichtspunkt der angewandten Entomologie von Bedeutung ist der Umstand, daß G. Szelényi zur Entwicklung seiner neuen Theorie als Leiter der Zoologischen Abteilung des Institutes für Pflanzenschutzforschung gelangt ist, und zwar auf Grund seiner eigenen Arbeiten auf dem Gebiete der angewandten Entomologie, sowie auf Grund der unter seiner persönlichen Leitung Jahre hindurch laufenden Arbeiten.

Die Grundprobleme, mit welchen sich die Mitarbeiter des erwähnten, streng biozönologisch eingestellten Institutes beschäftigen, sind heute die Erforschung der Lebensbedingungen und Bekämpfungsmethoden, sowie Vorbeugungsmaßnahmen gegen folgende Insektenschädlinge: *Hyphantria cunea*, Kartoffelkäfer, verschiedene Reisschädlinge, Obst- und Getreideschädlinge usw. Ausgesprochen zoozönologisch untersucht werden die an Weizen, Mohn, Raps und Apfel lebenden Tiergesellschaften.

Schließlich muß noch kurz darauf hingewiesen werden, daß sich eine Arbeitsgemeinschaft der Zoologischen Abteilung des Ungarischen Naturwissenschaftlichen Museums in engster Kooperation mit wissenschaftlichen Mitarbeitern des Ungarischen Hygienischen Institutes Jahre hindurch mit dem Stechmücken- und Malariaproblem beschäftigte und damit die wissenschaftliche entomologische Grundlage zu einer modernen Bekämpfung der Stechmücken in Ungarn schuf.

Die bisher besprochenen bzw. in Schlagworten kurz umrissenen Erfolge der entomologischen Untersuchungen in Ungarn sind vor allem — und diesen Umstand möchte ich besonders hervorheben — der mustergültigen Zusammenarbeit aller ungarischer Entomologen zuzuschreiben. Das Verdienst bei dem Herauskristallisieren dieser Zusammenarbeit gebührt persönlich jedem einzelnen ungarischen Entomologen, den Leitern der verschiedenen Forschungsinstitute, nicht zuletzt aber der Ungarischen Entomologischen Gesellschaft, welche in den beiden letzten Jahrzehnten, vor allem aber in den Jahren nach dem zweiten Weltkriege — allen finanziellen und anderen Schwierigkeiten zum Trotz — fast nur allein durch ihre regelmäßig abgehaltenen Vortragssitzungen zum wissenschaftlichen und gesellschaftlichen Zusammenschluß der Entomologen Ungarns wurde.

Schmerzhaft sind aber die Lücken, welche in den letzten Jahren in diese Einheit gerissen wurden. Im Jänner 1945 fiel während der Belagerung von Budapest S. Pongrácz, der Oberdirektor des Ungarischen Naturwissenschaftlichen Museums, der vor allem als Paläoentomologe bekannt war, in seiner Wohnung einer Granate zum Opfer. Noch im selben Jahre folgte ihm J. Szabó-Patay, der Leiter der Hymenopteren-Sammlung des Museums in den Tod und bald darauf auch der Lepidopterologe T. Uhrik-Mészáros. Das Hinscheiden des Lepidopteren-sammlers F. Bartha, der Coleopteren-Sammler Gy. Stiller und D. Révy stellen weitere schmerzliche Verluste der Entomologie in Ungarn dar. Am schwersten aber traf uns ungarische Entomologen das im Juli des vorigen Jahres erfolgte Hinscheiden E. Csikis, des Altmeisters der Coleopterologie in Ungarn.

Das Schicksal aller wissenschaftlichen Forschungen und so auch das der Entomologie ist immer auf das engste verknüpft mit den sich den Forschern darbietenden Publikationsmöglichkeiten. Mögen die den ungarischen Entomologen heute in ihrem Vaterlande zur Verfügung stehenden Organe zur Veröffentlichung ihrer Arbeiten vielleicht noch nicht das ideale Ziel darstellen, so müssen wir einstweilen doch zufrieden sein damit, was uns die Entwicklung der letzten 10 Jahre gebracht hat. Die sich den Entomologen Ungarns heute darbietenden Publikationsmöglichkeiten sind folgende: 1. Annales hist.-nat. Mus. Hung., die Jahrbücher des Ungarischen Naturwissenschaftlichen Museums, welche seit 1951 in neuer Folge erscheinen und deren VII., vor wenigen Wochen erschienener Band einen Gedächtnisband zum 100. Geburtstage des bekannten ungarischen Neuguinea-Forschers L. Biró darstellt. 2. Állattani Közlemények (Zoologische Mitteilungen), das Organ der Zoologischen Sektion der Ungarischen Biologischen Gesellschaft, das nach mehrjähriger Unterbrechung seit 1954 wieder regelmäßig erscheint. 3. Rovartani Közlemények (Entomologische Mitteilungen), die als neue Folge der 1944 eingestellten Folia Entomologica Hungarica seit dem Jahre 1946 als Rotaprint-Ausgabe der Ungarischen Entomologischen Gesellschaft erscheinen. 4. und 5. Acta Biologica und Acta Zoologica der Ungarischen Akademie der Wissenschaften, welche seit dem Jahre 1950 bzw. 1954, allerdings in beschränkter Bogenzahl, erscheinen. 6. Fragmenta Faunistica Hungarica, eine der jüngsten ungarischen zoologischen Zeitschriften, deren Erscheinen aber nach der im Jahre 1948 erfolgten Ausgabe des XI. Bandes eingestellt werden mußte und bisher nicht wieder zum Leben gerufen werden konnte. Für ausgesprochen angewandt-entomologische Arbeiten stehen außerdem auch noch die Jahrbücher des Institutes für Pflanzenschutzkunde (Annales Instituti Protectionis Plantarum, Budapest) und der Hochschule für Garten- und Weinbau (Annales Academiae Horti et Viticulturae) zur Verfügung.

Weitere, allerdings nur beschränkte und bei weitem nicht hinreichende Publikationsmöglichkeiten ergaben sich in den letzten 12 Jahren auch auf dem Gebiete der Ausgabe selbständiger Werke. So erschienen in den Jahren unmittelbar nach der Beendigung des 2. Weltkrieges in der leider schon im Jahre 1948 wieder eingestellten Monographienreihe des Ungarischen Naturwissenschaftlichen Museums auch drei entomologische Arbeiten (Z. Kaszab: Monographie der Leiochrinen, E. CSIKI: Die Käferfauna des Karpaten-Beckens. I. und L. TÓTH: The Biological Fixation of Atmospheric Nitrogen). Als Ausgaben des Verlages des Unterrichtsministeriums erschienen 1950 E. DUDICH und Mitarbeiter: Die Technik des Insektensammelns, sowie L. MÓCZÁR und Mitarbeiter: Bestimmungsbuch der Tiere, in zwei Bänden (beide Werke nur in ungarischer Sprache). Weiter wurden im Verlage der Ungarischen Akademie der Wissenschaften herausgegeben J. BALOGH: Grundzüge der Zoozönologie, sowie V. SZÉKESSY und Mitarbeiter: Die Tier- und Pflanzenwelt des Naturschutzgebietes von Bátorliget und seiner Umgebung; beide Arbeiten erschienen 1953 in ungarischer Sprache mit deutscher Zusammenfassung. Im Druck steht ferner I. GYÖRFI: Lehrbuch der Forstentomologie (Ung., deutsch. Zus.).

Zum Abschluß noch einige Worte über das im Vorjahre eingeleitete Sammelwerk „Fauna Hungariae", welches in ungezwungener Reihenfolge eine moderne Bearbeitung aller Tiergruppen Ungarns bringen wird, vorläufig allerdings nur in ungarischer Sprache. Von den bisher erschienenen 15 Lieferungen sind 11 entomologischen Inhaltes[1]). Unter den heute in Vorbereitung stehenden fünf weiteren Lieferungen beschäftigen sich ebenfalls nicht weniger als vier mit verschiedenen Insektengruppen[2]).

Diese kurze und durchaus nicht Vollständigkeit beanspruchende Zusammenfassung der Geschichte der letzten 12 Jahre entomologischer Forschung in Ungarn mag als Gruß der ungarischen Entomologen an ihre heute jubilierenden Kollegen gelten und zugleich auch als Dank an alle Mitglieder der Deutschen Entomologischen Gesellschaft, die in den letzten 100 Jahren zu zahllosen Gelegenheiten mit Rat und Tat den Fortschritt der entomologischen Forschungen in Ungarn erfolgreichst unterstützt haben.

---

1) A. SOÓS: Muscidae pupiparae, F. MIHÁLYI: Culicidae, Z. KASZAB: Diversicornia I., L. GOZMÁNY: Microlepidoptera III., J. ERDÖS: Chalcidoidea I., E. N. BAJÁRI: Scolioidea, J. GYÖRFFY: Apionidae, L. MÓCZÁR: Pompiloidea, S. ENDRÖDI: Lamellicornia, L. GOZMÁNY: Microlepidoptera II., Z. KASZAB: Heteromera III.

2) Z. KASZAB: Heteromera I., M. MÓCZÁR: Apidae, S. UJHELYI: Odonata, E. N. BAJÁRI: Sphecoidea I.

FSC
www.fsc.org
MIX
Papier | Fördert
gute Waldnutzung
FSC® C083411

Zeitfracht Medien GmbH
Ferdinand-Jühlke-Straße 7
99095 Erfurt, Deutschland
produktsicherheit@kolibri360.de